普通高等院校应用型人才培养"十四五"规划教材

C 程序设计与应用

王振杰　王彩虹◎主编

中国铁道出版社有限公司
CHINA RAILWAY PUBLISHING HOUSE CO., LTD.

内 容 简 介

本书按照普通高等院校 C 语言课程教学大纲编写,详细地论述了 C 语言程序设计的基本原理和方法。全书分为三部分:C 语言基础、高级程序设计和工程应用开发。C 语言基础部分包括算法表示、顺序结构、选择结构、循环结构程序设计基础;高级程序设计部分详细阐释了数组和构造数据类型、函数、指针的程序设计知识;工程应用开发部分结合动态内存管理、正则表达式和字符串模式匹配、文件操作及图像处理,列举了各种综合应用开发。

本书为校企合作编写,配套资源丰富,体现了多学科、新一代信息技术的融合,内容由浅入深,理论实践并重,案例翔实丰富,每章后面都附有结合实践应用的上机实训。

本书适合作为普通高等院校 C 语言程序设计课程的教材,也可作为广大 C 语言程序爱好者的参考书。

图书在版编目(CIP)数据

C 程序设计与应用/王振杰,王彩虹主编. —北京:中国铁道出版社有限公司,2024.2
普通高等院校应用型人才培养"十四五"规划教材
ISBN 978-7-113-30763-9

Ⅰ.①C… Ⅱ.①王… ②王… Ⅲ.①C 语言-程序设计-高等学校-教材 Ⅳ.①TP312.8

中国国家版本馆 CIP 数据核字(2023)第 234204 号

书　　名:C 程序设计与应用
作　　者:王振杰　王彩虹

策　　划:曹莉群　　　　　　　　　　编辑部电话:(010)63549501
责任编辑:贾　星　许　璐
封面设计:高博越
责任校对:刘　畅
责任印制:樊启鹏

出版发行:中国铁道出版社有限公司(100054,北京市西城区右安门西街 8 号)
网　　址:http://www.tdpress.com/51eds/

印　　刷:三河市宏盛印务有限公司
版　　次:2024 年 2 月第 1 版　2024 年 2 月第 1 次印刷
开　　本:787 mm×1 092 mm　1/16　印张:21.25　字数:536 千
书　　号:ISBN 978-7-113-30763-9
定　　价:58.00 元

版权所有　侵权必究

凡购买铁道版图书,如有印制质量问题,请与本社教材图书营销部联系调换。电话:(010)63550836
打击盗版举报电话:(010)63549461

前　言

根据 TIOBE 公司每月发布一次的世界编程语言排行榜,可以看到 C/C++ 系列语言长期占据排行榜前三位。面向过程及面向对象的 C 系列语言,其用户占比超过 30%,在各编程语言中处于领先地位。这主要归功于这些语言在大数据、人工智能、物联网、网络通信、自动化、新能源汽车等智能制造领域和嵌入式开发方面的广泛应用。

C 语言是普通高等学校理工科类学生非常有必要掌握的一门编程语言,甚至部分金融科技、生物信息、医疗诊断、艺术舞台、会计、大数据等和信息技术融合的专业学生也有必要了解。基于这个原因,根据高等院校 C 语言课程教学大纲,我们组织了在不同领域耕耘多年的一线软件科研人员和高校教师共同编写此书,内容由浅入深,分为三大部分(第一部分 C 语言基础,第二部分高级程序设计,第三部分工程应用开发),以满足不同领域、不同层次的读者了解和学习 C 语言的需求。同时,本书试图挣脱为介绍知识点而设计纯知识点案例,或者偏好于纯数学方面案例的传统方式,而是引入了涉及实际生活和行业相关的应用案例,更突出实用性。全书共分为 9 章(其中带有"*"的章或小节为选学内容),具体内容如下:

第一部分包括第 1~3 章:第 1 章程序算法和 C 语言,论述了 C 语言的开发环境、C 程序的组成及函数结构、数据结构与程序算法表示等基础知识;第 2 章顺序结构程序设计,包括数制与编码、基本数据类型、运算符与表达式、数据输入与输出的相关知识;第 3 章选择与循环结构程序设计,论述了条件和判断、if 和 switch 选择结构、while 和 for 循环结构的程序设计知识。

第二部分包括第 4~6 章:第 4 章数组和构造数据类型,包括数值数组、字符数组,用户自定义的结构体、共用体、枚举以及新类型名定义;第 5 章函数模块化程序设计,列举了基本排序和查找函数、排序函数的递归调用,以及内部函数和外部函数、局部变量和全局变量的特性;第 6 章指针变量类型及应用,包括指针变量、数组指针、字符指针、函数指针、结构体指针的应用。

第三部分包括第 7~9 章:第 7 章动态内存管理及应用,涉及动态内存分配,以及顺序和链式线性表应用;第 8 章为正则表达式和字符串模式匹配应用;第 9 章包括文件操作及处理、图形图像处理、嵌入式控制的图形图像仿真等应用。

本书主要特色如下:

(1)校企合作编写。本书由上海出版印刷高等专科学校和具有移动通信、互联网、智能制造和自动控制等行业的软件开发与技术管理背景的企业科研人员合作编写,所选案例突出实用性、多学科性和工程应用性。每个章节都有结合实践应用的上机实训。

(2)配套资源丰富。本书提供 PPT 课件、微视频、教材中的程序及上机源程序等丰富的配套资源,读者可在中国铁道出版社教育资源平台(http://www.tdpress.com/51eds/)下载使用。

(3)与时俱进,体现多学科、新一代信息技术的融合。拓展了数据结构、智能终端 UI 交互、数字图像处理、计算机图形仿真、嵌入式技术等学科的入门开发基础。

本书由王振杰、王彩虹主编,周东仿、董火明、王成参与编写。具体编写分工如下:王振杰负责设计和编写全部章节及案例,并负责统稿与定稿;王彩虹负责视频录制,并编写第 3 章的部分内容;周东仿编写第 7 章和第 9 章的部分内容;董火明参与讨论全书架构,并提供部分案例;王成提供部分案例;王世博对书中部分案例进行了测试和改进。

本书在编写和出版过程中得到了上海出版印刷高等专科学校各位领导和同仁的大力支持,在此表示感谢,同时还要特别感谢上海互说信息科技有限公司、上海数字智能化系统工程有限公司、上海领晟制冷科技有限公司的鼎力支持。本书在编写过程中,参考了大量书籍和资料,在此对这些资料的作者表示衷心的感谢。

由于编者水平有限,书中难免存在疏漏和不足之处,恳请广大读者不吝指正,以便日后加以改进。

编 者

2023 年 11 月

目 录

第一部分 C 语言基础

第 1 章 程序算法和 C 语言 ………………………………………………… 2

1.1 C 语言概述 ………………………………………………………………… 2
    1.1.1 计算机信息处理的发展 …………………………………………… 2
    1.1.2 程序设计语言发展 ………………………………………………… 3
    1.1.3 C 语言的发展及特点 ……………………………………………… 4

1.2 建立和运行 C 程序 ……………………………………………………… 6
    1.2.1 简单的 C 程序 ……………………………………………………… 6
    1.2.2 编程工具分类 ……………………………………………………… 8
    1.2.3 Windows 开发环境 ………………………………………………… 9
    1.2.4 Linux 开发环境 …………………………………………………… 14
    1.2.5 运行 C 程序的步骤 ……………………………………………… 17

1.3 C 程序组成及函数结构 ………………………………………………… 18
    1.3.1 C 程序的组成 …………………………………………………… 18
    1.3.2 函数结构 ………………………………………………………… 19

1.4 数据结构和算法 ………………………………………………………… 21
    1.4.1 数据结构 ………………………………………………………… 21
    1.4.2 算法及效率度量 ………………………………………………… 22

1.5 程序算法表示 …………………………………………………………… 25
    1.5.1 自然语言表示 …………………………………………………… 25
    1.5.2 流程图表示 ……………………………………………………… 26
    1.5.3 伪代码表示 ……………………………………………………… 29
    1.5.4 编程语言表示 …………………………………………………… 30

1.6 程序设计方法和思维 …………………………………………………… 31

  1.6.1 层次化方法 ··· 32

  1.6.2 工程性思维 ··· 32

  1.6.3 规范化原则 ··· 33

上机实训 ··· 33

第2章 顺序结构程序设计 ··· **34**

2.1 数制和信息编码 ··· 34

  2.1.1 数制及转换 ··· 34

  2.1.2 信息存储单位 ·· 38

  2.1.3 常用信息编码 ·· 39

2.2 基本数据类型 ·· 39

  2.2.1 常量和变量 ··· 40

  2.2.2 整型数据 ·· 43

  2.2.3 字符型数据 ··· 45

  2.2.4 浮点型数据 ··· 47

2.3 运算符和表达式 ··· 50

  2.3.1 C运算符及特性 ··· 50

  2.3.2 算术运算符 ··· 52

  *2.3.3 位运算符和逗号运算符 ··· 53

  2.3.4 赋值运算符 ··· 58

  2.3.5 类型转换和长度运算 ··· 59

2.4 数据输入和输出 ··· 63

  2.4.1 格式化输出函数printf ·· 63

  2.4.2 格式化输入函数scanf ·· 66

  2.4.3 字符输入输出函数getchar/putchar ·· 69

上机实训 ··· 70

第3章 选择与循环结构程序设计 ··· **71**

3.1 条件和判断 ··· 71

  3.1.1 关系运算符和表达式 ··· 71

  3.1.2 逻辑运算符和表达式 ··· 74

    3.1.3 条件运算符和表达式 ·· 76
  3.2 if 选择结构 ··· 78
    3.2.1 if 语句 ··· 79
    3.2.2 if 选择结构的嵌套 ·· 82
  3.3 switch 选择结构 ··· 85
  3.4 while 循环结构 ·· 90
    3.4.1 while 语句 ·· 90
    3.4.2 do-while 语句 ·· 92
  3.5 for 循环结构 ··· 94
  3.6 循环和选择的嵌套 ·· 98
  3.7 循环状态改变 ·· 102
    3.7.1 break 语句 ·· 103
    3.7.2 continue 语句 ·· 106
  上机实训 ·· 109

第二部分 高级程序设计

第 4 章 数组和构造数据类型 ·· 112
  4.1 数值数组 ·· 112
    4.1.1 一维数组 ·· 113
    4.1.2 一维数组的数值排序应用 ·· 115
    4.1.3 二维数组及应用 ·· 125
    4.1.4 多维数组的表示 ·· 129
  4.2 字符数组 ·· 129
    4.2.1 字符数组和数值数组的区别 ·· 130
    4.2.2 一维和二维字符数组应用举例 ··· 131
    4.2.3 字符串和字符数组 ··· 135
    4.2.4 字符串处理函数及应用 ·· 138
  4.3 构造数据类型 ·· 142
    4.3.1 结构体 struct ·· 142
    *4.3.2 共用体 union ·· 149

*4.3.3 枚举类型 enum ·· 155

*4.3.4 新类型名定义 typedef ·· 159

上机实训 ·· 161

第 5 章 函数模块化程序设计 ·· 162

5.1 函数定义和调用 ··· 162

5.1.1 函数定义和声明 ·· 162

5.1.2 函数调用和参数传递 ·· 164

5.1.3 函数的数组参数传递 ·· 168

*5.1.4 函数的宏定义参数传递 ·· 174

5.2 基本排序和查找函数 ··· 179

5.2.1 数值和字符串排序函数 ·· 179

5.2.2 顺序和折半查找函数 ·· 184

5.3 函数和变量的特性 ·· 186

*5.3.1 内部函数和外部函数 ·· 186

5.3.2 局部变量和全局变量 ·· 196

5.4 函数的递归调用 ··· 202

5.4.1 递归函数的引入 ·· 202

*5.4.2 快速排序函数的递归调用 ·· 206

*5.4.3 归并排序函数的递归调用 ·· 207

上机实训 ·· 209

第 6 章 指针变量类型及应用 ·· 211

6.1 指针变量 ·· 211

6.1.1 地址与指针 ·· 211

6.1.2 指针变量定义和引用 ·· 212

6.2 数组指针 ·· 214

6.2.1 指针引用一维数组 ··· 214

6.2.2 指针变量和数组名作函数参数 ··· 218

*6.2.3 二维数组的行指针和列指针 ··· 221

*6.2.4 数组指针引用二维数组 ·· 224

6.3 字符指针 ·· 226
    6.3.1 字符数组名和字符指针变量引用字符串 ································ 226
    6.3.2 字符指针变量和字符数组名作函数参数 ································ 227
    *6.3.3 指针数组引用字符串 ·· 230

6.4 函数指针 ·· 235
    *6.4.1 指向函数的指针变量 ·· 235
    *6.4.2 函数指针作函数参数 ·· 238
    6.4.3 返回指针值的指针函数 ·· 244

6.5 结构体指针 ·· 245
    6.5.1 指向结构体变量和结构体数组的指针 ··································· 245
    6.5.2 结构体指针作函数参数和返回值 ··· 246

上机实训 ·· 249

第三部分　工程应用开发

第 7 章　动态内存管理及应用 ·· 252

7.1 动态内存分配 ·· 252
    7.1.1 内存分配和处理 ·· 252
    7.1.2 静态链表和动态链表 ·· 255

*7.2 顺序和链式线性表应用 ·· 256
    7.2.1 顺序线性表管理 ·· 256
    7.2.2 链式线性表管理 ·· 265

上机实训 ·· 274

*第 8 章　正则表达式和字符串模式匹配应用 ·· 276

8.1 正则表达式概述 ·· 276
8.2 字符串模式匹配及应用 ·· 280
    8.2.1 输入函数 scanf 的％[ ]格式控制符 ·· 280
    8.2.2 Linux 正则表达式库函数及应用 ·· 281

上机实训 ·· 288

第 9 章　文件操作及图像处理应用 ·· 289

9.1 文件操作及处理 ·· 289

9.1.1 文件操作概述 ·· 289

9.1.2 文件处理及应用 ·· 293

9.2 图形图像处理 ··· 299

9.2.1 图形图像处理概述 ··· 299

*9.2.2 位图图像处理及应用 ·· 302

9.3 嵌入式控制的图形图像仿真 ·· 312

9.3.1 嵌入式技术概述 ··· 312

*9.3.2 嵌入式控制的仿真开发 ······································· 313

上机实训 ··· 319

附录 ·· 320

附录 A　C 语言中的关键字 ·· 320

附录 B　C 语言常用字符与 ASCII 代码对照表 ······························· 322

附录 C　运算符优先级和结合性 ·· 323

附录 D　C 语言编码规范参考 ·· 324

附录 E　C 语言库函数 ·· 326

参考文献 ·· 330

第一部分

C语言基础

第 1 章　程序算法和 C 语言

学习目标

- 了解计算机学科中信息处理的发展、程序设计语言的发展以及 C 语言的发展及特点。
- 初步熟悉 C 语言的入门语法，理解 C 程序的组成及函数结构，掌握 Windows 和 Linux 开发环境搭建以及运行 C 程序的步骤。
- 熟悉基本数据结构，程序算法的自然语言、流程图（顺序、选择、循环）、伪代码的表示方法；理解程序设计的层次化方法、工程性思维、规范化原则。
- 具有 Windows 和 Linux 开发环境搭建能力，以及两种环境下 C 程序的编辑、编译、运行和调试能力。
- 具有初步的 C 程序设计能力，以及程序算法流程图表示的设计能力。

1.1　C 语言概述

数字计算机的出现不仅促进了信息的表示和处理的发展，也促进了计算机高级程序设计语言以及 C 语言的演进。

1.1.1　计算机信息处理的发展

人类对于信息的处理经历了四个阶段，如图 1-1 所示。史前信息的处理主要靠感觉器官，例如语言和面部表情；符号信息主要靠数字、文字，如书和杂志；近代的模拟信息主要靠光电磁物理以及化学发明，如广播和电话；现代的数字信息则主要靠数字计算机，如数值和多媒体处理。

图 1-1　人类对于信息处理的四个阶段

1946年2月14日,美国宾夕法尼亚大学莫奇利(Mauchly)和他的学生埃克特(Eckert)设计出世界上第一台电子计算机ENIAC(electronic numerical integrator and calculator),它标志着数字化信息时代开始。刚刚诞生的电子计算机还是一个庞然大物,重约30 t,占地约170 m^2(大约是一间半的教室大,六只大象重),使用18 800多个电子管、1 500个继电器,功率为150 kW。它的计算速度可达到每秒5 000次的加法运算,但耗电量惊人,而且真空管的损耗率相当高。

目前,计算机已深入社会生活的各个领域,其应用已不仅仅局限于科学计算,更多的是用于控制、管理和数据处理等非数值计算领域。随着3C(computer、communication、control)时代的来临,如何对海量信息进行表示和处理变得非常重要,这也是计算机学科迫切需要解决的两个问题。随着应用问题的复杂度不断变高,导致信息的体量剧增与范围拓宽,许多系统程序和应用程序的规模也相应增大,数据之间的组织结构变得错综复杂。而信息的表示和组织又直接关系到信息处理的效率,因此,必须分析待处理问题中对象的特性及各对象之间存在的关系,这是计算机学科中各种面向过程以及面向对象的程序设计语言要不断研究和解决的问题。

1.1.2 程序设计语言发展

1. 程序设计语言演进

计算机程序设计语言的演进路线是从机器语言到汇编语言,再到高级语言。表1-1是机器语言、汇编语言、高级语言的代码片段对比。

表1-1 计算机程序设计语言演进的代码片段

机器语言	汇编语言	高级语言
B8 7F 01	MOV AX,017FH	a = 383; //017FH
BB 21 02	MOV BX,0221H	b = 545; //0221H
03 D8	ADD BX,AX	b = b + a;
B8 1F 04	MOV AX,041FH	a = 1055; //041FH
28 C3	SUB AX,BX	a = a − b;

(1)机器语言:计算机能直接识别和处理的由1和0组成的二进制代码称为机器指令。机器指令的集合就是机器语言,一般由十六进制表示的指令组成。机器语言的特点是难学、难记、难检查、难修改、难推广使用,且依赖具体机器难以移植。

(2)汇编语言:机器语言的符号化,用英文字母和数字表示指令的符号语言,如Z80、8080汇编语言。相比机器语言简单好记,但仍难普及。汇编指令需通过汇编程序转换为机器指令才能被计算机执行,同样依赖具体机器难以移植。

(3)高级语言:更接近人们习惯使用的自然语言和数学语言,如高级程序设计语言Basic、C/C++、Java等。特点是功能强大,不依赖具体机器。用高级语言编写的源程序需要通过编译程序转换为机器指令的目标程序。

2. 高级语言的发展

计算机高级语言的发展经历了非结构化语言、结构化语言、面向对象的语言几个阶段。

(1)非结构化语言:编程风格随意,没有严格规范要求,流程可通过 goto 语句随意跳转,如 Basic、Fortran。非结构化程序难以阅读和维护。

(2)结构化语言:程序必须由具有良好特性的基本结构(顺序结构、选择结构、循环结构)构成,程序中的流程不允许随意跳转,程序总是由上而下顺序执行各个基本结构,例如 C 语言。结构化程序结构清晰,易于编写、阅读和维护。

(3)面向对象的语言:程序面对的不再是过程的细节,而是一个个对象,每个对象是由数据以及对数据进行的各种操作组成,例如 C++、C#、Java。面向对象的结构可处理较大规模的程序,包含丰富的库程序。

3. TIOBE 编程语言排行榜

TIOBE 公司每月发布一次世界编程语言排行榜,该排行榜是世界范围内程序开发语言的流行程度的有效指标。2023 年 10 月公布的编程语言排行榜见表 1-2,占据榜首前十位的分别是 Python、C、C++、Java、C#、JavaScript(JS)、Visual Basic(VB)、PHP、SQL、Assembly language。Python 排名持续增长,已保持在首位,C 语言成为第二受欢迎的语言。

C、C++、C#等面向过程及面向对象的 C 系列语言,其用户占比超过 30%,在各编程语言中处于领先地位。这归功于 C 语言在大数据、人工智能、物联网、网络通信、自动化、新能源汽车等智能制造领域的嵌入式开发方面的广泛应用。

表 1-2　TIOBE 公司 2023 年 10 月编程语言排行榜

2023 年 10 月	2022 年 10 月	排名变化	编程语言	市场占比	同期比
1	1	-	Python	14.82%	-2.25%
2	2	-	C	12.08%	-3.13%
3	4	∧	C++	10.67%	+0.74%
4	3	∨	Java	8.92%	-3.92%
5	5	-	C#	7.71%	+3.29%
6	7	∧	JavaScript	2.91%	+0.17%
7	6	∨	Visual Basic	2.13%	-1.82%
8	9	∧	PHP	1.90%	-0.14%
9	10	∧	SQL	1.78%	+0.00%
10	8	∨	Assembly language	1.64%	-0.75%

1.1.3　C 语言的发展及特点

1. C 语言的发展

C 语言诞生于 1972—1973 年,当时,Dennis Ritchie 在 B 语言基础上设计出 C 语言,并和 Ken Thompson 合作用 C 语言设计了 UNIX。1978 年,基于 UNIX 第 7 版中的 C 语言,Brian W. Kernighan 和 Dennis Ritchie 合著了影响深远的名著 *The C Programming Language*,该书中的 C 语言版本成为后来广泛使用的第一个 C 语言标准。C 语言先后移植到大、中、小和微型计算机上,成为广泛应用的程序设计高级语言。C 语言主要标准如下:

(1) C83：1983 年美国国家标准协会(ANSI)制定了第一个 C 语言标准(83 ANSI C)。

(2) C89：1989 年 ANSI 发布了完整 C 语言标准 ANSI X3.159—1989(ANSI C/C89)。1990 年，国际标准化组织 ISO 接受 C89 为国际标准 ISO/IEC 9899：1990。

(3) C99：1999 年 ISO 在 C89 的基础上进行了扩充和修订，针对应用需求增加了一些 C++ 功能，并在 2001、2004 年进行了两次技术修正，称为 C99 标准。

目前由不同软件公司所提供的一些 C 语言编译系统并未完全实现 C99 建议的功能，多以 C89 为基础开发。

2. C 语言的特点

C 语言既具有高级语言的功能，又具有低级语言的许多功能，可用来编写系统软件。相比其他面向过程的程序设计语言，概括起来有以下几方面特点：

(1) 表示简洁紧凑、使用方便灵活。C 语言 C89 版共有 32 个关键字(见附录 A，C99 版增加了 5 个关键字、C11 增加了 7 个关键字)，主要用于定义数据类型、存储类型、流程控制；有 9 种控制语句，主要用于条件和循环控制；C 编译系统非常简洁，是一个只包含和极少硬件相关的微内核语言，输入输出、文件操作等都通过库函数来实现；C 程序书写形式自由，语言简练、灵活。

(2) 运算符丰富，表达力强。C 语言共有 45 个运算符(见附录 C)，其运算类型丰富，包括算术运算符(加、减、乘、除和取余算术运算)、关系运算符(大于、小于、等于比较运算)、逻辑运算符(与、或、非逻辑运算)、位运算符(二进制按位左移、右移、取反、与、或、异或位运算)，甚至它把许多对数据的操作都作为运算符来处理，例如括号(函数调用或者优先级改变)、逗号(多个表达式顺序求值)、赋值、强制类型转换、求存储长度、数组下标、结构体成员、指针等。丰富的运算符组成了多样化的算术表达式、赋值表达式、关系表达式、逻辑表达式等。

(3) 数据类型丰富。C 提供的数据类型包括基本数据类型、派生构造数据类型、指针数据类型、空类型。基本数据类型含整型、浮点型、字符型，C99 版又扩充复数浮点型、超长整型(long long)和布尔类型(bool)等；派生构造数据类型包括数组、结构体、共用体、枚举、自定义新类型名，利用构造类型可以构造出用户所需要的各种自定义类型；指针数据类型的使用十分灵活和多样化，通过和基本数据类型以及构造数据类型相结合，可通过链表实现线性表、栈、队列、树、图等各种复杂的数据结构。

(4) 函数作为基本模块单位，具有结构化的控制语句。C 程序文件由一个或者多个函数组成，整个程序有且仅有一个称为 main 的主函数，程序中被调用的函数可以是系统提供的库函数，也可以是用户自己根据需求设计和编写的自定义函数。结构化的控制语句包括顺序、选择、循环三种基本结构，基于这些结构化的基本构件，便于实现程序的模块化。

(5) 允许直接访问物理地址，可以直接对硬件操作。C 语言有位操作功能，类似汇编语言的很多功能，适用于编写系统软件、硬件驱动程序、嵌入式程序等。

(6) C 程序可移植性好。系统移植时，C 程序基本不用修改源代码，通过编译"标准链接库"中的大部分功能，就可较好地适配各种型号的计算机和操作系统。

(7) 生成目标代码质量高，程序执行效率高。C 程序编译后的代码执行效率，相比汇编语言的目标代码执行效率,二者不相上下。

(8)语法检查不严格,程序设计自由度大。C 语言一方面具有丰富的数据类型和运算符,这带来了程序设计上的灵活性和自由度。但另一方面,也带来了表达式运算中的优先级和结合性问题(见附录 C),以及编译器语法检查不太严格,从而导致可能的数组越界和内存泄漏等安全性问题。即使可以借助专门的工具对程序进行内存安全性检查,但从根本上还是需要由程序编写者的能力和水平来保证代码的正确性。

1.2 建立和运行 C 程序

搭建 Windows 开发环境和 Linux 开发环境,利用不同的开发工具,编辑、编译、连接、运行简单的 C 程序。

1.2.1 简单的 C 程序

【例 1-1】在屏幕上输出如下两行文本信息:

```
This is a C program.
Hello China!
```

思路分析:在主函数 main()中采用 C 输出库函数 printf()来实现。

程序代码:

```
#include <stdio.h>                       //编译预处理指令
int main()                                //定义主函数
{                                         //主函数体开始标志
    printf("This is a C program.\n");    //输出指定的一行信息并换行
    printf("Hello China!\n");            //输出指定的一行信息并换行
    return 0;                             //函数执行完毕时返回函数值0
}                                         //主函数体结束标志
```

程序说明:

(1)宏包含#include <stdio.h>。

①编译预处理指令。使用输出函数 printf()时,编译系统要求提供有关此类函数的声明信息,#include <stdio.h> 的作用就是用来提供这些声明信息的。

②stdio.h 是系统提供的一个文件名,stdio 是 standard input & output 的缩写。

③文件扩展名.h 的意思是头文件,这些文件都放在源程序文件模块的开头。

④输入输出函数的相关声明已放在 stdio.h 文件中。

(2)主函数 main()。

①int main()是函数首部,其函数体由一对花括号{}括起来。

②main 表示主函数名,每个 C 程序有且仅有一个 main 函数。

③int 表示主函数类型是整型,执行主函数后会得到一个整型值(即函数值)。

(3)库函数 printf()。

①printf()是 C 编译系统提供的函数库中的输出函数。

②printf 函数中双引号内的字符串"This is a C program.""Hello China!"按原样输出。

③\n 是换行符,即在输出字符串后,显示屏上的光标位置移到下一行开头。

④printf()语句最后有一个英文分号";",表示输出语句结束。

(4)函数返回语句 return。

①"return 0;"语句表示,当 main 函数执行结束前将整数 0 作为函数值,返回到调用函数,主函数由操作系统调用,所以返回给系统。

②return 语句最后有一个英文分号";",表示返回语句结束。

(5)程序注释//。

①//表示从此处到本行结束是注释,用来对程序有关部分进行必要的说明。

②注释只是给人看的,而不是让计算机执行的。程序进行编译预处理时,会将每个注释替换为一个空格,因此在编译时注释部分不产生目标代码,注释对程序运行不起作用,也没有任何影响。

③写 C 程序时应多用注释,以方便自己和别人理解程序各部分的作用。

注意:①程序中所有字母、符号、数字必须为英文半角。当然,对于汉化后的编译环境,程序注释部分以及输出语句双引号内的字符串可以使用中文。每个语句最后都有一个英文半角分号";",表示语句结束。

②C89 中,void main()是可以接受的,void 表示函数无返回值,在程序返回时不需 return 语句。但在 C99 标准中,只有以下两种定义方式才是正确的:

```
int main(void)
int main(int argc, char *argv[])
```

所以,main 函数的返回值类型必须是 int,以确保有返回值传递给操作系统或者调用者,告知程序的运行状态。return 0;表示程序正常退出,否则代表程序异常退出。而且 C99 规定,如果 main 函数最后的 return 语句缺失,编译器要自动在生成的目标文件中加入 return 0;。一个好的编程习惯是"在 main 函数的最后加上 return 0;语句"。

【例 1-2】 在屏幕上输出如下两行文本信息的点阵图:

```
我爱中国
I Love China
```

思路分析:汉字采用 16×16 点阵图表示,英文字母采用 16×8 点阵图表示。在主函数 main()中采用 C 库函数 printf()输出函数来实现,点阵图中有笔画出现的地方输出字符"@",否则输出字符"."。

程序代码:

```
/* 利用点阵图原理,输出汉字"我爱中国"和英文"I Love China"的点阵 */
#include<stdio.h>              // 编译预处理指令
#include<stdlib.h>
int main()                     // 定义主函数
{                              // 函数体开始标志
  system("mode con cols=140 lines=40");// 控制台窗口调节为宽 140 列 高 40 行的窗口
  printf("///*********************我爱中国 16*16 汉字点阵图*********************///\n");
```

```
    printf("......@...@......      .........@...    ......@........      ................\n");// 第1行
    printf("....@@@...@.@...       .....@@@@@@@..   .....@........      .@@@@@@@@@@@@..\n");// 第2行
    printf("...@@@@...@...@...     ....@@@@@@....   ....@........       .@........\n");// 第3行
    printf("......@...@...@...     ......@...@...   ......@@@@@@@@...   .@........\n");// 第4行
    printf("......@...@...@...     ....@...@.@...   ......@........     .@.@@@@@@@.....\n");// 第5行
    printf("...@@@@@@@@@@@@@@@@.   .......@......   ....@@@@@@@@@@...   .@........\n");// 第6行
    printf("......@...@...@...     .....@@@@@...    ......@........     .@........\n");// 第7行
    printf("......@...@...@...     ....@...@.@...   ......@........     .@.@@@@@@@.\n");// 第8行
    printf("......@...@...@...     ...@@@@@@@@...   ......@.......      .@........\n");// 第9行
    printf("......@...@...@...     ......@......    .....@@@@@@@....    .@.@.@@..\n");// 第10行
    printf("...@@.....@...        .....@@@@@..      .......@......      .\n");// 第11行
    printf(".@@.@....@...         ....@@@@@....      ......@........    .\n");// 第12行
    printf("...@....@.@.@...      ......@......      ......@........    .\n");// 第13行
    printf("....@.@...@.@..       ......@......      ......@........    .@@@@@@@@@@..\n");// 第14行
    printf("...@.@.@@.....        ......@......      ......@........    .@@@@@@@@@@..\n");// 第15行
    printf("...@.......@..         .....@@@....@@@.                     .@......@..\n\n\n");// 第16行
    printf("///*************I Love China 16*8 英文点阵图 *****************///\n");
    printf("........                                                     \n");// 第1行
    printf("........                                                     \n");// 第2行
    printf("........                                                     \n");// 第3行
    printf(".@@@@@..  @@@                         .@@@@@.@@...           \n");// 第4行
    printf("...@...   .@                         .@.......@..            \n");// 第5行
    printf("...@...   .@                         .@........                 \n");// 第6行
    printf("........                                                     \n");// 第7行
    printf("........   .@@@@..@@@...@@...         ......@@@....@@@..     \n");// 第8行
    printf("........   .@...@..@..@.@..@..         ....@...@..@...@..    \n");// 第9行
    printf("........   .@...@..@..@.@@@@@..        ....@...@..@...@..\n");// 第10行
    printf("........   .@...@..@..@.@......        ....@...@..@...@..\n");// 第11行
    printf("........   .@...@..@..@.@...@..        ....@...@..@...@..\n");// 第12行
    printf("........   .@@@@@..@..@..@@@...        .....@@@....@@@..\n");// 第13行
    printf(".@@@@.     @@@@@@..@@@.                .@@@.@@@@.@@@..@@@@@.\n");// 第14行
    printf("........                                                     \n");// 第15行
    printf("........                                                     \n");// 第16行
    return 0;
}
```

程序说明：

（1）系统函数 system()；调整命令行窗口的大小，包含在头文件 stdlib.h 中。

（2）程序的单行注释和块注释。

①单行注释：以//开始的是单行注释。这种注释可以单独占一行，也可以出现在一行中其他内容的右侧。单行注释的范围从//开始，以换行符结束。如果注释内容一行内写不下，可以用多个单行注释。

②块注释：注释范围以/*开始，以*/结束的是块注释。这种注释可以包含多行内容。它可以单独占一行，也可以包含多行。编译系统在发现一个/*后，会开始找注释结束符*/，把二者间的内容作为注释。

注意：在字符串中的//和/*都不是作为注释的开始，*/也不作为注释的结束，而是作为字符串的一部分字符输出。

1.2.2 编程工具分类

Windows 和 Linux/UNIX 操作系统支持多种 C/C++ 常用编程工具：

（1）Windows IDE 集成开发环境，提供编辑、编译、部署、调试功能。

Visual C++ 6.0：是以 C/C++ 语言为基础的 Windows 集成开发环境，Windows 7 操作系统

后需要安装补丁 FileTool.dll 文件才能支持。

Microsoft Visual Studio 2010(简称 VS 2010):一个完整的开发工具集,它包括了整个软件生命周期中所需要的大部分工具,如 UML 工具、代码管控工具、IDE 集成开发环境。

Dev C++:Windows 环境下的一个轻量级 C/C++ 集成开发环境,自由软件,遵守 GPL 许可协议分发源代码。

Eclipse CDT(Eclipse IDE for C/C++ Development Tooling):提供了一个基于 Eclipse 平台的功能齐全的 C/C++ 集成开发环境。

(2)Windows 编辑工具,仅提供编辑和浏览功能,可配合 Linux/UNIX 进行软件开发。

SourceInsight:一个面向项目开发的程序编辑器和代码浏览器,拥有内置 C/C++、C# 和 Java 程序分析功能。

UltraEdit:一套功能强大的文本编辑器,可以编辑文本、十六进制、ASCII 码,内置英文单词检查、C++ 及 VB 指令突显,可同时编辑多个文件。

(3)Linux/UNIX 编程工具,提供编辑或者编译功能。

Vi/Vim:Linux/UNIX 系统下标准文本编辑器,Vim 是 Vi 的升级版。

GCC(GNU Compiler Collection,GNU 编译器套件):GNU 开发的被大多数类 UNIX 操作系统采纳为标准的编译器,拥有 GPL 许可协议的自由软件,支持 C/C++ 等多种编程语言。

1.2.3　Windows 开发环境

Widows 环境下,安装和使用 Microsoft Visual Studio 2010 集成开发环境,来建立、编译、调试、运行 C 语言程序代码。

1. VS 2010 安装和首次启动

安装过程中,根据需要设置产品安装路径,如果不设置则按默认路径安装。选择"完全"安装,单击"安装"按钮。之后耐心等待安装,整个安装过程大约需要 10 min,如图 1-2 所示。如果不想全部安装,"自定义"下切记勾选 Visual C++。

视频
VS 2010安装
和首次启动

图 1-2　VS 2010 集成开发环境安装

安装成功后,运行 VS 2010,进入首次配置。选择默认环境设置为"Visual C++ 开发设置",单击"启动 Visual Studio"。接下来耐心等待几分钟,配置首次启动的环境。配置完成后,系统会自动运行 VS,进入 VS 2010 的集成开发环境界面,如图 1-3 所示。

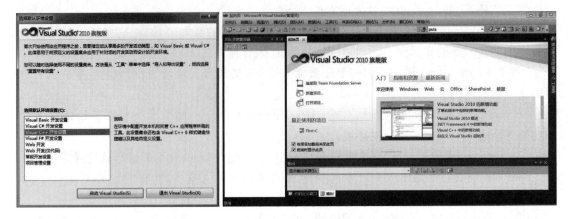

图 1-3　VS 2010 集成开发环境首次启动设置

2. VS 2010 建立和运行 C 程序

（1）新建项目。打开 VS 2010，选择菜单"文件→新建→项目"命令，打开"新建项目"对话框，如图 1-4 所示。在"新建项目"对话框左侧"已安装的模板"的 Visual C++ 下选择 Win32，对话框右侧选择"Win32 控制台应用程序"，在下方的"名称"文本框中输入新建项目的名称，"位置"是该项目存放的路径，可根据需要修改或者通过"浏览"按钮从已有路径中选择。输入完成后，"解决方案名称"会自动显示和项目相同的名称，然后，选中右下角的"为解决方案建立目录"复选框。

图 1-4　VS 2010"新建项目"对话框

注意：系统会在建立新项目时自动建立同名的"解决方案"，当然解决方案的名称也可以修改为其他名称，一个解决方案可以包含一个或者多个项目，用以处理复杂的编程问题。

单击"确定"按钮，弹出图 1-5 所示的 Win32 应用程序向导对话框，单击"下一步"按钮，在对话框中的"应用程序类型"下，选中"控制台应用程序"单选按钮（建立的是控制台操作的程序而不是其他类型的程序)。在"附加选项"中选中"空项目"单选按钮(所建立的项目内容是空的,后面再根据需要添加)。单击"完成"按钮,一个新解决方案和项目就建好了。

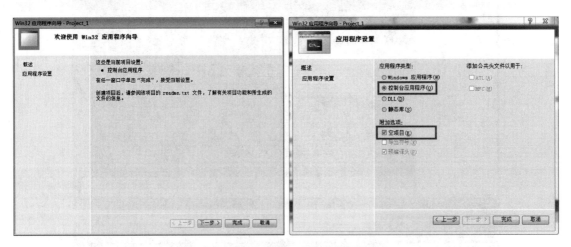

图 1-5　VS 2010 设置应用程序类型对话框

若要打开已有项目,选择菜单"文件→打开→项目/解决方案"命令,在"打开项目"对话框中,找到已知路径下的解决方案文件(扩展名为.sln),单击"打开"按钮,可调入该解决方案的所有项目及各项目下的所有源文件和头文件。

(2)新建源文件。如图 1-6 所示,在"解决方案资源管理器"选项卡中,单击项目名查看所包含内容。在对应项目下,右击"源文件",选择"添加→新建项"命令,在弹出的"添加新项"对话框左侧选择 Visual C++,中间选择"C++ 文件"(可包含 C 程序文件),在下部"名称"文本框中输入指定的文件名,系统自动在"位置"框中显示此文件保存的路径,单击"添加"按钮,就会出现源文件的编辑窗口。

注意:若输入文件名时带扩展名.c,则表示要建立的是一个 C 源程序文件,若不带扩展名,系统默认为 C++ 源程序文件,自动添加扩展名.cpp,两种扩展名的文件在 VS 2010 中都是允许的。

在图 1-7 所示的程序编辑窗口中,一行一行地输入编写的源程序代码。

保存源文件:对编辑好的文件/项目/解决方案需要及时保存,以备后续重新调用和继续修改。选择菜单"文件→保存"命令,或者按组合键【Ctrl+S】,或者选择快捷菜单栏的"保存"命令,都可单独保存源程序文件/项目/解决方案。也可以通过"另存为"命令保存为其他文件名的文件。选择菜单"文件→全部保存"命令,或者按组合键【Ctrl+Shift+S】,或者选择快捷菜单栏的"全部保存"命令,可以对全部文件进行保存。

添加源文件:对已保存在某一路径下的源程序文件,可以在对应项目下右击"源文件",再选择"添加→现有项"命令,在弹出的"添加现有项"对话框中,选择所需要的文件,添加到当前项目中,成为该项目的一个源程序文件。

移除源文件:在对应项目下,右击要移除的源文件,在弹出的快捷菜单中选择"移除"命令,可根据提示进行源文件删除确认或者仅仅移除操作。

头文件处理:在对应项目下,右击"头文件",可对头文件(扩展名.h)进行类似源文件的新建、保存、添加、移除操作。

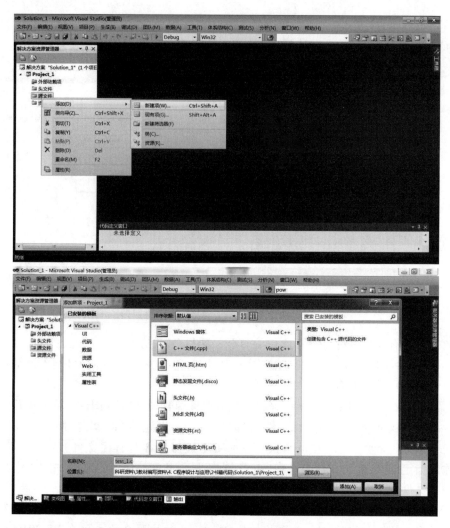

图 1-6　VS 2010 新建源文件对话框

图 1-7　VS 2010 源程序文件代码编辑窗口

(3)编译源文件:对编辑完成的程序进行编译,从主菜单选择"生成→生成解决方案"命令,如图 1-8 所示。输出窗口是编译后生成可执行文件的结果。如果编译结果失败,需要在输出窗口查找原因并解决。如果编译成功,会在解决方案所在目录中的 Debug 目录,生成和项目名称对应的 exe 可执行文件。

图 1-8　VS 2010 源程序文件编译窗口

(4)运行程序:一个编译无误(语法没有错误)的程序才可以运行。从主菜单选择"调试→开始执行(不调试)"命令,开始运行程序,并得到运行结果,如图 1-9 所示。

注意:编译器只能检查出程序的语法错误,而对于程序执行的逻辑结果是否正确,则要靠合理的测试事例设计,进行逻辑正确性测试。

图 1-9　VS 2010 运行程序窗口及执行结果

1.2.4 Linux 开发环境

Windows 环境下安装 VMware Workstation 12 Pro 版虚拟机软件(支持 Windows 7/Windows 8/Windows 10 64 位的操作系统环境),然后在 VMware 上运行 Linux 操作系统 RHEL 6.5 Server 版(Red Hat Enterprise Linux 6.5 Server),实现 Linux 环境下 C 程序的编辑、编译、运行。

1. VMWare 虚拟机软件安装

(1)启用 VT-x:只有支持 VT-x 的 CPU 才能在主机 BIOS(基本输入输出系统)中启用 VT-x 支持。不同品牌的计算机,进入 BIOS 并启用 VT-x 支持的设置会有所不同。以下是两个例子,不同计算机的设置方法不一样。

HP 品牌:计算机开机启动,按【F10】键或按键盘左上角的【Esc】键,直到显示启动菜单界面。移动光标到 Computer Setup 菜单上进入 BIOS,按键盘上的上下左右方向键选择"先进→系统选项→Virtualization Technology(VTx)",按【Enter】键,启用该复选框。按【Esc】键,单击"是"按钮保存配置,退出 BIOS 重启计算机,配置生效。

联想品牌:计算机启动时按【F2】键(如果有热键设置,按一键还原按钮)进入 BIOS,按上下左右方向键选择"configuration→Inter Virtual Technology",按【Enter】键,启用该复选框。按【F10】键(如果有热键按【Fn + F10】),单击"是"按钮保存配置,退出 BIOS 重启计算机,配置生效。

(2)安装和启动:VMware Workstation 12 Pro 安装中全部默认选择,安装完成后的启动界面如图 1-10 所示。

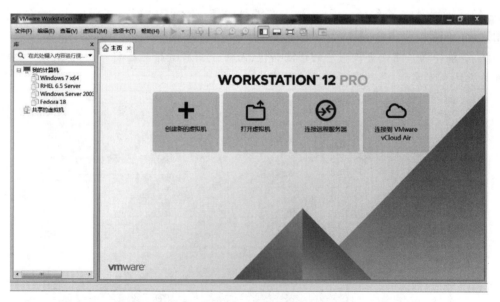

图 1-10 VMware Workstation 12 虚拟机软件启动界面

2. RHEL 6.5 Server 虚拟机装载和启动

RHEL 6.5 Server 安装和配置略过,直接装载安装好后的虚拟机。

(1)装载虚拟机:打开 VMWare Workstation Pro 软件,选择主菜单的"文件→打开"命令,在弹出的对话框中,浏览并选中指定目录下扩展名为.vmx 的 RHEL 6.5 Server 虚拟机文件,单击弹出对话框的"打开"按钮,即可装载指定的虚拟机网络操作系统。图 1-10 左侧"我的计算机"下,显示已经装载三个虚拟机操作系统,其中包含了 RHEL 6.5 Server 虚拟机。

(2) CD/DVD 中装入 ISO 镜像:VMWare Workstation 中右击"我的计算机"下方的 RHEL Server 6.5,在弹出的快捷菜单中选择"设置"命令,会弹出"虚拟机设置"对话框,单击"硬件"选项卡,选择"CD/DVD(SCSI)",在连接区域选中"使用 ISO 映像文件"单选按钮,单击"浏览"按钮,选择 RHEL 6.5 Server 虚拟机对应的 ISO 镜像文件,如图 1-11 所示。

图 1-11　RHEL 6.5 Server 虚拟机装载及 CD/DVD 中使用 ISO 镜像文件

(3) 启动虚拟机:在 VMWare Workstation Pro 软件的左侧窗口中,单击需要启动的 RHEL 6.5 Server 虚拟机,然后在右侧窗口单击"开启此虚拟机",即可启动该虚拟机。然后在登录界面输入给定的用户名、密码就可以登录虚拟机操作系统,如图 1-12 所示。

(4) gcc 编译器安装:登录 RHEL 6.5 Server 虚拟机后,打开"应用程序→系统工具→终端",在字符终端方式下,输入如下命令安装 gcc 的 rpm 包:

```
//media 目录下按 tab 键自动补写目录名
# cd /media/RHEL_6.5\x86_64\Disc\1/Packages/
# rpm -ivh kernel-headers-2.6.32-431.el6.x86_64.rpm
# rpm -ivh glibc-headers-2.12-1.132.el6.x86_64.rpm
# rpm -ihv glibc-devel-2.12-1.132.el6.x86_64.rpm
# rpm -ihv mpfr-2.4.1-6.el6.x86_64.rpm
# rpm -ihv ppl-0.10.2-11.el6.x86_64.rpm
# rpm -ihv cpp-4.4.7-4.el6.x86_64.rpm
# rpm -ihv cloog-ppl-0.15.7-1.2.el6.x86_64.rpm
# rpm -ihv gcc-4.4.7-4.el6.x86_64.rpm
//安装 G++
```

```
# rpm -ivh libstdc++-devel-4.4.7-4.el6.x86_64.rpm
# rpm -ivh gcc-c++-4.4.7-4.el6.x86_64.rpm
```

图 1-12　RHEL 6.5 Server 虚拟机启动界面

3. RHEL 6.5 Server 建立和运行 C 程序

在 Shell 环境下,输入如下命令,实现 Linux C 程序编辑、编译、运行:

```
# vi Hello.c              //进入 vi 编辑器,编写 Hello.c 源程序
# more Hello.c            //显示 Hello.c 源程序内容
# gcc Hello.c -o Hello    //Hello.c 为源程序,Hello 为编译后的可执行程序
# ./Hello                 //运行可执行程序 Hello
```

如图 1-13 所示,首先通过 vi 编辑器编写例 1-1 的 C 示例程序,文件名为 Hello.c,通过 more 命令显示该文件的内容;接着,利用 gcc 编译源文件 Hello.c 后,生成可执行文件 Hello;最后,运行可执行文件 Hello,显示运行结果。

图 1-13　Linux C 程序编辑、编译、运行

1.2.5 运行 C 程序的步骤

C 语言编写的源程序代码,并不能被计算机直接识别和执行,需要经过编译器进行程序翻译,把 C 程序代码翻译成二进制目标程序,然后再与系统库函数及其他目标程序进行连接,最后形成计算机可执行的目标代码。C 语言程序的运行需要经过编辑、编译、连接、运行四个步骤,如图 1-14 所示。

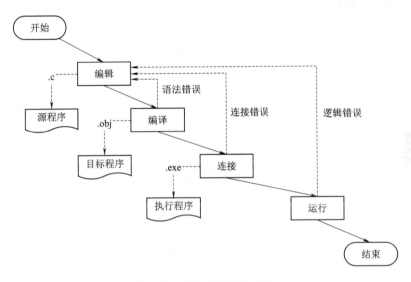

图 1-14　运行 C 程序的步骤

(1)编辑源程序,生成源文件:编辑是指在专用的程序编辑工具软件中,输入和修改 C 语言源程序代码,最后以文件的形式存入指定的文件夹下,源文件的扩展名为.c,头文件的扩展名为.h。

(2)编译源程序,生成目标程序。编译器首先进行预编译,通过预处理器对#开始的预处理指令进行预处理,把得到的预处理代码与其他程序代码合成为一个完整的源程序。然后,编译器进行正式编译,把预处理好的源程序翻译成二进制目标程序。在正式编译过程中,编译器会对源程序的语法进行检查,不断更正修改语法错误直至程序语法正确,编译器会自动形成扩展名为.obj 的目标程序。

(3)连接处理,生成可执行程序。一个 C 语言程序,可能包含若干个源程序文件,各个文件往往是单独编译的,每个文件经过编译可得到与之对应的目标文件(目标模块)。因此,需要由系统提供的连接程序,把编译好的各个目标模块与系统提供的标准库函数进行连接,生成扩展名为.exe 的可执行文件。连接过程中如果出现错误,则需要更正修改后重新进行编译和连接。

(4)运行可执行程序,测试程序逻辑正确性。设计不同的测试事例,运行程序并检查结果。如果结果不符合预期,表明程序中有逻辑处理方面的问题,这时需要检查并修改源程序,更正修改后再重新进行编译、连接、运行,直到得到正确的结果。编译器只能检查程序的语法问题,但对于程序逻辑的正确性,一方面需要靠编程者的逻辑思维能力保证,另外一方面需要靠大量的测试。对于大型软件,其质量保证是建立在单元测试、功能测试、系统测试等测试的基础上。

1.3 C程序组成及函数结构

C程序包含源文件和头文件两种类型的文件,函数则是C程序的主要组成部分,它包含系统定义的库函数以及用户自定义的子函数。

1.3.1 C程序的组成

一个C语言程序可以由一个或若干个保存了程序代码的源文件组成。对于小型程序,通常只包含一个源程序文件。对于规模较大的程序,为便于团队开发及程序编译调试和维护,需要根据功能划分不同的程序模块,每个程序模块可包含一个或者多个源程序文件,如图1-15所示。

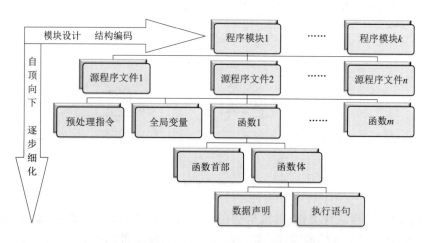

图1-15 C语言程序的组成及函数结构

C语言包含两类源程序文件:一类是扩展名为.c的源文件(每个源文件可由预处理指令、全局变量声明、若干函数组成),一个是扩展名为.h的头文件(每个头文件可由预处理指令、全局变量以及外部函数声明组成)。

(1)预处理指令:编译系统对C源程序进行编译前,由预处理器(预编译器)处理#开始的预处理指令。预处理是C语言的一个重要功能,几个常用的预处理指令的作用如下:

文件包含(#include)将源文件中以"#include"格式包含的文件复制到编译的源文件中。宏定义(#define)用实际值替换用"#define"定义的字符串。条件编译(#ifdef)根据"#ifdef"后面的条件决定需要编译的代码。

(2)全局变量声明:在函数内部定义的变量是局部变量,其作用范围只在本函数范围内有效。而在函数之外定义的变量称为全局变量,可被从定义变量的位置开始到本源文件结束的其他函数所共用。

(3)函数:函数是C程序的主要组成部分,一个C程序由唯一的主函数main、多个系统定义的库函数、多个用户自定义的子函数组成,通过函数的定义来指定函数实现的功能。

1.3.2 函数结构

一个函数包括函数首部和函数体两部分。函数首部是指函数的第一行,包括函数名、函数类型、函数参数(形式参数,可以无参)、参数类型及函数属性。函数体是指函数首部下面的{}内的部分,包含声明部分和执行部分。执行部分是由语句构成的,语句的作用是向计算机系统发出操作指令(编译后产生若干条机器指令),要求执行相应的操作。声明部分不是语句,它不产生机器指令,只是对有关数据的声明。

函数结构

【例 1-3】求三个整数中的最大值和最小值。

思路分析:利用子函数求两个整数的最大值或最小值,在主函数中分别调用该子函数 2 次,第一次调用时比较前两个数的大小,第二次调用时比较第三个数和第一次调用后得到的比较结果。

程序代码:

```c
#include<stdio.h>          //编译预处理指令
int main()                 //定义主函数
{                          //主函数体开始标志
    int max(int x,int y);  //对最大值max函数进行声明
    int min(int x,int y);  //对最小值min函数进行声明
    int a,b,c,m1,m2;       //定义整型变量a,b,c,m1,m2
    printf("Please input integers a,b,c:");   //提示输入整数值
    scanf("%d,%d,%d",&a,&b,&c);  //输入变量a,b,c的值,注意输入格式中的逗号不能省略,例如3,6,9
    m1=max(a,b);           //调用子函数max,把函数值赋值给变量m1
    m1=max(m1,c);          //调用子函数max,把函数值赋值给变量m1
    m2=min(a,b);           //调用子函数min,把函数值赋值给变量m2
    m2=min(m2,c);          //调用子函数min,把函数值赋值给变量m2
    printf("max=%d min=%d\n",m1,m2);   //输出最大值变量m1和最小值变量m2的值
    return 0;              //函数执行完毕时返回函数值0
}                          //主函数体结束标志

int max(int x,int y)       //定义子函数max,形式参数x,y为整型,函数值为整型
{
    int z;                 //子函数中声明部分,定义整型变量z
    if(x>y)z=x;            //若x>y成立,将较大者x的值赋值给变量z
    else z=y;              //否则(表明x<=y成立),将较大者y的值赋值给变量z
    return z;              //将变量z的值作为子函数max的函数值,返回调用该函数的位置
}

int min(int x,int y)       //定义子函数max,形式参数x,y为整型,函数值为整型
{
    int z;                 //子函数中声明部分,定义整型变量z
    if(x>y)z=y;            //若x>y成立,将较小者y的值赋值给变量z
    else z=x;              //否则(表明x<=y成立),将较小者x的值赋值给变量z
    return z;              //将变量z的值作为子函数min的函数值,返回调用该函数的位置
}
```

运行结果:

```
Please input integers a,b,c:-8,10,0
max=10 min=-8
```

程序说明:

(1)主函数 int main():整个程序只含唯一一个 main()函数,且只能有一个。

①函数首部:"int main()"表明该主函数无参数,可以写为"int main(void)"。

②函数体的声明部分:定义变量"int a,b,c,m1,m2;";两个自定义子函数的声明"int max(int x,int y);"和"int min(int x,int y);",便于主函数下面对子函数调用时,编译系统能正确识别函数并检查调用是否合法。

③函数体的执行部分:

"scanf("%d,%d,%d",&a,&b,&c);"通过标准输入函数 scanf,从键盘输入变量 a、b、c 的值。英文半角双引号中的"%d,%d,%d"是输入格式声明字符串,作用是以"十进制整数,十进制整数,十进制整数"的格式在屏幕上输入整数,例如3,6,9,注意输入格式中的英文半角逗号一定不能省略,需原样输入,否则输入值会异常。&a, &b, &c 表示通过取地址运算符 & 来获取变量 a、b、c 的内存地址,把输入的三个整数依次存放到变量 a、b、c 对应的内存地址,相当于给三个变量赋值。

"m1 = max(a,b);"通过 max(a,b)调用子函数 max。在调用时将 a 和 b 作为 max 函数的实际参数的值,分别传送给 max 函数中的形式参数 x 和 y。调用结束,把 max 函数返回的值赋值给变量 m1。"m1 = max(m1,c);"把变量 m1 和变量 c 作为实参,调用子函数 max,把函数返回值赋值给变量 m1,得到三个数的最大值。

"m2 = min(a,b);"把变量 a 和变量 b 作为实参,调用子函数 min,把函数返回值赋值给变量 m2。"m2 = min(m2,c);"把变量 m2 和变量 c 作为实参,调用子函数 min,把函数值赋值给变量 m2,得到三个数的最小值。

"printf("max = %d min = %d\n",m1,m2);"通过标准输出函数 printf,输出最大值变量 m1 和最小值变量 m2 的值。printf 函数第一个参数是英文半角双引号中的"max = %d min = %d\n",它是输出格式字符串,作用是以给定的输出格式输出字符。其中 max = 和 min = 是用户希望原样输出的字符,%d 是指定的输出格式,d 表示用"十进制整数"形式输出,\n 是换行。第二个参数 m1,表示在"max = %d"的%d 处,以十进制整数值替代。第三个参数 m2,表示在"min = %d"的%d 处,以十进制整数值替代。格式字符串的最后是换行符\n,所以输出后在屏幕上换行。

(2)子函数 int max():用户自定义子函数,用于求两个整数的最大值。

①函数首部:函数定义的第一行"int max(int x,int y)"是子函数 max 的首部,参数 x,y 为形式参数。

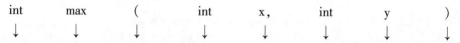

int	max	(	int	x,	int	y	)
↓	↓	↓	↓	↓	↓	↓	↓
函数类型	函数名	函数括号	参数类型	参数名	参数类型	参数名	函数括号

②函数体的声明部分:定义变量"int z;"。

③函数体的执行部分:"if(x>y)z=x;"和"else z=y;"合起来实现双分支条件判断,若 x>y 成立,将较大者 x 的值赋值给变量 z,否则(x≤y 成立),将较大者 y 的值赋值给变量 z。

"return z;"把变量 z 的值作为子函数 max 的函数值返回,或用"return(z);"。

(3)子函数 int min():用户自定义子函数,用于求两个整数的最小值。除了求最小值的双分支条件判断逻辑不同外,其他类似于 max 子函数。

1.4 数据结构和算法

计算机程序可以从程序的组织形式、执行处理、算法设计三个方面来理解。

(1)从程序组织形式上,计算机程序是指一个或若干个源程序文件的集合,每个源文件保存了基于程序设计语言所编写的预处理指令、全局变量声明、函数。其中,函数是计算机程序的主要组成部分,包括一个主函数、若干个库函数、用户自定义子函数。

(2)从程序执行处理上,计算机程序是指一组计算机能识别和执行的,可以完成某项功能的一个特定的指令序列。指令是可被计算机理解并执行的基本操作命令,计算机每个操作根据事先设定指令执行。如图 1-16 所示,从火箭起飞开始,中间的器箭分离,到最后的发射成功,这一系列的指令操作,类似于计算机的一个指令序列,功能是完成火箭发射。

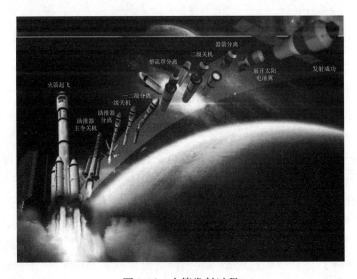

图 1-16 火箭发射过程

(3)从程序算法设计上,C 语言中的计算机程序是由算法和数据结构组成。算法是对操作的描述,即要求计算机进行操作的步骤。可以用顺序结构、选择结构、循环结构这三种基本结构作为一个算法的基本单元,按一定规律组成一个算法结构。数据结构是对数据的描述,在程序中要指定用到哪些数据,以及这些数据的类型和数据的组织形式。

计算机软件区别于计算机程序,它是一个更宏观的概念,一般由计算机系统操作有关的计算机程序、规程、规则,以及可能有的文件、文档、数据库等组成。

1.4.1 数据结构

数据结构(data structure)是指相互之间存在一种或多种特定关系的数据元素的集合,这种数据元素间的关系称为结构。如图 1-17 所示,有四类基本结构。

(1) 集合:结构中的数据元素除了"同属于一个集合"外,没有其他关系。

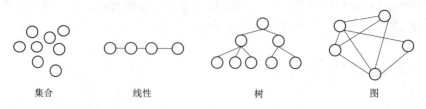

图 1-17 数据元素间的四类基本结构

(2) 线性结构:结构中的数据元素之间存在一对一关系。表 1-3 所示的电话号码查询系统表记录了 N 个人的姓名和其相应的电话号码,假定按如下形式安排:$(a_1,b_1),(a_2,b_2),\cdots,(a_n,b_n)$,其中 $a_i,b_i(i=1,2,\cdots,n)$ 分别表示某人的姓名和电话号码。这种典型的表格问题,数据间形成简单的一对一的线性关系。

表 1-3 电话号码查询系统表

姓名(a_i)	电话号码(b_i)
董××	13000000000
罗××	18111111111
朱××	13222222222
……	……

(3) 树状结构:结构中的数据元素之间存在一对多的关系。例如,AlphaGo 是一款围棋人工智能程序,通过多层神经网络进行训练和深度学习,它有两个大脑:

第一大脑:落子选择器(move picker)。第一个神经网络大脑是"监督学习的策略网络(policy network)",观察棋盘布局企图找到最佳的下一步。事实上,它预测每一合法下一步的最佳概率,那么最前面猜测的就是那个概率最高的选择。这可以理解成"落子选择器"。

第二大脑:棋局评估器(position evaluator)。第二个大脑不是去猜测具体下一步如何落子,而是在给定棋子位置的情况下,预测每一个棋手赢棋的可能。这种"局面评估器"就是价值网络(value network),它通过棋局的整体局面预测对手赢棋的可能性,来辅助落子选择器。

AlphaGo 和围棋冠军李世石人机对弈中,双方对当前的棋局可以派生几个新的棋局,对弈过程的所有可能的棋盘格局,就组成一棵倒长的树,形成非线性关系的树状结构。

(4) 图状结构(网状结构):结构中的数据元素之间存在多对多的关系。例如,中国高铁交通运营线路的调度问题。从一个高铁站到另一个高铁站可以有多条路径,问题本身就是一种典型的网状结构问题,数据与数据形成多对多的关系,是一种非线性关系的图状结构。

1.4.2 算法及效率度量

视频
算法及效率度量

1. 算法及其类别

算法(algorithm)是对特定问题的解决步骤的一种描述,是求解步骤或操作指令的有限序列,其特性包括有穷性、确定性、输入、输出、有效性。对同一个问题,不仅可以有不同的解决方案,而且需要保证算法的正确性和效率。算法的描述可以采用非形式化的自然语言、流程框图、类高级语言的伪代码,甚至是计算机程序语言。从这个角度看,计算机程序其实是算法在计算机中的具体实现。

算法有数值类算法和非数值类算法。数值运算的目的是求数值解,可以运用数值分析方法。数值运算大多有现成的数学模型,而且对其算法的研究也比较深入。目前,计算机在非数值运算方面的应用远超在数值运算上的应用,而且其种类繁多,要求各异,需要为特定的问题设计专门算法。

【例1-4】求 n 个整数中的最大值、最小值、平均值。

思路分析:在主函数中,对 n 个整数循环比较和求和。第一次循环时,最大值 max、最小值 min 以及和 sum 赋值为第一个数的值。第二次循环时,比较第二个数和第一次循环后得到的最大值 max、最小值 min 以及和 sum 加上第二个数,依此类推,直到第 n 个循环后结束,再求 n 个整数的平均值。当然,也可以在主函数中,采用循环调用例1-3的最大值子函数 max() 和最小值子函数 min() 的方法。

程序代码:

```
#include <stdio.h>
int main()
{
    int max,min,a,n,i=1;
    float ave,sum=0;                        //定义 float 型变量 ave,sum
    printf("请输入数值个数 n(n>0):");        //输入数值个数的变量 n,限定 n>0
    scanf("%d",&n);
    while(i<=n)                             //当 i<=n 为真继续循环,直到 i<=n 为假结束循环
    {
        printf("请输入第%d个整数:",i);       //输入第 i 个整数的值
        scanf("%d",&a);
        if(i==1)max=min=a;                  //第一次输入时,把变量 a 输入的值赋值给最大值 max,最小值 min
        if(a>max)max=a;
        if(a<min)min=a;
        sum=sum+a;
        i=i+1;
    }
    ave=sum/n;                              //求平均值变量 ave 的值
    printf("max=%d min=%d ave=%f\n",max,min,ave);
    return 0;
}
```

运行结果:

```
请输入数值个数 n(n>0):5
请输入第 1 个整数:10
请输入第 2 个整数:-8
请输入第 3 个整数:15
请输入第 4 个整数:-100
请输入第 5 个整数:98
max=98 min=-100 ave=3.000000
```

程序说明:

(1) "int max,min,a,n,i=1;"整型变量声明语句中,利用"i=1"在声明变量 i 时赋初值1。

(2)"float ave,sum = 0;"声明了 sum 和 ave 是浮点型变量,"sum = 0"表示声明变量 sum 时赋初值 0。

(3)循环语句 while(i <= n)小括号中的关系表达式"i <= n"为循环条件,其后{}中的语句为循环体。当循环条件成立(为真)时执行循环体,直到循环条件为假,跳过循环体,结束整个循环。

①"scanf("%d",&a);",在每次循环时,从屏幕输入一个整数。

②"if(i == 1) max = min = a;",第一次输入时,把变量 a 输入的值赋值给最大值 max 和最小值 min。

③每次循环时,"if(a > max) max = a;"和"if(a < min) min = a;"比较输入变量 a 的值和最大值 max 以及最小值 min 的大小,得到最大值和最小值。

④"sum = sum + a;",每次循环时,输入值 a 累加到 sum。

⑤"i = i + 1;",循环变量 i 每次循环累加 1,用于控制 while 循环的次数。

(4)"ave = sum/n;",循环结束后,求 n 个整数的平均值。sum 和 ave 是浮点型变量,n 为整型变量。如果 sum 也声明为整型变量,整除会截断小数部分,从而导致得不到正确的平均值。

(5)"printf("max = %d min = %d ave = %f\n", max, min, ave);"输出最大值 max,最小值 min,以及平均值 ave。对应变量 ave 的输出格式中用到% f,表示以浮点数格式输出其值,精度为 6 位小数。

2. 算法设计及其效率

算法设计包括正确性、可读性、健壮性、高效率、低存储量需求。其中:健壮性是指算法应具有容错处理;高效率指的是算法执行的时间越短,算法的效率就越高;低存储量需求指算法执行过程中所需要的最大存储空间最小。

算法效率的度量方法一般采用问题规模函数度量,即不考虑软硬件因素,把一个算法的"运行工作量"大小和问题的规模(用整数 n 表示)相关联。问题规模函数分为时间复杂度和空间复杂度的分析。

算法中基本操作重复执行的次数是问题规模 n 的某个函数 $f(n)$,其时间复杂度的度量记作:

$$T(n) = O(f(n))$$

是指随问题规模 n 增大,算法执行时间的增长率和 $f(n)$ 增长率相同。一般常用最深层循环语句中原操作的执行频度(重复执行次数)来表示。例 1-4 中的 while 循环体中有限个数的语句(原操作)并不影响问题的规模,问题的规模和循环体中原操作的执行频度有关,当原操作执行频度 n 趋于无穷大时,它的时间复杂度为 $O(n)$。

从增长率上看,尽可能选择时间复杂度为 $O(1)$ 常量阶、$O(n)$ 线性阶、$O(n^2)$ 平方阶等多项式阶的算法,以及 $O(\log n)$ 对数阶、$O(n\log n)$ 线性对数阶算法,对于 $O(2^n)$ 指数阶算法尽量避免采用。

算法所需存储空间是问题规模 n 的某个函数 $f(n)$,其空间复杂度的度量记作:

$$S(n) = O(f(n))$$

该式指随问题规模 n 增大,算法存储空间的增长率和 $f(n)$ 增长率相同。例如数组空间复杂度,一维数组 $a[n]$ 空间复杂度 $O(n)$;二维数组 $a[n][m]$ 空间复杂度 $O(n \cdot m)$,当 n 和 m 趋向无限大,空间复杂度为 $O(n^2)$。

1.5 程序算法表示

计算机程序的算法表示,可以采用非形式化的自然语言、流程图、类高级语言的伪代码、计算机程序语言(C语言)等方法,其中流程图是最常用的方法。

1.5.1 自然语言表示

算法可以用人们日常使用的语言(汉语、英语等)来表示,这种方式虽然通俗易懂,但是烦琐、有歧义,需根据上下文进行判断,难于描述分支和循环,故一般复杂的算法不使用自然语言来描述。

【例 1-5(1)】求 $1+2+3+4+5+\cdots+n$ 的值。

思路分析:使用主函数中循环求和的解决方案。可以设置三个变量:累加和 sum、项数 n 以及控制循环的变量 i。循环变量 i 的步长为1,即每次循环 i 累加1,不仅可以控制循环次数,同时也作为下一次求和的和数。

C语言表示的程序代码:

```
#include<stdio.h>
int main()
{
    int sum=0,n,i=1;
    printf("请输入项数 n:");
    scanf("%d",&n);
    while(i<=n)
    {
        sum=sum+i;         //每循环一次,和 sum 累加 i
        i=i+1;             //每循环一次,变量 i 增加 1。i 既作为当前项的值,又作为项数的计数
    }
    printf("sum=%d\n",sum);
    return 0;
}
```

【例 1-5(2)】求 $1+3+5+7+9+\cdots+(2n-1)$ 的值。

思路分析:类似例 1-5(1),循环变量 i 同样具有双重身份,用于控制循环次数和通过 $(2*i-1)$ 来计算下一次求和的和数。

C语言表示的程序代码:

```
#include<stdio.h>
int main()
{
    int sum=0,n,i=1;
    printf("请输入项数 n:");
    scanf("%d",&n);
    while(i<=n)
    {
        sum=sum+(2*i-1);   //每循环一次,和 sum 累加(2*i-1)
        i=i+1;             //每循环一次,变量 i 增加 1。i 既作为当前项的值,又作为项数的计数
```

```
    }
    printf("sum=%d\n",sum);
    return 0;
}
```

【例1-5(3)】 等差数列求和。

思路分析：例1-5(1)和例1-5(2)是两个等差数列，其第n项的值$a_n = a_1 + (n-1)d$，n项的和$s = (a_1 + a_n)n/2$或者$s = a_1n + n(n-1)/2d$。可以利用等差数列的公式直接求和，设置四个变量：累加和sum、项数n、首项a1、公差d。

C语言表示的程序代码：

```
#include<stdio.h>
int main()
{
    int sum=0,n,a1,d;
    printf("请输入项数n,首项a1,公差d:");
    //输入变量n,a1,d的值,注意输入格式中以空格分隔开各个输入项
    scanf("%d %d %d",&n,&a1,&d);
    sum=a1*n+n*(n-1)/2*d;          //等差数列求和公式
    printf("sum=%d\n",sum);
    return 0;
}
```

表1-4中，给出了例1-5(1)~例1-5(3)三种样例算法的自然语言表示，用到S1、S2、S3等，分别代表步骤1、步骤2、步骤3。例1-5(1)和例1-5(2)算法差异很小，只有步骤S5不同，例1-5(3)由于使用了数学模型，其步骤更少、执行效率更高、通用性更强。

表1-4 样例算法的自然语言表示的步骤比较

例1-5(1)	例1-5(2)	例1-5(3)
S1:sum=0		
S2:i=1		S2:输入项数n,首项a1,公差d
S3:输入项数n		
S4:若i<=n,循环执行S5~S6,否则到S7		
S5:sum=sum+i	S5:sum=sum+(2*i-1)	S3:sum=a1*n+n*(n-1)/2*d
S6:i=i+1		
S7:输出和sum,结束		S4:输出和sum,结束

1.5.2 流程图表示

流程图用一些框图来表示各种操作，用箭头来表示流程的走向，其图形化的算法表示更直观形象，有传统流程图、三种基本结构、N-S流程图三种方式。

1. 传统流程图

美国国家标准协会(ANSI)规定了一些常用流程图符号，见表1-5，已为世界各国程序工作者普遍采用。传统流程图使用可随意转来转去的流程线，指出流程框图的执行顺序，这降低了流程图的可读性。

表 1-5　流程图符号

图形符号	形　状	名　称	作　用
▢	圆角矩形	起止框	算法的开始或者结束
▱	平行四边形	输入输出框	数据的输入输出操作
◇	菱形	判断框	判断条件是否成立,决定后续不同操作
▭	矩形	处理框	数据的赋值和计算处理操作
→	带箭头(折)线段	流程线	流程执行的顺序和方向
○	小圆圈	连接点	带标识号,把不同部分的流程图相连

2. 三种基本结构

为提高算法的设计质量,Bohra 和 Jacoplni 于 1966 年提出了顺序、选择、循环三种基本结构,作为算法结构的基本构件,按一定规律顺序排列由上而下组成。

(1)顺序结构:如图 1-18(a)所示,按照程序中的语句顺序依次执行,执行完 A 框操作后,执行 B 框操作。

(2)选择结构:双分支结构如图 1-18(b)所示,根据条件判断 p 是否成立而选择执行 A 框或者 B 框。第一个派生结构如图 1-18(c)所示,为单分支结构,根据条件判断 p 是否成立而选择执行 A 框或者不执行任何操作。第二个派生结构如图 1-18(d)所示,为多分支结构(开关结构),根据表达式的值 p,当 p = p_1 时选择执行 A 框,p = p_2 时选择执行框 B 框,依此类推,p = p_m 时选择执行框 M 框,p = p_n 时选择执行框 N 框。

(3)循环结构:while 型循环结构如图 1-18(e)所示,当条件 p 成立时,重复执行 A 框,直到条件 p 不成立时终止循环。do-while 型循环结构如图 1-18(f)所示,先执行 A 框一次,然后判断条件 p,当条件 p 成立时,重复执行 A 框,直到条件 p 不成立时终止循环。

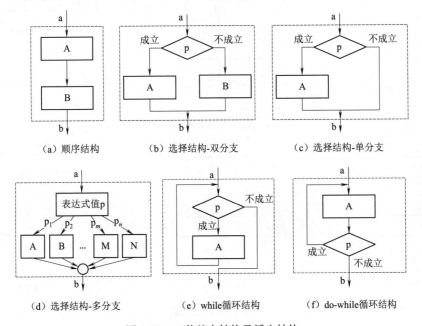

(a)顺序结构　　(b)选择结构-双分支　　(c)选择结构-单分支
(d)选择结构-多分支　　(e)while 循环结构　　(f)do-while 循环结构

图 1-18　三种基本结构及派生结构

以上三种基本结构及派生结构的共同特点是：一是只有 1 个入口和 1 个出口；二是结构内的每一部分都会被执行到，且不存在死循环。

3. N-S 流程图

1973 年，美国学者 I. Nassi 和 B. Shneiderman 提出了一种新的框图流程图，利用三种去掉了带箭头流程线的顺序、选择、循环基本框图，如图 1-19 所示，组成一个大框，也即全部算法写在一个矩形框内。以二位美国学者的英文姓氏首字母 N 和 S 命名这种新的流程图为 N-S 结构化流程图。

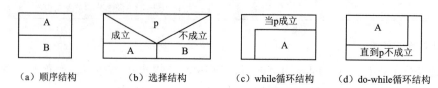

（a）顺序结构　　（b）选择结构　　（c）while 循环结构　　（d）do-while 循环结构

图 1-19　三种基本结构的 N-S 结构化流程图

【例 1-5（4）】将例 1-5（1）～例 1-5（3）中三种自然语言表示的算法，分别用流程图和 N-S 流程图表示。例 1-5（1）～例 1-5（3）的流程图分别如图 1-20（a）～（c）所示，其 N-S 流程图分别如图 1-21（a）～（c）所示。

从以上例子可以看出，相比传统的流程图，N-S 流程图由于省略了流程线，所以其表示的算法短小精悍、紧凑易画，相比自然语言表示，盒子图表示方式更直观、形象、易于理解。

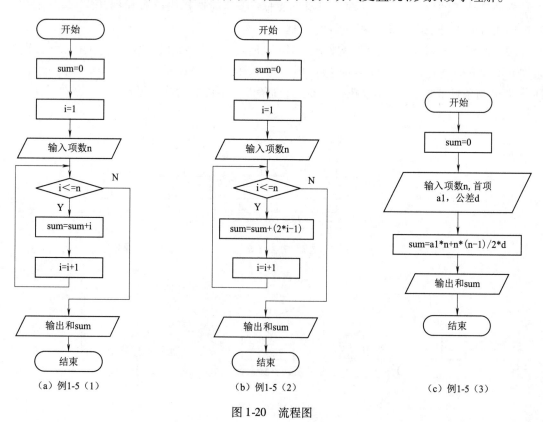

（a）例1-5（1）　　（b）例1-5（2）　　（c）例1-5（3）

图 1-20　流程图

(a) 例1-5 (1)

(b) 例1-5 (2)

(c) 例1-5 (3)

图 1-21 N-S 流程图

1.5.3 伪代码表示

伪代码是用介于自然语言和计算机语言之间的文字和符号来描述算法,可以使用中英文混用的方式,而且并无固定的语法格式。设计一个算法时,频繁的修改不可避免,符号化的伪代码同图形化的流程图相比较,其修改更方便,也便于向计算机程序过渡。

【例1-6】求 $n!$。其伪代码表示的算法如下:

```
begin(算法开始)
    fact = 1
    i = 1
    scanf n
    while i <= n
    {
        fact = fact*i
        i = i + 1
    }
    print p
end(算法结束)
```

C 语言表示的程序代码:

```
#include <stdio.h>
int main()
{
  int i = 1,fact = 1,n;
  printf("请输入数值个数 n:");
  scanf("%d",&n);
  while(i <= n)
  {
     fact = fact*i;    //变量 fact 和变量 i 的乘积赋值给变量 fact
     i = i + 1;        //每循环一次,变量 i 增加 1。变量 i 既作为当前项的值,又作为项数的计数
  }
  printf("fact = %d\n",fact);
  return 0;
}
```

1.5.4 编程语言表示

前面的不同算法表示实例中,同时给出了对应的计算机编程语言 C 语言实现的代码。对算法的描述和表示,更直接的方式就是使用有严格语法规则的计算机程序语言。下面的例子直接使用计算机编程语言 C 语言来表示算法。

【例 1-7】求两个正整数的最大公约数和最小公倍数。

思路分析:最大公约数是数论中的一种概念,也称最大公因数、最大公因子,指两个或多个整数共有约数中最大的一个。而若干个整数公有的倍数中最小的正整数称为它们的最小公倍数。最大公约数有如下三种方法来实现:

(1)辗转相除法。

```c
/*两个正整数的最大公约数-辗转相除法:有两个正整数a和b,
  S1:a%b 得余数 t
  S2:若 t=0,则 b 即为两数的最大公约数
  S3:若 t≠0,则 a=b,b=t,再返回执行 S1
  两个正整数的最小公倍数=两个正整数的乘积/最大公约数*/
#include<stdio.h>
int main()
{
    int m,n,a,b,t;
    printf("请输入两个正整数:");
    scanf("%d,%d",&a,&b);      //输入变量a,b的值,输入格式中以逗号分隔各个输入项,不能省略
    m=a;
    n=b;
    while(t=a%b)                //若a%b的余数t不为0,执行循环a=b,b=t,直到余数为0
    {
        a=b;
        b=t;
    }
    printf("最大公约数(%d,%d):%d\n",m,n,b);
    printf("最小公倍数[%d,%d]:% d\n",m,n,m*n/b);
    return 0;
}
```

(2)穷举法。

```c
/*两个正整数的最大公约数-穷举法:有两个正整数a和b,
  S1:若 a>b,则 t=b,否则 t=a
  S2:若 a,b 能同时被 t 整除,则 t 即为最大公约数,结束
  S3:t--,再回去执行 S2
  两个正整数的最小公倍数=两个正整数乘积/最大公约数*/
#include<stdio.h>
int main()
{
    int a,b,t;
    printf("请输入两个正整数:");
    scanf("%d,%d",&a,&b);      //输入变量a,b的值,输入格式中以逗号分隔各个输入项,不能省略
    if(a>b)t=b;                 //取 a 和 b 中较小的数作为枚举的起始值
    else t=a;
```

```c
    while(t>0)         //若t 大于0,循环执行t--,当a和b同时可以被t除尽时跳出循环
    {
        if(a%t==0 && b%t==0)break;
        t--;
    }
    printf("最大公约数(%d,%d):%d\n",a,b,t);
    printf("最小公倍数[%d,%d]:%d\n",a,b,a* b/t);
    return 0;
}
```

(3) 相减法。

```c
/*两个正整数的最大公约数-相减法:有两个正整数a和b,
  S1:若a>b,则a=a-b
  S2:若a<b,则b=b-a
  S3:若a=b,则a(或b)即为两数的最大公约数
  S4:若a≠b,则再回去执行S1
  两个正整数的最小公倍数=两个正整数乘积/最大公约数*/
#include<stdio.h>
int main()
{
    int m,n,a,b;
    printf("请输入两个正整数:");
    scanf("%d,%d",&a,&b);     //输入变量a,b的值,输入格式中以逗号分隔各个输入项,不能省略
    m=a;
    n=b;
    while(a!=b)               //若a!=b,执行循环大数减小数,直到相等为止
    {
        if(a>b)a=a-b;
        else b=b-a;
    }
    printf("最大公约数(%d,%d):%d\n",m,n,a);
    printf("最小公倍数[%d,%d]:%d\n",m,n,m*n/a);
    return 0;
}
```

使用纯计算机程序语言来描述算法时,需要对 C 语言的语法相当精通和熟练,并且需要一定的空间思维和想象能力才能读懂算法的逻辑,所以在 C 语言程序中,多数编程者都会在关键的代码处加上注释。而用自然语言对关键的算法步骤进行描述,便于读者更快地理解程序各部分的作用,并能较快地分析出算法的处理逻辑。随着人工智能的发展,未来终究有一天计算机能够识别自然语言、流程图、伪代码描述的算法,并转化为可执行的计算机程序代码。

1.6 程序设计方法和思维

人们对于一些难以处理的复杂问题,通常是分解为若干个较容易处理的小一些的问题,使问题相对简单化,这样可以大大降低处理问题的难度,层次化方法、工程性思维、规范化原则是人们解决复杂问题的常用方式。

1.6.1 层次化方法

大型程序设计本身就是一个复杂的问题,因此可以采用"分而治之"的模块化、结构化、层次化处理方法。图 1-15 给出了程序设计的方法,包括纵向的自顶向下、逐步细化,横向的模块设计、结构编码。

(1)自顶向下:程序设计优先考虑上层的总体模块结构,再到下一层的函数细节实现。

(2)逐步细化:对于复杂的问题,可以多设计几个中间过渡层,通过一步步的分层实现来细化解决。

(3)模块设计:程序在规模较大时就会变得比较复杂,为便于团队开发,需要根据功能将程序划分为若干个功能独立、耦合性少的模块,每个程序模块又划分为多个.c 和.h 源程序文件,甚至包括数据交换的外部文件和数据库接口等。

(4)结构编码:利用结构化程序语言的三种基本结构(顺序结构、选择结构、循环结构)搭建结构化的程序代码,结构化地实现问题的算法描述。另外,规范化编写结构清晰的代码,需要遵守严格的编码规范。

1.6.2 工程性思维

从工程的角度,把一个复杂且开发周期很长的软件项目分解为若干个小周期、可并行或可迭代完成的子项目。每个周期的子项目都经过问题和需求分析、算法和架构设计、程序开发、测试分析、文档编写阶段,从而开发出一个可以交付的软件产品。这种软件产品的迭代和循序渐进的开发过程就是工程性思维。

(1)问题和需求分析:用户需求就是想要解决的问题。归纳、提炼、分析需求,研究给定的条件,找到解决问题的方案和规律,例如针对问题的内在特性,采用数据的形式化描述,抽象出一个适当的数学模型。这个过程的体现是软件需求文档,它是开发和测试的蓝本。

(2)算法和架构设计:考虑问题所涉及的数据量大小及数据之间的关系,设计合理的数据存储结构,在计算机中存储数据及数据之间的关系。算法设计分析,首先考虑处理问题时需要对数据作何种运算和操作,采用合适的算法表示方法,描述求解问题的步骤;其次,分析算法的时间复杂度和空间复杂度,从时间和空间上进行平衡度量,选择性能良好的算法。程序的架构设计,需要根据软件功能,设计合理的模块架构。这个过程的体现是软件设计文档。

(3)程序开发:编写详细的程序代码,对源程序文件进行编辑、编译、连接处理,得到可执行程序。这个过程的成果是可执行的程序代码。

(4)测试分析:运行程序,完成各种测试,例如单元测试、功能测试、集成测试等。分析测试结果,验证程序的功能,测试集成软件的性能,确保软件的质量。这个过程的成果是测试文档和测试报告。

(5)文档编写:编写程序功能描述文档,向用户提供程序说明书(用户文档)。例如软件功能、运行环境、安装和启动、使用注意事项等。

软件工程中,有多种开发模型。在瀑布开发模型中,整个开发过程以文档为驱动,开发人员以文档为依据进行开发;而敏捷开发模型,注重的是人与人之间面对面的交流,强调以人为核心,只写有必要的文档,或尽量少写文档。

1.6.3 规范化原则

不遵守编译器的规定,编译器在编译时就会报错,这个规定叫作语法规则。但是有一种规定,它是一种人为的、约定成俗的,即使不按照那种规定也不会出错,这种规定就叫作规范。显然,编码规范是指语法规则之外的格式规定,是一种书写规范。程序员特别是编程初学者,需要遵循规范化的原则(一个编码规范参考见附录D),编写清晰、美观的规范化代码,培养良好的职业素养。

编码的规范化具有可读回读性、防错查错性等优点。程序代码量大时,规范化便于阅读;注释不仅要详细,而且格式要规范,便于别人或自己长时间后回头看还能读懂;规范格式输入代码,会减少编码出错,并便于查错。

上机实训

1. 屏幕输出。编写一个C程序,在计算机屏幕上输出如下字样:

```
This is a C program.
   //how do you do!
      /*how do you do!*/
         ****************
            ****************
               ****************
```

2. 点阵输出。利用点阵图原理,输出汉字"我爱中国"的32×32点阵图。

3. 求整数之和。编写一个C程序,运行时输入 a、b 两个整数值,输出这两个整数之和 sum。

4. 求最大整数。编写一个C程序,运行时输入 a、b、c 三个整数值,输出这三个整数的最大值。

5. 求阶乘。编写一个C程序,运行时输入整数值 $n(n \geq 1)$,输出 $n!$ 的值。

6. 求交错调和级数。编写一个C程序,运行时输入整数值 $n(n \geq 1)$,输出 $1 - \frac{1}{2} + \frac{1}{3} - \frac{1}{4} + \cdots (-1)^{n-1}\frac{1}{n}$ 值。

第 2 章 顺序结构程序设计

学习目标

- 熟悉数制和进制转换,了解信息存储单位及常用的信息编码。
- 掌握基本数据类型中的常量和变量、整型、字符型、浮点型数据;熟悉运算符和表达式中的算术运算、赋值运算、类型转换、长度运算,了解位运算和逗号运算。
- 熟悉格式化输入输出函数 printf/scanf、字符输入输出函数 getchar/putchar。
- 具有二进制、八进制、十六进制、十进制的数制转换及编程能力。
- 具有应用不同基本数据类型进行 C 程序的程序设计能力。
- 具有应用数据格式化和字符输入输出函数进行程序设计能力。

2.1 数制和信息编码

计算机程序中的数据表示和处理涉及数制及转换(如十进制、二进制、八进制、十六进制)、信息的存储单位以及信息的编码方式。

2.1.1 数制及转换

1. 数制的概念

数制也称计数制,是用一组固定的符号和统一的规则来表示数值的方法。由于按进位的方法进行计数,也称为进位计数制。任何一个数制都包含两个基本要素:基数和位权。

(1)基数:在一种数制中,采用一组固定不变的且不重复的 R 个数符的基本符号来表示数值,则称该数制的基数为 R。

(2)位权:数符所处数位位置决定数值大小,数位的位权是 R 的若干次幂。

表 2-1 列出了几种常用的数制,包含十进制(decimal)、二进制(binary)、八进制(octal)、十六进制(hexadecimal)。高级程序语言中,数据的表示一般采用十进制数。程序设计语言中,可执行代码的表示多用十六进制数,极少数语言中代码的表示采用八进制数。计算机设备中,数据的表示和处理采用二进制数。不同的数制,其数值的书写规则采用带首字母后缀,或者带括号的数制下标。

表 2-1　几种常用的数制比较

数制	十进制	二进制	八进制	十六进制
规则	逢十进一	逢二进一	逢八进一	逢十六进一
基数	$R=10$	$R=2$	$R=8$	$R=16$
数符	0,1,2,3,4,5,6,7,8,9	0,1	0,1,2,3,4,5,6,7	0,1,2,3,4,5,6,7,8,9,A,B,C,D,E,F
位权	10^i	2^i	8^i	16^i
书写	$(123)_{10}$ 或 123D	$(1101)_2$ 或 1101B	$(213)_8$ 或 213O	$(82AD)_{16}$ 或 82ADH

R 进制的数制编码遵循"逢 R 进一"的规则。任意一个具有 n 位整数和 m 位小数的 R 进制数 N,其数值都可以表示为按位权展开的多项式之和:

$$(N)_R = \pm(a_{n-1}R^{n-1} + a_{n-2}R^{n-2} + \cdots + a_1R^1 + a_0R^0 + a_{-1}R^{-1} + \cdots + a_{-m}R^{-m})$$

$$= \sum_{i=n-1}^{-m} a_i R^i$$

例如,不同数制下的数,按位权展开为多项式,再按十进制求和:

$$(123.45)_{10} = 1\times10^2 + 2\times10^1 + 3\times10^0 + 4\times10^{-1} + 5\times10^{-2}$$
$$= 100 + 20 + 3 + 0.4 + 0.05 = (123.45)_{10}$$

$$(1101.11)_2 = 1\times2^3 + 1\times2^2 + 0\times2^1 + 1\times2^0 + 1\times2^{-1} + 1\times2^{-2}$$
$$= 8 + 4 + 0 + 1 + 0.5 + 0.25 = (13.75)_{10}$$

$$(213.4)_8 = 2\times8^2 + 1\times8^1 + 3\times8^0 + 4\times8^{-1}$$
$$= 128 + 8 + 3 + 0.5 = (139.5)_{10}$$

$$(82A.D)_{16} = 8\times16^2 + 2\times16^1 + 10\times16^0 + 13\times16^{-1}$$
$$= 2048 + 32 + 10 + 0.8125 = (2090.8125)_{10}$$

2. 进制转换

十进制转换为 R 进制($R=2$、8、16),其规则为:

整数部分转换:采用除以基数(2、8、16)取余法,直到商为 0,最先取得的余数为转换后的最低位,最后得到的余数是转换后的最高位。

小数部分转换:采用乘以基数(2、8、16)取整法,将此十进制数小数部分乘以基数取结果的整数部分,一直到小数部分为 0 或者达到所要求的精度为止。

例如,将十进制数 $(34.125)_{10}$ 转换为二进制数,按照上述规则,经过图 2-1 所示的人工计算,其结果是 $(34.125)_{10} = (100010.001)_2$。从数

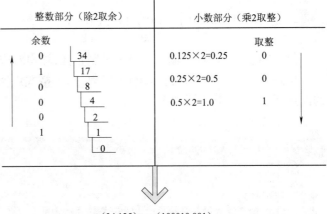

图 2-1　十进制转换为二进制的计算步骤

据结构的角度,整数部分计算相当于是栈(FILO 先进后出),小数部分是队列(FIFO 先进先出)。

Windows 自带计算器的程序员功能可以进行进制的快速转换,但计算器只能进行整数值转换,小数部分如何转换? 对于带小数的数值,仅利用整数转换规则,也可以实现进制转换,其转换规则如下:

(1) 十进制转换为二、八、十六进制:十进制数乘以2^n、8^n、16^n,直到小数部分为 0 或达到所要求精度,其整数部分转换为二、八、十六进制数后,小数点再向左移 n 位。例如,带小数的十进制数 34.125 转换为二进制数,该十进制数先乘以2^3相当于对应的二进制数左移了 3 位,得到二进制数后再右移 3 位:

34.125 $\times 2^3$ = 273 = 100010001B→(小数点左移 3 位)100010.001B

(2) 二、八、十六进制转换为十进制:小数点右移 n 位所得数值的整数部分转换为十进制数后再除以2^n、8^n、16^n。例如,二进制小数转换为十进制小数(保留 4 位有效数字):

1110001010.1101B →(小数点右移 4 位)11100010101101B = 14509,该数再除以2^4即得所求,14509 ÷ 2^4 = 906.8125

(3) 二、八、十六进制间转换:由于2^3 = 8、2^4 = 16,即八进制基数 8 是二进制基数 2 的 3 次幂、十六进制基数 16 是二进制基数 2 的 4 次幂,所以 3 位二进制数可以表示 0 ~ 7 这 8 个数码,4 位二进制数可以表示 0 ~ 9、A ~ F 这 16 个数码。反之,1 位八进制数可以用 3 位二进制数表示,1 位十六进制数可以用 4 位二进制数表示。所以,八、十六进制数转换为二进制时,其小数点每移 1 位,相当于对应的二进制数移动 3 位或 4 位,而二进制转换为八、十六进制时,小数点一次性要移动 3 位或 4 位对应于八、十六进制数移动 1 位:

1011011.1B →(小数点右移 3 位)1011011100B = 1334O →(小数点左移 1 位)133.4O

1011011.1B →(小数点右移 4 位)10110111000B = 5B8H →(小数点左移 1 位)5B.8H

也可以通过不移动小数位的方式,将上述例子直接进行转换。二进制转换为八进制时,当整数部分数符的个数不能被 3 整除时,高位补 0;而小数部分数符的个数不能被 3 整除时,低位补 0,对于横线上每 3 个一组的数符,直接进行转换。二进制转换为十六进制时,四个数符一组。

二进制转换	001	011	011	.100	→1011011.1B = 133.4O
八进制	1	3	3	.4	

二进制转换	0101	1011	.1000	→1011011.1B = 5B.8H
十六进制	5	B	.8	

【例 2-1】进制转换。输入一个十进制整数,输出对应八进制、十六进制数。

思路分析:调用库函数 printf()来实现,基于格式声明%o、%x、%X,格式化输出十进制整数的八进制、十六进制小写和大写。

程序代码:

```
#include<stdio.h>
int main()
{
    int N;
    printf("请输入要转换的十进制整数 N =");
    scanf("%d",&N);
    printf("八进制数:%#o 十六进制数(小写):%#x 十六进制数(大写):%#X\n",N,N,N);
    return 0;
}
```

运行结果:

请输入要转换的十进制整数 N =10
八进制数:012 十六进制数(小写):0xa 十六进制数(大写):0XA

请输入要转换的十进制整数 N =-10
八进制数:037777777766 十六进制数(小写):0xfffffff6 十六进制数(大写):0XFFFFFFF6

程序说明:

(1)"printf("八进制数:%#o 十六进制数(小写):%#x 十六进制数(大写):%#X\n",N,N,N);"通过标准输出函数 printf,输出待转换的十进制数 N。%#o 格式声明中的字母 o 表示输出的是八进制数形式,#表示输出时带八进制前缀 0。%#x 格式声明中的小写字母 x 表示输出十六进制数小写,%#X 输出格式声明中的大写字母 X 表示输出形式是十六进制大写,其中#表示输出时带十六进制前缀 0x(小写)或者 0X(大写)。

(2)输入十进制整数 N 为正数和负数时,该函数输出的八进制、十六进制是有区别的。例如 N = 10 和 -10 时,正数和负数输出的转换结果大相径庭,负数并不是对应的正数值简单地带个负号。这是由于在计算机中,整数在内存中是以二进制的补码形式表示的,输出结果是补码形式的数值,其最高位是符号位,0 表示数值为正,1 表示数值为负(详细内容在本章的基本数据类型小节介绍)。

N = 10 时,输出八进制数 012、十六进制数(小写)0xa、十六进制数(大写)0XA。

N = -10 时,输出八进制数 037777777766、十六进制数(小写)0xfffffff6、十六进制数(大写)0XFFFFFFF6。

(3)针对整型常量,八进制和十六进制(小写和大写)可以通过前置符号(0、0x、0X)来标志,十进制则不带前置符号。对于常用的二进制没有规定,但有些编译器厂商,自行扩展了类似 0b10001000 的语法,用来表示二进制数。

(4)C 语言中 pintf 函数对于进制转换的格式化输出,仅实现了十进制、八进制、十六进制三种,未含二进制,需要通过其他库函数或者自定义函数来实现。

【例 2-2】进制转换。输入一个十进制整数,输出其等值的任意进制数(例如,二进制、八进制、十六进制)。

思路分析:调用 stdlib.h 头文件中的库函数 itoa()来实现,该函数基于指定的基数,把数字转换为目标字符串。

程序代码:

```
#include<stdio.h>
#include<stdlib.h>        //包含库函数 itoa 的声明
int main()
{
    int N,d;
    char conv[256];        //转换后的进制数存储在一维字符数组 conv 中
    printf("请输入要转换的十进制整数 N = ");
    scanf("%d",&N);
    printf("请输入要转换的进制 d = ");
    scanf("%d",&d);
    itoa(N,conv,d);        //将整型值 N 按进制 d 转换为字符串并存放到数组 conv 中
```

```
            //用格式声明"%s"输出字符串 conv
            printf("十进制数:%d 转换为%d 进制数:%s\n",N,d,conv);
            return 0;
     }
```

运行结果:

```
请输入要转换的十进制整数 N=10
请输入要转换的进制 d=2
十进制数:10 转换为二进制数:1010

请输入要转换的十进制整数 N=-10
请输入要转换的进制 d=16
十进制数:-10 转换为十六进制数:fffffff6
```

程序说明:

(1)"char conv[256];"声明了一个长度为 256 的一维字符型数组,数组名为 conv,用于存放转换后的结果字符串。数组名 conv 实际上是一维字符数组在内存的起始地址(指针),数组和指针的概念将会在后续章节介绍。

(2)"itoa(N,conv,d);"将输入的整数 N 按进制 d 转换为字符串并存放到字符数组 conv 中。函数 itoa()包含在头文件 stdlib.h 库中,该函数有三个参数,第一个参数是待转换的数据(int 型变量 N),第二个参数是存储转换结果的目标字符串,是一个地址(一维 char 型数组名 conv),第三个参数是转换时所用的基数或者进制数(int 型变量 d)。

(3)"printf("十进制数:%d 转换为%d 进制数:%s\n",N,d,conv);",通过标准输出函数 printf 输出待转换的十进制数 N,基数或进制数 d,以及转换结果 conv。前两个整型变量 N 和 d,都指定%d 输出格式声明,d 表示用"十进制整数"形式输出。第三个变量是一维字符数组的数组名 conv,是字符串的地址,指定%s 输出格式声明,s 表示用"字符串"的形式输出。格式字符串的最后是换行符\n。

(4)输入十进制整数 N 为正数和负数时,同样由于计算机中整数的补码形式表示的原因,该函数输出的二进制、八进制、十六进制也是有区别的。

N=10 时,输出 1010、12、a。

N=-10 时,输出 1111111111111111111111111111110110、37777777766、fffffff6。

(5)itoa 并不是一个标准的 C 函数,它是 Windows 特有的,如果程序需要跨平台性,则要用到标准库中的 sprintf 函数。sprintf 函数功能比 itoa 更强大,其用法跟 printf 函数类似。

上述两个例子利用了 C 语言的库函数来实现进制转换,而且只是针对整型数值。读者可以在进一步学习数据结构中的栈和队列后,编写更通用的自定义函数,实现整型数值和浮点型数值的各种进制之间的转换。

2.1.2 信息存储单位

信息存储单位包含位(bit)、字节(Byte)、字(word)。

位(bit,简写为 b):位是度量数据的最小单位,1 位二进制表示两种状态,即 0 和 1,n 位二进制数可以表示 2^n 种状态。

字节(Byte,简写为 B):字节是计算机中信息组织和存储的基本单位,一个字节由 8 位二

进制数组成,即 1 Byte = 8 bit。计算机中表示数据大小的单位有 KB、MB、GB、TB,其转换关系如下:

$$1\ KB = 1\ 024\ B = 2^{10}\ B \qquad 1\ MB = 1\ 024\ KB = 2^{20}\ B$$
$$1\ GB = 1\ 024\ MB = 2^{30}\ B \qquad 1\ TB = 1\ 024\ GB = 2^{40}\ B$$

字(word):字是位的组合,通常所说的字长有两层含义:一是处理器的字长,指计算机能够一次处理的数据位数,例如,机器字长为 32 位或者 64 位;另一层含义指 1 个汉字等于 2 个字节,等于 16 位。

2.1.3　常用信息编码

常用的信息编码包含 ASCII 编码(见附录 B)、汉字编码、Unicode 编码。

(1)ASCII(American standard code for information interchange,美国标准信息交换代码)编码:美国国家标准局 ANSI 制定的一套基于拉丁字母的计算机编码系统,是当下最通用的单字节(8 位二进制)字符集 SBCS 编码系统。

基本 ASCII 码:最高位可作奇偶校验,低 7 位表示 0 ~ 127 共对应 128 个字符,其中包含 33 个控制码、52 个大小写英文字母、10 个阿拉伯数字、33 个标点和运算符号。

扩展 ASCII 码:编码最高位为 1,范围 128 ~ 255 共对应 128 个字符,表示非美英语、拉丁语、斯拉夫字母等符号。

(2)汉字编码:DBCS(double-byte character set,双字节字符集),解决中国、日本、韩国的象形文字符和 ASCII 编码的兼容性,用两个字节(首字节和跟随字节)一起定义一个字符,通常对应一个复杂的象形文字。

GB_2312 字符集是目前最常用的汉字编码标准,GB_2312 字符集包含了 6 763 个简体汉字(一级汉字 3 755 个按汉语拼音顺序排列,二级汉字 3 008 个按偏旁部首顺序排列),682 个标准中文符号。在这个标准中,每个汉字用 2 个字节来表示,每个字节的 ASCII 码为 161 ~ 254(0xA1 ~ 0xFE),第一个字节对应于区码的 1 ~ 94 区,第二个字节对应于位码的 1 ~ 94 位。

(3)Unicode(统一码、万国码、单一码):实现了跨语言、跨平台的文本转换及处理,为每种语言中的每个字符设定了统一且唯一的二进制编码。Unicode 通常用两个字节表示一个字符,前 128 个 Unicode 字符(0x0000 ~ 0x007F)是基本 ASCII 码,接下来的 128 个 Unicode 字符(0x0080 ~ 0x00FF)是扩展 ASCII 码,拉丁文扩展使用 0x0100 ~ 0x024F 代码,中日韩的象形文字使用 0x3000 ~ 0x9FFF 代码。

2.2　基本数据类型

计算机高级语言中,数据的表示和描述要用到常量和变量两种表现形式。C 语言中规定,定义变量时,都要显式地指定其数据类型;常量虽然不需要定义类型,但它也是区分类型的,可通过常量的格式隐式地指定其数据类型。数据类型信息决定了该类别的数据可分配的存储单元长度(占多少字节)、内存中的存储形式以及一组可执行的规定操作。特别指出,计算机内存中,数据所存放的存储单元大小是有限的,不仅不能表示数学上无限大小的数值,而且不能表示无限精度的数值,只能近似地表示有限范围内的数值。

2.2.1 常量和变量

1. 常量

视频
常量和变量

常量是指程序运行中其值不能被改变的量,按照数据类型分为整型常量、浮点型常量、字符常量、字符串常量以及符号常量。

(1)整型常量:表示整数常数,包括十进制、八进制、十六进制、长整型表示的正整数、零、负整数。十进制常量由前缀+号(可省略)或者-号和0~9共十个数字构成;八进制常量由前缀0和0~7八个数字构成;十六进制常量由前缀0x加上0~9和a~f(小写)共十六个数字,或者前缀0X加上0~9和A~F大写数字构成;长整型(long int,4字节)常量在末尾加小写字母l或大写字母L专用字符。例如:12、-10、010、0x1a、0X1A、16L。

注意:正负号(+和-)是为了描述十进制数使用的,而八进制、十六进制有自己的正负值表示方法,并不使用正负号。整数在内存中是以二进制的补码形式来表示,其最高位是符号位,0表示数值为正,1表示数值为负。

(2)浮点型常量:有十进制小数和指数两种表示形式。通常,浮点型常量默认为双精度(double,8字节),也可以在常量的末尾加专用字符,强制指定常量的类型。例如,末尾加f或F按单精度(float,4字节)常量处理,加l或L按长双精度(long double,16字节)常量处理。

小数形式(十进制数字+小数点):3.1415926、0.3、-5.88、0.0、1.08f。

指数形式(字母e或E代表以10为底的指数,e或E前必须有数字,e或E后必须为整数):3.14e3 表示 3.14×10^3、-3.14E-3 表示 -3.14×10^{-3}。

(3)字符常量:包含普通字符和转义字符两种表示形式,并以ASCII码形式存储(见附录B中的ASCII字符与代码对照表)。

普通字符(单引号括起的单个字符):'a'、'A'、'8'、'_'。

转义字符(单引号括起的以\开头的普通字符序列,转换\后面的字符的含义,多为不可显示的控制字符):'\n'、'\t'、'\a'、'\v'、'\101'、'\x41'。对于单引号、双引号、反斜杠等具有特殊用途的字符只能用转义字符'\''、'\"'、'\\'来表示,见表2-2。

表2-2 常用的转义字符

转义字符	ASCII码(十六进制/十进制)	含 义
\0	00H/0	空字符(NULL)
\n	0AH/10	换行符(LF)
\r	0DH/13	回车符(CR)
\t	09H/9	水平制表符(HT)
\v	0BH/11	垂直制表符(VT)
\a	07H/7	响铃(BEL)
\b	08H/8	退格符(BF)
\f	0CH/12	换页符(FF)
\'	27H/39	单引号

续上表

转义字符	ASCII 码(十六进制/十进制)	含义
\"	22H/34	双引号
\\	5CH/92	反斜杠
\?	3F/63	问号
\ddd	任意 ASCII 字符	3 位八进制数,d 代表一个八进制数字
\xhh	任意 ASCII 字符	2 位十六进制数,h 代表一个十六进制数字

注意:单引号只是界限符,字符常量不包括单引号本身。例如,对于'\n'、'\t'、'\101'、'\x41':

\n,表示换行符,而不代表字母 n;

\t,水平制表符,而不代表字母 t;

\101,代表 8 进制的 101 对应的 ASCII 字符,相当于十进制 65,字母 A;

\x41,代表 16 进制数 41 对应的 ASCII 字符,相当于十进制 65,字母 A。

(4)字符串常量:用双引号括起来的但不包括双引号本身的一串字符序列。字符串中包含的字符个数是该字符串的长度,字符串可以是长度为 0 的空串,也可以是 1 个字符或者多个字符。例如,"Computer"、"16"、"I like C!"。

注意:字符串在内存存储时,每个字符占 1 个字节长度,系统会在字符串的结尾自动加一个字符串结束标识'\0',因此字符串在内存中的实际存储长度会比字符串的有效长度多 1 个字节。

(5)符号常量:通过宏定义指令#define 定义的一个常量的符号名,它是一个非变量,具有不占内存、不能赋值、预编译处理结束后符号常量就被该常量值完全替换的特点。通常,宏定义和头文件包含一样,写在文件开头,而且使用大写字母来标识符号常量,以便和其他标识符相区别。例如,#define PI 3.1415926。

2. 变量

变量是指程序运行中其值可以改变的量。变量代表一个通过标识符命名的、具有特定数据类型的、可以存放变量值的一个存储单元。C 语言中的变量必须"先定义,后使用"。

(1)标识符和关键字。定义变量的名字时,注意其命名应符合标识符的规则,关键字不能作为变量名使用,而且命名应尽量反映其在程序中的作用与含义。

标识符就是一个对象的名字,用于标识变量、符号常量、函数、数组、类型等。标识符只能由字母、数字、下划线三种字符组成,且首字符必须为字母或下划线,字母区分大小写。合法的标识符例子:变量名 Pi、a、b;函数名 main、printf、scanf;类型 int、float、struct。

关键字是系统已经定义过的标识符,在程序中已有了特定的含义,附录 A 是 C 语言中的关键字,例如 if、switch、for、while 等。

(2)数据类型分类。C 语言中的数据类型分为基本类型、构造类型、空类型,其中基本数据类型包含整型、字符型、浮点型,构造类型包括数组、结构体、共用体、指针类型、枚举类型、定义类型,如图 2-2 所示,有 * 的类型是 C99 增加的。

(3)类型与变量区别。类型是变量的一个重要属性,它是抽象的,不占用存储单元,不能用来存放数据,但它决定了变量所占内存字节数、变量取值范围、该类型的变量可执行的操作。变量是具体存在的实体,占用存储单元存放数据。

(4)变量的存取。编译系统根据程序中定义的变量类型,在内存中给变量分配一定长度的空间,即分配存储单元。计算机中的数据是以字节 Byte 为单位存储的,内存区的每个字节都有一个唯一的编号,变量所分配的存储单元编号就是变量地址。对于数据长度超过一个字节的,必然存在如何安排多个字节的问题,这就涉及数据在内存中的存储模式问题,详见 4.3.2 中的大端模式和小端模式。

变量存取数据时,根据编译时系统建立的变量名和变量地址对应表,可先通过变量名直接找到相应的变量地址,再存取存储单元中变量值,从而实现变量的存取操作。这种通过变量名直接赋值和引用数据值的方式称为直接访问,相当于仅仅存取变量存储单元中的数据内容,变量存储单元的地址并不会被改变。表 2-3 解释了"int x = 504;"语句中变量 x 的类型定义、初始化赋值以及内存存储方式。

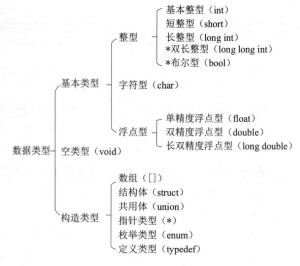

图 2-2 C 语言允许使用的类型及分类

表 2-3 变量定义和初始化赋值

变量类型	变量名	变量值	变量地址/存储单元	大端存储模式(二进制补码)
			int x = 504;//int 定义整型变量 x,赋初值 504,占 4 字节内存	
int	x	504	2000	00000000
			2001	00000000
			2002	00000001
			2003	11111000

3. 常变量

常变量具有变量的基本属性,有类型,占存储单元,只是不允许改变其值。常变量是有名字的不变量,而整型、浮点型、字符型或者字符串常量是没有名字的不变量,宏定义符号常量也是有名字的不变量,名字只为便于在程序中被引用。

【例 2-3】求圆周长和面积。

思路分析:根据圆周长和面积公式求值,半径为 r 的圆周长 $c = 2\pi r$,面积 $s = \pi r^2$。
程序代码:

```
#include <stdio.h>
#include <math.h>                //程序中要调用指数函数 pow
#define PI 3.1415926             //宏定义符号常量
const double pi = 3.1415926;     //定义常变量(全局变量),类似变量定义,语句后跟分号
int main()
{
    double s,r,c;
```

```
        printf("请输入圆的半径 r=");
        scanf("%lf",&r);         //用格式声明"%lf"输入双精度型 double 变量的值
        c=2*PI*r;                //符号常量 PI,在编译时就被替换为常量
        s=pi*pow(r,2);           //常浮点型变量 pi,在变量存在期间其值不能改变
        //用格式声明"%lf"输出双精度型 double 变量的值
        printf("圆的周长 c=%lf 面积 s=%lf\n",c,s);
        return 0;
}
```

运行结果:

```
请输入圆的半径 r=5
圆的周长 c=31.415926 面积 s=78.539815
```

程序说明:

(1) "#include <math.h>"包含了数学函数库,一些数学计算函数的声明存放在 math.h 里,例如程序中要调用的指数函数"double pow(double x, double y)",计算以 x 为底数的 y 次幂。

(2) "#define PI 3.1415926"是宏定义符号常量,"const float pi=3.1415926;"是定义常变量(全局变量),类似变量定义,语句后跟分号。符号常量 PI 和常变量 pi 都代表 3.1415926,在程序中都能使用。但二者性质不同,符号常量是用#define 预编译指令定义的一个字符串,预编译时仅进行值替换,在预编译后,符号常量就不存在了,也就是把宏定义符号 PI 全置换为 3.1415926,不分配存储单元。常变量 pi 要占用存储单元且有变量值,只是该值在程序运行中不能改变。

(3) "scanf("%lf",&r);"输入双精度浮点型变量 r 的值,指定%lf 输入格式声明,lf 表示用"双精度浮点数"的形式输入。

(4) "printf("圆的周长 c=%lf 面积 s=%lf\n",c,s);"指定用%lf 格式声明输出双精度浮点型变量 c 和 s 的值。在 printf 语句中,输出双精度 double 型(精度为 15 位)和单精度 float 型(精度为 6 位)变量时,即使格式化指示符为%f,系统也会把 float 提升为 double 后再传入 printf,所以对这两类浮点型变量的输出都使用%f 即可,虽然 C 标准也允许使用%lf。格式字符串的最后是换行符\n。

2.2.2 整型数据

1. 整型数据的内存表示

整型数据的表示和存储可以使用原码、反码、补码三种形式。计算机系统中,整型在内存中一律以补码的形式来表示和存储。假设整型用 2 个字节存放一个整数,表 2-4 给出 5 和 −5、+0 和 −0、−1 和 $−2^{15}+1$、$−2^{15}$ 的原码、反码、补码的内存表示。

视频

整型数据

表 2-4 整型数据不同编码形式的内存表示

整数	编码形式		内存表示	整数	编码形式		内存表示
5	原码	0	0000000 00000101	−1	原码	1	0000000 00000001
	反码	0	0000000 00000101		反码	1	1111111 11111110
	补码	0	0000000 00000101		补码	1	1111111 11111111

续上表

整数	编码形式		内存表示	整数	编码形式		内存表示
-5	原码	1	0000000 00000101	$-2^{15}+1$	原码	1	1111111 11111111
	反码	1	1111111 11111010		反码	1	0000000 00000000
	补码	1	1111111 11111011		补码	1	0000000 00000001
+0	原码	0	0000000 00000000	$-0/-2^{15}$	原码	1	0000000 00000000
	反码	0	0000000 00000000		反码	1	1111111 11111111
	补码	0	0000000 00000000		补码	1	0000000 00000000

（1）原码：数值用二进制形式表示，其最高位（最左位）是符号位，该位为0，表示数值为正；该位为1，表示数值为负。

原码是人们最容易理解和计算的表示方式，但计算机用原码进行计算时有缺点：

①零分两种："+0"和"-0"。

②符号位和其他数值位不能统一处理：在进行不同符号的加法运算或者同符号的减法运算时，不能直接判断出结果的正负。需要先将两个值的绝对值进行比较，然后进行加减操作，最后符号位由绝对值大的决定。辨别符号位会让计算机的基础硬件电路设计变得十分复杂。

（2）反码：正数的反码与原码相同，负数的反码是在其原码的基础上，符号位不变，其余各位按位取反。反码利用加法计算减法，让符号位也参与计算，结果的数值部分是正确的。而唯一的问题出现在0这个特殊数值上，计算5-5=5+(-5)=-0，-0带符号无任何意义。

（3）补码：正数的补码与原码相同，负数的补码是在其原码的基础上，符号位不变，其余各位按位取反，再加1。

①补码精妙之处在于解决了0带符号问题。补码加法计算减法，让符号位参与运算，"5的补码+(-5)的补码=0的补码"，即5-5=5+(-5)=0。

② -0的补码表示："-1的补码+(-2^{15}+1)的补码=-0的补码"，即(-1)+(-2^{15}+1)=(-2^{15})，-0的补码可表示为最小数-2^{15}的补码，既解决了0带符号且有两个不同编码的问题，又多表示出一个最小数值-2^{15}。

③补码可以将符号位和其他数值位统一处理，减法也可按加法来处理。两个用补码表示的数相加时，如果最高位的符号位有进位，则进位被舍弃。

④补码与原码的转换过程相同，只要有加法电路及补码电路即可完成各种有符号数的加法及减法，十分便于硬件电路的设计。

2. 整型数据的存储空间和取值范围

表2-5给出了整型数据类型的存储空间和可以表示的取值范围。整型数据以补码形式存储，并且可以加signed和unsigned修饰符。

注意：C语言的不同类型数据所占用存储单元长度由具体的编译系统决定，表2-5中字节数是指一般情况。

表2-5 整型数据的存储空间+取值范围

整型数据类型	字节数	取值范围（补码表示）
int（基本整型，默认为有符号类型）	4	-2 147 483 648 ~ 2 147 483 647，[-2^{31}, 2^{31}-1]

续上表

整型数据类型	字节数	取值范围(补码表示)
unsigned int(无符号基本整型)	4	$0 \sim 4\ 294\ 967\ 295, [0, 2^{32}-1]$
short(短整型,默认为有符号类型)	2	$-32\ 768 \sim 32\ 767, [-2^{15}, 2^{15}-1]$
unsigned short(无符号短整型)	2	$0 \sim 65\ 535, [0, 2^{16}-1]$
long(长整型,默认为有符号类型)	4	$-2\ 147\ 483\ 648 \sim 2\ 147\ 483\ 647, [-2^{31}, 2^{31}-1]$
unsigned long(无符号长整型)	4	$0 \sim 4\ 294\ 967\ 295, [0, 2^{32}-1]$
long long(双长整型,默认为有符号类型)	8	$-9\ 223\ 372\ 036\ 854\ 775\ 808 \sim 9\ 223\ 372\ 036\ 854\ 775\ 807, [-2^{63}, 2^{63}-1]$
unsigned long long(无符号双长整型)	8	$0 \sim 18\ 446\ 744\ 073\ 709\ 551\ 615, [0, 2^{64}-1]$

2.2.3 字符型数据

1. 字符型数据的内存表示

字符型数据可以作为整型数据的一种,它在内存单元中存放的是该字符所对应的 ASCII 码值,可以理解为一类有特殊作用的整数。附录 B 中的基本 ASCII 码字符集,使用一个单字节的 8 位二进制数来表示,字节中的最高位置 0,低 7 位二进制位表示 $0 \sim 127$ 的 128 个字符:

字符型数据

(1)52 个大小写英文字母,大写英文字母 A~Z,小写英文字母 a~z。
(2)10 个阿拉伯数字 0~9。
(3)32 个标点符号和运算符号,"! " # $ % & ' ( ) * + , - . / : ; < = > ? @ [\ ] ^ _ ` { | } ~"。
(4)5 个空格符,空格' '、水平制表符'\t'、垂直制表符'\v'、换行'\n'、换页'\f'。
(5)29 个不能显示的控制字符,空字符'\0'、警告'\a'、退格'\b'、回车'\r'等。

如表 2-6 给出若干字母和字符对应的 ASCII 代码及内存表示。

表 2-6 字符型数据 ASCII 码值的内存表示

字符	ASCII 码值	内存表示		字符	ASCII 码值	内存表示	
大写字母'A'	65	0	1000001	运算字符'+'	43	0	0101011
小写字母'a'	97	0	1100001	空格字符' '	32	0	0100000
数字字符'5'	53	0	0110101	换行字符'\n'	10	0	0001010
标点字符';'	59	0	0111011	空字符'\0'	0	0	0000000

2. 字符型数据的存储空间和取值范围

表 2-7 给出了字符型数据类型的存储空间和可以表示的取值范围,字符型数据以补码形式存储,字符型也可以加 signed 和 unsigned 修饰符。类似于整型的 -0,对于 signed char 字符型数据 -0,通过二进制的补码加法计算减法,$(-1)+(-2^7+1)=(-1)+(-127)=-128=-2^7$,相当于 -0 的补码可表示为最小值 -128,也就是说其补码可表示为该类型的取值范围的最小值 -2^7。

表 2-7　字符型数据的存储空间 + 取值范围

字符型数据类型	字节数	取值范围(补码表示)
singed char(有符号字符型)	1	$-128 \sim 127, [-2^7, 2^7-1]$
unsinged char(无符号字符型)	1	$0 \sim 255, [0, 2^8-1]$

【例 2-4】 整数数字 $n(0 \leqslant n \leqslant 9)$ 和字符数字(ASCII 字符)之间的转换。

思路分析:整型数字 0~9 转换为字符型数字,加字符常量'0'(相当于加上其 ASCII 码值 48)。反之,字符型数字转换为整型数字,减字符常量'0'(相当于减去其 ASCII 码值 48)。

程序代码:

```c
#include<stdio.h>
int main()
{
    char c;
    unsigned int n;         //定义无符号整型变量
    printf("请输入整型数字(0~9):");
    scanf("%u",&n);         //用格式声明"%u"输入无符号整型变量的值
    c=n+'0';                //通过加'0'的 ASCII 代码,将整型数字转换为字符型数字
    //用格式声明"%u"输出无符号整型变量的值,用格式声明"%c"输出字符数字
    printf("数字%u 转换为字符'%c',其 ASCII 码为%d\n",n,c,c);
    rewind(stdin);          //从输入缓存区读取后,清除掉之前的缓存
    printf("请输入字符型数字(0~9):");
    scanf("%c",&c);         //用格式声明"%c"输入字符数字
    n=c-'0';                //通过减'0'的 ASCII 代码,将字符型数字转换为整型数字
    //用格式声明"%c"输出字符数字,用格式声明"%u"输出无符号整型变量的值
    printf("字符'%c'(其 ASCII 码为%d)转换为数字%u\n",c,c,n);
    return 0;
}
```

运行结果:

```
请输入整型数字(0~9):5
数字 5 转换为字符'5',其 ASCII 码为 53
请输入字符型数字(0~9):8
字符'8'(其 ASCII 码为 56)转换为数字 8
```

程序说明:

(1)"char c;"定义字符型变量 c,"unsigned int n;"定义无符号整型变量 n。C 语言中整型变量和字符型变量的定义都可以加 signed 和 unsigned 修饰符,但浮点型数据不能加。对于无符号整型数据,需要用"%u"格式输入或者输出。

注意:不能输入一个负整数存储到无符号类型的变量中,否则输入数值异常。例如 -5 的%u 格式输入或者输出结果是 65 531($2^{16}-5$),这是因为 -5 在计算机内是用二进制补码表示的,其 16 位二进制数"1111111111111011"的最高位 1 在不代表符号位时是按数值 2^{15} 进行计算的。

(2)"scanf("%u",&n);"用格式声明"%u"输入无符号整型变量 n 的值。

(3)"c=n+'0';"把整型变量 n 的值加上字符'0'的 ASCII 码值赋值给字符型变量 c,实现整型数字转换为字符型数字。

(4)"printf("数字%u 转换为字符'%c',其 ASCII 码为%d\n",n,c,c);",用格式声明%u 输出无符号整型变量 n 的值,用格式声明%c 输出字符型变量 c 的数字字符,用格式声明%d 输出字符型变量 c 的 ASCII 码值,最后是换行符\n。

(5)"rewind(stdin);",清除之前的 scanf 语句从输入缓存区读取后的缓存,消除缓存里的回车等对后续 scanf 语句输入的影响。

(6)"scanf("%c",&c);"用格式声明%c 输入字符型的数字,实际得到是该数字对应的 ASCII 码值。

(7)"n = c – '0';"把字符型变量 c 对应 ASCII 码值减去字符'0'的 ASCII 码值后,赋值给整型变量 n,实现字符型数字转换为整型数字。

(8)"printf("字符'%c'转换为数字% u,其 ASCII 码为%d\n",c,n,c);",用格式声明%c 输出字符型变量 c 的数字字符,用格式声明%u 输出无符号整型变量 n 的值,用格式声明%d 输出字符型变量 c 的 ASCII 码值,最后是换行符\n。

(9)输入数字 5 转换为字符'5',需要加上 ASCII 码值为 48 的字符'0',才能得到 ASCII 码值为 53 的字符'5';反之,输入字符'5'转换为数字 5,需要 ASCII 码值为 53 的字符'5'减去 ASCII 码值为 48 的字符'0',才能得到数字 5。

①字符'5'和整数 5 是两个完全不同的概念。字符'5'代表形状为'5'的符号,在需要时按原样输出,在内存中以 ASCII 码的二进制形式存储,char 型变量占 1 个字节。而无符号整数 5 是以整数存储方式(二进制补码方式)存储的,unsigned int 整型变量占 2 个或 4 个字节。

②整数运算 5 + 5 等于整数 10,而字符'5' + '5'并不会等于整数 10 或字符串"10",也不会是串接字符串"55",而是两个字符'5'对应的 ASCII 码值相加 53 + 53 = 106,得到的是ASCII码值 106,对应字符'j'。

2.2.4 浮点型数据

1. 浮点型数据的内存表示

浮点型数据是用来表示具有小数点的实数,并且以指数形式存放在存储单元中。由于指数形式表示的实数,其小数部分的小数点位置可浮动,故称为浮点数。例如,十进制浮点型数据 3.141 592 6 的指数形式可以表示为多种方式:3.141 592 6 = 3.141 592 6 × 10^0 = 0.314 159 × 10^1 = 314.159 × 10^{-2},通过小数部分的小数点的移动,相同值的浮点数表示为不同的指数部分。

浮点型数据

浮点数在内存中实际是用二进制形式表示小数部分,2 的幂次表示指数部分。数据分成"小数部分"和"指数部分"分别存放,小数部分是一个包含符号位的浮点型小数,指数部分是一个包含符号位的整数。显然,二进制表示一个实数的存储单元长度是有限的,因此不可能得到完全精确的值,只能存储成有限的精确度。小数部分占位愈多,有效数字就愈多,精度就愈高;指数部分占位愈多,则能表示的数值范围就愈大。

(1)IEEE-754 标准中浮点数表示。

在 IEEE-754 标准中,一个浮点数 X 可表示为:

$$X = (-1)^S \times (1.M) \times 2^{E-Bias}$$

①符号 S(sign):S 通过 0/1 来区分正负,0 正 1 负。

②尾数 M(mantissa):尾数 M 决定精度。$1.M$ 表示为一个二进制小数时,总能够调整指数位,使得它的范围限制在 $1.0 \leq (1.M) < 2.0$ 之内。小数点前的 1 称为前导位,由于总是 1,故不需要显式地表示它,可隐式表示,即可省略。这种隐式地以 1 开头的表示方式,在内存表示中可额外获得一个精度位。所以尾数从小数点后算起,M 的范围为 $0.0 \leq M < 1.0$。

③指数 E(exponent):也称阶码,指数决定取值范围。指数位对浮点数进行 2 的幂次加权,其采用移码形式存储。指数部分 $E - Bias$ 中的 E 为无符号数,偏移值 $Bias = 2^{k-1} - 1$,k 为表示浮点数的指数位的 bits 数。

见表 2-8,浮点数在内存中的表示分三段,符号 S、指数 E、尾数 M 分别进行编码。单精度占位 32 位,最高位符号位 1 bit,指数位 8 bits,尾数位 23 bits。双精度占位 64 位,最高位符号位 1 bit,指数位 11 bits,尾数位 52 bits。

表 2-8 浮点型数据的内存表示

浮点型	内存表示		
单精度(32 bits)	S	8 bits(指数位)	23 bits(尾数位)
双精度(64 bits)	S	11 bits(指数位)	52 bits(尾数位)

(2)float 型浮点数表示。

IEEE-754 标准中,一个规格化的 32 位 float 浮点数 X 可表示为:

$$X = (-1)^S \times (1.M) \times 2^{E-127}, \quad Bias = 127 = 2^{8-1} - 1$$

①精度:float 型的 23 位尾数 M 能表示的十进制的最大数值为 $2^{23} - 1 = 8\,388\,607$,超过此值后将无法精确表示,所以最多能表示小于 8 388 607 的十进制 7 位,但绝对能保证的为 6 位,float 精度为 6~7 位。严格地说,精度百分百能保证的是 6 位。

②取值范围:8 位指数 E 为无符号数,范围为 0~255,其中 0 和 255 分别用来表示浮点数 $X = 0$ 和 $X = \infty$,因此 E 的规格化的值范围变为 1~254。指数位 E 采用移码的形式存储,偏移量为 $2^{8-1} - 1 = 127$,$E - 127$ 得到对应指数范围为 -126 ~ 127;$1.M$ 最大可取到二进制数 $1.1\cdots1$(小数点后 23 位)$= 2 - 2^{-23} \approx 2.0$,故 float 的取值范围绝对值最大值为 $2 \times 2^{127} \approx 3.4 \times 10^{38}$,最小值为 $2^{-126} \approx 1.2 \times 10^{-38}$。

表 2-9 给出了单精度 float 浮点型数据的内存表示。

表 2-9 单精度 float 浮点型数据的内存表示

单精度 float 浮点型	内存表示(32 位,最高位符号位 1 bit,指数位 8 bits,尾数位 23 bits)		
规格化值	S	$\neq 0$ & $\neq 255$	23 bits(尾数位)
特殊值 0	S	00000000	23 bits(尾数位)
特殊值 ∞	S	11111111	00000000000000000000000

(3)double 型浮点数表示。

IEEE-754 标准中,一个规格化的 64 位 double 浮点数 X 表示为:

$$X = (-1)^S \times (1.M) \times 2^{E-1023}, \quad Bias = 1023 = 2^{11-1} - 1$$

①精度:double 型的 52 位尾数 M 能表示的十进制的最大数值为 $2^{52} - 1 = 4\,503\,599\,627\,370\,495$,超过此值后将无法精确表示,所以最多能表示小于 $2^{52} - 1$ 的小数点后 16 位,但绝对能保证的为 15 位,精度为 15~16 位。

②取值范围:11 位指数 E 为无符号数,范围为 0~2 047,其中 0 和 2 047 分别用来表示浮点数 $X=0$ 和 $X=\infty$,因此 E 的规格化的值范围变为 1~2 046。指数位 E 的偏移量为 $2^{11-1}-1=1\,023$, $E-1\,023$ 得到对应指数范围为 -1 022~1 023;1.M 最大可取到二进制数 1.1…1(小数点后 52 位) $=2-2^{-52}\approx 2.0$,故 double 的取值范围绝对值最大值为 $2\times 2^{1\,023}\approx 1.7\times 10^{308}$,最小值为 $2^{-1\,022}\approx 2.3\times 10^{-308}$。

(4) long double 型浮点数表示。

long double 型(64 bits):占位 64 bits 时,最高位符号位 1 bit,指数位 11 bits,尾数位 52 bits,精度和取值范围同 double 型。

long double 型(128 bits):不同编译器表示不同,SPARC 占 128 bits(最高位符号位 1 bit,指数位 15 bits,尾数位 112 bits),x86 占 96 bits(高位 16 bits 未使用,接下来 80 bits 中,最高符号位 1 bit,指数位 15 bits,显式前导位 1 bit,尾数位 63 bits)。IEEE-754 标准中,x86 下的一个规格化的 80 位 long double 浮点数 X 表示为:

$$X=(-1)^S\times(1.M)\times 2^{E-16\,383}, \quad \text{Bias}=16\,383=2^{15-1}-1$$

①精度:1 位前导位和 63 位尾数 M 能表示的十进制的最大数值为 $2^{64}-1=18\,446\,744\,073\,709\,551\,615$,超过此值后将无法精确表示,所以最多能表示小于 $2^{64}-1$ 的小数点后 20 位,但绝对能保证的为 19 位,精度为 19~20 位。

②取值范围:15 位指数 E 为无符号数,范围为 0~32 767,其中 0 和 32 767 分别用来表示浮点数 $X=0$ 和 $X=\infty$,因此 E 的规格化的值范围变为 1~32 666。指数位 E 的偏移量为 $2^{15-1}-1=16\,383$, $E-16\,383$ 得到对应指数范围为 -16 382~16 383;1.M 最大可取到二进制数 1.1…1(小数点后 63 位) $=2-2^{-63}\approx 2.0$,故取值范围绝对值最大值为 $2\times 2^{16\,383}\approx 1.1\times 10^{4\,932}$,最小值为 $2^{-16\,382}\approx 3.4\times 10^{-4\,932}$。

2. 浮点型数据的存储空间和取值范围

表 2-10 给出了浮点型数据类型的存储空间和可以表示的取值范围,float 型(单精度浮点型)、double 型(双精度浮点型)、long double 型(长双精度型)。注意不同编译系统对 long double 型处理方法不同,Turbo C 分配 16 个字节,而 Visual C++ 分配 8 个字节。

表 2-10 浮点型数据的存储空间 + 取值范围

浮点型数据类型	字节数	有效数字	取值范围(绝对值)
float	4	6	0 以及 1.2×10^{-38} ~ 3.4×10^{38}
double	8	15	0 以及 2.3×10^{-308} ~ 1.7×10^{308}
long double	8	15	0 以及 2.3×10^{-308} ~ 1.7×10^{308}
	16	19	0 以及 3.4×10^{-4932} ~ 1.1×10^{4932}

【例 2-5】计算匀加速直线运动物体的瞬时速度和位移。

思路分析:瞬时速度计算公式是 $v=v_0+at$,位移计算公式是 $s=v_0t+\frac{1}{2}at^2$,其中 v_0 是初速度,a 是加速度,t 是时间。

程序代码:

```
#include<stdio.h>
```

```
int main()
{
    unsigned int t;                          //定义无符号整型变量
    double v,s,v0=1.5,a=3.0;                 //定义双精度浮点型double变量,并初始化
    printf("请输入时间(秒) t=");
    scanf("%u",&t);                          //用格式声明"%u"输入无符号整型变量t的值
    v=v0+a*t;
    s=v0*t+a*t*t/2;
    //用格式声明"%u"输出无符号整型变量的值
    printf("第%u秒时,瞬时速度v=%f(米/秒),位移s=%f(米)\n",t,v,s);
    return 0;
}
```

运行结果：

```
请输入时间(秒) t=2
第2秒时,瞬时速度v=7.500000(米/秒),位移s=9.000000(米)
```

程序说明：

（1）"unsigned int t;"定义无符号整型变量t。"double v,s,v0=1.5,a=3.0;"定义双精度浮点型double变量,并初始化v0=1.5,a=3.0。

（2）"scanf("%u",&t);"用格式声明%u输入无符号整型变量t的值。

（3）"printf("第%u秒时,瞬时速度v=%f(米/秒),位移s=%f(米)\n",t,v,s);",用格式声明%u输出无符号整型变量t的值。用格式声明%f输出双精度浮点型double变量v和s的值。格式化指示符%f输出的是双精度double型变量的值,默认输出6位小数,如果要提高输出精度,需要在格式声明中指定小数位数,例如,%.8f指定输出小数部分是8位长度,或者%10.8f指定输出总长度（整数部分+小数部分）为10位,其中小数部分长度是8位。

2.3 运算符和表达式

C语言的运算符丰富多样且表达力强,主要包含算术运算、关系运算、逻辑运算、位运算以及赋值运算等十多种操作符号。这些丰富的运算符一起构成了多样化的算术表达式、赋值表达式、关系表达式、逻辑表达式等。

2.3.1 C运算符及特性

•视频
C运算符及特性

C语言规定了各种运算符,以及这些运算符的目数、优先级（例如先乘除后加减）和结合性（左结合、右结合）,详见附录C。

1. 运算符分类

运算符也称操作符,是用来表示运算的符号,可实现常量、变量、函数等运算对象（操作数）的操作和运算。C语言提供的运算符,按运算性质分为13类：

①算术运算符（数值运算）：+、-、*、/、%、++、--。

②关系运算符（比较运算）：>、<、==、>=、<=、!=。

③逻辑运算符（逻辑运算）：&&、||、!。

④位运算符(二进制按位运算):<<、>>、~、&、^、|。
⑤赋值运算符(赋值和复合类):=、+=、-=、*=、/=、%=、<<=、>>=、&=、^=、|=。
⑥条件运算符(条件求值):? :。
⑦逗号运算符(多个表达式顺序求值):,。
⑧指针运算符(取内容和地址):*、&。
⑨长度运算符(求字节数):sizeof。
⑩强制类型转换运算符(类型转换):(类型)。
⑪成员运算符(结构体成员或指向结构体成员):.、->。
⑫下标运算符(数组引用):[ ]。
⑬圆括号运算符(函数调用或修改优先级):( )。

2. 运算符目数

运算符可以操作的运算对象个数称为目数,可分为三类:
①单目运算符:只能在运算符的一侧出现一个运算对象,例如"++、--"。
②双目运算符:也称二元运算符,要求在运算符两侧各有一个运算对象,例如"*、/"。
③三目运算符:有三个运算对象的运算符,C 中唯一的三目运算符是条件运算符"? :"。

3. 表达式

C 表达式指用运算符(操作符)把运算对象(操作数)连接起来的符合 C 语法规则的式子。C 语言的表达式包括算术表达式、位运算表达式、赋值表达式、逗号表达式、关系表达式、逻辑表达式、条件表达式等。

4. 优先级和结合性

运算符的优先级决定了表达式中各种不同的运算符起作用的优先次序。表达式求值时,先按运算符的优先级顺序依次执行。例如,求表达式"6+2*5",运算对象 2 两侧的运算符"+"和"*"的优先级别不同,"*"高于"+"。因此该表达式相当于 6+(2*5),先计算 2*5(等于 10),再计算 6+10(等于 16),结果为 16。

运算符的结合性指同一优先级的运算符在表达式中操作的方向,即运算对象两侧的运算符的优先级别相同时,按规定的"结合方向"来处理运算对象与运算符的结合顺序。也就是说,当一个运算对象两侧的运算符优先级别相同时,按运算符的结合性来确定表达式的运算顺序。C 语言规定了各种运算符的结合方向,有的运算符是"自左至右的结合方向",又称"左结合性",即先左后右,运算对象先与左面的运算符结合,再和右面的运算符结合。而"自右至左的结合方向"称为"右结合性",运算对象先与右边的运算符结合,再和左边的运算符结合。例如,求表达式"6/2*3",运算对象 2 两边的运算符"/"和"*"具有相同的优先级,由于结合方向是左结合,则 2 先和左边"/"相结合再和右边的"*"相结合,表达式被解读为"(6/2)*3",而不是"6/(2*3)",其结果是 9 而不是 1。显然,不同的结合性,完全可能导致截然不同的结果。

5. 求值次序

编译器根据运算符"优先级""目数""结合性"这三个特性,首先确定表达式的运算符和运算对象间相结合的语义结构。只有在编译器确定了表达式的结构之后,才能准确地决定表达式的求值次序或求值过程。

对于优先级不同的表达式,例如表达式"6+2*5",首先根据运算符"+"和"*"的优先级和目数,确定该表达式的语义结构为"6+(2*5)",从而确定其求值次序是先计算优先级高的2*5,再计算优先级低的6+10。

对于表达式中优先级相同的运算符,如果表达式对求值次序没有明确规定,对于左结合性运算符,其求值次序从左到右,反之,右结合性运算符,其求值次序从右到左。例如表达式"6/2*3",先根据运算符的左结合性和目数决定该表达式的语义结构为"(6/2)*3",求值次序是从左到右先求子表达式(6/2),其值为3,接着求子表达式3*3,结果为9。

但对求值次序有明确规定的运算符,求值次序必须按规定进行。C语言中为数不多地规定了求值次序的运算符分别是条件表达式"?:"、逻辑与"&&"、逻辑或"||"、逗号运算符","。基于后续章节更进一步的知识,会通过几种典型表达式的分析,继续深入讨论运算符的优先级、目数、结合性以及求值次序之间存在的区别与联系。

2.3.2 算术运算符

视频
算术运算符

表2-11给出常用的基本算术运算符,包括 +、-、*、/、% 、++、--。

注意:谨慎使用++和--运算符,建议只用最简形式i++和i--,且作为单独的表达式。

表2-11 常用的基本算术运算符

运算符	含义	举例	结果
+/-	正负号运算符(单目)	+a/-a	a的值或者a的算术负值
*	乘法运算符	a*b	a和b的乘积
/	除法运算符	a/b	a除以b的商:实数相除结果是双精度实数,整数相除结果为整数,采取"向零取整",1/2=0,-5/2=-2
%	求余(求模)运算符	a%b	a余b:a%b=a-(a/b)*b,操作数和取余结果都为整型。负数求余时被除数的绝对值与除数绝对值取余的值即为余数绝对值,余数符号和被除数a相同,5%2=1,5%-2=1,-5%2=-1,-5%-2=-1
+	加法运算符	a+b	a和b的和
-	减法运算符	a-b	a和b的差
++	前置自增运算符	++i	++i是先执行i=i+1,再使用i的值。假设i=3时,j=++i;//i的值加1先变成4,再赋给j,i和j的值都为4
++	后置自增运算符	i++	i++是先使用i的值,再执行i=i+1。假设i=3时,j=i++;//先将i的值3赋给j,j的值为3,然后i加1变为4
--	前置自减运算符	--i	--i是先执行i=i-1,再使用i的值。假设i=3时,printf("%d",--i);//先执行i=i-1,i变为2,再输出i的结果为2
--	后置自减运算符	i--	i--是先使用i的值,再执行i=i-1。假设i=3时,printf("%d",i--);//先输出i的结果为3,再执行i=i-1,i变为2

【例2-6】促销活动。某商场开业五周年搞店庆商品促销活动,促销规则为:消费满500减100,满300减50,多买多减。根据顾客消费的商品总价,应用促销规则后,输出消费者实际应付的金额。

思路分析:消费金额 amount 整除 500 的倍数,再乘以 100 得到的是消费金额满 500 减 100 的优惠部分。消费金额 amount 余 500 的余数再整除 300 的倍数,乘以 50 得到的是满 300 减 50 的优惠部分。应付金额 payment 就是消费金额 amount 减去上述两部分优惠。

程序代码:

```
#include<stdio.h>
int main()
{
    int amount,payment;
    printf("请输入商品总价:");
    scanf("%d",&amount);
    //等号右侧给出了计算实付金额的表达式
    payment = amount - amount/500 * 100 - amount%500/300*50;
    printf("实付金额为:%d\n",payment);
    return 0;
}
```

运行结果:

```
请输入商品总价:1950
实付金额为:1600
```

程序说明:

(1)"int amount,payment;"声明两个整型变量 amount 和 payment。

(2)"payment = amount − amount/500 * 100 − amount%500/300 * 50;",amount/500 表示两个整数相除,其结果为整数,采取"向零取整",例如,1950/500 = 3,优惠 300 元。amount%500/300 表示两个整数相余的结果再整除 300,其结果为整数,例如,1950%500/300 = 1,优惠 50 元。实付金额 payment 是消费金额 amount 减去两部分优惠的值,例如 1950 − (300 + 50) = 1600。

(3)"printf("实付金额为:%d\n",payment);",用格式声明%d 输出整型变量 payment 实际支付金额的值。

*2.3.3 位运算符和逗号运算符

1. 位运算符

表 2-12 列出了位运算符,除按位取反 ~ 为单目运算符外,其他都为双目运算符,而且参与运算的运算对象 a 和 b 都以补码的形式表示。

表2-12 位运算符和逗号运算符

运算符	含义	表达式举例	结果(整数在内存中以二进制补码的形式存储)	
~	按位取反运算符(单目)	~a ~b	按位取反:a=9,~a=-10;b=-5,~b=4	
			a	00000000000000000000000000001001
			~a	11111111111111111111111111110110
			b	11111111111111111111111111111011
			~b	00000000000000000000000000000100
<<	左移运算符	a<<1 b<<1	左移1位:a=9,a<<1=18;b=-5,b<<1=-10	
			a	00000000000000000000000000001001
			a<<1	00000000000000000000000000010010
			b	11111111111111111111111111111011
			b<<1	11111111111111111111111111110110
>>	右移运算符	a>>1 b>>1	右移1位:a=9,a>>1=4;b=-5,b>>1=-3	
			a	00000000000000000000000000001001
			a>>1	00000000000000000000000000000100
			b	11111111111111111111111111111011
			b>>1	11111111111111111111111111111101
&	按位与运算符	a&b	按位与:a=9,b=-5,a&b=9	
			a	00000000000000000000000000001001
			b	11111111111111111111111111111011
			a&b	00000000000000000000000000001001
^	按位异或运算符	a^b	按位异或:a=9,b=-5,a^b=-14	
			a	00000000000000000000000000001001
			b	11111111111111111111111111111011
			a^b	11111111111111111111111111110010
|	按位或运算符	a|b	按位或:a=9,b=-5,a|b=-5	
			a	00000000000000000000000000001001
			b	11111111111111111111111111111011
			a|b	11111111111111111111111111111011

(1)按位取反~:具有右结合性,~a对运算对象a的各位二进制位按位求反。

(2)左移<<:a<<n表示把运算对象a按位左移n位(相当于乘以2^n),高位丢弃,低位补0。

(3)右移>>:a>>n表示把运算对象a按位右移n位(相当于除以2^n)。对于有符号数,高位符号位为正时补0,为负时补1(取决于编译系统的规定,也有的补0)。

(4)按位与&:a&b表示两个运算对象a和b对应的二进制位相与,两个对应位均为1结果为1,否则为0。

(5)按位异或^:a^b表示两个运算对象a和b对应的二进制位异或,两个对应位相异时结果为1,否则为0。

(6)按位或|:a|b表示两个运算对象a和b对应二进制位相或,两个对应位有1个为1结

果为1,否则为0。

2. 逗号运算符

逗号运算符","(逗号)是 C 语言特有的一种运算,利用它可以一次计算多个表达式的值。逗号表达式的一般形式为(以运算符","分隔开不同的表达式):

> 表达式1,表达式2,表达式3,……,表达式n

逗号表达式求解过程:先求解表达式1,再求解表达式2,直到最后求解表达式 n。整个逗号表达式的值是表达式 n 的值。

计算"(a=3*5,a*4)",先求解 a=3*5 的值为15,然后求解 a*4 值为60,整个逗号表达式的值为60。逗号表达式还可以嵌套,计算"((a=3*5, a*4),a+5)"先求解 a 的值等于15,再进行 a*4 的运算得60(但 a 值未变,仍为15),再进行 a+5 得20,即整个表达式的值为20。

【例2-7】计算整数 9 和 -5 的按位取反、左移1位、右移1位、按位与、按位异或、按位或的十进制和二进制表示。计算逗号表达式"(a=3*5,a*4)"和"((a=3*5, a*4),a+5)"的值。

思路分析:位运算操作的整数在内存中以二进制补码的形式存储,可以通过一个自定义子函数,实现十进制转换为二进制补码,并且按类型的长度保存在字符串中。

程序代码:

```c
#include<stdio.h>
int main()
{
    char* Dec2Bin(int m);
    int a=9, b=-5;
    //按位取反
    printf("按位取反:a=%d  ~a=%d\n   a=%s\n",a,~a,Dec2Bin(a));
    printf("~a=%s\n",Dec2Bin(~a));
    printf("按位取反:b=%d  ~b=%d\n   b=%s\n",b,~b,Dec2Bin(b));
    printf("~b=%s\n",Dec2Bin(~b));
    //左移1位
    printf("左移1位:a=%d  a<<1=%d\n   a=%s\n",a,a<<1,Dec2Bin(a));
    printf("a<<1=%s\n",Dec2Bin(a<<1));
    printf("左移1位:b=%d  b<<1=%d\n   b=%s\n",b,b<<1,Dec2Bin(b));
    printf("b<<1=%s\n",Dec2Bin(b<<1));
    //右移1位
    printf("右移1位:a=%d  a>>1=%d\n   a=%s\n",a,a>>1,Dec2Bin(a));
    printf("a>>1=%s\n",Dec2Bin(a>>1));
    printf("右移1位:b=%d  b>>1=%d\n   b=%s\n",b,b>>1,Dec2Bin(b));
    printf("b>>1=%s\n",Dec2Bin(b>>1));
    //按位与
    printf("按位与:a=%d  b=%d   a&b=%d\n",a,b,a&b);
    printf("a=%s\n",Dec2Bin(a));
    printf("b=%s\n",Dec2Bin(b));
    printf("a&b=%s\n",Dec2Bin(a&b));
    //按位异或
    printf("按位异或:a=%d  b=%d   a^b=%d\n",a,b,a^b);
```

```c
        printf("a=%s\n",Dec2Bin(a));
        printf("b=%s\n",Dec2Bin(b));
        printf("a^b=%s\n",Dec2Bin(a^b));
        //按位或
        printf("按位或：a=%d  b=%d   a|b=%d\n",a,b,a|b);
        printf("a=%s\n",Dec2Bin(a));
        printf("b=%s\n",Dec2Bin(b));
        printf("a|b=%s\n",Dec2Bin(a|b));
        //逗号运算符
        printf("逗号表达式:(a=3*5,a*4)=%d\n", (a=3*5,a*4));
        printf("逗号表达式:((a=3*5,a*4),a+5)=%d\n",((a=3*5,a*4),a+5));
        return 0;
}

//子函数实现十进制转换为二进制补码形式,并且按类型的长度保存在字符串中
char*  Dec2Bin(int m)
{
        static char t_str[256];              //static 声明静态变量,字符型数组长度256
        int n=1,j=0,len=32;                  //int 型的长度是32 bit,len=32
        for(j=0;j<len;j++,n=n<<1)
        {
                if((m&n)!=0)
                        t_str[len-1-j]='1';
                else
                        t_str[len-1-j]='0';
        }
        return t_str;
}
```

运行结果：

```
按位取反：a=9   ~a=-10
   a=00000000000000000000000000001001
  ~a=11111111111111111111111111110110
按位取反：b=-5   ~b=4
   b=11111111111111111111111111111011
  ~b=00000000000000000000000000000100
左移1位：a=9   a<<1=18
   a=00000000000000000000000000001001
a<<1=00000000000000000000000000010010
左移1位：b=-5   b<<1=-10
   b=11111111111111111111111111111011
b<<1=11111111111111111111111111110110
右移1位：a=9   a>>1=4
   a=00000000000000000000000000001001
a>>1=00000000000000000000000000000100
右移1位：b=-5   b>>1=-3
   b=11111111111111111111111111111011
b>>1=11111111111111111111111111111101
按位与：a=9   b=-5   a&b=9
   a=00000000000000000000000000001001
```

```
    b=11111111111111111111111111111011
a&b=00000000000000000000000000001001
按位异或: a=9  b=-5  a^b=-14
    a=00000000000000000000000000001001
    b=11111111111111111111111111111011
a^b=11111111111111111111111111110010
按位或: a=9  b=-5  a|b=-5
    a=00000000000000000000000000001001
    b=11111111111111111111111111111011
a|b=11111111111111111111111111111011
逗号表达式:(a=3*5,a*4)=60
逗号表达式:((a=3*5,a*4),a+5)=20
```

程序说明:

(1) main 函数。

① "char* Dec2Bin(int m);"对自定义子函数的声明, char* 说明该函数返回一个 char 型指针, 指向十进制整型变量 m 转换后的二进制字符串。"int a=9, b=-5;"定义两个整型变量 a 和 b 并分别赋初值 9 和 -5。

② 按位取反:

"printf("按位取反: a=%d ~a=%d\n a=%s\n",a,~a,Dec2Bin(a));",用格式声明%d 输出整型变量 a 以及按位取反 ~a 的十进制值, 调用 Dec2Bin(a) 子函数, 用格式声明%s 输出整型变量 a 的二进制字符串。类似的, 通过调用 Dec2Bin(~a) 子函数, "printf(" ~a=%s\n\n",Dec2Bin(~a));"用格式声明%s 输出按位取反整型变量 ~a 的二进制字符串。整型变量 b 采用类似整型变量 a 的方式输出 b 和 ~b 的十进制值以及二进制字符串。

类似按位取反的方法, 通过 printf() 函数以及子函数 Dec2Bin(), 分别输出变量 a 和 b 以及对两个变量进行相应位操作后的十进制值和二进制字符串, 便于对比:

左移 1 位: a、a<<1、b、b<<1

右移 1 位: a、a>>1、b、b>>1

按位与: a、b、a&b

按位异或: a、b、a^b

按位或: a、b、a|b

③ 逗号运算: "printf("逗号表达式:(a=3*5,a*4)=%d\n",(a=3*5,a*4));",用格式声明%d 输出逗号运算表达式(a=3*5,a*4)的十进制值。类似地, 也可以用格式声明%d 输出逗号运算表达式((a=3*5,a*4),a+5)的十进制值。

(2) 子函数。

① "char* Dec2Bin(int m)", 自定义子函数的首部, 函数名 Dec2Bin, 函数形参 int m, 函数返回值 char* 指针。

② "static char t_str[256];", static 用于声明静态一维字符型数组 t_str, 长度为 256。静态数组 t_str 只在第一次函数调用时定义, 后面再次调用时直接使用该数组即可, 分配的数组内存空间在整个程序运行期间都存在。

③ "int n=1, j=0, len=32;", 声明整型变量 n 并赋初值 1, 整型循环变量 j 赋初值 0, 整型变量 len 赋初值为 32, 表示 int 型的 32 bit 长度。

④执行"for(j=0;j<len;j++,n=n<<1)"语句,先执行 for 循环第一个表达式 j=0,赋值 j 的初始值为 0;再执行第二个表达式判断 j<len,只要满足条件就执行循环体;每次循环结束后,执行第三个表达式 j++(变量 j 后置自增)和 n=n<<1(由于 n 的初值为 1,n 每左移一位,对应的二进制 1 就左移一位)。循环变量 j 从 0 到 len−1,循环执行第二个和第三个表达式,并在每次 for 循环中,通过条件判断(m&n)!=0,判断位运算表达式 m&n 按位与的结果是否等于 0,如果不等于 0 表明该位为 1,通过"t_str[len−1−j]='1';"赋值相应的数组元素 t_str[len−1−j]为字符'1',否则赋值为字符'0'。这样,十进制整型变量 m 的值就转变为以补码形式存储在数组中的二进制字符串。

⑤"return t_str;"返回静态一维字符数组的数组名 t_str,它对应数组的起始地址,相当于返回了字符串。

2.3.4 赋值运算符

1. 赋值运算符和赋值表达式

C 语言中的赋值运算符包括赋值运算符和复合赋值运算符。赋值表达式是指通过赋值运算符把变量和表达式连接起来的式子。

(1)赋值和赋值类运算符:赋值运算符是一个等号" = ",它的作用是将一个数据赋给一个变量,相当于执行一次赋值操作。其含义并非"等于",完全不同于关系运算中的等于" == "比较运算符。

赋值运算符" = "之前加上其他运算符,可以构成复合赋值运算符。例如,算术赋值运算符和位赋值运算符:

算术赋值运算符: = 、+= 、−= 、*= 、/= 、%= 。

位赋值运算符: <<= 、>>= 、&= 、^= 、|= 。

当然,除了算术运算符、位运算符和" = "号可以组成复合运算符外,凡是二元运算符,都可与赋值运算符" = "组合成复合赋值运算符。

(2)赋值表达式:是指通过赋值运算符把变量和表达式连接起来的式子,表示形式为:

| 变量 | 赋值运算符 | 表达式 |

赋值表达式的作用是将一个表达式的值赋给一个变量。首先对赋值运算符右侧的"表达式"进行求值,接着把"表达式"的值赋给赋值运算符左侧的变量。整个赋值表达式的值就等于赋值后左侧变量的值。显然,赋值表达式具有计算和赋值的双重功能。赋值表达式的左侧也称左值,它必须是一个有存储空间且可以被赋值的变量,表达式和常量都不能作为左值。右侧的表达式也称右值,可以是表达式、常量、变量(变量可以作为左值和右值),甚至是一个赋值表达式。

2. 连续赋值运算符的优先级和结合性

通过典型的"连续赋值"表达式"a = b = c",继续讨论二目运算符的优先级、结合性以及求值次序之间存在的区别与联系。表达式"a = b = c"中的操作对象 b 的两边都是赋值运算,优先级自然相同。而赋值表达式具有"向右结合"的特性,这就决定了这个表达式的语义结构是"a =(b = c)",而非"(a = b)= c"。即首先完成 c 向 b 的赋值(类型不同时可能发生截断或强制转换),然后将表达式"b=c"的值再赋向 a,赋值表达式的值就是赋值完成之后左侧操作数拥有的值。当操作对象 a、b、c 的类型完全相同时,它与"b=c,a=b"这样分开来写的效果完全相同。下面是"连续赋值"表达式的例子:

```
a = b = 5               //表达式值为 5,a、b 值均为 5
a = 3 + (c = 8)         //表达式值为 11,c 值为 8,a 值为 11
a = (b = 3) + (c = 2)   //表达式值为 5,b 等于 3,c 等于 2,a 值为 5
```

对于赋值表达式"a=b=5",赋值运算符按照"自右而左"的结合顺序,a=b=5 和 a=(b=5)等价,执行表达式"a=(b=5)",就是执行 b=5 和 a=b 两个赋值表达式,即先求 b=5 的值,然后再赋给 a。因此 a 的值等于 5,b 的值等于 5,而且整个赋值表达式的值也等于 5。

赋值表达式可以出现在赋值语句、输出语句、选择语句、循环语句中,例如:

```
a = (b = 6)/(c = 2);         //赋值语句,b 等于 6,c 等于 2,a 等于 3
a = (b = 3*2);               //赋值语句,a、b 值均为 6
printf("%d",a = b = 5);      //printf 函数中完成了赋值和输出双重功能,输出结果为 5
//条件判断(a = b) == 0 先进行 a = b 赋值运算,再判断表达式的值是否等于 0
if((a = b) == 0) c = a;
for(j = 0;j < len;j ++ ,n = n << 1)  //赋值表达式 n = n << 1,先进行左移 n << 1,再执行赋值
```

赋值表达式也可以应用到定义变量的同时初始化(赋初值)。

```
int a = 3,b = 1,c = 5;    //定义 a、b、c 为整型变量的同时,赋初值分别为 3、1、5
float b = 3.14;           //定义 b 为浮点型变量的同时,赋初值为 3.14
char a = '3',c = 'a';     //定义 a、c 为字符变量的同时,赋初值分别为字符'3'、'a'
```

甚至,赋值表达式可以用到调用函数时的实际参数,逗号表达式中。

3. 赋值语句

基本 C 语句可分为五大类,包括控制语句(完成控制功能的选择语句、循环语句、返回语句等)、函数调用语句(完成函数调用功能)、空语句(只有一个分号的语句)、复合语句(用{ }把一些语句和声明括起来的语句块)、表达式语句(由一个表达式加一个分号构成)。

赋值语句属于表达式语句,它是由一个赋值表达式加一个分号组成。程序中大部分计算功能都是通过赋值语句实现的。赋值语句中的赋值运算符可以是赋值运算符" = ",也可以是复合赋值运算符,例如:

```
float b; b = 3.14;       //先单独定义 float 型变量 b,再通过赋值语句把 3.14 赋给变量 b
a += 3;                  //等价于 a = a + 3
//如果赋值运算符右边是包含若干项的表达式,则相当于它有括号
x *= y%3 + 8;            //等价于 x = x*(y%3 + 8),切勿错写为 x = x*y%3 + 8
```

总之,赋值表达式和赋值语句的区别在于,赋值表达式的末尾没有分号,而赋值语句的末尾必须有分号。在一个表达式中可以包含一个或多个赋值表达式,但绝不能包含赋值语句。

2.3.5 类型转换和长度运算

1. 类型转换

类型转换有自动类型转换和强制类型转换。自动类型转换是在运算时由系统自动进行的类型转换,多用在不同类型的数据混合运算或者赋值运算中;而强

视频●
类型转换和
长度运算

制类型转换通过强制类型转换运算符"(类型)"实现。

(1) 混合运算中的类型转换:一个运算符两侧的数据类型不同,则先自动进行类型转换,使其成为同一种类型,然后进行运算。整型、浮点型、字符型数据间混合运算规则如下:

① +、-、*、/运算的两个数中有一个数为 float 或 double 型,结果是 double 型,系统将所有 float 型数据都先转换为 double 型,然后进行运算。

② 如果 int 型与 float 或 double 型数据进行运算,先把 int 型和 float 型数据转换为 double 型,然后进行运算,结果是 double 型。

③ char 型与 int 型进行运算,就是把字符的 ASCII 代码与整型数据进行运算。如果将 char 型数据与浮点型数据进行运算,则将字符的 ASCII 代码转换为 double 型数据,然后进行运算。

(2) 赋值运算中的类型转换:赋值运算符两侧的类型不一致且都是基本类型时,由系统自动进行类型转换,转换规则是:

① float 型或 double 型数据赋给 int 型变量时,先对浮点型数据取整(舍弃小数部分),然后赋给整型变量。

② int 型数据赋给浮点型数据时,数值不变,但以浮点数形式存储到变量中。

③ double 型数据赋给 float 变量时,先将双精度数转换为单精度数,即只取 6~7 位有效数字,存储到 float 型变量的 4 个字节中,数据发生截断。

注意:double 型数值大小不能超出 float 型变量的数据范围;将一个 float 型数据赋给 double 型变量时,数值不变,在内存中以 8 个字节存储,有效位数扩展到 15 位。

④ char 型数据赋给整型变量时,将字符的 ASCII 代码赋给整型变量。

⑤ 占字节多的 int 型数据赋值给占字节少的整型变量或字符变量时,将其低字节原封不动地复制到被赋值的变量,这时数据发生"截断"。

(3) 强制类型转换:把一种类型的数据强制转换为另一种类型的数据,强制类型转换的一般形式是:

> (类型名)(表达式)

把"表达式"值的类型强制转换为"类型名"指定的类型。注意,对一个变量强制进行类型转换时,该变量本身的类型和值都不会发生变化,而是得到一个临时值。浮点型转换为整型,字节多的整型数据赋给占字节少的整型变量或字符变量时,也会发生截断,而不是四舍五入。

【例 2-8】 求三角形面积。

思路分析:假设给定的三个边符合构成三角形的条件:任意两边长之和大于第三个边长。求三角形面积的公式为:area $= \sqrt{s(s-a)(s-b)(s-c)}$,其中 $s = (a+b+c)/2$。

程序代码:

```
#include<stdio.h>
#include<math.h>    //sqrt 函数是求平方根的数学库函数,包含在头文件 math.h 中
int main()
{//浮点型常量默认为 double 型,末尾加专用字符 f 强制转换为 float 型
    float a=3.1f,b=4.2f,c=5.0f;
```

```
        double s,area;
        s = (a + b + c)/2;              //表达式(a + b + c)/2 的值赋给变量 s
        area = sqrt(s*(s-a)*(s-b)*(s-c));   //调用 sqrt 函数计算的值赋给变量 area
        //转义字符\t 调整在 Tab 区的输出位置整齐显示 a,b,c 值
        printf("a = %f\tb = %f\tc = %f\n",a,b,c);
        //输出面积 area 的值,以及强制转换为 int 型后的值
        printf("area = %f\tarea = %d\n",area,(int)area);
        return 0;
}
```

运行结果:

```
a = 3.100000        b = 4.200000        c = 5.000000
area = 6.485652     area = 6
```

程序说明:

(1)"float a = 3.1f,b = 4.2f,c = 5.0f;"定义浮点型变量 a、b、c,赋值的常量默认为 double 型,常量末尾加专用字符 f 可强制转换为 float 型。

(2)"s = (a + b + c)/2;",求表达式(a + b + c)/2,先计算(a + b + c),结果为 double 型,再把 2 转化 double 型进行相除,结果为 double 型,赋值给 double 型变量 s。

(3)"area = sqrt(s*(s-a)*(s-b)*(s-c));"调用头文件 math.h 中求平方根的数学库函数 sqrt,计算结果赋值给 double 型变量 area。

(4)"printf("a = %f\tb = %f\tc = %f\n",a,b,c);"格式字符串中的转义字符\t 调整在 Tab 区的输出位置,整齐显示 a、b、c 的值,并用格式声明%f 输出。

(5)"printf("area = %f\tarea = %d\n",area,(int)area);"格式字符串中的转义字符\t 调整在 Tab 区的输出位置,整齐显示 area、(int)area 的值,用格式声明%f 输出面积 area 的值,格式声明%d 输出强制转换为 int 型后的面积 area 值。从运行的输出结果看,(int)area 强制转换后的面积值发生了截断。

2. 长度运算

利用长度运算符可以求出指定数据或者指定类型在内存中的存储长度(字节数),长度运算的一般形式是:

```
sizeof(类型名或变量或表达式)
```

sizeof 是测量类型或变量长度的单目运算符,返回的结果类型是 size_t,它在头文件中 typedef 为 unsigned int 类型,也就是返回结果的类型为无符号整型。例如,整型存在 sizeof (short)≤sizeof(int)≤sizeof(long)≤sizeof(long long)。

【例 2-9】求整数 5 和 -5 的原码、反码、补码的二进制表示。

思路分析:基于例 2-7 中实现的十进制转换二进制子函数"char * Dec2Bin(int m);",可以求出整数的原码、反码、补码的二进制表示。

程序代码:

```
#include<stdio.h>
int main()
{
```

```c
    char*  Dec2Bin(int m);
    int a = 5, b = -5;
    //正数的原码=反码=补码
    printf("%d 的原码:%s\n",a,Dec2Bin(a));
    printf("%d 的反码:%s\n",a,Dec2Bin(a));
    printf("%d 的补码:%s \n\n",a,Dec2Bin(a));
    //负数的原码、反码、补码不同
    printf("%d 的原码:%s\n",b,Dec2Bin(~(b-1)|(1<<31)));//最高位置1 表示负数
    printf("%d 的反码:%s\n",b,Dec2Bin(b-1));
    printf("%d 的补码:%s \n",b,Dec2Bin(b));
    return 0;
}

//子函数实现十进制转换为二进制补码形式,并且按类型的长度保存在字符串中
char*  Dec2Bin(int m)
{
    static char t_str[256];              //static 声明静态变量,字符型数组长度256
    int n = 1, j = 0, len = sizeof(m)* 8;  //sizeof(m)求变量 m 的字节数,再乘以8 为比特长度
    for(j = 0;j < len;j ++,n = n << 1)
    {
        if((m&n)! = 0)
            t_str[len-1-j] = '1';
        else
            t_str[len-1-j] = '0';
    }
    return t_str;
}
```

运行结果:

```
5 的原码:00000000000000000000000000000101
5 的反码:00000000000000000000000000000101
5 的补码:00000000000000000000000000000101
-5 的原码:10000000000000000000000000000101
-5 的反码:11111111111111111111111111111010
-5 的补码:11111111111111111111111111111011
```

程序说明:

(1)"int a = 5, b = -5;"定义整型变量 a 和 b,并分别赋初值 5 和 -5。

(2)"printf("%d 的原码:%s\n",a,Dec2Bin(a));",用格式声明%d 输出整型变量 a 的十进制值,调用子函数 Dec2Bin(a),用格式声明% s 输出整型变量 a 的二进制字符串原码。正数的原码、反码、补码相同。

(3)"printf("%d 的原码:%s\n",b,Dec2Bin(~(b-1)|(1<<31)));",用格式声明%d 输出整型变量 b 的十进制值,调用子函数 Dec2Bin(~(b-1)|(1<<31)),用格式声明% s 输出整型变量 b 的二进制字符串原码。在计算机内存中,整型变量 b = -5 已经被表示为补码,~(b-1)得到原码的值,左移运算 1<<31 相当于最高位置1(负数的最高位符号位为1),~(b-1)|(1<<31)表示 b 的原码,(b-1)表示 b 的反码。负数的原码、反码、补码不同。

(4)"int n = 1,j = 0,len = sizeof(m) * 8;",声明整型变量 n 并赋初值 1,整型循环变量 j 赋

初值 0,整型变量 len 赋初值为 sizeof(m) * 8。sizeof 是求字节运算符,sizeof(m)用于求整型变量 m 的字节数,对于 int 型字节长度为 4。

2.4 数据输入和输出

输入指通过键盘、鼠标、摄像头、扫描仪、激光笔等外围设备向计算机输入数据和信息。而输出是把各种计算数据或信息以数字、字符、图像、声音等形式输出到计算机的外围设备,例如显示器、打印机、绘图仪、磁盘阵列、磁带机等。C 程序的输入输出操作是由 C 标准输入输出函数库实现,这些函数的相关信息包含在头文件 stdio.h 中,使用前应在程序的开头加入编译预处理命令#include <stdio.h>或#include "stdio.h"。常用的输入输出函数包括:可以用来处理数值、字符、字符串等各种类型数据的格式化输出函数 printf、格式化输入函数 scanf;还有专门用于处理字符的字符输入函数 getchar 和字符输出函数 putchar,以及用于处理字符串的库函数。

视频

格式化输出函数

2.4.1 格式化输出函数 printf

printf 函数将"输出表列"中若干数据项的值,按"格式控制字符串"中指定的对应格式,输出到标准设备上。其一般形式表示为:

    printf(格式控制,输出表列)

(1)格式控制:用英文半角双引号" "括起来的一个字符串,称为格式控制字符串,简称格式字符串,由格式声明和普通字符组成:

①格式声明:以%开始,后跟附加字符(见表 2-13)和格式字符(见表 2-14)。附加字符也称修饰符,属于可选项,夹在%和格式字符之间。格式声明与输出表列中的数据项一一对应,作用是将其对应的数据项转换为指定的格式后输出。例如,%+3d、%c、%8.2f、%#x、%s。

表 2-13　printf 函数的格式声明中的附加字符

附加字符	说明(格式声明 = % + 附加字符 + 格式字符)
%	在格式声明%后面再加一个附加字符%,连续两个%,相当于%%输出字符%
l	长整型整数,可加在格式符 d、o、x、u 前面。ld(长整型 long)、lld(双长整型 long long)
m.n	m 指域宽,即对应的输出项在输出设备上所占的字符数(如果数据的位数小于 m,则左端补以空格,若大于 m,则按实际位数输出) n 指精度,用于说明输出的浮点数小数位数(未指定 n 时,隐含精度为 n=6 位)
-	输出的数字或字符以左对齐输出(右端补空格),如省略右对齐输出(左端补空格)
+	输出的正数前面加上 + 符号。默认只有负数做 - 号标记,正数不做标记
#	八进制输出前导 0,十六进制根据大小写输出前导 0x 或 0X
0	当限定输出数据宽度 m 时,如果输出数据宽度不足 m,左端补足前导 0

②普通字符:输出时按原样输出的可显示字符和控制字符。例如,双引号内的空格、冒号、逗号、等号以及其他可显示字符;tab 键\t、换行\n、退格\b、回车\r、换页\f 等具有控制功能的转义字符。

表 2-14　printf 函数的格式声明中的格式字符

格式字符	说明(格式声明 = % + 附加字符 + 格式字符)
d, i	以带符号的十进制形式输出整数(正数默认不输出符号,指定附加字符+则输出)
u	以无符号十进制形式输出整数
o	以八进制无符号形式输出整数(不输出前导符0,若指定附加字符#则输出)
x, X	以十六进制无符号形式输出整数(不输出前导符0x 或 0X,若指定附加字符#则输出),用 x 则输出十六进制数的 a~f 时以小写形式输出,用 X 时,则以大写字母输出
c	以字符形式输出单个字符
s	输出字符串
f	以小数形式输出单精度、双精度数、长双精度,默认输出6位小数
e, E	以指数形式输出浮点数,用 e 时指数以小写 e 表示(如 1.2e+02),用 E 时指数以大写 E 表示(如 1.2E+02)
g, G	系统自动选用%f 或%e 格式中输出宽度较短一种格式,不输出无意义的0。用 G 时,若以指数形式输出,则指数以大写表示

(2)输出表列:由多个逗号隔开的数据项组成,可以是常量、变量、表达式、函数等。

注意:数据项的个数要与格式声明的个数要一致,当数据项的个数多于格式声明的个数时,多出的数据项将不输出,反之,输出结果存在不确定性。数据项的个数与格式声明也都可以为空,此时相当于输出没有格式声明的仅由普通字符组成的字符串。

【例 2-10】printf 函数的格式声明中的格式字符应用。

程序代码:

```
#include<stdio.h>
int main()
{
    int n=10,a;
    char ch='+';
    double s=3.14;
    printf("%d %c %f %x %s\n",n,ch,s,(a=3*5,a*4),"printf");
    printf("n=%+5d ch=%c s=%+-5.1f %#x %s\n",-n,ch,s,
                                            (a=3*5,a*4),"printf");
    printf("\n");                //输出空行
    printf("%d|\n",s);           //用%d格式声明输出double型变量s的值,产生错误
    //正确的方式是先用(int)进行强制类型转换,double 型转换为 int 型
    printf("%d|\n",(int)s);
    printf("%05d|\n",(int)s);    //输出的宽度为5,左端补足前导0
    printf("\n");                //输出空行
    //输出 double 型变量 s,带小数点的宽度为5,有1位小数,左端补空格
    printf("%5.1f|\n",s);
    //输出 double 型变量 s,左对齐,加小数点的宽度为5,有1位小数,右端补空格
    printf("%-5.1f|\n",s);
    //输出 double 型变量 s,左对齐,带符号位加小数点的宽度为5,有1位小数,右端补空格
    printf("%+-5.1f|\n",s);
    printf("%+-5.1f|\n",-s);    //输出double型变量s,负数时符号位为-而忽略+号的作用
    return 0;
}
```

运行结果:

```
10 + 3.140000 3c printf
n= -10 ch=+ s=+3.1   0x3c printf

1374389535|
3|
00003|

  3.1|
3.1  |
+3.1 |
-3.1 |
```

程序说明:

(1) 输出函数 "printf("%d %c %f% x %s\n", n, ch, s, (a=3*5, a*4), "printf");" 和 "printf("n=%+5d ch=%c s=%+-5.1f%#x %s\n", -n, ch, s, (a=3*5, a*4), "printf");", 通过不同的格式控制的输出结果如下。

注意: 字符间的空白代表空格, 是格式控制字符串中的普通字符空格' '的原样输出。

第一行的输出结果 "10 + 3.140000 3c printf" 包含格式声明 %d、%c、%f、%x、%s 对应数据项整型变量 n、字符型变量 ch、浮点型变量 s、逗号表达式 (a=3*5, a*4)、字符串常量 "printf" 以及普通字符 (格式声明之间的空格、转义字符 \n 换行)。格式声明、数据项、输出结果之间的对应关系如下, 有下划线的分别代表控制格式和输出结果。

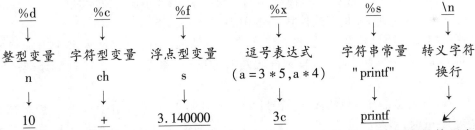

第二行的输出结果 "n= -10 ch=+ s=+3.1 0x3c printf", 包含更多的普通字符以及附加字符的格式声明 n=%+5d、ch=%c、s=%+-5.1f、%#x、%s 对应数据项整型变量 -n、字符型变量 ch、浮点型变量 s、逗号表达式 (a=3*5, a*4)、字符串常量 "printf", 其对应关系如下, 有下划线的分别是控制格式和输出结果, 下划线上的空白代表空格 (由附加字符产生的左端或右端所补空格)。

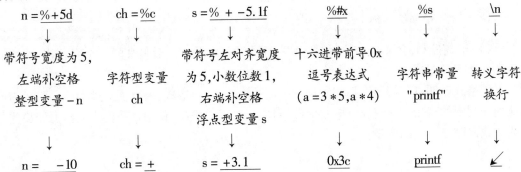

(2)输出函数"printf("\n");"输出回车,相当于一个空行。

(3)输出函数"printf("%d|\n",s);"用%d格式声明输出double型变量s的值为1374389535,错误! 正确的方式是使用"printf("%d|\n",(int)s);",输出数据项(int)s对变量s进行强制int型的类型转换,把double型转换为int型。输出函数"printf("%05d|\n",(int)s);"用%05d格式声明输出数据项(int)s,输出的数据宽度为5,左端补足前导0。这三个输出函数对应如下三行的输出:

```
1374389535|
3|
00003|
```

(4)从"printf("%5.1f|\n",s);"到"printf("%+-5.1f|\n",-s);"的四个输出函数,分别应用格式控制%5.1f、%-5.1f、%+-5.1f、%+-5.1f输出对应的double型变量s、s、s、-s数据项。虽然格式声明%+-5.1f有附加字符'+'和'-',但输出数据项是负数时符号位为-,自动忽略+号的作用。这四个输出函数对应如下四行的输出。

```
  3.1|
3.1  |
+3.1 |
-3.1 |
```

printf输出函数格式声明总结如下:

(1)输出数据项的类型应与对应的格式声明相匹配,否则将会出现错误。

(2)除了X,E,G外,其他格式字符必须用小写字母,如%u不能写成%U。

(3)可以在printf函数中的格式控制字符串内包含转义字符。

(4)一个格式声明以%开头,以格式字符之一为结束,中间可以插入多个附加格式字符(修饰符),而且某些情况下,附加字符之间有冲突时,系统会忽略其中不合理的附加字符。

(5)%+m.n输出带符号位的数据,符号位+/-、小数点.以及n位小数,加上整数部分个数小于总宽度m时,多余的位数会在左端补空格。而对于左对齐的%+-m.n,在右端补空格。如果大于m,原样输出。

2.4.2 格式化输入函数 scanf

scanf函数按"格式控制字符串"中指定的对应格式,为"地址表列"中的若干个变量输入数据。其一般形式表示为:

```
scanf(格式控制,地址表列)
```

(1)格式控制:含义同printf函数,用英文半角双引号""括起来的一个字符串,由格式声明和普通字符组成:

①格式声明:以%开始,后跟附加字符(见表2-15)和格式字符(见表2-16)。格式声明与地址表列中的变量一一对应,即一个变量对应一个格式声明,作用是将输入的数据转换为指定的格式后赋给对应的变量。

表 2-15 scanf 函数的格式声明中的附加字符

附加字符	说明(格式声明 = % + 附加字符 + 格式字符)
l	输入长整型数据(%ld、%lo、%lx、%lu)以及 double 型数据(%lf、%le)
h	输入短整型数据(%hd、%ho、%hx)
域宽	指定输入数据所占宽度(列数),域宽应为正整数
*	本输入项在读入后不赋给任何变量,相当于输入的数据将被舍弃

表 2-16 scanf 函数的格式声明中的格式字符

格式字符	说明(格式声明 = % + 附加字符 + 格式字符)
d, i	输入有符号的十进制整数
u	输入无符号的十进制整数
o	输入无符号的八进制整数
x, X	输入无符号的十六进制整数(大小写作用相同)
c	以字符形式输入单个字符
s	输入字符串,将字符串送到一个字符数组中,在输入时以非空白字符开始,以第一个空白字符结束。字符串以串结束标志'\0'作为其最后一个字符,'\0'由系统自动添加
f	输入浮点数,可以用小数形式或指数形式输入
e, E, g, G	与 f 作用相同,e 与 f,g 可以互相替换(大小写作用相同)

②普通字符:在输入时原样输入的字符,主要用来分隔输入的多个数据项,如空格、Tab 键、回车等。

(2)地址表列:若干个用逗号分隔的地址组成的列表,地址可以是变量的地址(& 变量名)、字符串的首地址,或指针缓存区。

scanf 输入函数格式声明总结如下:

(1)scanf 函数中的地址表列应该是若干个地址项,每个地址项对应的是变量的地址(& 变量名)而不是变量名,否则将会出现编译错误。

```
scanf("%f%f%f",a,b,c);      //地址表列中变量 a、b、c 是变量名而不是地址
scanf("%f%f%f",&a,&b,&c);   //地址表列中正确使用变量地址,用取地址运算符 &
```

(2)输入浮点型数据时不能规定精度,例如%7.2f 非法。

```
scanf("%7.2f",&a);    //%7.2f 非法,输入 1234567↙企图使 a 的值为 12345.67
scanf("%f",&a);       //%f 正确方式,输入 12345.67↙
```

(3)用% c 格式声明输入字符时,空格、转义字符(回车、Tab 等)都会作为有效字符输入。

```
scanf("%c%c%c",&a,&b,&c);  /*输入时字母间加入空格 t o p↙,系统会把第一个字符't'赋给
a,第二个字符空格字符' '赋给 b,第三个字符'o'赋给 c*/
```

输入 t o p↙时字母间加入空格,会导致输入缓冲区保存't'、' '、'o'、' '、'p'五个字符再加一个回车↙字符,共六个字符。函数 scanf 从输入缓冲区一个字符一个字符地读取时,会依次读取到前三个字符't'、' '、'o',甚至把空格都读入了变量。

如果紧跟着执行另外一个 scanf 语句,会接着读入' '、'p'、'↙',这导致只执行了一次输入操

作,就执行完成了两个 scanf 函数。

```
scanf("%c%c%c",&cha,&chb,&chc); /*系统会接着把第四个字符空格字符' '赋给 cha,第五
个字符'p'赋给 chb,第六个字符回车符'↙'赋给 chc*/
```

显然,输入缓冲区的数据项多于地址表列中的变量地址个数时,缓冲区多余的数据可以被下一个 scanf 函数继续使用。要避免上述问题,一个是注意不能输入多余的空格,另外一个是在两个 scanf 语句中间可以加入清除输入缓冲区语句"rewind(stdin);"。

```
rewind(stdin);    //从输入缓存区读取后,清除掉之前的缓存
```

(4)输入数据项分隔:scanf 函数分隔输入流的数据项,并转换为指定格式后赋给相应的变量,有以下几种不同的数据项分隔方法:

①域宽分隔:系统自动按格式项中指定的域宽分隔出所需位数的数据项。

```
scanf("%3d%3d",&a,&b); //输入123456↙,系统自动截取 123 赋给 a,截取 456 赋给 b
```

注意:如果%后有*附加字符,表示读取数据时需要跳过相应位数的数据,而不对任何变量进行赋值。

```
scanf("%2d%*3d%2d",&a,&b);/*输入1234567↙,系统自动截取 12 给 a,第二个数据 345 被
跳过不赋给任何变量,接着自动截取 67 赋给 b*/
```

②数据类型分隔:根据格式声明中的数据类型从输入流中读取数据,当数据类型与格式声明的类型不一致时,该数据项输入结束。

```
scanf("%d%c%f",&a,&b,&c); /*地址表列中变量 a、b、c,分别输入整数、字符和浮点数。输入
234%578.2p6↙,从输入流中取得第一个数据对应%d 格式,系统识别 234 后遇到字符%,和要求的整型
数据类型不符合,认为数值 234 输入结束,a=234;第二个数据对应%c 格式,系统识别字符%后,认为字符
输入结束,b=%;第三个数据对应%f 格式,系统跳过空格,识别随后的 578.2 后遇到字符 p,和要求的浮
点型数据类型不符合,认为数值输入结束,c=578.2*/
```

③显式数据分隔:格式声明间可以有一个或多个普通字符,在输入数据时一定要原样输入与这些字符相同的字符。如果字符是空格则会略去输入中的一个或多个空格。这些原样输入的字符可以作为显式数据分隔符。

```
scanf("a=%f,b=%f,c=%f",&a,&b,&c);/*输入a=1,b=2,c=3↙,如果输入1,2,3↙或
1 2 3↙就错了!因为系统会把输入的字符串和 scanf 函数中的格式字符串"a=%f,b=%f,c=%f"的
逐个字符对照检查,只会在格式"%f"的位置上替换为一个浮点数,其他格式中的普通字符和逗号在输入
时都不能省略!普通字符 a=、b=以及逗号,都作为了分隔符,这种分隔称为显式数据分隔*/
```

④隐式数据分隔:输入数值数据时,在输入流中的数据值后输入空格、回车、Tab 键或非法字符(不属于数值的字符),系统认为该数值数据输入结束。空格、回车(ENTER)、Tab 键都是 C 语言认定的标准数据分隔符,这种分隔称为隐式数据分隔。

```
scanf("%d%d%d",&a,&b,&c); //对地址表列中变量 a,b,c,分别输入整数 2 3 4
空格键输入方式:2 3 4↙
Tab 键输入方式:2(按 tab)3(按 tab)4(按 tab)↙
回车键输入方式:2(按 ENTER)↙3(按 ENTER)↙4(按 ENTER)↙
```

2.4.3 字符输入输出函数 getchar/putchar

字符输入函数 getchar 的功能是从标准输入缓冲区读入一个字符。该函数没有参数,其返回值可以赋给一个 char 型或 int 型变量,也可作为表达式的一部分。

字符输出函数 putchar 的功能是在标准输出设备上输出一个字符,函数带有一个参数,函数参数可以是 char 型或 int 型的常量或变量,也可以是转义字符,甚至可以是一个表达式,只要该表达式的值是一个有效字符即可。

【例 2-11】 大小写字母转换。要求当键盘输入大写字母时,输出为小写字母;而当键盘输入小写字母时,输出为大写字母。

思路分析:小写字符的 ASCII 码值减去大写字母的 ASCII 码值是 32,输入字符 ch,如果是大写字母,ch + 32 就是小写字母,反之 ch – 32 就是大写字母。

程序代码:

```c
#include <stdio.h>
int main()
{
    char ch;
    printf("请输入大写字母(A~Z):");
    ch = getchar();
    ch = ch + 32;                       //大写字母 ASCII 值加 32 变为小写字母
    putchar(ch);
    putchar('\n');
    rewind(stdin);                      //清除输入缓存区
    printf("请输入小写字母(a~z):");
    scanf("%c",&ch);
    ch = ch - 32;                       //小写字母 ASCII 值减 32 为大写字母
    printf("%c\n",ch);
    return 0;
}
```

运行结果:

```
请输入大写字母(A~Z):A
a
请输入小写字母(a~z):f
F
```

程序说明:

(1) "ch = getchar();"通过字符输入函数 getchar,读入从键盘输入的一个大写字母的 ASCII 值。"ch = ch + 32;"大写字母 ASCII 值加 32 变为小写字母。"putchar(ch);"输出转换后的字母。"putchar('\n');"输出一个换行转义字符'\n'。

(2) "rewind (stdin);"清除掉之前的 getchar()函数从输入缓存区读取后的缓存,消除缓存里的回车符等对后续 scanf 输入语句的影响。

(3) "scanf("%c",&ch);"通过格式化输入函数 scanf()的格式声明%c,从键盘输入一个小写字母的 ASCII 值。"ch = ch – 32;"小写字母 ASCII 值减 32 变为大写字母。"printf("%c\n",ch);"通过格式化输出函数 printf()的格式声明%c 输出转换后的字母。格式字符串的最后是换行符\n。

上机实训

1. 温度转换。华氏法表示的温度 f 和摄氏法表示的温度 c 之间转换的公式是 $c = \dfrac{5}{9}(f-32)$。编写一个C程序,求:
   (1) 运行时输入华氏温度时,对应摄氏温度的输出值。
   (2) 运行时输入摄氏温度时,对应华氏温度的输出值。

2. 存款利息的计算。有 P_0 人民币,想存5年,有如下5种办法:
   (1) 一次存5年;
   (2) 先存2年期,到期后将本息再存3年期;
   (3) 先存3年期,到期后将本息再存2年期;
   (4) 先存1年期,到期后将本息再存1年期,连续存5次;
   (5) 活期存款,活期利息每季度结算一次。

   假设银行存款利息如下:
   - 1年定期存款利息为 1.75%;
   - 2年定期存款利息为 2.25%;
   - 3年定期存款利息为 2.75%;
   - 5年定期存款利息为 3.00%;
   - 活期存款利息为 0.30%(活期存款每一季度结算一次利息)。

   如果 r 为年利率,n 为存款年限,P_0 为存款额,则计算存款本息和 P 的公式如下:
   - 存 n 年期本息和:$P = P_0(1+nr)$;
   - 存 n 次1年期的本息和:$P = P_0(1+r)^n$;
   - 存活期存款本息和:$P = P_0\left(1+\dfrac{r}{4}\right)^{4n}$;

   编写一个C程序,要求运行时输入存款额,输出5种存款方法的本息和。

3. 圆周长和面积。根据圆周长和面积公式,半径为 r 的圆周长 $c = 2\pi r$,面积 $S = \pi r^2$,编写一个C程序,求圆周长和面积(精度为2位)。

4. 促销活动。某商场开业二十周年举办店庆商品促销活动,促销规则为:消费满1 000元减300元,满500元减100元,多买多减。请根据顾客消费的商品总价,编写一个C程序,输出应用促销规则后,消费者实际应付的金额。

5. 求数位的数字和。编写一个C程序,输入一个四位正整数,输出各数位位置上的数字和。例如,输入1859,输出23;输入5050,输出10。

6. 求三角形面积。三角形面积 area $= \sqrt{s(s-a)(s-b)(s-c)}$,其中 $s = (a+b+c)/2$,a、b、c 为三条边的边长。编写一个C程序,要求输入三角形的三条边长(注意要求任意2条边之和大于第3边),输出三角形面积。

7. 大小写字母转换。大小写字母间的ASCII码值相差32,编写一个C程序,要求当键盘输入大写字母时,输出为小写字母;而当键盘输入小写字母时,输出为大写字母。

8. 求整数的原码、反码、补码。编写一个C程序,输入整数 N,输出其对应的原码、反码、补码的二进制表示。

第 3 章
选择与循环结构程序设计

学习目标

- 熟悉关系运算符、条件运算符、逻辑运算符及对应的表达式。
- 掌握选择结构中的 if 选择结构、switch 多分支选择结构。
- 掌握循环结构中的 while 循环结构和 for 循环结构,以及通过 break 和 continue 对循环状态的改变。
- 熟悉选择结构和循环结构的嵌套,以及多种循环语句的区别。
- 具有利用 if 选择结构和 switch 选择结构编程,解决实际问题的能力。
- 具有利用 while、do-while、for 循环结构进行程序设计的能力。
- 具有利用选择结构和循环结构嵌套,以及循环状态改变进行编程,解决复杂问题的能力。

3.1 条件和判断

C 程序的条件表达可以通过关系运算符和逻辑运算符组成的关系表达式或者逻辑表达式来描述,并根据判定结果的逻辑值来选择执行相应的操作流程。

3.1.1 关系运算符和表达式

1. 关系运算符

视频●……
关系运算符和表达式

C 语言提供了六种关系运算符(也称比较运算符): <(小于)、<=(小于等于)、>(大于)、>=(大于等于)、==(等于)、!=(不等于),全部是双目运算符。所谓关系运算就是通过这些关系运算符,对两个表达式进行比较,比较运算的结果是一个真或假的逻辑值,这种判断结果可作为选择或者循环的条件,控制程序的执行流程。

关系运算符的优先级顺序如图 3-1 所示,前四种关系运算符的优先级别相同,后两种也相同,前四种高于后两种。关系运算符的优先级低于算术运算符,但高于赋值运算符。例如:

(1) c>=a-b 等效于 c>=(a-b),关系运算符的优先级低于算术运算符。

(2) a <= b! = c 等效于(a <= b)! = c，小于等于运算符 <= 的优先级高于不等于运算符! =。

(3) a == b > c 等效于 a == (b > c)，大于运算符 > 的优先级高于等于运算符 ==。

(4) a = b <= c 等效于 a = (b <= c)，关系运算符的优先级高于赋值运算符。

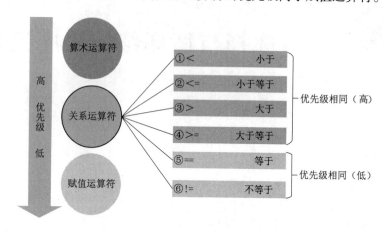

图 3-1　关系运算符优先级

2. 关系表达式

关系表达式是指用关系运算符将两个数值或数值表达式连接起来的式子。例如:w <= 10、n >= i、choice == '1'、n%2 == 0,5! = 3,(w > n) == i,d = n > i。这样的关系表达式的值是一个真或假的逻辑值。逻辑运算中以 1 代表真,0 代表假。假设 w = 15,n = 8,i = 1,则:

(1) 关系表达式 w <= 10 的值为假，因此关系表达式 w <= 10 的值为 0。

(2) 关系表达式 n >= i 的值为真，因此关系表达式 n >= i 的值为 1。

(3) 关系表达式 n%2 == 0 为真，因此关系表达式 n%2 == 0 的值为 1。

(4) 关系表达式(w > n) == i 的值为真，因为 w > n 的值为 1，等于 i 的值，所以整个表达式的值为 1。

(5) 赋值表达式 d = n > i，由于 n > i 为真，因此关系表达式 n > i 的值为 1，所以赋值后 d 的值为 1。

【例 3-1】快递邮费计算。惠农专邮给出农产品邮费优惠，重量为 0～10 kg(含 10 kg)，统一为 10 元邮费；超过 10 kg 后，每多 1 kg 加 2 元邮费，不满 1 kg 按 1 kg 算，包装费用统一按照 6 元收取(注:重量是正实数值)。

思路分析:假设重量为 w kg,邮费为 f,分两个档次计算邮费,10 kg 以下($0 < w \leqslant 10$)和 10 kg 以上($w > 10$),其分档次的计算公式如下:

$$f = \begin{cases} 10 + 6 & (0 < w \leqslant 10) \\ 10 + \lceil (w-10) \rceil \times 2.0 + 6 & (w > 10) \end{cases}$$

公式中的 $\lceil (w-10) \rceil$ 表示 $w-10$ 向上取整,表示不超过 1 kg 的按 1 kg 计算,可采用数学函数 ceil(x),返回大于或者等于指定表达式 x 的最小整数。流程图如图 3-2 所示,利用 if 语句的双分支选择结构实现条件判断。

第 3 章 选择与循环结构程序设计

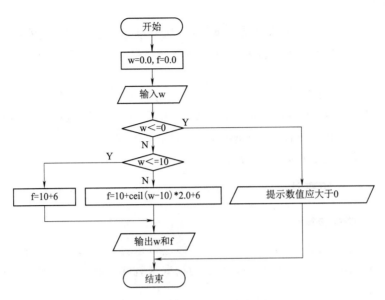

图 3-2 快递邮费计算流程图

程序代码:

```
#include<stdio.h>
#include<math.h>
int main()
{
    float w=0.0,f=0.0;
    printf("请输入农产品的重量(千克):");
    scanf("%f",&w);
    if(w<=0)
    {
        printf("请重新输入农产品的重量(千克),数值应大于0\n");
        return -1;
    }
    if(w<=10)
        f=10+6;
    else
        //ceil(x)向上取整,返回大于或者等于指定表达式的最小整数
        f=10+ceil(w-10)*2.0+6;
    printf("农产品重量%.1f千克,收取总邮费%.1f元\n",w,f);
    return 0;
}
```

运行结果:

```
请输入农产品的重量(千克):8
农产品重量8.0千克,收取总邮费16.0元
请输入农产品的重量(千克):12.2
农产品重量12.2千克,收取总邮费22.0元
```

程序说明：

输入重量w后，首先判断w是否是正实数值，执行单分支条件判断"if(w<=0)"，如果关系表达式w<=0成立，即w小于等于0，提示输入数值错误并返回，结束程序；否则，表示w>0，继续顺序执行。

接着执行双分支条件判断"if(w<=10)"，若关系表达式w<=10成立，计算f=10+6；否则，表示w>10，计算f=10+ceil(w-10)*2.0+6。其中，数学函数ceil(w-10)向上取整，通过"#include<math.h>"包含了math.h头文件。

最后，输出产品的重量w和计算的邮费f。

3.1.2　逻辑运算符和表达式

视频●
逻辑运算符和表达式

1. 逻辑运算符

C语言提供了表3-1所示的三种逻辑运算符：&&（逻辑与），||（逻辑或），!（逻辑非）。&&和||是双目运算符，要求有两个操作数，而!是单目运算符，只要求有一个操作数。

表3-1　C逻辑运算符及含义

逻辑运算符	含　　义	说　　　　明
&&（双目）	逻辑与（AND）	a&&b：如果a和b都为真，则结果为真，否则为假
||（双目）	逻辑或（OR）	a||b：如果a或b有一个为真，则结果为真，二者都为假时，结果为假
!（单目）	逻辑非（NOT）	!a：如果a为假，则!a为真；如果a为真，则!a为假

如果一个逻辑表达式中包含多个逻辑运算符，则按图3-3所示的优先级次序运算。!（逻辑非）的优先级为三者中最高，且非!的优先级高于算术运算符；&&（逻辑与）和||（逻辑或）的优先级相同，二者的优先级低于关系运算符，但高于赋值运算符。例如：

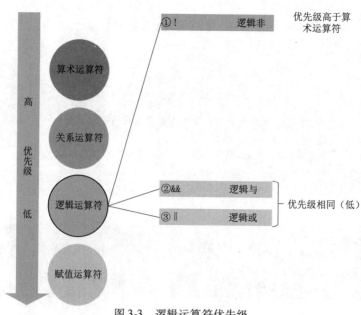

图3-3　逻辑运算符优先级

(1)(n>1)&&(p>=1)等效于 n>1&&p>=1,逻辑运算符&&的优先级低于关系运算符>和>=。

(2)(score>100)||(score<0)等效于 score>100||score<0,逻辑运算符||的优先级低于关系运算符>和<。

(3)(!a)||(i<n)等效于! a||i<n,逻辑运算符! 高于逻辑运算符||,关系运算符<的优先级高于逻辑运算符||。

2. 逻辑表达式

有时要求判断的条件不是一个简单的条件,而是由几个给定的简单条件组成的复合条件。例如,"获得 Web 前端 1+X 证书条件是:理论考成绩 A 和操作考成绩 B 都要及格",需要用两个关系表达式的组合来表示"A>=60 && B>=60"(相当于同时满足 A>=60 和 B>=60),这种用逻辑运算符将关系表达式或其他逻辑量连接起来的式子就是逻辑表达式。

逻辑表达式的值也是一个真或假的逻辑值,以 1 代表真,0 代表假,而且逻辑运算结果只能是 1 或者 0 两种数值。在逻辑表达式中,参加逻辑运算的操作数可以是 0 或任何非 0 的数值,而对于这样的数值量,判断它的真或假时,以 0 代表假,以非 0 代表真。例如:! p||n,n>1&&p>=1、ch>='A'&&ch<='Z'、score>100||score<0,假设 n=10,p=5,score=101,ch='1',则:

(1)逻辑表达式! p||n 的值为 1,因为 p 的值为非 0,被认为是真,对它进行非运算得假,n 的值为非 0,被认为是真,对二者进行逻辑或运算,结果为真。

(2)逻辑表达式 n>1&&p>=1 的值为 1,因为 n>1 为真,p>=1 为真,对二者进行逻辑与运算,结果为真。

(3)逻辑表达式 ch>='A'&&ch<='Z'的值为 0,因为 ch>='A'为假,ch<='Z'为真,对二者进行逻辑与运算,结果为假。

(4)逻辑表达式 score>100||score<0 的值为 1,因为 score>100 为真,score<0 为假,对二者进行逻辑或运算,结果为真。

另外注意,在逻辑表达式的求解中,并不是所有的逻辑运算符都需要被执行,只是在必须执行下一个逻辑运算符才能求出表达式的解时,才执行该运算符。根据这个规则,重新对上述的(1)~(4)进行逻辑运算:

(1)逻辑表达式! p||n 的值为 1,先求 p 的值为非 0,被认为是真,对它进行非运算得假。由于逻辑运算符为||,表达式的值不能由! p 单独决定,所以继续求 n 的值为非 0,被认为是真,最后对二者进行逻辑或运算,结果为真。

(2)逻辑表达式 n>1&&p>=1 的值为 1,先求 n>1 为真,由于逻辑运算符为&&,表达式的值不能由 n>1 单独决定,所以继续求 p>=1 为真,最后对二者进行逻辑与运算,结果为真。

(3)逻辑表达式 ch>='A'&&ch<='Z'的值为 0,先求 ch>='A'为假,由于逻辑运算符为&&,所以无论后续表达式求值结果如何,整个表达式的值都不受影响。也就是说,后续的逻辑与运算符&&和表达式 ch<='Z'都不必执行,由 ch>='A'为假单独决定了整个表达式的结果为假。

(4)逻辑表达式 score>100||score<0 的值为 1,先求 score>100 为真,由于逻辑运算符为||,所以无论后续表达式求值结果如何,整个表达式的值都不受影响。也就是说,后续的逻辑

或运算符||和表达式score<0都不必执行,由score>100为真单独决定了整个表达式的结果为真。

从上述例子得到,逻辑运算符的运算对象(操作数)既可以是0和1,也可以是0和非0的整数,甚至是字符型、浮点型、枚举型或指针型的纯数据。系统最终以0和非0来判定它们的真值是"真"或者"假",所以对于逻辑运算,总结出表3-2所示的真值表。

表3-2 C逻辑运算的真值表

a	b	!a	!b	a&&b	a‖b
非0	非0	0	0	1	1
非0	0	0	1	0	1
0	非0	1	0	0	1
0	0	1	1	0	0

3.1.3 条件运算符和表达式

条件运算符和表达式

1. 条件运算符和表达式求解过程

条件运算符由两个符号？和:组成,必须一起使用,它有3个操作对象,是C语言中唯一的一个三目(元)运算符。条件表达式的一般形式为:

表达式1？表达式2：表达式3

如图3-4所示,条件表达式的求解过程是,先求表达式1,若为非0(真)则求解表达式2,此时表达式2的值就作为整个条件表达式的值。若表达式1的值为0(假),则求解表达式3,表达式3的值就是整个条件表达式的值。表达式2和表达式3可以是数值表达式、赋值表达式、函数表达式。

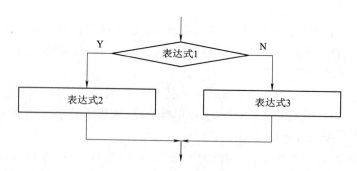

图3-4 条件表达式的执行过程

2. 条件运算符的优先级和结合性

条件运算符优先级高于赋值运算符,其结合性是从右向左结合(右结合)。

【例3-2】大小写字母转换。利用条件运算符和条件表达式嵌套编程实现,当从键盘输入大写字母时,输出为小写字母;当从键盘输入小写字母时,输出为大写字母;否则,不转换原样输出。

思路分析:大小写字母间的ASCII码值相差32,输入字符ch,利用两个条件运算表达式嵌套来处理。如果是大写字母,ch+32 就是小写字母;否则,若是小写字母,ch-32 就是大写字母;反之 ch 不转换。

程序代码:

```c
#include<stdio.h>
int main()
{
    char ch;
    printf("请输入字符:");
    ch=getchar();
    //当字符是大写字母时转成小写字母,若是小写字母转为大写字母,否则,其他字符不转换
    ch=(ch>='A'&&ch<='Z')?(ch+32):(ch>='a'&&ch<='z')?(ch-32):ch;
    printf("转换后的字符:%c\n",ch);
    return 0;
}
```

运行结果:

```
请输入字符:E
转换后的字符:e
请输入字符:e
转换后的字符:E
请输入字符:1
转换后的字符:1
```

从运行结果看到,输入大写字母 E 转换为小写字母 e,输入小写字母 e 转换为大写字母 E,输入字符 1 不转换原样输出。

程序说明:

下面结合三目运算符的优先级和结合性,来说明条件运算符从右向左结合这一特性和条件运算表达式的求值次序。优先级决定表达式中各种不同的运算符起作用的优先次序,而结合性则在相邻的两个运算符具有同等优先级时,决定表达式的结合方向。准确地讲,优先级和结合性只是确定表达式的语义结构,二者不能跟表达式的求值次序混为一谈。

(1)条件运算表达式的"右结合性":

通过"ch=(ch>='A'&&ch<='Z')?(ch+32):(ch>='a'&&ch<='z')?(ch-32):ch;"语句中的两个条件表达式的嵌套,来实现大小写字母转换。下述条件表达式里面有两个条件运算符?:的嵌套:

```
(ch>='A'&&ch<='Z')?(ch+32):(ch>='a'&&ch<='z')?(ch-32):ch
```

注意:条件运算符"向右结合"这一特性,只是决定了条件表达式的语义结构,并不能决定内层和外层的条件表达式求值次序,所以从语义结构上,其等价表达式为"右侧条件表达式加括号":

```
(ch>='A'&&ch<='Z')?(ch+32):((ch>='a'&&ch<='z')?(ch-32):ch)
```

如果是左结合,其产生的等价表达式则是"左侧条件表达式加括号":

```
((ch>='A'&&ch<='Z')?(ch+32):(ch>='a'&&ch<='z'))?(ch-32):ch
```

所以"向右结合"的真正含义是确定表达式的语义结构。编译器在确定表达式的语义结构后,才涉及表达式的求值次序或者求值顺序。

多数情况下,C语言对表达式中各子表达式的求值次序并没有严格规定;即使是求值次序确定的场合,编译器也要先确定表达式的"语义结构",在获得确定的语义之后才谈得上"求值次序"。

(2)条件运算表达式的"求值次序":

C语言明确规定了条件表达式的求值次序,首先对条件部分求值,若条件部分为真,则对问号?之后冒号:之前的部分求值,并将求得的结果作为整个表达式的结果值;否则,对冒号之后的部分求值并作为结果值。另外,C语言中对求值次序有明确规定的运算符还包括逻辑与"&&"、逻辑或"||"、逗号运算符","。

所以对于上述嵌套条件表达式,首先判断条件(ch >= 'A'&&ch <= 'Z')是否成立,这是一个逻辑与运算的表达式,如果成立,执行(ch + 32),求得的结果作为整个表达式的结果值,因此冒号之后的部分将得不到求值机会,它的后续表达式也就没机会生效;否则,继续执行内层条件表达式(ch >= 'a'&&ch <= 'z')?(ch - 32):ch,判断条件(ch >= 'a'&&ch <= 'z')是否成立,这也是一个逻辑与运算的表达式,如果成立,执行(ch - 32),求得的结果作为内层表达式的结果值,同时也是整个表达式的值;反之,ch作为内层表达式和整个表达式的结果值。

如果直接根据条件表达式的结合性是"向右结合"的特性,就想当然地确定内层的条件表达式先求值,即右侧的条件运算"(ch >= 'a'&&ch <= 'z')?(ch - 32):ch"先求值,这种理解是错误的。幸运的是变量ch只是参与表达式比较和求值,自身并没有被改变,这种情况下的理解和最终的求值结果正好相符合。但对于下述嵌套条件表达式,变量本身在求值过程中被改变,这种理解的求值结果是错误的。

```
x > y? 100: ++y > 2? 20:30
```

假设整数x = 3,y = 2。如果右侧的内层条件表达式 ++y > 2? 20:30 先求值,y首先前置自增加1为3,3 > 2的条件成立,那么第二个条件运算表达式的计算结果为20;然后再来求外层条件表达式x > y? 100:20,这时由于y已经变成3,x > y不再成立,整个嵌套条件表达式的结果就是刚刚求得的20。结果显然是错误的。原因在于上面例子中的条件运算符向右结合这一特性,并不能直接决定内层的条件表达式先求值,只是决定了上面表达式的语义结构等价于x > y? 100:(++y > 2? 20:30),而不是等价于(x > y? 100: ++y) > 2? 20:30。对于确定了语义结构的表达式x > y? 100:(++y > 2? 20:30),执行次序上首先还是执行条件x > y,看x大于y是否成立,由于3 > 2是成立的,因此整个表达式的值为100。显然,冒号之后的部分根本得不到求值机会,它的后续表达式也就没机会生效。

▌3.2 if 选择结构

现实生活总会面临不同的选择,有唯一选择,也有二选一,还有多重选择,这时需要根据某个条件是否满足来决定如何选择执行某种操作,这就是基于条件判断的选择结构要解决的问题。C语言有两种选择结构语句:

(1)if语句,基于条件判断的选择,实现单分支、双分支或嵌套多个分支的选择结构。

(2) switch 语句,基于开关值选择,用来实现多分支的选择结构。

3.2.1 if 语句

if 语句有如下三种常用形式:
(1) 形式 1(单分支结构,无 else 子句部分)

```
if(表达式) 语句 1
```

(2) 形式 2(双分支结构,有 else 子句部分)

```
if(表达式)
    语句 1
else
    语句 2
```

(3) 形式 3(多分支嵌套结构,else 部分嵌套多层 if 语句)

```
if(表达式 1)         语句 1
else if(表达式 2)    语句 2
else if(表达式 3)    语句 3
    ⋮              ⋮
else if(表达式 m)    语句 m
else                语句 m+1
```

if 语句中的表达式可以是关系表达式、逻辑表达式,甚至数值表达式。表达式作为条件判断,其判定结果是一个真或假的逻辑值,以 1 代表真,0 代表假。

else 子句为可选,而且可以嵌套多层 if 语句,但注意 else 子句不能单独使用,它必须是 if 语句的一部分且必须和 if 语句配对使用。

语句 1、语句 2、……、语句 m、语句 $m+1$ 可以是一个简单的语句,也可以是一个带{}的复合语句(语句块),还可以是内嵌一个或多个 if 语句的选择结构。

【例 3-3】出租车计费问题。某城市普通出租车分段计费标准如下:
(1) 起租价:14 元/3 km,起步里程为 3 km(含),起步费 14 元;
(2) 超起租里程运价:2.5 元/km;超出起步时,3 km 以上 15 km 以内(含),2.5 元/km;
(3) 超运距加价里程:超过 15 km 部分加价 50%;
(4) 低速等候费:因红绿灯、堵车、乘客要求临时停车等,每 4 min 收取 1.5 千米超起租里程运价(不足 4 min 则不收费);
(5) 不考虑夜间加价和节假日附加费。

编写程序,输入行驶里程(km)和等待时间(min),计算并输出行驶里程、等待时间、乘客应支付费用(元)。

注意:行驶里程正实数值,等待时间非负整数值,行驶里程输出保留一位小数,支付费用输出四舍五入精确到元。

思路分析:假设行驶里程为 s km,等待时间为 mins,分三个档次计算支付费用 price,3 km(含)以下($0 < s \leqslant 3$)、3~15 km(含)($3 < s \leqslant 15$),15 km 以上($s > 15$),低速等候费单独计算。其分档次的计算公式如下:

$$price = \begin{cases} 14 + \left\lfloor \dfrac{mins}{4} \right\rfloor \times 1.5 \times 2.5 & (0 < s \leq 3) \\ 14 + (s-3) \times 2.5 + \left\lfloor \dfrac{mins}{4} \right\rfloor \times 1.5 \times 2.5 & (3 < s \leq 15) \\ 14 + (15-3) \times 2.5 + (s-15) \times 2.5 \times 1.5 + \left\lfloor \dfrac{mins}{4} \right\rfloor \times 1.5 \times 2.5 & (s > 15) \end{cases}$$

公式中的 $\left\lfloor \dfrac{mins}{4} \right\rfloor$ 表示向下取整，即取 mins 整除 4 的结果，mins≥0。程序流程图如图 3-5 所示，利用 if 多分支嵌套结构来实现条件判断。

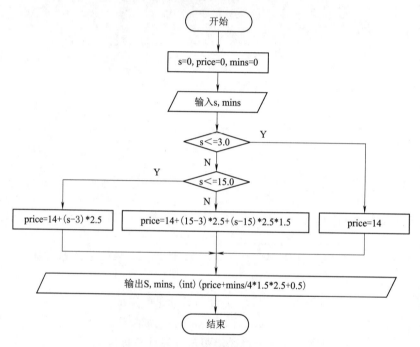

图 3-5　出租车计费问题 C 程序流程图

程序代码：

```c
#include <stdio.h>
int main()
{
    float s=0,price=0;
    int mins=0.0;
    printf("请输入行驶里程数(千米)和等待时间(分钟):");
    scanf("%f %d",&s,&mins);
    if(s<=3.0)price=14;
    else if(s<=15.0)
        price=14 + (s-3)* 2.5;
    else
        price=14 + (15-3)* 2.5 + (s-15)* 2.5* 1.5;
    printf("%.1f 千米等待时间%d 分钟应付价格:%d 元 \n",
                          s,mins,(int)(price+mins/4* 1.5* 2.5+0.5));
    return 0;
}
```

运行结果:

```
请输入行驶里程数(千米)和等待时间(分钟):2.5 4
2.5 千米等待时间4 分钟应付价格:18 元
请输入行驶里程数(千米)和等待时间(分钟):10 10
10.0 千米等待时间10 分钟应付价格:39 元
请输入行驶里程数(千米)和等待时间(分钟):20 20
20.0 千米等待时间20 分钟应付价格:82 元
```

程序说明:

输入行驶里程 s 和等待时间 mins 后,首先执行多分支条件判断"if(s<=3.0)",如果关系表达式 s<=3.0 成立,即 s 小于等于3.0,计算 price=14。

接着执行 else 多分支判断"if(s<=15.0)",若关系表达式 s<=15.0 成立,计算 price=14+(s−3)*2.5;否则,表示 s>15,计算 price=14+(15−3)*2.5+(s−15)*2.5*1.5。

最后输出行驶里程 s、等待时间 mins、乘客应支付费用(元)。乘客应支付费用通过"(int)(price+mins/4*1.5*2.5+0.5)"计算,price 加上低速等候费 mins/4*1.5*2.5 再加 0.5,通过(int)取整,实现支付费用四舍五入。因为 mins 为整型变量,mins/4 的结果为 mins 整除4的结果,满足不足4分钟不收费的要求。

【例3-4】成绩分类评价。通过 if 多分支嵌套结构来实现,输入一个成绩,要求成绩满足 0≤score≤100,根据成绩范围输出相应的分类评价。

(1) 如果 score≥90,输出 Excellent;
(2) 如果 70≤score<90,输出 Good;
(3) 如果 60≤score<70,输出 Not Bad;
(4) 如果 score<60,输出 Try Again。

思路分析:利用 if 多分支嵌套结构来实现条件判断,成绩分类评价的 N-S 流程图如图 3-6 所示。根据成绩 score 的取值范围进行分类评价,如果 score>100 或者 score<0,输出成绩超出[0,100]范围的错误提示信息,90≤score≤100 对应 Excellent,70≤score<90 对应 Good,60≤score<70 对应 Not Bad,其他对应 Try Again。

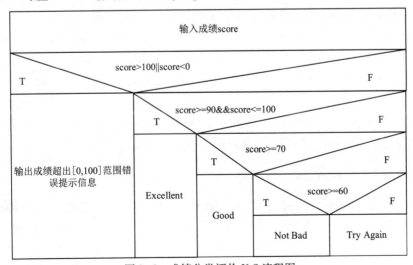

图 3-6 成绩分类评价 N-S 流程图

程序代码：

```c
#include<stdio.h>
int main()
{
    float score;
    printf("输入一个成绩值[0,100]: ");
    scanf("%f",&score);
    if(score>100||score<0)    //成绩不在[0,100]范围,输出错误提示
        printf("请重新输入一个成绩值,范围在[0,100]\n");
    else if(score>=90&&score<=100)
        printf("Excellent \n");
    else if(score>=70)
        printf("Good\n");
    else if(score>=60)
        printf("Not Bad \n");
    else
        printf("Try Again \n");
    return 0;
}
```

运行结果：

```
输入一个成绩值[0,100]:100
Excellent
输入一个成绩值[0,100]:80
Good
输入一个成绩值[0,100]:60
Not Bad
输入一个成绩值[0,100]:59
Try Again
输入一个成绩值[0,100]:101
请重新输入一个成绩值,范围在[0,100]
```

程序说明：

输入成绩值到 float 型变量 score，如果多分支条件判断"if(score >100||score <0)"成立，即逻辑或表达式 score >100||score <0 中的两个条件之一，score >100 或者 score <0 满足，输出成绩超出[0，100]范围的错误提示信息；否则，如果"if(score >=90&&score <=100)"成立，即逻辑与表达式 score >=90&&score <=100 中的两个条件 score >=90 和 score <=100 同时满足，表示 90≤score≤100，对应输出 Excellent；否则，如果"score >=70"成立，表示满足 70≤score <90，对应输出 Good；否则，如果"score >=60"成立，表示满足 60≤score <70，对应输出 Not Bad；否则，表示 0≤score <60 成立，对应输出 Try Again。

3.2.2　if 选择结构的嵌套

在 if 语句中又包含一个或多个 if 语句称为 if 语句的嵌套。前面介绍 if 语句的形式 3 多分支嵌套结构就属于 if 语句的嵌套，更一般的嵌套形式为：

```
if(表达式1)                    ①
    if(表达式2)     语句1      ②
    else           语句2      ③
else                          ④
    if(表达式3)     语句3      ⑤
    else           语句4      ⑥
```

if 与 else 的配对关系:else 总是与它上面的最近的未配对的 if 配对,注意配对原则是先选择上面最近的,再选择未配对的。上面的嵌套形式中,⑥else 与上面最近的未配对的⑤if 配对,③else 与上面最近的未配对的②if 配对,④else 与上面最近的未配对的①if 配对。

通过{}改变配对关系:如果 if 与 else 的数目不一样,可以加花括号{}来限定内嵌语句的范围,改变 if 与 else 的配对关系。如下的 if 嵌套结构里面嵌入 if 嵌套结构,通过加入{}限定内嵌语句的范围,使程序结构更清晰和易读:

```
if(表达式1)              语句1
else if(表达式2)         //下面{}内嵌语句是 if(表达式2)的复合语句
{
    if(表达式3)          语句2
    else                语句3
}
else                    //下面{}内嵌语句是 else 的复合语句
{
    if(表达式3)          语句4
    else if(表达式4)     语句5
    else                语句6
}
```

【例3-5】居民用水计费。居民家庭用水是按综合水价支付,即自来水价格加上排水费价格 1.53 元/m³,并按年度用水量为单位实施阶梯水价,设用水量为 t m³,

(1) 第一阶梯 $0 \leq t \leq 220$ 时,自来水价是 1.92 元/m³,综合水价是 3.45 元/m³;

(2) 第二阶梯 $220 < t \leq 300$ 时,水价是 3.30 元,综合水价是 4.83 元;

(3) 第三阶梯 $t > 300$ 时,水价是 4.30 元,综合水价是 5.83 元。

编写程序实现水费的计算。水费每 2 个月收取一次,根据上次用水量累计数字,本次用水量累计数字,计算本次付费费用并输出,结果保留两位小数。注:上次和本次用水量累计数字都是非负整数。

思路分析:假设本次用水量为 t,上次用水量为 pre_t,支付费用为 cost。在 pre_t ≤ t 的前提下,本次用水量 t 和上次用水量 pre_t 都需要分三个档次,0 到 220(含)、220 到 300(含),300 以上,计算支付费用 cost 需要综合二者的条件。令 amount = t − pre_t,其分档次的计算公式如下:

$$\text{cost} = \begin{cases} \text{amount} \times 3.45 & (0 \leq t \leq 220, 0 \leq \text{pre\_t} \leq 220) \\ (220 - \text{pre\_t}) \times 3.45 + (t - 220) \times 4.38 & (220 < t \leq 300, 0 \leq \text{pre\_t} \leq 220) \\ \text{amount} \times 4.38 & (220 < t \leq 300, 220 < \text{pre\_t} \leq 300) \\ (220 - \text{pre\_t}) \times 3.45 + (300 - 220) \times 4.38 + (t - 300) \times 5.83 & (t > 300, 0 \leq \text{pre\_t} \leq 220) \\ (300 - \text{pre\_t}) \times 4.38 + (t - 300) \times 5.83 & (t > 300, 220 < \text{pre\_t} \leq 300) \\ \text{amount} \times 5.83 & (t > 300, \text{pre\_t} > 300) \end{cases}$$

N-S 流程图如图 3-7 所示,利用 if 选择结构的嵌套来实现条件判断。

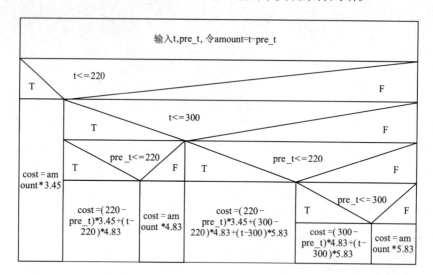

图 3-7　居民用水计费 N-S 流程图

程序代码:

```c
#include<stdio.h>
int main()
{
    double cost=0.0;
    int t,pre_t,amount;
    printf("请输入本次用水量累计数字(>=0)和上次用水量累计数字(>=0):");
    scanf("%d %d",&t,&pre_t);
    amount=t-pre_t;
    if(t<=220)
        cost=amount*3.45;
    else if(t<=300)
    {
        if(pre_t<=220)
            cost=(220-pre_t)*3.45+(t-220)*4.83;
        else
            cost=amount*4.83;
    }
    else
    {
        if(pre_t<=220)
            cost=(220-pre_t)*3.45+(300-220)*4.83+(t-300)*5.83;
        else if(pre_t<=300)
            cost=(300-pre_t)*4.83+(t-300)*5.83;
        else
            cost=amount*5.83;
    }
    if(cost<0)
        printf("输入无效的用水量值!\n");
```

第 3 章　选择与循环结构程序设计　85

```
    else
        printf("本次用水量%d,上次用水量%d,应该缴纳水费:%.2f 元 \n",t,pre_t,cost);
    return 0;
}
```

运行结果:

```
请输入本次用水量累计数字(>=0)和上次用水量累计数字(>=0):200 180
本次用水量200,上次用水量180,应该缴纳水费:69.00 元
请输入本次用水量累计数字(>=0)和上次用水量累计数字(>=0):230 210
本次用水量230,上次用水量210,应该缴纳水费:82.80 元
请输入本次用水量累计数字(>=0)和上次用水量累计数字(>=0):280 260
本次用水量280,上次用水量260,应该缴纳水费:96.60 元
请输入本次用水量累计数字(>=0)和上次用水量累计数字(>=0):310 290
本次用水量310,上次用水量290,应该缴纳水费:106.60 元
请输入本次用水量累计数字(>=0)和上次用水量累计数字(>=0):330 310
本次用水量330,上次用水量310,应该缴纳水费:116.60 元
请输入本次用水量累计数字(>=0)和上次用水量累计数字(>=0):210 230
输入无效的用水量值!
```

程序说明：

输入本次用水量 t 和上次用水量 pre_t 后,令 amount = t − pre_t,从生活常识上有隐含条件 amount >= 0,否则输入的是无效的用水量值。

首先执行多分支条件判断"if(t<=220)",如果关系表达式 t<=220 成立,计算 cost = amount * 3.45。

接着执行 else 多分支判断"if(t<=300)",如果关系表达式 t<=300 成立,执行嵌套的双分支判断。若嵌套的双分支条件判断"if(pre_t<=220)"成立,计算 cost = (220 − pre_t) * 3.45 + (t − 220) * 4.83；否则,表示 pre_t > 220,计算 cost = amount * 4.83。

若上述 t<=300 不成立,继续执行 else 的嵌套多分支判断。如果嵌套的多分支判断"if(pre_t<=220)"成立,计算 cost = (220 − pre_t) * 3.45 + (300 − 220) * 4.83 + (t − 300) * 5.83；否则,若"if(pre_t<=300)"成立,计算 cost = (300 − pre_t) * 4.83 + (t − 300) * 5.83；否则,计算 cost = amount * 5.83。

最后,如果双分支条件判断"if(cost<0)"成立,提示输入用水量错误；否则,输出本次用水量 t、上次用水量 pre_t、本次付费费用 cost。

3.3　switch 选择结构

视频
switch选择结构

对于三种以上的多分支选择情况,可以用嵌套的 if 语句来处理,也可以用另外一种 switch 语句,实现多分支选择结构的处理。后续章节中,多用 switch 语句来实现菜单命令处理,即使用菜单命令对程序流程进行控制。

【例 3-6】比赛名次。4 个体育强队进入半决赛需要决出名次,先抽签抓对进行两场半决赛比赛,胜者进入决赛并决出第一名,败者进行比赛并决出第三名,每个队伍都经历两场比赛。编程输入某个比赛队两场比赛的胜败(1 表示胜,0 表示败),计算该队伍的最终名次并输出。

(1)输入 1 1,输出:第 1 名;

(2) 输入 1 0,输出:第 2 名;
(3) 输入 0 1,输出:第 3 名;
(4) 输入 0 0,输出:第 4 名。

思路分析:这是一个多分支选择问题,假设输入两场比赛的胜败分别为整数 s1 和 s2,组合表达式 s1 * 10 + s2 ,即 s1 作为十位数,s2 作为个位数,当表达式的值为 11 时对应第 1 名,10 对应第 2 名,01 对应第 3 名,00 对应第 4 名,其他值,提示输入数据错误。如果用 if 语句来处理至少需要 4 层嵌套结构,如果把组合表达式作为 switch 开关语句的表达式,也可以实现多分支的选择问题。

程序代码:

```c
#include<stdio.h>
int main()
{
    int s1,s2;
    printf("输入某队两场比赛的胜败(1 表示胜,0 表示败):");
    scanf("%d %d",&s1,&s2);
    switch(s1*10 + s2)                //s1*10 放到十位,s2 放到个位
    {
        case 11:
            printf("第 1 名 \n");      //11 对应 1 1,输出第 1 名
            break;
        case 10:
            printf("第 2 名 \n");      //10 对应 1 0,输出第 2 名
            break;
        case 1:
            printf("第 3 名 \n");      //1 对应 0 1,输出第 3 名
            break;
        case 0:
            printf("第 4 名 \n");      //0 对应 0 0,输出第 4 名
            break;
        default:
            printf("输入数据错误! \n"); //default 提示输入数据错误
    }
    return 0;
}
```

运行结果:

```
输入某队两场比赛的胜败(1 表示胜,0 表示败):1 1
第 1 名
输入某队两场比赛的胜败(1 表示胜,0 表示败):1 0
第 2 名
输入某队两场比赛的胜败(1 表示胜,0 表示败):0 1
第 3 名
输入某队两场比赛的胜败(1 表示胜,0 表示败):0 0
第 4 名
输入某队两场比赛的胜败(1 表示胜,0 表示败):10 1
输入数据错误!
```

程序说明:

输入整型变量 s1 和 s2 的值, s1 作为十位数, s2 作为个位数, 把组合表达式 s1 * 10 + s2 的结果作为 switch 的开关值, 并把它和每个 case 语句冒号前给定的标号值 11、10、1、0 相比较, 如果和其中之一匹配, 则执行 case 冒号后面的语句, 输出名次, 直至遇到 break。在每个 case 语句的最后都有一个 break 语句, 其作用是转到 switch 语句的末尾(右花括号处)。如果都不匹配, 执行 default 后面的语句, 输出数据错误提示信息。通过 switch 多分支选择结构进行比赛名次处理, 流程图如图 3-8 所示。

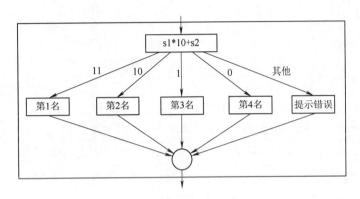

图 3-8　switch 语句处理比赛名次的流程图

可以看到, switch 语句的作用就像开关一样, 根据表达式的值, 把流程像流水一样, 开闸引流到不同的语句, 其一般形式如下:

```
switch(表达式)
{
    case 常量1：语句 1
        break;
    case 常量2：语句 2
        break;
        ⋮
    case 常量n：语句 n
        break;
    [default：语句 n + 1]
}
```

(1) switch 括号内表达式的值, 类型应为整型或字符型。其下{ }内是一个复合语句, 包含多个以关键字 case 开头和最多一个以 default 开头的行。

(2) case 后面跟一个常量(或常量表达式), 它们和 default 都是起标号作用, 用来标志一个开关, 所有标号后面都跟一个冒号。每个 case 常量标号必须互不相同, 且各个 case 标号出现的前后次序并不影响执行结果。

执行 switch 语句时, 先计算 switch 表达式的值, 然后将它与各 case 标号比较, 如果与其中之一匹配(相同), 流程就转到此 case 标号后面的语句执行。如果没有相匹配的 case 标号, 流程转去执行 default 标号后面的语句, 注意, default 标号可选, 可以有也可以没有。如果没有 default 子句, 则直接转至 switch 语句的结束处, 执行 switch 语句的下一个语句。

(3) case 子句中的语句1、语句2、…、语句m,可以是一个简单的语句,也可以是一个不带花括号{}的语句块(包含一个以上的执行语句),依次执行 case 标号后面所有语句,直到 break 语句。每个 case 语句的最后都有且必须有一个 break 语句,其作用是使流程跳出 switch 结构。

如果"break;"缺失,执行完 case 子句后,不再进行任何后续的 case 判断,会一直执行下去,直到遇到一个 break 语句或者执行完整个 switch 语句为止。最后一个 case 子句或 default 子句中可不加 break 语句。

(4) 多个 case 标号可以共用相同的语句和一个 break 语句,其一般形式为:

```
switch(表达式)
{
    case 常量1:
              :
    case 常量m: 共用语句1    //case 常量1子句到 case 常量m子句共用相同语句
        break;
              :
    case 常量n: 语句n
        break;
    [default: 语句n+1]
}
```

【例3-7】成绩分类评价。通过 switch 语句编程实现例 3-4 的要求。

思路分析:这是一个多分支选择问题,假设成绩为 score,分类评价等级为 grade,令 grade = (int)(score/10),对成绩除以10后取整。grade 缩小了成绩范围,可作为 switch 开关语句的表达式,存在多个 case 标号共用相同的语句和一个 break 语句的情况,case 标号为 9、10 对应 Excellent,7、8 对应 Good,6 对应 Not Bad,default 子句对应 Try Again。要求输入成绩取值范围为 0≤score≤100,若超出此范围,输出成绩超出[0,100]范围的错误提示信息。通过 switch 多分支选择结构进行成绩分类评价处理,流程图如图 3-9 所示。

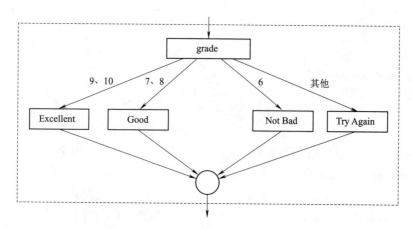

图 3-9 switch 语句处理成绩分类评价的流程图

程序代码:

```
#include<stdio.h>
int main()
```

```c
{
    float score;
    int grade;
    printf("输入一个成绩值[0,100]:");
    scanf("%f",&score);
    if(score >100 ||score <0)           //成绩不在[0,100]范围,输出错误提示
    {
        printf("请重新输入一个成绩值,范围在[0,100] \n");
        return -1;
    }
    grade = (int)(score/10);            //对浮点数分数grade除以10取整
    switch(grade)
    {
        case 10:
        case 9:
            printf("Excellent \n");     //grade =9~10,代表90≤score≤100
            break;
        case 8:
        case 7:
            printf("Good \n");          //grade =7~8,代表70≤score<90
            break;
        case 6:
            printf("Not Bad \n");       //grade =6,代表60≤score<70
            break;
        default:
            printf("Try Again \n");     //default 处理grade =0~5,代表score<60
    }
    return 0;
}
```

运行结果:

```
输入一个成绩值[0,100]:100
Excellent
输入一个成绩值[0,100]:80
Good
输入一个成绩值[0,100]:60
Not Bad
输入一个成绩值[0,100]:59
Try Again
输入一个成绩值[0,100]:101
请重新输入一个成绩值,范围在[0,100]
```

程序说明:

输入成绩值到 float 型变量 score,判断"if(score >100 || score <0)"中的逻辑表达式 score >100 || score <0 是否成立,如果成绩 score >100 或 score <0,两个条件只要满足其中之一,也就是成绩不在[0,100]范围,输出错误提示并返回,结束程序。

成绩等级 grade = (int)(score/10),对输入的浮点数分数 score 除以 10 取整,switch 得到开关 grade 的值并把它和 case 中给定的常量标号 6~10 之一相比较,如果和其中之一匹配,则执行 case 后面的语句,输出评价信息。如果都不匹配,执行 default 后面的语句,输出 0~5 的评

价信息。其中标号9、10,标号7、8的case子句共用了相同的语句和一个break语句。

虽然if嵌套语句和switch开关语句,二者对成绩分类评价的实现是等价的,但从编程结构上看,switch的逻辑结构更清晰,但它只能处理开关值为整数的判断,而且要求开关值有规律且不能有太多的可列举值。if嵌套语句则可以通过关系表达式,甚至把复杂的逻辑表达式作为条件判断,处理应用范围更广,条件更复杂的问题。但用嵌套的if语句来处理复杂问题时,如果分支越多,那么语句层数就越多,程序也就越冗长,这降低了程序的可读性。

3.4 while 循环结构

C语言程序中,除了使用顺序结构和选择结构,还需要用到循环结构来处理重复性的问题。常用的循环结构包括while循环结构和for循环结构两类。

3.4.1 while 语句

while 语句的一般形式:

```
while(表达式)
    循环体语句
```

其中,while后面括号内的表达式为循环条件表达式,用于控制执行循环体的次数。循环体语句可以是一个简单的语句,也可以是带{}的复合语句或语句块。while循环先判断条件表达式,当此表达式的值为真(非0)时,执行循环体语句;为假(0)时,不执行循环体语句,其流程图如图3-10所示。

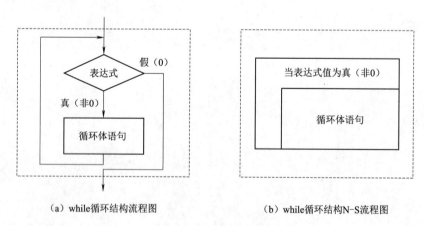

(a) while循环结构流程图　　　(b) while循环结构N-S流程图

图3-10　while 语句的流程图

【例3-8(1)】求 π 的近似值。通过 while 循环语句编程,当 $n>0$ 时,利用公式 $\pi/4 \approx 1 - 1/3 + 1/5 - 1/7 + \cdots \pm 1/(2 \times n - 1)$,实现 π 的近似值求解。

思路分析:循环条件i初值为1,符号sign初值为1,和sum初值为0,输入项数n(n>0),如图3-11所示,通过while循环语句,依次处理n项的和:

(1) 判断 i<=n 是否成立,若成立,继续循环;否则转至(5)。

(2) 进行第i项的和sum累加,sum = sum + sign * 1.0/(2 * i - 1)。

(3) sign = - sign(i 为奇数项 sign 为正,偶数项 sign 为负)。
(4) 循环条件 i = i + 1,转至(1)。
(5) 对最后的累加和 sum 结果乘以 4,得到 π 的近似值并输出。

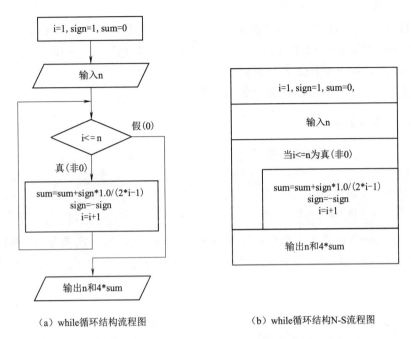

（a）while 循环结构流程图　　　（b）while 循环结构 N-S 流程图

图 3-11　while 循环求 π 的近似值流程图

程序代码：

```
#include<stdio.h>
int main()
{
    int n,i=1,sign=1;
    float sum=0;
    printf("请输入项数 n(n>0):");
    scanf("%d",&n);
    while(i<=n)
    {
        sum=sum+sign*1.0/(2*i-1);    //每循环一次,和 sum 累加 sign*1.0/(2*i-1)
        sign=-sign;                   //每循环一次,符号 sign 正负变换一次
        i=i+1;                        //每循环一次,i 增加 1,变量 i 作为项数的计数
    }
    printf("前%d 项求得 pi 的近似值为:%.6f\n",n,4*sum);
    return 0;
}
```

运行结果：

请输入项数 n(n>0):50000
前 50000 项求得 pi 的近似值为:3.141575

程序说明：

整型变量 i 赋初值为 1，作为循环变量，可对项数进行计数，控制 while 循环的次数，同时也参与每项 1.0/(2*i-1) 的分母计算；整型变量 sign 赋初值为 1，作为数据项的符号，奇数项为 1，偶数项为 -1；和 sum 赋初值为 0。

输入项数 n，只要循环控制语句"while(i<=n)"中的关系表达式 i<=n 成立，就执行循环体，依次求和 sum 累加 sign*1.0/(2*i-1)，符号 sign 正负变换一次，循环变量 i 加 1，不断重复执行循环体，直到 i<=n 不成立，循环结束。

最后输出项数 n 和 4*sum，作为 π 的近似值。

3.4.2 do-while 语句

do-while 语句的一般形式：

```
do
    循环体语句
while(表达式);
```

do-while 语句的执行过程如图 3-12 所示，先执行一次循环体语句，然后判断表达式，当此表达式的值为真(非 0)时，返回重新执行循环体语句；为假(0)时，不执行循环体语句，循环结束。

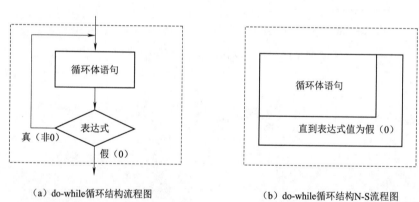

(a) do-while 循环结构流程图　　　　(b) do-while 循环结构 N-S 流程图

图 3-12　do-while 语句的流程图

【例 3-8(2)】求 π 的近似值。通过 do-while 循环语句实现例 3-8(1)。

思路分析：循环条件 i 初值为 1，符号 sign 初值为 1，和 sum 赋初值为 0，输入项数 n(n>0)，如图 3-13 所示，通过 do-while 循环语句，依次处理 n 项的和：

(1) 进行第 i 项的和 sum 累加，sum = sum + sign*1.0/(2*i-1)。
(2) sign = -sign(i 为奇数项 sign 为正，偶数项 sign 为负)。
(3) 循环条件 i = i+1。
(4) 判断 i<=n 是否成立，若成立，转至(1)继续循环；否则，转至(5)。
(5) 对最后的累加和 sum 结果乘以 4，得到 π 的近似值并输出。

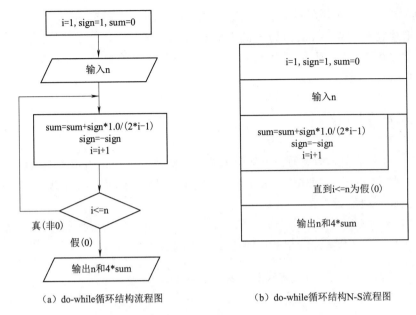

(a) do-while循环结构流程图　　(b) do-while循环结构N-S流程图

图 3-13　do-while 循环求 π 的近似值流程图

程序代码：

```c
#include <stdio.h>
int main()
{
    int n,i=1,sign=1;
    float sum=0;
    printf("请输入项数 n(n>0):");
    scanf("%d",&n);
    do{
        sum=sum+sign*1.0/(2*i-1);   //每循环一次,和 sum 累加 sign*1.0/(2*i-1)
        sign=-sign;                  //每循环一次,符号 sign 正负变换一次
        i=i+1;                       //每循环一次,i 增加 1,变量 i 作为项数的计数
    }while(i<=n);
    printf("前%d 项求得 pi 的近似值为:%.6f\n",n,4*sum);
    return 0;
}
```

运行结果：

请输入项数 n(n>0):50000
前 50000 项求得 pi 的近似值为:3.141575

程序说明：

整型变量 i 赋初值为 1,作为循环变量,可对项数进行计数,控制 do-while 循环的次数,同时也参与每项 1.0/(2*i-1) 的分母计算；整型变量 sign 赋值为 1,作为数据项的符号,奇数项为 1,偶数项为 -1；和 sum 赋值为 0。

输入项数 n,首先直接执行循环体,依次求和 sum 累加 sign*1.0/(2*i-1),符号 sign 正负变换,循环变量 i 加 1,接着再判断 do-while 循环控制语句"while(i<=n);"中的关系表达式

i<=n 是否成立,若成立就继续执行循环体,直到 i<=n 不成立,循环结束。

最后输出项数 n 和 4*sum,作为 π 的近似值。

从执行过程和结果看,while 循环和 do-while 循环几乎没有区别,唯一区别在于,do-while 会无条件地先执行一次循环体。

3.5 for 循环结构

for循环语句

for 循环结构是另一类常用的循环结构,它通过 for 语句实现循环。相比 while 语句和 do-while 语句,for 语句的语法结构更加灵活,可以完全代替 while 语句。for 语句一般形式为:

```
for(表达式1;表达式2;表达式3)
    循环体语句
```

for 语句后面括号中的三个表达式的主要作用如下:

(1)表达式 1:设置循环初始条件,整个循环只执行一次。表达式 1 可以是 0 个,1 个或者多个用逗号隔开的表达式,可以为 0 个,1 个或者多个变量赋值,变量可以是控制循环的循环变量,也可以是其他变量,甚至 C99 允许在表达式 1 中定义变量并赋初值。

(2)表达式 2:循环条件表达式,每次执行循环体语句前先判定此表达式值的真假,只要其值为真(非 0),就执行循环体;为假(0)时,不执行循环体,循环结束。表达式可以是关系表达式、逻辑表达式、数值或字符表达式、甚至是赋值表达式。

(3)表达式 3:每次执行完循环体后进行循环变量调整的表达式,也可以是与循环控制无关的其他表达式。类似表达式 1,表达式 3 也可以是 0 个,1 个或者多个用逗号隔开的表达式。

for 语句的执行过程如图 3-14 所示,先求解表达式 1,然后判断表达式 2,当表达式 2 的值为真(非 0)时,执行循环体语句,循环体执行结束,求解表达式 3;为假(0)时,不执行循环体语句,循环结束,执行 for 语句后面的语句。

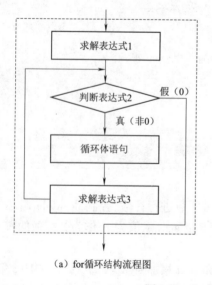

(a) for循环结构流程图　　　　　　　(b) for循环结构N-S流程图

图 3-14　for 语句的流程图

【例3-8(3)】求 π 的近似值。通过 for 循环语句实现例3-8(1),循环次数确定。

思路分析:符号 sign 初值为1,和 sum 初值为0,输入项数 n(n>0),如图 3-15 所示,通过 for 循环语句,项数 i 作为循环变量,依次处理 n 项的和:

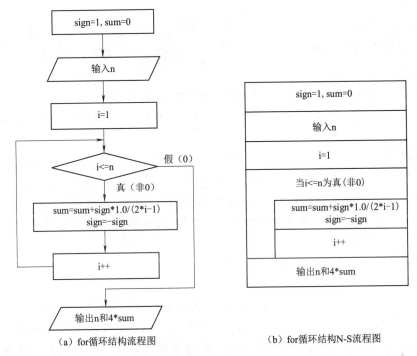

(a)for循环结构流程图　　　　(b)for循环结构N-S流程图

图 3-15　for 循环根据循环次数求 π 的近似值流程图

(1)执行表达式1,循环变量 i=1 赋初值为1。
(2)执行表达式2,判断 i<=n 是否成立,若成立,继续循环;否则转至(6)。
(3)执行循环体语句,进行第 i 项的和 sum 累加,sum = sum + sign * 1.0/(2 * i - 1)。
(4)执行循环体语句,sign = -sign(i 为奇数项 sign 为正,偶数项 sign 为负)。
(5)执行表达式3,循环变量 i++,转至(2)。
(6)对最后的累加和 sum 结果乘以4,得到 π 的近似值并输出。

程序代码:

```
#include<stdio.h>
int main()
{
    int n,i,sign=1;
    float sum=0;
    printf("请输入项数n(n>0):");
    scanf("%d",&n);
    for(i=1;i<=n;i++)
    {
        sum=sum+sign*1.0/(2*i-1);    //每循环一次,和 sum 累加 sign* 1.0/(2*i-1)
        sign=-sign;                   //每循环一次,符号 sign 正负变换一次
    }
```

```
        printf("前%d 项求得 pi 的近似值为:%.6f\n",n,4* sum);
        return 0;
}
```

运行结果:

```
请输入项数 n(n>0):50000
前 50000 项求得 pi 的近似值为:3.141575
```

程序说明:

整型变量 i 作为项数的计数,控制 for 循环的次数,同时也参与每项 1.0/(2*i-1) 的分母计算;整型变量 sign 赋初值为 1,作为数据项的符号,奇数项为 1,偶数项为 -1;和 sum 赋初值为 0。

输入项数 n,执行"for(i=1;i<=n;i++)",首先令 i=1 即赋初值为 1,接着判断关系表达式 i<=n 是否成立,若成立就执行循环体,依次求和 sum 累加 sign*1.0/(2*i-1),符号 sign 正负变换,本次循环结束后,循环变量 i++ 后置自增加 1。接着,再判断 for 循环控制语句的关系表达式 i<=n 是否成立,若成立就继续执行循环体,每次循环结束后循环变量 i++,直到 i<=n 不成立,循环结束。

最后输出项数 n 和 4*sum,作为 π 的近似值。

从执行过程和结果看,for 循环和 while 循环几乎没有区别,唯一区别在于语法格式的灵活性。for 循环控制语句有 3 个表达式,表达式 1 是设置循环变量 i 初值的赋值表达式(当然也可以在定义 i 时赋初值,此时表达式 1 为空);表达式 2 作为循环条件表达式,用来控制循环体的执行与否(当然表达式 2 也可以省略,即不设置检查循环的条件"i<=n",此时为防止循环无终止地进行下去,必须在循环体中设置检查循环终止的条件);表达式 3 在执行完循环体后进行循环变量 i++ 的调整(当然表达式 3 也可以省略,但为保证循环能正常结束,i++ 可以放到循环体最后)。

注意:表达式 1 和表达式 3 还可以是逗号表达式,即包含多个简单表达式,中间用逗号隔开。表达式 2 可以是关系表达式、逻辑表达式、数值表达式、甚至单个逻辑值。

【例 3-8(4)】 求 π 的近似值。通过 for 循环语句实现例 3-8(3),循环条件不是根据次数,而是根据当前项绝对值的精度是否小于 1e-8。

思路分析:通过 for 循环语句,求得第 i 项的值 ±1.0/(2*i-1)(i 为奇数项符号为正,偶数项符号为负)并进行累加,直到当前项的绝对值小于 1e-8,并对最后的累加和结果乘以 4,就得到 π 的近似值。

符号 sign 初值为 1,和 sum 初值为 0,项 term 赋值为 1.0,如图 3-16 所示,通过 for 循环语句,根据第 i 项 term 的精度,依次处理每一项的和:

(1) 执行表达式 1,项数变量 i=1 赋初值为 1。
(2) 执行表达式 2,判断 fabs(term)>=1e-8 是否成立,若成立,继续循环;否则,转至 (7)。
(3) 执行循环体语句,求第 i 项 term = sign*1.0/(2*i-1)。
(4) 执行循环体语句,进行第 i 项的和 sum 累加,sum += term。
(5) 执行循环体语句,sign = -sign(i 为奇数项 sign 为正,偶数项 sign 为负)。
(6) 执行表达式 3,项数变量 i++,转至 (2)。

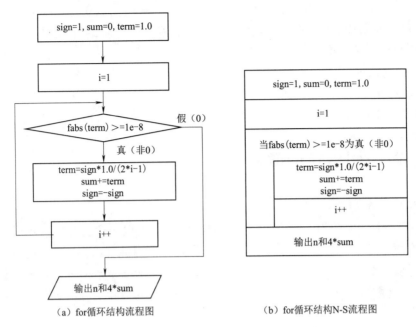

(a) for循环结构流程图　　　　　　(b) for循环结构N-S流程图

图 3-16　for 循环根据当前项的精度求 π 的近似值流程图

(7) 对最后的累加和 sum 结果乘以 4，得到 π 的近似值并输出。

程序代码：

```
#include <stdio.h>
#include <math.h>
int main()
{
    int i,sign=1;
    double sum=0,term=1.0;
    for(i=1;fabs(term)>=1e-8;i++)
    {
        term=sign*1.0/(2*i-1);      //每循环一次,求出当前项 sign*1.0/(2*i-1)
        sum+=term;                   //每循环一次,和 sum 累加当前项 term
        sign=-sign;                  //每循环一次,符号 sign 正负变换一次
    }
    printf("前%d项求得 pi 的近似值为:%.8f\n",i-1,4*sum);
    return 0;
}
```

运行结果：

前 50000001 项求得 pi 的近似值为:3.14159267

程序说明：

整型变量 i 只是项数变量，参与每项 1.0/(2*i-1) 的分母计算，间接控制循环条件；整型变量 sign 赋初值为 1，作为数据项的符号，奇数项为 1，偶数项为 -1；和 sum 赋初值为 0；项 term 赋初值为 1.0。

直接执行"for(i=1;fabs(term)>=1e-8;i++)"，首先令 i=1 即赋初值为 1，接着判断关

系表达式 fabs(term) >= 1e-8 是否成立,若成立就执行循环体,依次计算 term 值 sign * 1.0/(2 * i - 1),和 sum 累加 term,符号 sign 正负变换,本次循环结束后,项数变量 i++ 后置自增加 1。接着,再判断 for 循环控制语句的关系表达式 fabs(term) >= 1e-8 是否成立,若成立就继续执行循环体,每次循环结束后项数变量 i++,直到 fabs(term) >= 1e-8 不成立,循环结束。其中,数学函数 fabs(term) 求绝对值,通过"#include <math.h>"包含在了 math.h 头文件。

最后输出项数 n 和 4 * sum,作为 π 的近似值。

3.6 循环和选择的嵌套

1. 循环结构和选择结构嵌套

一个循环结构的循环体内不仅可以包含顺序结构,还可以包含选择结构和循环结构。如果一个循环结构包含一个完整的选择结构,这就是循环和选择的嵌套,反之也可以。

【例 3-9】验证数学上的考拉兹猜想。通过循环结构和选择结构嵌套编程,验证任意一个大于 1 的正整数(n>1),连续进行特定运算,经过有限步骤后,得到计算结果 1。具体步骤:

(1)输入一个不小于 2 的长整数 n。
(2)如果整数 n 为偶数,计算 n/2,否则计算 3 * n + 1,生成新的整数 n。
(3)如果生成的整数 n 结果等于 1,则结束运行,否则重复步骤(2)与(3)。

思路分析:先执行 do-while 循环,输入长整数 n,如果 n 小于 2,输出 Error 并重新要求输入,直至 n>2。接着执行 for 循环,如图 3-17 所示,完成特定步骤运算:

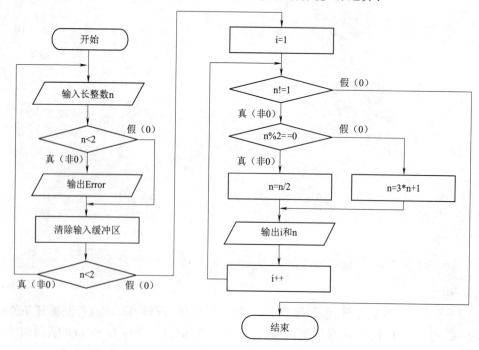

图 3-17 验证数学上考拉兹猜想流程图

(1) 执行表达式 1,次数变量 i 赋初值 1。
(2) 执行表达式 2,循环条件判断,若整数 n 不等于 1 成立,继续循环;否则,结束程序。
(3) 执行 if 双分支结构,如果整数 n 为偶数成立,计算 n/2;否则,计算 n = 3 * n + 1,生成新的整数 n。
(4) 输出第 i 次生成的整数 n。
(5) 执行表达式 3,次数变量 i ++ ,转至(2)。

程序代码:

```
#include <stdio.h>
int main()
{
    long n;
    int i;
    do{
        printf("请输入整数 n(n>1):");
        scanf("%ld",&n);
        if(n<2)printf("Error\n");
        fflush(stdin);              //清除输入缓冲区,避免死循环
    }while(n<2);                    //如果 n 小于 2,输出 Error 重新输入整数 n
    for(i=1;n!=1;i++)               //当整数 n 等于 1 时,结束循环
    {
        if(n%2 ==0)
            n = n/2;                //整数 n 为偶数,计算 n/2
        else
            n = 3*n+1;              //否则,生成新的整数 n 为 3*n+1
        printf("第{%d}次计算生成%ld\n",i,n);
    }
    return 0;
}
```

运行结果:

```
请输入整数 n(n>1):2048
第{1}次计算生成1024
第{2}次计算生成512
第{3}次计算生成256
第{4}次计算生成128
第{5}次计算生成64
第{6}次计算生成32
第{7}次计算生成16
第{8}次计算生成8
第{9}次计算生成4
第{10}次计算生成2
第{11}次计算生成1
```

程序说明:

(1) 执行 do-while 循环,输入长整数 n,若 n 小于 2,输出 Error 信息,执行"fflush(stdin);"清除输入缓冲区。判断循环控制语句"while(n<2);"中的关系表达式 n<2 是否成立,若成立就继续执行循环体,直到 n<2 不成立,循环结束。

(2)继续执行 for 循环"for(i=1;n!=1;i++)",进行特定步骤的运算:

首先,令 i=1 即赋初值为 1,接着判断关系表达式 n!=1 是否成立,若成立就执行循环体。循环体中,通过双分支条件判断"if(n%2==0)",若关系运算表达式 n%2==0 成立,表明 n 为偶数,计算 n/2;否则,n 为奇数,计算 n=3*n+1,生成新的整数 n。循环体最后,输出第 i 次生成的整数 n。本次循环结束后,循环变量 i++ 后置自增加 1。

再次判断 for 循环控制语句的关系表达式 n!=1 是否成立,若成立就继续下一次循环,每次循环结束后,循环变量 i++,直到 n!=1 不成立,循环结束。

2. 循环结构的嵌套

如果一个循环结构又包含另一个完整的循环结构就称为循环嵌套。许多问题需要使用循环嵌套,甚至多层循环嵌套结构才能得以解决。例如输出杨辉三角、字符串排序、数字图像处理等。C 语言的三种循环结构(while 循环、do-while 循环、for 循环)可以自身嵌套,也可以相互嵌套,但必须注意的是,各循环嵌套相互之间不能交叉,即在一个循环体内必须完整地包含另一个循环。

【例3-10】验证西西弗斯串数学黑洞。通过 for 循环语句、if 选择结构编程,验证任意一个数字串 n(不为零、负数或超过 9 位数),连续进行特定运算,经过有限步骤后,都无法逃逸 123 这个黑洞。具体步骤:

(1)输入一个不为零、负数或超过 9 位数的长整数 n。

(2)拆分整数 n 的各个位数,统计各位数中的偶数位数、奇数位数和总位数,按偶数位数、奇数位数、总位数顺序组成一个新的整数 n。

(3)如果新生成的整数 n 等于 123,则结束运行,否则重复步骤(2)与步骤(3)。

思路分析:先输入长整数 n,如果 n 为零、负数或超过 9 位长整数,输出 Error 并返回。否则,执行嵌套 for 循环,如图 3-18 所示,完成特定步骤运算:

(1)执行外循环表达式 1,次数变量 i 赋初值 1。

(2)执行外循环表达式 2,若外循环条件整数 n!=123 成立,继续外循环;否则,结束程序。

(3)执行内循环表达式 1,偶数和奇数位数变量 ct0、ct1 都赋初值 0。

(4)执行内循环表达式 2,若内循环条件 n!=0 成立,继续内循环;否则,结束内循环,转至(7)。

(5)执行 if 双分支结构,如果 n 为偶数,即个位数为偶数,偶数位数变量 ct0++;否则,个位数为奇数,奇数位数变量 ct1++。

(6)执行内循环表达式 3,整数 n/=10,转至(4),继续执行下一次内循环,统计下一个奇偶数位。

(7)生成新的整数 n=100*ct0+10*ct1+(ct0+ct1),并输出第 i 次生成的整数 n。

(8)执行外循环表达式 3,次数变量 i++,转至(2)。

第 3 章 选择与循环结构程序设计

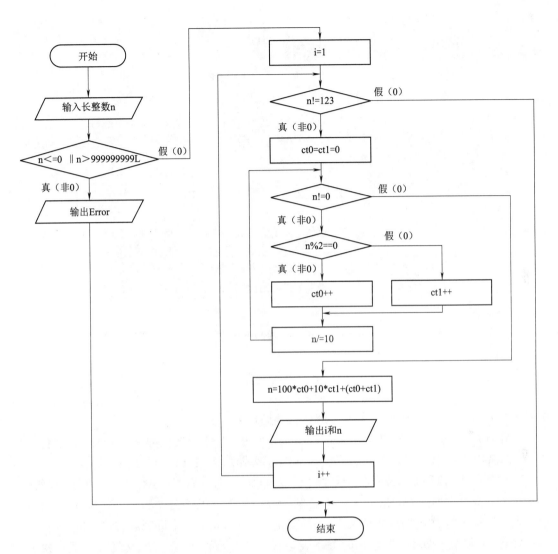

图 3-18 验证西西弗斯串数学黑洞流程图

程序代码：

```
#include<stdio.h>
int main()
{
    long n,ct0,ct1;
    int i;
    printf("请输入整数n(n>0):");
    scanf("%ld",&n);
    if(n<=0||n>999999999L)
    {
        printf("Error\n");
        return -1;
    }
    for(i=1;n!=123;i++)
```

```
        {
            for(ct0=ct1=0;n!=0;n/=10)
                if(n%2==0)
                    ct0++;                      //计算偶数位数
                else
                    ct1++;                      //计算奇数位数
            n=100*ct0+10*ct1+(ct0+ct1);//生成新的整数 n
            printf("第{%d}次计算生成%ld\n",i,n);
        }
        return 0;
}
```

运行结果:

```
请输入整数 n(n>0):2048
第{1}次计算生成 404
第{2}次计算生成 303
第{3}次计算生成 123
```

程序说明:

(1)输入长整数 n,执行"if(n<=0||n>999999999L)",如果 n 为零、负数或超过 9 位数,输出 Error 提示信息并返回。

(2)继续执行嵌套 for 循环,进行特定步骤的运算:

首先,通过外层 for 循环"for(i=1;n!=123;i++)",令次数 i=1,即赋初值为 1,接着判断关系表达式 n!=123 是否成立,若成立就执行外循环体。

外循环体中,执行"for(ct0=ct1=0;n!=0;n/=10)",令偶数位数变量 ct0 和奇数位数变量 ct1 都赋初值 0,接着判断关系表达式 n!=0 是否成立,若成立就执行内循环体。

内循环体中,执行双分支条件判断"if(n%2==0)",若关系表达式 n%2==0 成立,表明 n 的个位数为偶数,偶数位数变量 ct0++;否则,表示 n%2!=0,表明 n 的个位数为奇数,奇数位数变量 ct1++。本次内循环体结束后,循环变量 n/=10,相当于十进制数右移一位。

接着,再判断内循环控制语句的关系表达式 n!=0 是否成立,若成立就继续下一次内循环,每次循环结束后,循环变量 n/=10,直到 n!=0 不成立,内循环结束。

最后,外循环体中继续顺序执行 n=100*ct0+10*ct1+(ct0+ct1),生成新的整数 n,输出第 i 次生成的整数 n。本次外循环结束后,次数 i++ 后置自增加 1。

再判断外循环控制语句的关系表达式 n!=123 是否成立,若成立就继续下一次外循环,每次外循环结束后,次数 i++,直到 n!=123 不成立,外循环结束,返回结束整个程序。

实际应用中,嵌套 for 循环、while 循环、do-while 循环,甚至是不同循环间的嵌套,循环中嵌套 if 选择结构、switch 选择结构都是常态。

3.7 循环状态改变

循环条件用于控制循环的正常执行和终止,某些情况下也有可能需要临时改变循环状态,提前终止循环或结束本次循环,这就用到 C 语言中的 break 语句与 continue 语句。

3.7.1 break 语句

switch 多分支选择结构中的 case 子句,使用了 break 语句用于控制流程跳转至 switch 语句尾部,继续执行 switch 语句后面的语句。循环语句中,break 语句可以用来跳出循环体,即提前结束整个循环,接着执行循环体后面的语句。break 语句一般形式为:

```
break;
```

注意:break 语句只能用于 swich 语句和循环语句中。另外,如果是多重循环,只对包含它的最内层的循环起作用,即 break 语句只能跳出循环体所在的当前层,而不是跳出整个多层循环。

【例 3-11】质因数分解。将一个正整数 $n(n>1)$ 表示成质因数乘积的过程称为质因数分解。显示质因数分解结果时,如果其中某个质因子出现了不止一次,可以用幂次的形式表示。例如:

(1) 1 没有质因子。

(2) 5 只有 1 个质因子是 5 本身,质因数分解是 $5=5$。

(3) 6 的质因子是 2 和 3,质因数分解是 $6=2\times3$。

(4) 2、4、8、16 等只有 1 个质因子 2(2 是质数),质因数分解是 $2=2,4=2^2,8=2^3,16=2^4$,依此类推。

(5) 100 有 2 个质因子 2 和 5,质因数分解为 $100=2^2\times5^2$,质因子 2、5 的幂次都是 2。

(6) 360 有 3 个质因子 2、3、5,质因数分解是 $360=2\times2\times2\times3\times3\times5=2^3\times3^2\times5$,质因子 2、3、5 的幂次分别是 3、2、1。

思路分析:输入正整数 $n(n>1)$,如果 n 小于等于 1,输出 Error 并返回。否则,执行嵌套循环,如图 3-19 所示,完成如下步骤的运算:

(1) 先执行外循环 for 循环的表达式 1,i=2 质因子变量 i 赋初值 2,p=0 幂次变量 p 赋初值 0。

(2) 执行外循环表达式 2,若外循环条件质因子变量 i<=n 成立,继续执行外循环;否则,结束程序。

(3) 执行内循环 while 循环,通过"while(n>=i)",判断 n>=i 是否成立,若成立,即正整数 n 大于等于质因子 i,继续转至(4)执行内循环体,否则,转至(5)。

(4) 执行 if 双分支结构"if(n%i==0)",如果 n%i==0 成立,即 n 可以被质因子 i 整除,相同质因子 i 的幂次 p++,n=n/i 把 n 整除 i 的结果赋值给 n,转至(3);否则,执行 break 跳出内循环 while 循环,转至(5)。

(5) 执行 if 单分支结构"if(p>1)",如果 p>1 成立,说明质因子 p 的幂次大于 1,需要以幂次的质因子形式 i^p 输出。

(6) 继续执行 if 单分支结构"if(p==1)",如果 p==1 成立,说明质因子 p 的幂次为 1,直接输出质因子 i。

(7) 继续执行 if 单分支结构"if(n>1&&p>=1)",n>1 成立说明后续还有和 i 不同的质因子,同时 p>=1 成立,说明质因子 i 存在且刚刚有输出,这时可以再输出一个 * 号。

104 C 程序设计与应用

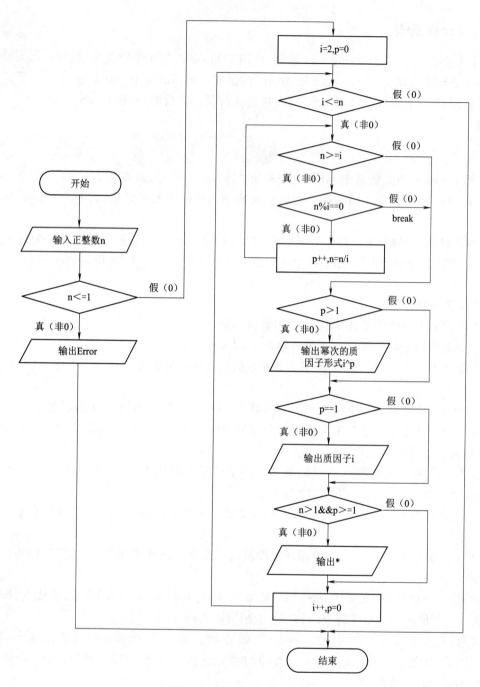

图 3-19　质因数分解流程图

(8) 执行外循环表达式 3, 质因子 i++ 和幂次 p=0, 转至 (2)。

程序代码：

```
#include <stdio.h>
int main()
{
```

```c
    int n,i,p;
    printf("请输入一个正整数n(n>1):");
    scanf("%d",&n);
    if(n<=1)
    {
        printf("Error\n");
        return -1;
    }
    printf("%d=",n);
    for(i=2,p=0;i<=n;i++,p=0)
    {
        while(n>=i)
        {
            if(n%i==0)                    //n能被i整除,说明是质因子
            {
                p++;                       //相同质因子i的幂次p加1
                n=n/i;                     //n整除i的结果赋值给n
            }
            else
                break;                     //当n不能被i整除,跳出内层while循环
        }
        if(p>1)printf("%d^%d",i,p);   //输出幂次的质因子形式i^p
        if(p==1)printf("%d",i);        //输出质因子i
        //n>1说明后续还有和i不同的质因子
        //p>=1说明质因子i存在且刚刚输出,可以输出一个*号
        if(n>1&&p>=1)printf("*");
    }
    printf("\n");
    return 0;
}
```

运行结果：

```
请输入一个正整数n(n>1):5
5=5
请输入一个正整数n(n>1):6
6=2*3
请输入一个正整数n(n>1):2
2=2
请输入一个正整数n(n>1):16
16=2^4
请输入一个正整数n(n>1):100
100=2^2*5^2
请输入一个正整数n(n>1):360
360=2^3*3^2*5
```

程序说明：

(1)输入正整数n,执行"if(n<=1)",如果n小于等于1,输出Error提示信息并返回,结束程序。

(2)继续执行嵌套循环,完成如下步骤的运算：

首先,执行外层 for 循环"for(i=2,p=0;i<=n;i++,p=0)",令质因子 i=2,即赋初值为 2,令 p=0 幂次变量 p 赋初值 0。接着判断关系表达式 i<=n 是否成立,若成立就继续执行外循环体;否则,结束外层循环。

外循环体中,执行"while(n>=i)",判断关系表达式 n>=i 是否成立,若成立就执行内循环体。内循环体中,执行双分支条件判断"if(n%i==0)",若关系运算表达式 n%i==0 成立,表明 n 可以被质因子 i 整除,相同质因子 i 的幂次 p++,同时 n=n/i 把 n 整除 i 的结果赋值给 n;否则,执行 break 跳出内循环,继续执行外层循环体。

外循环体中,顺序执行"if(p>1)printf("%d^%d",i,p);",若满足 p>1 输出幂次的质因子形式 i^p;执行"if(p==1)printf("%d",i);",若满足 p==1,输出质因子 i;执行"if(n>1&&p>=1)printf(" * ");",n>1 成立说明后续还有和 i 不同的质因子,p>=1 成立说明质因子 i 存在且刚刚有输出,二者同时成立时可以输出一个 * 号。本次外循环结束后,令质因子 i++ 和幂次 p=0。

接着,再判断外循环控制语句的关系表达式 i<=n 是否成立,若成立就继续下一次外循环。每次外循环结束后,质因子 i++ 和幂次 p=0,直到 i<=n 不成立,外循环结束,结束程序。

(3)再次说明程序中 break 语句的作用。正常情况下,内循环结构"while(n>=i)"的执行由循环控制条件 n>=i 控制,当 n>=i 为假时,内循环结束。而在内循环体语句的执行过程中,如果条件判断"if(n%i==0)"为真,则继续执行循环;否则,表明条件判断 n%i==0 为假,这时不论内循环结构"while(n>=i)"中的循环控制条件 n>=i 的真假,执行 break 语句,都会立即跳出 while 循环,终止内层循环。

3.7.2 continue 语句

视频
continue 语句

循环语句中,continue 语句可以用来提前结束本次循环,继续执行后续循环。continue 语句一般形式为:

```
continue;
```

注意:continue 语句的作用是结束本次循环中循环体语句的执行,即跳过本次循环体中下面尚未执行的语句,转到循环体结束点之前。如果是在 for 循环中,会接着执行表达式 3,然后再执行表达式 2,判定是否执行下一次循环。在多层循环中使用 continue 语句,只对包含它的最内层的循环语句起作用,即 continue 语句只能提前结束循环体所在的当前层的本次循环,而不是结束整个多层循环的本次循环。另外,continue 语句只能用于循环语句之中,不能单独使用。

【例3-12】正整数整除。输出[100,1 000)区间内能被 3 整除且个位数为 5 的所有正整数。
思路分析:执行 for 循环,如图 3-20 所示,进行如下步骤的运算:

(1)先执行循环的表达式 1,i=10 整数变量 i 赋初值 10,count=0 计数变量 count 赋初值为 0。

(2)执行循环表达式 2,若循环条件 i<100 成立,继续执行循环;否则,结束程序。

(3)执行 s=i*10+5,变量 i 的取值范围为 10~100(不含 100),i 是由 s 的一个百分位数字和一个十分位数字组成的两位数,乘以 10 相当于 i 左移一位,加 5 保证 s 的个位数是 5。

(4)执行 if 单分支结构"if(s%3!=0)",如果 s%3!=0 成立,即 s 不能被 3 整除,执行

continue 语句跳过本次循环,执行下一次循环,转至(7)。

(5) 执行 count ++。

(6) 执行 if 双分支结构"if(count% 5 ==0)",如果 count 能被 5 整除,直接输出整数 s 后换行;否则,在同一行以【Tab】键距离相隔,继续输出整数 s。

(7) 执行循环表达式 3,整数 i ++,转至(2)。

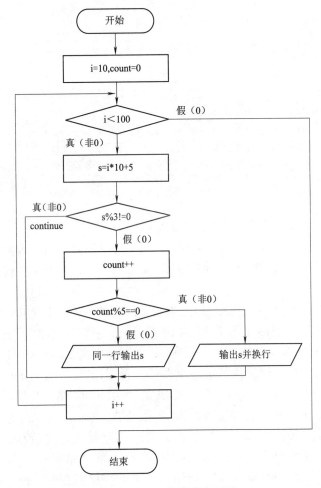

图 3-20 正整数整除流程图

程序代码:

```
#include<stdio.h>
int main()
{
    int i,s,count;
    //i 从 10~100(不含 100),相当于 s 的百分位数字和十分位数字组成的两位数
    for(i =10,count =0;i <100;i ++)
    {
        s = i*10 +5;          //i*10 相当于 i 左移一位,加 5 保证 s 的个位数是 5
```

```
        if(s%3!=0)              //不能被 3 整除,跳过本次循环执行下一循环
            continue;
        count++;
        if(count%5==0)          //每行输出 5 个
            printf("%d\n",s);
        else
            printf("%d\t",s);
    }
    return 0;
}
```

运行结果:

105	135	165	195	225
255	285	315	345	375
405	435	465	495	525
555	585	615	645	675
705	735	765	795	825
855	885	915	945	975

程序说明:

(1)程序执行 for 循环,进行如下步骤的运算:

通过 for 循环"for(i=10,count=0;i<100;i++)",令整数 i=10,即赋初值为 10,令计数变量 count=0 赋初值为 0,接着判断关系表达式 i<100 是否成立,若成立就执行循环体;否则,结束程序。

循环体中,执行"s=i*10+5;",变量 i 的取值范围为 10~100(不含 100),相当于 i 是由 s 的百分位数字和十分位数字组成的两位数,乘以 10 相当于 i 左移一位,加 5 保证 s 的个位数是 5。

执行单分支条件判断"if(s%3!=0)",如果 s%3!=0 成立,表示 s 不能被 3 整除,执行 continue 语句结束本次循环,继续执行下一次循环。否则,继续执行 count++,通过双分支条件判断"if(count%5==0)",若 count%5==0 成立,表示 count 能被 5 整除,输出整数 s 并换行;反之,则在同一行继续输出 s。本次循环结束后,整数 i++。

接着,再判断 for 循环控制语句的关系表达式 i<100 是否成立,若成立就继续下一次循环,每次循环结束后,循环变量 i++,直到 i<100 不成立,循环结束。

(2)再次说明程序中 continue 语句的作用。在循环体执行过程中,由于加入了 continue 语句,它会改变循环的状态。正常情况下,for 循环体是否执行都是由"for(i=10;i<100;i++)"的表达式 2 来控制,如果 i<100 成立,每次循环都会完整地执行整个循环体。本例中,如果条件判断"if(s%3!=0)"为假,继续完整地执行循环;否则,表明条件判断 s%3!=0 为真,执行 continue 语句,这时本次循环不再执行 continue 后面的循环体语句,而是立即跳转流程到循环体结束点之前,执行表达式 3,i++,接着继续下一次循环控制条件的判定和循环执行。

3. 不同循环结构的比较

C 语言循环结构的三种语句,while 语句、do-while 语句、for 语句都可以完成循环功能,三者在语法结构、执行流程等方面存在异同点。一般情况下,循环结构程序设计要考虑两个方面的问题:

(1)循环条件:循环条件是循环结构设计的关键,决定循环体重复执行的次数。循环条件

通常由关系表达式和逻辑表达式表示,甚至也可以是数值表达式。

(2)循环体:需要重复执行的任务。一个循环结构的循环体内不仅可以包含一组顺序结构的语句,还可以包含选择结构语句,甚至是循环结构的语句。

while 语句、do-while 语句、for 语句三种循环语句的比较如下:

(1)多数情况下,三种循环可以互相替代,用来处理同一问题。

(2)for 循环可以在表达式 1 中实现循环变量的初始化,而 while 循环和 do-while 循环,循环变量的初始化只能在二者之前完成。

(3)循环条件用于控制循环正常结束,while 循环和 do-while 循环在循环体中更新使循环趋于结束的循环条件,for 循环可以在表达式 3 中执行使循环趋于结束的操作,也可以在循环体中对循环条件进行更新。

(4)while 循环、do-while 循环、for 循环都使用 break 语句跳出本层循环,用 continue 语句结束本次循环。

上 机 实 训

1. 求二次方程的根。利用 if 语句编写程序,求 $ax^2 + bx + c = 0$ 方程的根。用键盘输入 a、b、c,假设 a、b、c 的值任意,不保证 $b^2 - 4ac \geq 0$,要求:

①如果 $a = 0$,输出"此方程非二次方程"的信息。

②如果 $a = 0, b! = 0$,有一个实数根: $x = -c/b$。

③如果 $a = 0, b = 0, c = 0$,输出"此方程有无穷个解"的信息。

④如果 $b^2 - 4ac \geq 0$,根据下述公式计算并输出方程的两个实根。

$$x_1 = \frac{-b + \sqrt{b^2 - 4ac}}{2a}, \quad x_2 = \frac{-b - \sqrt{b^2 - 4ac}}{2a}$$

⑤如果 $b^2 - 4ac < 0$,输出"此方程无实根"的信息。

2. 整数排序。利用 if 语句编程,对输入的 4 个整数按由大到小的顺序输出。

3. 大小写字母转换。当键盘输入大写字母时,输出为小写字母;当键盘输入小写字母时,输出为大写字母;否则,不转换原样输出。要求:

(1)利用 if 语句编程实现。

(2)利用条件运算符和条件表达式嵌套编程实现。

4. 成绩等级对应分数段。利用 switch 语句编写程序,按照考试成绩的等级 x 输出百分制分数段,A 等为 90~100 分(含下不含上,后同),B 等为 80~89 分,C 等为 70~79 分,D 等为 60~69 分,E 等为 0~59 分,成绩的等级 x 由键盘输入。

5. 求 π 的近似值。通过 while 循环语句编程,当 $n > 0$ 时,利用公式 $π/4 ≈ 1 - 1/3 + 1/5 - 1/7 + \cdots + (-1)^{n+1} 1/(2n-1)$,实现 π 的近似值求解。

6. 求 π 的近似值。利用 for 循环语句编写程序,当 $n > 0$ 时,利用公式 $π/4 ≈ 1 - 1/3 + 1/5 - 1/7 + \cdots + (-1)^{n+1} 1/(2n-1)$,实现 π 的近似值求解,直到当前项绝对值的精度小于 1e-6 为止。

7. 电文加密。利用 while 循环语句编写程序进行电文加密,对输入的字符或数字进行加密后并输出。加密规律:将大写字母 A 变成大写字母 E,小写字母 a 变成小写字母 e,即变成其后的第 4 个字母,对于字母表尾的 W 变成 A,X 变成 B,Y 变成 C,Z 变成 D,进行循环加密;类似地,数字 0~9 的加密规律,把 0 变成 4,1 变为 5,即变成其后第 4 个数字,对于后 4 个数字,6 变为 0,7 变为 1,8 变为 2,9 变为 3。

8. Fibonacci(斐波那契)数列。利用 for 循环语句编写程序,求 Fibonacci(斐波那契)数列的前 40 个数,并以 5×8 矩阵(5 行 8 列)的形式输出。Fibonacci 数列有如下特点,其第 1,2 两个数为 1,1;从第 3 个数开始,该数是其前面两个数之和。即该数列为"1 1 2 3 5 8 13…",用数学公式表示为:

$$\begin{cases} F_1 = 1 & (n=1) \\ F_2 = 1 & (n=2) \\ F_n = F_{n-1} + F_{n-2} & (n \geq 3) \end{cases}$$

9. 质因数分解。将一个正整数 $n(n>1)$ 表示成质因数乘积的过程称为质因数分解。显示质因数分解结果时,如果其中某个质因子出现了不止一次,可以用幂次的形式表示。例如,360 有 3 个质因子 2、3、5,质因数分解是 360 = 2×2×2×3×3×5,可以表示为幂次的形式 $2^3 \times 3^2 \times 5$,其中质因子 2、3、5 的幂次分别是 3、2、1。

10. 正整数整除。输出 100~1 000 间(含 100 但不含 1 000),能被 3 整除且个位数为 8 的所有正整数。

第二部分

高级程序设计

第 4 章 数组和构造数据类型

学习目标

- 熟练掌握一维和二维数值型数组及排序应用,了解多维数组的表示。
- 熟练掌握一维和二维字符型数组、字符串处理函数及应用。
- 熟悉结构体和结构体数组及应用,了解共用体、枚举、新类型名定义。
- 具有应用一维和二维数值型数组进行数值数据处理的编程处理能力。
- 具有应用一维和二维字符型数组进行字符和字符串的编程处理能力。
- 具有应用结构体和结构体数组进行多维数据处理的编程和设计能力。

4.1 数值数组

基本数据类型的整型、字符型、浮点型,可用来定义一个个单独的变量,解决简单的数据处理问题。但现实中的数据往往有一定的复杂性,例如,如何表示 50 名学生的成绩? 可以用 50 个 float 型简单变量表示学生的成绩,但相当烦琐。显然,用简单浮点型变量表示批量成绩,无法反映出这些数据间的内在联系。

实际上,这些数据具有相同的属性。基于 C 语言的简单数据类型,可以构造数据类型"数组"来处理同类型批量集合数据,从数据类型上可以分为数值型数组、字符型数组、结构体数组、指针型数组。例如,上述 50 个学生的成绩可以通过如下线性序列来表示,第 1 个元素 s[0]、第 2 个元素 s[1]、直到第 49 个元素 s[48]、第 50 个元素 s[49],依次表示 50 个学生的成绩。

s[0],s[1],s[2],s[3],…,s[47],s[48],s[49]

C 语言中,可通过"float s[50];"定义类型为 float 型、数组名为 s,元素个数为 50 的数值型数组来表示上述线性序列。这样定义的数组具有如下特点:

(1) 数组是一组有序数据的集合。数组 s[50] 的定义,通过下标 [ ] 内的数字指定了一组个数为 50 的有序数据集合,数组中各数据的排列是有一定规律的。

(2) 用数组名和下标可唯一地确定数组中的一个数据成员,称为数组元素。数组元素 s[0] ~ s[49] 下标 [ ] 内的数字 0 ~ 49 则代表数据在数组中的位序,可以唯一确定一个数组元素。

(3) 数组中的每一个元素都属于同一个数据类型。50 个数组元素 s[0]~s[49]同属于 float 类型。

4.1.1 一维数组

视频
一维数组的定义和初始化

1. 一维数组的定义

一维数组中的每个数组元素通过数组名和一个下标就能唯一确定,其定义的一般格式为:

> 类型说明符 数组名[整型常量表达式];

① 类型说明符:指定数组中各元素的类型。

② 数组名:数组名命名规则同变量名的标识符,字母(开头、大小写不同)+下划线(开头)+数字。

③ 数组维度:通过方括号[ ]的个数,即下标的个数指定数组的维度,一个下标表示数组的维度为一维,即一维数组。

④ 数组长度:定义数组时,方括号[ ]中的整型常量表达式用来表示元素的个数,即数组长度。C 语言中,数组元素的表示从下标 0 开始。常量表达式中可以包括常量和符号常量,不能包含变量,例如 int a[n]非法。

一维数组定义了一行按逻辑顺序依次排列的数据元素,编译系统会为数组分配连续的物理内存空间。如图 4-1(a)所示,"int a[10];"定义数组 a,从逻辑结构上看,是一行顺序排列的 10 个元素,元素下标从 0 开始,最大到 9(注意不存在数组元素 a[10])。

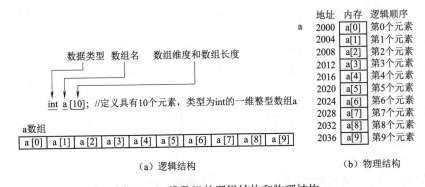

(a) 逻辑结构　　　　　　　　(b) 物理结构

图 4-1　一维数组的逻辑结构和物理结构

从物理结构上看,如图 4-1(b)所示,数组 a 是由编译器在物理内存中划出一片连续的存储空间,存放具有 10 个整型元素大小的内存单元。相当于存放了 10 个整型变量,每个整型数组元素占用 4 个字节。a 是一维数组名,它代表数组在内存中存放的首地址,即一维数组中首个元素在内存中的存储地址。数组第 0 个元素 a[0]在内存中的存储地址 2000,4 个字节占用存储单元 2000~2003;第 1 个元素 a[1]的存储地址 2004,4 个字节占用存储单元 2004~2007;依此类推,第 9 个元素的存储地址 2036,4 个字节占用存储单元 2036~2039。

2. 一维数组的初始化

如果数组元素的初值已知,那么在定义数组的同时可以给各个数组元素赋值,这称为数组

的初始化。定义数组时,可以全部初始化,也可以部分初始化,还可以不初始化。具体方式如下:

(1) 全部初始化。定义数组时,全部数组元素赋初值,将数组中各个元素的初值顺序放在一对花括号{}内,数据间用逗号分隔。{}内的数据称为初始化列表。

```
int a[10]={8,0,-1,8,-6,1,2,8,-5,8};//数组中各个元素全部初始化
int a[]={8,0,-1,8,-6,1,2,8,-5,8};/*全部初始化时,由于数据的个数已经确定,因此可不指定数组长度。但是,如果数组长度与提供初值的个数不相同,则方括号中的数组长度不能省略*/
```

数组 a 经过上面的全部初始化后,数组元素 a[0]~a[9] 的值如下:
8 0 -1 8 -6 1 2 8 -5 8

(2) 部分初始化。定义数组时,{}内可以只给数组中的一部分元素赋值。

```
int a[10]={8,0,-1,8,-6};/*数组 a 有 10 个元素,但{}内只给出 5 个初值,这表示只给前 5 个元素赋初值,后 5 个元素系统自动赋值 0*/
```

数组 a 经过上面的部分初始化后,数组元素 a[0]~a[9] 的值如下:
8 0 -1 8 -6 0 0 0 0 0

```
int a[10]={0};//未赋值的部分元素自动设定为 0,相当于给数组中全部元素赋初值为 0
```

数组 a 经过上面的部分初始化后,数组元素 a[0]~a[9] 的值如下:
0 0 0 0 0 0 0 0 0 0

一维数组元素的引用

3. 一维数组元素的引用

定义数组并对其中各元素赋值后,就可以引用数组元素,引用的一般格式为:

数组名[下标]

① 一次只能引用一个数组元素而不能一次引用整个数组的全部元素。

② 数组元素与一个简单变量的地位和作用相似。a[0]就是数组 a 中序号为 0 的元素,a[6]就是数组 a 中序号为 6 的元素。

③ 下标可以是整型常量或整型表达式。例如,a[0] = a[5] + a[6] - a[2*4]。

④ 定义数组时用到的"数组名[常量表达式]"和引用数组元素时用的"数组名[下标]"形式相同,但含义不同。

```
int a[10];      //定义 int 型数组 a,并指定数组包含 10 个 int 型元素
t=a[6];         //a[6]表示引用数组 a 中序号为 6 的元素
```

【例 4-1】求最大值。初始化一维数组的 10 个数据元素为整数 8,0,-1,8,-6,1,2,8,-5,8,顺序查找 10 个整数中的最大值,输出最大值元素及对应的下标位置(如果存在多个大小一致的值,分别输出元素值和位置)。

思路分析:一维数组中的第一个元素值赋值给 max 作为初始值,通过循环依次和每个数组元素比较,把若干个最大值的下标位置依次记录到一个一维数组中。

程序代码:

```
#include<stdio.h>
int main()
```

```
{
    int a[10]={8,0,-1,8,-6,1,2,8,-5,8},loc[10]={0},i=0,j=0,max;
    max=a[0];                           //数组元素a[0]赋值给max作为初始最大值
    for(i=0;i<10;i++)
    {
        if(a[i]>max)
        {
            max=a[i];                   //最大值max变化,记录新的最大值
            j=0;                        //重置位置变量j的值为0
            loc[j++]=i;                 //重新开始记录第一个最大值在数组元素中的位置
        }
        else if(a[i]==max)
            loc[j++]=i;                 //记录多个最大值在数组元素中的位置
    }
    printf("最大值元素:\n");
    for(i=0;i<j;i++)
        printf("a[%d]=%d\n",loc[i],max);  //输出数组元素最大值的下标位置及其值
    return 0;
}
```

运行结果:

```
最大值元素:
a[0]=8
a[3]=8
a[7]=8
a[9]=8
```

程序说明:

(1)"int a[10]={8,0,-1,8,-6,1,2,8,-5,8},loc[10]={0},i=0,j=0,max;"定义并初始化数组和变量。"a[10]={8,0,-1,8,-6,1,2,8,-5,8}"通过{}内的初始化列表对数组 a 中的各个元素全部进行初始化。"loc[10]={0}"通过{0}对第一个元素赋值为0,{}内的未赋值的部分元素自动设定为0,相当于给数组中全部元素赋初值为0,数组 loc 用于记录若干个最大值在数组 a 中的下标位置。变量 max 记录最大值。

(2)"max=a[0];"引用数组元素 a[0],把它赋值给 max 作为初始最大值。

(3)"for(i=0;i<10;i++)"依次对数组 a 的 10 个元素和 max 进行比较。

如果 a[i]>max,记录新的最大值 max=a[i],同时重置位置变量 j=0,重新开始记录第一个最大值在数组元素中的位置 loc[j++]=i,位置变量 j++ 后置自增,为下一次记录做好准备。

如果 a[i]==max,表明 a[i]和最大值 max 相等,通过 loc[j++]=i 记录本次最大值 a[i]的下标位置,位置变量 j++ 后置自增,为下一次记录做好准备。

(4)for 循环中执行"printf("a[%d]=%d\n",loc[i],max);",通过 printf 函数依次输出数组 a 中若干个最大值的下标位置 loc[i]及最大值 max。

4.1.2 一维数组的数值排序应用

排序算法按照处理数据的不同原理,可分为交换排序、选择排序、插入排序、归并排序、计

数排序五类。交换排序算法有冒泡排序、快速排序等;选择排序有简单选择排序、堆排序等;插入排序有直接插入排序、希尔排序、折半插入排序等。本节的一维数组的数值排序实例,应用冒泡排序、简单选择排序、直接插入排序来处理,其他排序方法在后续章节逐步介绍。

1. 冒泡排序

冒泡排序依次比较相邻两个元素的大小,满足条件则交换,例如前数大于后数,较大数交换到后面。

【例 4-2(1)】数值排序。针对 10 个整数"３６１９４２８５７０"应用冒泡排序,输出每一趟中的每一次比较和交换后的整个数组、发生交换的两个数组元素,该趟排序的结果,以及最终的正序排序和逆序排序结果。

思路分析:图 4-2 示意了 10 个整数"３６１９４２８５７０"的 9 趟冒泡排序过程,每趟冒泡排序的每一次比较和交换的详细过程记录见程序运行结果。

	a[0]	a[1]	a[2]	a[3]	a[4]	a[5]	a[6]	a[7]	a[8]	a[9]
初始序列	3	6	1	9	4	2	8	5	7	0
第1趟	3	1	6	4	2	8	5	7	0	9
第2趟	1	3	4	2	6	5	7	0	8	9
第3趟	1	3	2	4	5	6	0	7	8	9
第4趟	1	2	3	4	5	0	6	7	8	9
第5趟	1	2	3	4	0	5	6	7	8	9
第6趟	1	2	3	0	4	5	6	7	8	9
第7趟	1	2	0	3	4	5	6	7	8	9
第8趟	1	0	2	3	4	5	6	7	8	9
第9趟	0	1	2	3	4	5	6	7	8	9

图 4-2 冒泡排序算法实现数值排序过程

第 1 趟,对 10 个整数"３６１９４２８５７０"依次进行比较和交换。第 1 次比较 a[0] 和 a[1],3<6 无须交换;第 2 次比较 a[1] 和 a[2],6>1 交换 6↔1;如此共进行 9 次,得到第 1 趟排序结果"３１６４２８５７０９",可以看到最大数 9 已经沉底,而相邻比较小的数都有上浮。经过第 1 趟(共 9 次比较 7 次交换)冒泡排序,得到最大数 9。

第 2 趟,在第 1 趟的基础上,对沉底的最大数 9 上面余下的 9 个数"３１６４２８５７０"进行新一轮的比较和交换,得到第 2 趟排序结果"１３４２６５７０８",可以看到第二大数 8 已经沉底,而相邻比较小的数都有上浮,经过第 2 趟(共 8 次比较 6 次交换),得到第二大数 8。

按此规律,经过共 9 趟,得到正序排序结果为"０１２３４５６７８９"(正序的倒序"９８７６５４３２１０"为逆序排序)。整个排序过程中,初始序列中的最后一个数也是最小的一个数 0,每经过一趟比较交换,上浮一位,经过多趟的上浮后升到第一个位置,就如同水中的气泡不断上浮,所以称为冒泡排序法。显然,对 n 个整数,需要进行 $n-1$ 趟冒泡排序,第 1 趟中要进行 $n-1$ 次的两两比较,第 2 趟要进行 $n-2$ 次的两两比较,一直到最后第 $n-1$ 趟要进行 1 次的两两比较。

程序代码:

```
#include<stdio.h>
int main()
```

```c
{
    int a[10]={3,6,1,9,4,2,8,5,7,0},n=10,i,j,k,t;
    for(j=0;j<n-1;j++)                    //外循环j实现n-1趟比较
    {
        printf("第%d趟:\n",j+1);
        for(i=0;i<n-1-j;i++)              //每一趟内循环进行n-1-j次比较
        {
            printf("第%d次:",i+1);
            for(k=0;k<n;k++)
                printf("%d ",a[k]);       //输出每次比较和交换前的数组元素
            if(a[i]>a[i+1])  //相邻两个数进行比较,较大元素a[i]和较小元素a[i+1]交换
            {
                printf("交换%d<-->%d\n",a[i],a[i+1]);
                t=a[i+1];                 //2个数交换用到中间变量t
                a[i+1]=a[i];
                a[i]=t;
            }
            else
                printf("无交换\n");
        }
        printf("第%d趟结果:",j+1);
        for(k=0;k<n;k++)
            printf("%d ",a[k]);           //输出每趟比较和交换后的数组元素
        printf("\n");
    }
    printf("冒泡排序正序排序的数组元素:");
    for(i=0;i<n;i++)
        printf("%d ",a[i]);               //输出正序排序的数组元素
    printf("\n冒泡排序逆序排序的数组元素:");
    for(i=n-1;i>=0;i--)
        printf("%d ",a[i]);               //输出逆序排序的数组元素
    printf("\n");
    return 0;
}
```

运行结果:

第1趟:
第1次:3 6 1 9 4 2 8 5 7 0 无交换
第2次:3 6 1 9 4 2 8 5 7 0 交换6<-->1
第3次:3 1 6 9 4 2 8 5 7 0 无交换
第4次:3 1 6 9 4 2 8 5 7 0 交换9<-->4
第5次:3 1 6 4 9 2 8 5 7 0 交换9<-->2
第6次:3 1 6 4 2 9 8 5 7 0 交换9<-->8
第7次:3 1 6 4 2 8 9 5 7 0 交换9<-->5
第8次:3 1 6 4 2 8 5 9 7 0 交换9<-->7
第9次:3 1 6 4 2 8 5 7 9 0 交换9<-->0
第1趟结果:3 1 6 4 2 8 5 7 0 9
第2趟:
第1次:3 1 6 4 2 8 5 7 0 9 交换3<-->1
第2次:1 3 6 4 2 8 5 7 0 9 无交换

第3次:1364285709 交换6<-->4
第4次:1346285709 交换6<-->2
第5次:1342685709 无交换
第6次:1342685709 交换8<-->5
第7次:1342658709 交换8<-->7
第8次:1342657809 交换8<-->0
第2趟结果:1342657089
第3趟:
第1次:1342657089 无交换
第2次:1342657089 无交换
第3次:1342657089 交换4<-->2
第4次:1324657089 无交换
第5次:1324657089 交换6<-->5
第6次:1324567089 无交换
第7次:1324567089 交换7<-->0
第3趟结果:1324560789
第4趟:
第1次:1324560789 无交换
第2次:1324560789 交换3<-->2
第3次:1234560789 无交换
第4次:1234560789 无交换
第5次:1234560789 无交换
第6次:1234560789 交换6<-->0
第4趟结果:1234506789
第5趟:
第1次:1234506789 无交换
第2次:1234506789 无交换
第3次:1234506789 无交换
第4次:1234506789 无交换
第5次:1234506789 交换5<-->0
第5趟结果:1234056789
第6趟:
第1次:1234056789 无交换
第2次:1234056789 无交换
第3次:1234056789 无交换
第4次:1234056789 交换4<-->0
第6趟结果:1230456789
第7趟:
第1次:1230456789 无交换
第2次:1230456789 无交换
第3次:1230456789 交换3<-->0
第7趟结果:1203456789
第8趟:
第1次:1203456789 无交换
第2次:1203456789 交换2<-->0
第8趟结果:1023456789
第9趟:
第1次:1023456789 交换1<-->0
第9趟结果:0123456789
冒泡排序正序排序的数组元素:0123456789
冒泡排序逆序排序的数组元素:9876543210

程序说明:

(1)"int a[10] = {3,6,1,9,4,2,8,5,7,0},n = 10,i,j,k,t;"定义并初始化数组和变量。"a[10] = {3,6,1,9,4,2,8,5,7,0}"通过{}内的初始化列表对数组 a 中的各个元素全部进行初始化。元素数目 n = 10,i、j、k 三个循环变量,t 交换用到的中间变量。

(2)程序主要基于下述嵌套循环(双 for 循环)实现了冒泡排序法的比较和交换。外循环 j 从 0 ~ (n-1) -1 实现 n-1 趟比较,每一趟内循环 i 从 0 ~ (n-1-j) -1 进行 n-1-j 次比较,如果满足交换条件 a[i] > a[i+1],两个数组元素交换。

```
for(j=0;j<n-1;j++)           //外循环j实现n-1趟比较
    for(i=0;i<n-1-j;i++)     //每一趟内循环进行n-1-j次比较
        if(a[i]>a[i+1])      //相邻两个数进行比较,较大元素a[i]和较小元素a[i+1]交换
```

注意:循环变量 i 和 j 都是从 0 开始:

第 1 趟 j = 0,i 的变化范围是[0, n-1],不含 n-1,执行 n-1 次循环;
第 2 趟 j = 1,i 的变化范围是[0, n-2],不含 n-2,执行 n-2 次循环;
第 n-1 趟 j = n-2,i 的变化范围是[0, 1],不含 1,执行 1 次循环。

(3)for 循环输出正序排序的数组元素,循环变量 i 的值从 0 ~ n-1,而对于逆序结果,循环变量 i 的值从 n-1 ~ 0。

2. 简单选择排序

简单选择排序的基本操作是,从一个未排序子序列的首个元素开始,依次比较并选择出最小值对应的元素,并和首个位置的元素进行交换。

【例 4-2(2)】数值排序。针对 10 个整数"3 6 1 9 4 2 8 5 7 0"应用简单选择排序,输出每一趟中的每一次比较和选择后的整个数组和该次所选择的元素,该趟排序的结果和发生交换的两个数组元素,以及最终的正序排序和逆序排序结果。

思路分析:n 个元素的序列中,选出最小值元素并和序列中的第 1 个元素交换,然后从第 2 个元素起的子序列中再次选出最小值和第 2 个元素交换,直至整个序列变成按元素值非递减排序的有序序列为止,即正序序列,排序过程需要进行 n-1 趟选择。图 4-3 示意了 10 个整数"3 6 1 9 4 2 8 5 7 0"的 9 趟简单选择排序过程,每趟选择排序的每一次比较和选择的详细记录过程见程序运行结果。

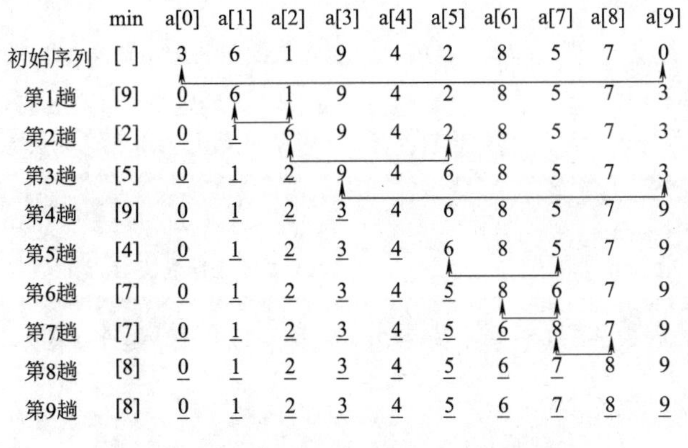

	min	a[0]	a[1]	a[2]	a[3]	a[4]	a[5]	a[6]	a[7]	a[8]	a[9]
初始序列	[ ]	3	6	1	9	4	2	8	5	7	0
第1趟	[9]	0	6	1	9	4	2	8	5	7	3
第2趟	[2]	0	6	1	9	4	2	8	5	7	3
第3趟	[5]	0	1	2	9	4	6	8	5	7	3
第4趟	[9]	0	1	2	3	4	6	8	5	7	9
第5趟	[4]	0	1	2	3	4	6	8	5	7	9
第6趟	[7]	0	1	2	3	4	5	8	6	7	9
第7趟	[7]	0	1	2	3	4	5	6	8	7	9
第8趟	[8]	0	1	2	3	4	5	6	7	8	9
第9趟	[8]	0	1	2	3	4	5	6	7	8	9

图 4-3 简单选择排序算法实现数值排序过程

第 1 趟,对初始序列的 10 个整数"3 6 1 9 4 2 8 5 7 0"依次进行比较和选择。第 1 次比较 a[0] 和 a[1],3<6 选择 a[0],min=0;第 2 次比较 a[0] 和 a[2],3>1 选择 a[2],min=2;如此共进行 9 次,从未排序序列 a[0]~a[9] 中,选择出最小值元素下标 min=9,交换 a[9]↔a[0],对应 3↔0,得到第 1 趟排序结果"0 6 1 9 4 2 8 5 7 3",最小数 0 交换到首位。经过第 1 趟(共 9 次比较 1 次交换)选择排序,得到有序子序列"0"。

第 2 趟,在第 1 趟的基础上,对未排序子序列"6 1 9 4 2 8 5 7 3"进行新一轮的比较和选择,选择出最小值元素下标 min=2,交换 a[1]↔a[2],对应 6↔1,得到第 2 趟排序结果"0 1 6 9 4 2 8 5 7 3",未排序子序列最小数 1 交换到了该子序列的首位,即整个序列第二个位置,经过第 2 趟(共 8 次比较 1 次交换)选择排序,得到新有序子序列"0 1"。

按此规律,经过共 9 趟,得到正序排序结果为"0 1 2 3 4 5 6 7 8 9"。显然,对 n 个整数,整个选择排序需要进行 $n-1$ 趟选择,第 1 趟中要进行 $n-1$ 次的比较,第 2 趟要进行 $n-2$ 次的比较,第 $n-1$ 趟要进行 1 次比较。每趟至多发生 1 次交换。

程序代码:

```c
#include<stdio.h>
int main()
{
    int a[10]={3,6,1,9,4,2,8,5,7,0},n=10,i,j,k,t,min; //min 记录最小值下标
    for(j=0;j<n-1;j++)        //外循环 j 实现 n-1 趟选择
    {
        printf("第%d趟:\n",j+1);
        min=j;                //min 初值置为外循环开始下标 j
        for(i=j+1;i<n;i++)    //每一趟内循环进行 n-1-j 次比较,找出最小值下标 min
        {
            printf("第%d次:",i-j);
            for(k=0;k<n;k++)
                printf("%d ",a[k]);    //输出每次选择前的数组元素
            //两个数进行比较,元素 a[i] 小于记录的最小值元素 a[min],修改最小值下标 min
            if(a[i]<a[min])
                min=i;
            printf("选择a[%d]\n",min);//输出每次选择的数组元素位置,选择有可能发生变化
        }
        if(min!=j)              //如果最小下标 min 不是当前序列首,交换
        {
            t=a[j];             //2 个数交换用到中间变量 t
            a[j]=a[min];
            a[min]=t;
        }
        printf("第%d趟结果:",j+1);
        for(k=0;k<n;k++)
            printf("%d ",a[k]);    //输出每趟选择和交换后的数组元素
        if(min!=j)
            printf("交换%d<-->%d\n",a[min],a[j]);//输出每趟交换的数组元素
        else
            printf("无交换\n");
    }
    printf("选择排序正序排序的数组元素:");
```

```
        for(i=0;i<n;i++)
            printf("%d ",a[i]);              //输出正序排序的数组元素
        printf("\n选择排序逆序排序的数组元素:");
        for(i=n-1;i>=0;i--)
            printf("%d ",a[i]);              //输出逆序排序的数组元素
        printf("\n");
        return 0;
}
```

运行结果:

```
第1趟:
第1次:3 6 1 9 4 2 8 5 7 0 选择a[0]
第2次:3 6 1 9 4 2 8 5 7 0 选择a[2]
第3次:3 6 1 9 4 2 8 5 7 0 选择a[2]
第4次:3 6 1 9 4 2 8 5 7 0 选择a[2]
第5次:3 6 1 9 4 2 8 5 7 0 选择a[2]
第6次:3 6 1 9 4 2 8 5 7 0 选择a[2]
第7次:3 6 1 9 4 2 8 5 7 0 选择a[2]
第8次:3 6 1 9 4 2 8 5 7 0 选择a[2]
第9次:3 6 1 9 4 2 8 5 7 0 选择a[9]
第1趟结果:0 6 1 9 4 2 8 5 7 3 交换3<-->0
第2趟:
第1次:0 6 1 9 4 2 8 5 7 3 选择a[2]
第2次:0 6 1 9 4 2 8 5 7 3 选择a[2]
第3次:0 6 1 9 4 2 8 5 7 3 选择a[2]
第4次:0 6 1 9 4 2 8 5 7 3 选择a[2]
第5次:0 6 1 9 4 2 8 5 7 3 选择a[2]
第6次:0 6 1 9 4 2 8 5 7 3 选择a[2]
第7次:0 6 1 9 4 2 8 5 7 3 选择a[2]
第8次:0 6 1 9 4 2 8 5 7 3 选择a[2]
第2趟结果:0 1 6 9 4 2 8 5 7 3 交换6<-->1
第3趟:
第1次:0 1 6 9 4 2 8 5 7 3 选择a[2]
第2次:0 1 6 9 4 2 8 5 7 3 选择a[4]
第3次:0 1 6 9 4 2 8 5 7 3 选择a[5]
第4次:0 1 6 9 4 2 8 5 7 3 选择a[5]
第5次:0 1 6 9 4 2 8 5 7 3 选择a[5]
第6次:0 1 6 9 4 2 8 5 7 3 选择a[5]
第7次:0 1 6 9 4 2 8 5 7 3 选择a[5]
第3趟结果:0 1 2 9 4 6 8 5 7 3 交换6<-->2
第4趟:
第1次:0 1 2 9 4 6 8 5 7 3 选择a[4]
第2次:0 1 2 9 4 6 8 5 7 3 选择a[4]
第3次:0 1 2 9 4 6 8 5 7 3 选择a[4]
第4次:0 1 2 9 4 6 8 5 7 3 选择a[4]
第5次:0 1 2 9 4 6 8 5 7 3 选择a[4]
第6次:0 1 2 9 4 6 8 5 7 3 选择a[9]
第4趟结果:0 1 2 3 4 6 8 5 7 9 交换9<-->3
第5趟:
第1次:0 1 2 3 4 6 8 5 7 9 选择a[4]
```

```
第 2 次:0 1 2 3 4 6 8 5 7 9 选择 a[4]
第 3 次:0 1 2 3 4 6 8 5 7 9 选择 a[4]
第 4 次:0 1 2 3 4 6 8 5 7 9 选择 a[4]
第 5 次:0 1 2 3 4 6 8 5 7 9 选择 a[4]
第 5 趟结果:0 1 2 3 4 6 8 5 7 9 无交换
第 6 趟:
第 1 次:0 1 2 3 4 6 8 5 7 9 选择 a[5]
第 2 次:0 1 2 3 4 6 8 5 7 9 选择 a[7]
第 3 次:0 1 2 3 4 6 8 5 7 9 选择 a[7]
第 4 次:0 1 2 3 4 6 8 5 7 9 选择 a[7]
第 6 趟结果:0 1 2 3 4 5 8 6 7 9 交换 6 < --> 5
第 7 趟:
第 1 次:0 1 2 3 4 5 8 6 7 9 选择 a[7]
第 2 次:0 1 2 3 4 5 8 6 7 9 选择 a[7]
第 3 次:0 1 2 3 4 5 8 6 7 9 选择 a[7]
第 7 趟结果:0 1 2 3 4 5 6 8 7 9 交换 8 < --> 6
第 8 趟:
第 1 次:0 1 2 3 4 5 6 8 7 9 选择 a[8]
第 2 次:0 1 2 3 4 5 6 8 7 9 选择 a[8]
第 8 趟结果:0 1 2 3 4 5 6 7 8 9 交换 8 < --> 7
第 9 趟:
第 1 次:0 1 2 3 4 5 6 7 8 9 选择 a[8]
第 9 趟结果:0 1 2 3 4 5 6 7 8 9 无交换
选择排序正序排序的数组元素:0 1 2 3 4 5 6 7 8 9
选择排序逆序排序的数组元素:9 8 7 6 5 4 3 2 1 0
```

程序说明:

(1)变量 min 记录从一个固定位置开始,选择出的最小数组元素下标。

(2)程序主要基于下述嵌套循环(双 for 循环)实现了选择排序法的比较和交换。外循环 j 从 $0 \sim (n-1)-1$ 实现 $n-1$ 趟选择,每一趟内循环 i 从 $j+1 \sim n-1$ 进行 $n-1-j$ 次比较,通过条件 a[i] < a[min] 选择出最小值对应的下标 min = i。内循环结束后,对于第 j 趟选择,如果满足交换条件 min ! = j,即最小下标 min 不是当前序列首元素的下标 j,交换两个数组元素。

```
for(j=0;j<n-1;j++)              //外循环 j 实现 n-1 趟选择
    for(i=j+1;i<n;i++)           //每一趟内循环进行 n-1-j 次比较
        //两个数进行比较,元素 a[i]小于记录的最小值元素 a[min],修改最小值下标 min
        if(a[i]<a[min])min=i;
    if(min!=j)                   //如果最小下标 min 不是当前序列首,交换
```

注意:循环变量 j 从 0 开始,i 从 $j+1$ 开始:

第 1 趟 $j=0$,i 的变化范围是 $[1, n)$,不含 n,执行 $n-1$ 次内循环;

第 2 趟 $j=1$,i 的变化范围是 $[2, n)$,不含 n,执行 $n-2$ 次内循环;

第 $n-1$ 趟 $j=n-2$,i 的变化范围是 $[n-1, n)$,不含 n,执行 1 次内循环。

3. 直接插入排序

直接插入排序的基本操作是将一个元素插入已经排好序的有序子序列中,从而得到一个新的、元素数增 1 的有序子序列。

【例 4-2(3)】数值排序。针对 10 个整数"3 6 1 9 4 2 8 5 7 0"应用直接插入排序,输出每一

趟中的每一次查找和移动后的整个数组和该次所移动的元素,该趟排序的结果和插入的数组元素,以及最终的正序排序和逆序排序结果。

思路分析:n 个元素的序列中,先将序列中的第 1 个元素看成一个有序子序列,然后从第 2 个元素起依次逐个进行插入,直至整个序列变成按元素值非递减排序的有序序列为止,即正序序列,排序过程需要进行 $n-1$ 趟插入。图 4-4 示意了 10 个整数"3 6 1 9 4 2 8 5 7 0"的 9 趟直接插入排序过程,每趟插入排序的每一次查找和移动的详细过程记录见程序运行结果。

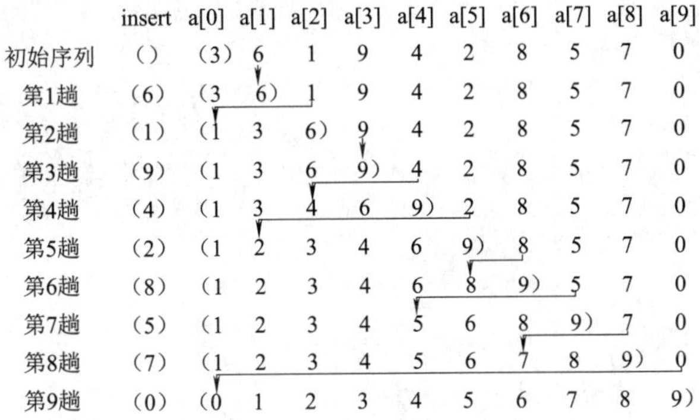

	insert	a[0]	a[1]	a[2]	a[3]	a[4]	a[5]	a[6]	a[7]	a[8]	a[9]
初始序列	( )	3	6	1	9	4	2	8	5	7	0
第1趟	(6)	(3	6)	1	9	4	2	8	5	7	0
第2趟	(1)	(1	3	6)	9	4	2	8	5	7	0
第3趟	(9)	(1	3	6	9)	4	2	8	5	7	0
第4趟	(4)	(1	3	4	6	9)	2	8	5	7	0
第5趟	(2)	(1	2	3	4	6	9)	8	5	7	0
第6趟	(8)	(1	2	3	4	6	8	9)	5	7	0
第7趟	(5)	(1	2	3	4	5	6	8	9)	7	0
第8趟	(7)	(1	2	3	4	5	6	7	8	9)	0
第9趟	(0)	(0	1	2	3	4	5	6	7	8	9)

图 4-4 直接插入排序算法实现数值排序过程

第 1 趟,对 10 个整数"3 6 1 9 4 2 8 5 7 0"进行插入排序。有序子序列为(a[0])对应(3),选择第 2 个元素为待插入元素 insert = a[1] = 6,自 a[0]往前查找,第 1 次比较 a[0] < insert 为正序,无须移动,插入 insert→a[1],得到第 1 趟排序结果"3 6 1 9 4 2 8 5 7 0"。经过第 1 趟(共 1 次比较 0 次移动 1 次插入)插入排序,得到增加一个元素"6"的新有序子序列(a[0] a[1]),对应(3 6)。

第 2 趟,在第 1 趟的基础上,选择第 3 个元素为待插入元素 insert = a[2] = 1,自 a[1]往前查找,第 1 次比较 a[1] > insert 为逆序,移动 a[1]→a[2],第 2 次比较 a[0] > insert 为逆序,移动 a[0]→a[1],有序子序列查找结束,插入 insert→a[0],得到第 2 趟排序结果"1 3 6 9 4 2 8 5 7 0"。经过第 2 趟(共 2 次比较 2 次移动 1 次插入)插入排序,得到新有序子序列为(a[0] a[1] a[2]),对应(1 3 6)。

按此规律,经过共 9 趟,得到正序排序结果为"0 1 2 3 4 5 6 7 8 9"。显然,对 n 个整数,整个插入排序需要进行 $n-1$ 趟插入,第 1 趟中最多要进行 1 次比较和 1 次移动,第 2 趟最多要进行 2 次比较和 2 次移动,第 $n-1$ 趟最多要进行 $n-1$ 次比较和 $n-1$ 次移动。每一趟至多有 1 次插入。

程序代码:

```c
#include<stdio.h>
int main()
{
    int a[10]={3,6,1,9,4,2,8,5,7,0},n=10,i,j,k,insert;//insert 记录待插入元素值
    for(j=0;j<n-1;j++)                 //外循环 j 实现 n-1 趟插入
    {
        insert=a[j+1];                 //选定待插入的元素
        printf("第%d趟:待插入元素 insert = a[%d] = %d\n",j+1,j+1,a[j+1]);
```

```c
            for(i=j+1;i>0&&insert<a[i-1];i--)  //每一趟内循环最多进行j+1次插入位置查找
            {
                printf("第%d次:",j+2-i);
                for(k=0;k<n;k++)
                    printf("%d ",a[k]);     //输出每次移动前的数组元素
                a[i]=a[i-1];           //所有大于待插入元素insert的数组元素依次后移一个位置
                printf("移动a[%d]->a[%d] \n",i-1,i);//输出每次移动的数组元素
            }
            a[i]=insert;                    //在前面有序序列中找到合适的插入位置i,完成插入
            printf("第%d趟结果:",j+1);
            for(k=0;k<n;k++)
                printf("%d ",a[k]);                 //输出每趟移动和插入后的数组元素
            printf("插入%d->a[%d] \n",insert,i); //输出插入的数组元素
    }
    printf("插入排序正序排序的数组元素:");
    for(i=0;i<n;i++)
        printf("%d ",a[i]);                     //输出正序排序的数组元素
    printf("\n插入排序逆序排序的数组元素:");
    for(i=n-1;i>=0;i--)
        printf("%d ",a[i]);                     //输出逆序排序的数组元素
    printf("\n");
    return 0;
}
```

运行结果：

```
第1趟:待插入元素insert=a[1]=6
第1趟结果:3 6 1 9 4 2 8 5 7 0 插入6->a[1]
第2趟:待插入元素insert=a[2]=1
第1次:3 6 1 9 4 2 8 5 7 0 移动a[1]->a[2]
第2次:3 6 6 9 4 2 8 5 7 0 移动a[0]->a[1]
第2趟结果:1 3 6 9 4 2 8 5 7 0 插入1->a[0]
第3趟:待插入元素insert=a[3]=9
第3趟结果:1 3 6 9 4 2 8 5 7 0 插入9->a[3]
第4趟:待插入元素insert=a[4]=4
第1次:1 3 6 9 4 2 8 5 7 0 移动a[3]->a[4]
第2次:1 3 6 9 9 2 8 5 7 0 移动a[2]->a[3]
第4趟结果:1 3 4 6 9 2 8 5 7 0 插入4->a[2]
第5趟:待插入元素insert=a[5]=2
第1次:1 3 4 6 9 2 8 5 7 0 移动a[4]->a[5]
第2次:1 3 4 6 9 9 8 5 7 0 移动a[3]->a[4]
第3次:1 3 4 6 6 9 8 5 7 0 移动a[2]->a[3]
第4次:1 3 4 4 6 9 8 5 7 0 移动a[1]->a[2]
第5趟结果:1 2 3 4 6 9 8 5 7 0 插入2->a[1]
第6趟:待插入元素insert=a[6]=8
第1次:1 2 3 4 6 9 8 5 7 0 移动a[5]->a[6]
第6趟结果:1 2 3 4 6 8 9 5 7 0 插入8->a[5]
第7趟:待插入元素insert=a[7]=5
第1次:1 2 3 4 6 8 9 5 7 0 移动a[6]->a[7]
第2次:1 2 3 4 6 8 9 9 7 0 移动a[5]->a[6]
第3次:1 2 3 4 6 8 8 9 7 0 移动a[4]->a[5]
```

第7趟结果:1234568970 插入5->a[4]
第8趟:待插入元素 insert=a[8]=7
第1次:1234568970 移动a[7]->a[8]
第2次:1234568990 移动a[6]->a[7]
第8趟结果:1234567890 插入7->a[6]
第9趟:待插入元素 insert=a[9]=0
第1次:1234567890 移动a[8]->a[9]
第2次:1234567899 移动a[7]->a[8]
第3次:1234567889 移动a[6]->a[7]
第4次:1234567789 移动a[5]->a[6]
第5次:1234566789 移动a[4]->a[5]
第6次:1234556789 移动a[3]->a[4]
第7次:1234456789 移动a[2]->a[3]
第8次:1233456789 移动a[1]->a[2]
第9次:1223456789 移动a[0]->a[1]
第9趟结果:0123456789 插入0->a[0]
插入排序正序排序的数组元素:0123456789
插入排序逆序排序的数组元素:9876543210

程序说明:

程序主要基于下述的嵌套循环(双 for 循环)实现了插入排序法的移动和插入。外循环 j 从 $0 \sim (n-1)-1$ 实现 $n-1$ 趟插入,每一趟外循序首先通过 insert = a[j+1] 选定一个待插入元素。内循环 i 从 $j+1 \sim 1$,每一次内循环最多进行 $j+1$ 次插入位置查找,并且通过条件 insert < a[i-1] 决定是否执行 a[i] = a[i-1] 把前面的元素后移。内循环结束后,对于第 j 趟插入,在找到的插入位置,执行 a[i] = insert 完成插入。

```
for(j=0;j<n-1;j++)                              //外循环 j 实现 n-1 趟插入
    insert=a[j+1];                              //选定待插入的元素
    for(i=j+1;i>0&&insert<a[i-1];i--)          //每一趟内循环最多进行 j+1 次插入位置查找
        a[i]=a[i-1];                            //前面的元素后移
a[i]=insert;                                    //在前面有序列中找到合适的插入位置 i 完成插入
```

注意:循环变量 j 从 0 开始,i 从 $j+1$ 开始:
第 1 趟 $j=0$,i 的变化范围是 $[1,1]$,最多执行 1 次内循环;
第 2 趟 $j=1$,i 的变化范围是 $[2,1]$,最多执行 2 次内循环;
第 $n-1$ 趟 $j=n-2$,i 的变化范围是 $[n-1,1]$,最多执行 $n-1$ 次内循环。

4.1.3 二维数组及应用

1. 二维数组的定义

二维数组的定义类似一维数组,数组名后需要两个带方括号[ ]的下标,定义二维数组的一般格式为:

类型说明符 数组名[整型常量表达式][整型常量表达式];

二维数组可被看作一种特殊的一维数组,它的元素又是一个一维数组。例如,"float a[3][4];"定义二维数组 a,可以被看作一个一维数组,它有 3 个元素 a[0]、a[1]、a[2],每个元素又是一个包含 4 个元素的一维数组。这样,如图 4-5(a)所示,在逻辑结构上就可以用矩阵形

二维数组的定义和初始化

式(3 行 4 列)形象地表示出二维数组的行列关系,共有 3 行,每一行有 4 个顺序排列的元素。注意 float a[3,4]非法,在一对方括号内不能写两个下标。

从物理结构上看,如图 4-5(b)所示,二维数组 a 各元素在内存仍然是连续存放的,即元素的存放不是二维的,而是线性的。编译器在物理内存中划出一片连续的存储空间,存放具有 3×4 共 12 个浮点型元素的数组 a。相当于定义了 12 个浮点型变量,每个浮点型数组元素占用 4 个字节。a 是二维数组名,它代表数组在内存中存放的首地址,即二维数组中首个元素在内存中的存储地址。数组第 0 个元素 a[0][0]在内存中的存储地址为 2000,4 个字节占用存储单元 2000~2003;第 1 个元素 a[0][1]的存储地址为 2004,4 个字节占用存储单元 2004~2007;依此类推,第 12 个元素的存储地址为 2044,4 个字节占用存储单元 2044~2047。

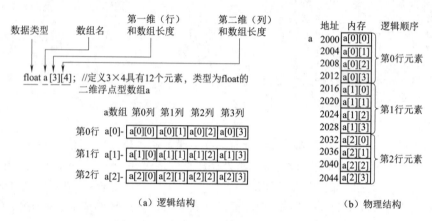

图 4-5　二维数组的逻辑结构和物理结构

2. 二维数组的初始化

可以使用初始化列表对二维数组初始化,具体方式如下:

(1)全部初始化。全部数组元素赋初值,顺序赋初值和分行赋初值方式等价。

①顺序赋初值:定义数组时,二维数组中的所有元素初值,按在内存中的排列顺序放在一对{ }内,数据间用逗号分隔。

```
int a[3][4]={6,0,-1,3,4,1,2,7,5,8,-2,9};   //全部按在内存中的排列顺序初始化
int a[][4]={6,0,-1,3,4,1,2,7,5,8,-2,9};    /*全部元素赋初值,定义数组时第 1 维的
长度可以不指定,但第 2 维的长度不能省略,系统会根据第 2 维的长度自动计算出第 1 维的长度*/
```

②分行赋初值:二维数组的所有数据,除放在一对{ }内外,每行的元素初值也按顺序分别放在一对花括号{ }内,行间要用逗号分隔。

```
int a[3][4]={{6,0,-1,3},{4,1,2,7},{5,8,-2,9}};//数组中各个元素按行全部初始化
```

数组 a 经过顺序或分行初始化后,数组元素 a[0][0]~a[2][3]的值如下:

$$
\begin{array}{rrrr}
6 & 0 & -1 & 3 \\
4 & 1 & 2 & 7 \\
5 & 8 & -2 & 9
\end{array}
$$

(2)部分初始化。定义二维数组时,{ }内可以只给数组中的部分元素赋初值,未赋值的部分元素系统自动设定为 0。

① 顺序赋初值：按内存中的排列顺序初始化时，省略尾部部分元素。

```
int a[3][4]={6,0,-1,3,4};  //按内存中的排列顺序初始化,未赋值的部分元素自动设定为0
```

数组 a 经过上面的部分顺序初始化后，数组元素 a[0][0]~a[2][3] 的值如下：

    6 0 -1 3
    4 0 0 0
    0 0 0 0

② 分行赋初值：全部行赋初值，省略某些行内的部分元素，或者部分行赋初值，省略某些行的一整行元素。

```
int a[3][4]={{6},{4,1},{5,8,-2}};  /*全部行都有赋初值,{6}表示只给第一行前1个元素赋初值,后3个元素系统自动赋初值0;{4,1}表示第二行前2个元素赋初值,后2个元素系统自动赋初值0;{5,8,-2}表示第三行前3个元素赋初值,后1个元素系统自动赋初值0*/
int a[][4]={{6},{4,1},{5,8,-2}};  //上述例子等价定义,可以省略第一维的长度
```

数组 a 经过部分行元素初始化后，数组元素 a[0][0]~a[2][3] 的值如下：

    6 0 0 0
    4 1 0 0
    5 8 -2 0

```
int a[3][4]={{6},{4,1}};  //部分行赋初值,省略最后的第三行,其元素全部赋初值0
```

数组 a 经过部分行（省略整行）初始化后，数组元素 a[0][0]~a[2][3] 的值如下：

    6 0 0 0
    4 1 0 0
    0 0 0 0

```
int a[3][4]={{6},{},{5,8}};      //部分行赋初值,省略第二行,其元素全部赋初值0。
/*如果编译系统不支持省略的第二行使用{},可以用{0}替代,第二行未赋值的部分元素自动设定为0,相当于给第二行的全部元素赋初值为0*/
int a[3][4]={{6},{0},{5,8}};
```

    6 0 0 0
    0 0 0 0
    5 8 0 0

3. 二维数组元素的引用

定义二维数组并对其中各元素赋值后，就可引用二维数组元素，一般格式为：

```
数组名[下标][下标]
```

① 一次只能引用一个二维数组元素而不能一次整体引用全部数组元素。
② 一个二维数组元素类似一个简单变量。a[0][1] 就是数组 a 中行序号为 0，列序号为 1 的元素；a[2][3] 就是数组 a 中行序号为 2，列序号为 3 的元素。注意不能写成 a[0,1]、a[2,3] 的形式。
③ 下标可以是整型常量或整型表达式，而且数组元素可以出现在表达式中，也可以被赋值。例如，a[0][1]>a[6][6]、a[0][1]=a[0][1]-a[2*1][5-2]。

④定义数组时用到的"数组名[常量表达式][常量表达式]"和引用数组元素时用到的"数组名[下标][下标]"形式相同,但含义不同。特别在引用数组元素时,注意下标值应在已定义的数组大小的范围内。

```
//定义3×4的int型二维数组a,行下标范围为0~2,列下标范围为0~3,包含12个int型元素
int a[3][4];
t=a[3][4];           //注意,不存在a[3][4]元素
t=a[2][3];           //a[2][3]表示引用数组a中行序号为2列序号为3的元素
```

【例4-3】 杨辉三角。二维数组编程实现杨辉三角的输出,要求输出10行。

```
            1
          1   1
        1   2   1
      1   3   3   1
    1   4   6   4   1
  1   5  10  10   5   1
1   6  15  20  15   6   1
1   7  21  35  35  21   7   1
1   8  28  56  70  56  28   8   1
1   9  36  84 126 126  84  36   9   1
```

思路分析:杨辉三角只输出对角线以下的数值,其第一列和对角线列的值都为1,其他列的每个数是上一行同一列和前一列两数之和。

程序代码:

```c
#include<stdio.h>
int main()
{
    int i,j,a[10][10]={0},n=10;
    for(i=0;i<n;i++)                    //外循环i实现n行输出
    {
        for(j=0;j<=i;j++)               //内循环j实现0~i列(对角线列)的输出
        {
            if(j==0||j==i)
                a[i][j]=1;              //赋值杨辉三角的第一列和对角线列
            else                        //赋值杨辉三角其他列
                a[i][j]=a[i-1][j-1]+a[i-1][j]; //每个数是上面两数之和
            printf("%5d",a[i][j]);
        }
        printf("\n");
    }
    return 0;
}
```

程序说明:

(1)"a[10][10]={0}"通过初始化列表{0}实现二维数组a的初始化,置0。

(2)程序主要基于下述嵌套循环(双for循环)实现杨辉三角的输出。

```
for(i=0;i<n;i++)              //外循环 i 实现 n 行输出
    for(j=0;j<=i;j++)         //内循环 j 实现 0~i 列(对角线列)的输出
```

(3) "if(j==0 || j==i)" 当列下标 j 为 0 或者与行下标相等时,元素值赋 1。

```
a[i][j]=1;                    //赋值杨辉三角的第一列和对角线列
```

否则,其他情况元素值为上面一行同一列和前一列的两个元素值之和。

```
a[i][j]=a[i-1][j-1]+a[i-1][j];  //每个数是上面两数之和
```

4.1.4 多维数组的表示

二维以上的数组称为多维数组,其中二维数组最常用。二维以上的数组要求的空间想象能力和编程逻辑复杂度急剧增加,多数程序几乎不会用到三维以上的数组。三维数组的定义类似一维和二维数组,数组名后需要三个带方括号[ ]的下标,定义三维数组的一般格式为:

类型说明符 数组名[整型常量表达式][整型常量表达式][整型常量表达式];

定义如下三维数组,其逻辑结构和物理结构如图 4-6 所示。

```
float a[2][3][4];  //定义浮点型三维数组 a,它有 2 页,3 行,4 列
```

图 4-6 三维数组的逻辑结构和物理结构

4.2 字符数组

字符数组不仅可用于处理字符型的数据,而且可以利用系统提供的多种字符串处理函数,

实现字符串的处理。

4.2.1 字符数组和数值数组的区别

一维和二维字符数组的定义（逻辑结构、物理结构）、初始化、元素的引用类似数值数组，但二者在内存存放、初始化方式、输入输出格式上略有区别。

1. 内存存放的区别

字符数组是以 ASCII 码的整数形式存放 char 型字符数据的数组，数组的每个元素存放一个字符，占用 1 个字节的内存空间。

```
char c[12]; //定义字符数组,然后逐个字符进行赋值
c[0]='H';c[1]='e';c[2]='l';c[3]='l';c[4]='o';c[5]=' ';c[6]='C';c[7]='h';
c[8]='i'; c[9]='n';c[10]='a';c[11]='!';
```

以上定义的字符数组 c 包含 12 个元素，赋值以后的数组状态如图 4-7 所示。

c[0]	c[1]	c[2]	c[3]	c[4]	c[5]	c[6]	c[7]	c[8]	c[9]	c[10]	c[11]
H	e	l	l	o	⌴	C	h	i	n	a	!

图 4-7 字符数组元素逐个赋值后的数组状态

用整型数组来存放字符型数据虽然合法，但是相比字符数组，整型数组每个元素要占用 4 个字节或者甚至更多字节的内存空间，这会造成内存的浪费。

2. 初始化方式的区别

定义字符数组时，可以给各个元素单独赋值，也可以利用初始化列表赋值。可以全部初始化，也可以部分初始化，还可以不初始化。相比数值型数组，初始化时的赋值方式不同。

① 全部初始化。赋值字符时，可以是字符对应的 ASCII 码值，也可以是单个字符。如果是单个字符则需要加一对单引号，例如'I'、' '、'L'。

```
char a[13]={'I',' ','L','o','v','e',' ','C','h','i','n','a','!'};/*数组中各
个元素全部初始化*/
char a[]={'I',' ','L','o','v','e',' ','C','h','i','n','a','!'};/*未指定长度
的字符数组a初始化长度为13个字符,数组中各个元素全部初始化*/
```

以上字符数组 a 全部初始化后的数组状态如图 4-8 所示。

a[0]	a[1]	a[2]	a[3]	a[4]	a[5]	a[6]	a[7]	a[8]	a[9]	a[10]	a[11]	a[12]
I	⌴	L	o	v	e	⌴	C	h	i	n	a	!

图 4-8 字符数组全部初始化后的数组状态

② 部分初始化。{}内未赋值的元素，系统会自动赋值为空字符'\0'。注意，空字符'\0'也是一个字符，其 ASCII 码值为 0。

```
char a[13]={'I',' ','L','o','v','e'};/*数组a有13个元素,但{}内只给出6个初值,这
表示只给前6个元素赋初值,后7个元素系统自动赋初值'\0'*/
```

以上字符数组 a 部分初始化后的数组状态如图 4-9 所示。

a[0]	a[1]	a[2]	a[3]	a[4]	a[5]	a[6]	a[7]	a[8]	a[9]	a[10]	a[11]	a[12]
I	⌴	L	o	v	e	\0	\0	\0	\0	\0	\0	\0

图 4-9 字符数组部分初始化后的数组状态

3. 输入输出格式的区别

①单个字符输入输出。字符数组使用格式符%c 输入或输出单个字符。

```
for(i=0;i<13;i++)
    printf("%c",a[i]);   //引用字符数组元素 a[i]并通过格式符%c 逐个输出
```

②字符串输入输出。使用格式符%s 时,是把字符数组中的所有字符作为一个字符串输入输出,这时字符数组的尾部一定要有字符串结束标记,即空字符'\0',否则输出字符串会越界。

```
char a[]={'I',' ','L','o','v','e',' ','C','h','i','n','a','\0'};
printf("%s",a);   //引用字符数组名 a,即输出项是字符数组名,而不是数组元素名
```

以上字符数组 a 初始化为字符串后的数组状态如图 4-10 所示。

a[0]	a[1]	a[2]	a[3]	a[4]	a[5]	a[6]	a[7]	a[8]	a[9]	a[10]	a[11]	a[12]
I	␣	L	o	v	e	␣	C	h	i	n	a	\0

图 4-10 字符数组初始化为字符串后的数组状态

4.2.2 一维和二维字符数组应用举例

【例 4-4】进制转换。利用一维字符数组编程实现下述进制转换原理。输入一个十进制整数,输出其等值的任意进制数(如二进制、八进制、十六进制)。十进制整数 N 和其他进制数 d 的转换法则对应于一个简单算法原理:

$$N = (N/d)*d + N\%d$$

其中/为整除运算,% 为求余运算。注意:整数在内存中以补码的形式存储,输出的不同进制是补码形式。

思路分析:输入一个十进制整数 N 和要转换的进制数 d,首先执行 N%d 求得最低数位上的值,并转为字符存入一维字符数组,然后再执行 N=N/d,循环求下一个数位,直到 N 为 0 结束。一维字符数组存放转换后的进制数是从低位到高位,需要逆序输出,并和例 2-2 调用库函数 itoa()得到的转换结果进行对比。

程序代码:

```
#include<stdio.h>
#include<stdlib.h>        //程序中要调用函数 itoa
int main()
{
    char conv[256];       //转换后的进制数存储在一维字符数组 conv 中
    int M,k,d,m=0,conv_t;
    unsigned N;
    printf("请输入要转换的十进制数 N = ");
    scanf("%d",&M);
    N=(unsigned)M;        //强制转换为无符号整型,M 是负数时(unsigned)M=2^32 + M
    printf("请输入要转换的进制 d = ");
    scanf("%d",&d);
    do{
        conv_t=N%d;       //N%d 求得当前数位上的数值
```

```
            if(conv_t <10)         //数制转换结果为单个数字0~9,48 = ('0'-0)
                conv[m++] = (char)(conv_t +48);    //转换为char型存入数组conv[m]
            else//数制转换结果为十六进制相对应的小写字母a~f,87 = ('a'-10)
                conv[m++] = (char)(conv_t +87);    //转换为char型存入数组conv[m]
            N =N/d;                //求N/d的值,为求下一个数位做准备
        }while(N);
        for(k=m-1;k>=0;k--)     //按逆序输出数组元素
            printf("%c",conv[k]);
    printf("\n");
    itoa(M,conv,d);             //itoa将整型值N按进制d转换为字符串重新存放到数组conv
    //用格式声明"%s"输出字符串conv,对比二者的结果
    printf("(itoa函数)十进制数%d转换为%d进制数:\n%s\n",M,d,conv);
    return 0;
}
```

运行结果:

```
请输入要转换的十进制数N = -1000
请输入要转换的进制d=16
fffffc18
(itoa函数)十进制数-1000转换为16进制数:
fffffc18
```

程序说明:

(1)"char conv[256];"定义一维字符型数组conv,存放进制转换后从低位到高位的各数位上的字符,需要逆序输出。

(2)"conv[m++] = (char)(conv_t +48);"保存数制转换结果为单个数字0~9的字符。48为字符'0'的ASCII码值,48 = ('0'-0),可以通过加48把conv_t转换为char型字符,然后存入数组conv[m],执行m++为下一次循环做准备。

(3)"conv[m++] = (char)(conv_t +87);"保存数制转换结果为十六进制相对应的小写字母a~f。97为字符'a'的ASCII码值,87 = ('a'-10),同理通过加87把conv_t转换为char型字符,然后存入数组conv[m],执行m++为下一次循环做准备。

【例4-5】冒泡排序实现字符排序。编程实现一维字符数组中的字符排序,不需要辅助交换变量,直接利用数组元素的异或实现交换。

思路分析:字符数组存放的实际是字符的ASCII码,可以利用类似数值排序中的冒泡排序算法来实现,排序中比较和交换直接使用的是一维字符数组元素。

程序代码:

```
#include<stdio.h>
int main()
{
    //未指定长度的字符数组a初始化长度为13个字符
    char a[]={'I',' ','L','o','v','e',' ','C','h','i','n','a','!'};
    int i,j,n=sizeof(a);        //sizeof(a)得到字符数组a长度为13
    for(j=0;j<n-1;j++)          //外循环j实现n-1趟比较
        for(i=0;i<n-1-j;i++)    //每一趟内循环进行n-1-j次比较
```

```
                if(a[i]>a[i+1])          //相邻两个较大元素 a[i]和较小元素 a[i+1]交换
                {
                    a[i+1]^=a[i];        //两个数组元素异或,a[i+1]=a[i+1]^a[i]
                    a[i]^=a[i+1];        //相当于 a[i]^(a[i+1]^a[i]),结果为 a[i+1]
                    a[i+1]^=a[i];        //相当于(a[i+1]^a[i])^a[i+1],结果为 a[i]
                }
        printf("冒泡排序正序排序的字符数组元素:");
        for(i=0;i<n;i++)                 //输出字符排序结果
            printf("%c",a[i]);
        printf("\n");
        return 0;
}
```

运行结果：

冒泡排序正序排序的字符数组元素：! CILaehinov

程序说明：

（1）"char a[ ] = {'I',' ','L','o','v','e',' ','C','h','i','n','a','!'};"定义一维字符型数组 a，未指定长度，利用初始化列表进行初始化，系统自动计算长度为 13 个字符。

（2）数组元素的交换是通过异或来实现。因为和同一数组元素异或 2 次的值为其本身，所以 a[i]^(a[i+1]^a[i])结果为 a[i+1]，(a[i+1]^a[i])^a[i+1]结果为 a[i]。

【例 4-6】点阵图原理。利用二维字符数组编程，处理并输出如下汉字和英文字母的点阵图。

我爱中国
I Love China

思路分析：把汉字和英文字母的点阵图字模，初始化为不同的二维字符数组。

每个汉字的 16×16 点阵图字模，可以保存为 16×2 个共 32 个 char 型字符，4 个汉字"我、爱、中、国"对应 4×32 个 char 型字符，用二维 char 型数组 a[4][32]依次保存每个汉字的字模。

输出 16×16 的汉字点阵时，每个汉字输出 16 行，每一行上对应 2 个长度为 8 bit 的 char 型字符，即 2×8=16 列，4 个汉字对应 4×2×8=4×16=64 列。利用位运算，从高位到低位依次取得每个 char 型字符中的 8 个比特位的值，为 1 输出字符'#'，否则输出字符'.'。

每个英文字母的 16×8 点阵图字模，可以保存为 16×1 个共 16 个 char 型字符，12 个字母"I Love China"对应 12×16 个 char 型字符，用二维 char 型数组 b[12][16]依次保存每个字母的字模。输出 16×8 的字母点阵时，每个字母 16 行，每一行上对应 1 个长度为 8 bit 的 char 型字符，即 1×8=8 列，12 个字母对应 12×1×8=12×8=96 列。同样利用位运算，从高位到低位依次取出每个 char 型字符点阵中的 8 个比特位的值，为 1 输出字符'#'，否则输出字符'.'。

程序代码：

```
//利用点阵图原理,输出汉字"我爱中国"和英文"I Love China"的点阵
#include<stdio.h>
#include<stdlib.h>
int main()
{
```

```c
    int i,j,k;
    char a[4][32] =
    {   //我爱中国 16*16 点阵字模:我(0) 爱(1) 中(2) 国(3)
        0x04,0x40,0x0E,0x50,0x78,0x48,0x08,0x48,0x08,0x40,0xFF,0xFE,0x08,0x40,0x08,0x44,
        0x0A,0x44,0x0C,0x48,0x18,0x30,0x68,0x22,0x08,0x52,0x08,0x8A,0x2B,0x06,0x10,0x02,  //"我",0
        0x00,0x08,0x01,0xFC,0x7E,0x10,0x22,0x10,0x11,0x20,0x7F,0xFE,0x42,0x02,0x82,0x04,
        0x7F,0xF8,0x04,0x00,0x07,0xF0,0x0A,0x10,0x11,0x20,0x20,0xC0,0x43,0x30,0x1C,0x0E,  //"爱",1
        0x01,0x00,0x01,0x00,0x01,0x00,0x01,0x00,0x3F,0xF8,0x21,0x08,0x21,0x08,0x21,0x08,
        0x21,0x08,0x21,0x08,0x3F,0xF8,0x21,0x08,0x01,0x00,0x01,0x00,0x01,0x00,0x01,0x00,  //"中",2
        0x00,0x00,0x7F,0xFC,0x40,0x04,0x40,0x04,0x5F,0xF4,0x41,0x04,0x41,0x04,0x4F,0xE4,
        0x41,0x04,0x41,0x44,0x41,0x24,0x5F,0xF4,0x40,0x04,0x40,0x04,0x7F,0xFC,0x40,0x04,  //"国",3
    };
    char b[12][16] =
    {//I Love China 16*8 点阵字模:I(0) L(2)o(3) v(4) e(5) C(7) h(8) i(9) n(10) a(11)
        0x00,0x00,0x00,0x7C,0x10,0x10,0x10,0x10,0x10,0x10,0x10,0x10,0x7C,0x00,0x00,0x00,//'I',0
        0x00,0x00,0x00,0x00,0x00,0x00,0x00,0x00,0x00,0x00,0x00,0x00,0x00,0x00,0x00,0x00,//' ',1
        0x00,0x00,0x00,0xE0,0x40,0x40,0x40,0x40,0x40,0x40,0x40,0x40,0x42,0xFE,0x00,0x00,//'L',2
        0x00,0x00,0x00,0x00,0x00,0x00,0x00,0x3C,0x42,0x42,0x42,0x42,0x42,0x3C,0x00,0x00,//'o',3
        0x00,0x00,0x00,0x00,0x00,0x00,0x00,0xE7,0x42,0x24,0x24,0x28,0x10,0x10,0x00,0x00,//'v',4
        0x00,0x00,0x00,0x00,0x00,0x00,0x00,0x3C,0x42,0x7E,0x40,0x40,0x42,0x3C,0x00,0x00,//'e',5
        0x00,0x00,0x00,0x00,0x00,0x00,0x00,0x00,0x00,0x00,0x00,0x00,0x00,0x00,0x00,0x00,//' ',6
        0x00,0x00,0x00,0x3E,0x42,0x42,0x80,0x80,0x80,0x80,0x80,0x42,0x44,0x38,0x00,0x00,//'C',7
        0x00,0x00,0x00,0xC0,0x40,0x40,0x40,0x5C,0x62,0x42,0x42,0x42,0x42,0xE7,0x00,0x00,//'h',8
        0x00,0x00,0x00,0x30,0x30,0x00,0x00,0x70,0x10,0x10,0x10,0x10,0x10,0x7C,0x00,0x00,//'i',9
        0x00,0x00,0x00,0x00,0x00,0x00,0x00,0xDC,0x62,0x42,0x42,0x42,0x42,0xE7,0x00,0x00,//'n',10
        0x00,0x00,0x00,0x00,0x00,0x00,0x00,0x3C,0x42,0x1E,0x22,0x42,0x42,0x3F,0x00,0x00 //'a',11
    };
    system("mode con cols=140 lines=40");//控制台窗口调节为宽140列高40行的窗口
    printf("///************************我爱中国16*16汉字点阵图************************///\n");
    for(j=0;j<16;j++)                    //输出16行* 4个字符* 16位的汉字字模点阵
    {
        for(i=0;i<4;i++)                 //输出4个字符的字模点阵
        {
            for(k=0;k<8;k++)             //输出第1个8位点阵
                if(a[i][j*2] & (0x80>>k))
                    putchar('#');
                else
                    putchar('.');

            for(k=0;k<8;k++)             //输出第2个8位点阵
                if(a[i][j*2+1] & (0x80>>k))
                    putchar('#');
                else
                    putchar('.');
        }
        putchar('\n');
    }
    printf("///************************I Love China 16*8 英文点阵图************************///\n");
    for(j=0;j<16;j++)                    //输出16行* 12个字符* 8位的英文字模点阵
    {
```

```
            for(i=0;i<12;i++)              //输出 12 个字符的字模点阵
                for(k=0;k<8;k++)          //输出 8 位点阵
                    if(b[i][j] & (0x80>>k))
                        putchar('#');
                    else
                        putchar('.');
        putchar('\n');
        }
        return 0;
}
```

程序说明：

(1)"if(a[i][j*2] & (0x80>>k))"输出汉字的第一个 8 位点阵；"if(a[i][j*2+1] & (0x80>>k))"输出汉字的第二个 8 位点阵。由于每个汉字占 2 个字节，所以列下标为 j*2 和 j*2+1。

(2)"if(b[i][j] & (0x80>>k))"输出英文字母的一个 8 位点阵，由于每个字母占 1 个字节，所以列下标为 j。

4.2.3 字符串和字符数组

C 语言中规定，字符串是用双引号括起来的一串字符序列，例如字符串"I Love China!"。在字符串的实际存储中，编译器会自动在字符串序列的尾部加一个空字符'\0'，用作字符串的结束标志。'\0'代表 ASCII 码值为 0 的字符，它不是一个可显示的字符，而是一个什么都不做的空操作符，用它作为字符串的结束标志不会产生附加操作或增加有效字符，只是一个供辨别字符串结束的标志。字符串的有效长度是指该字符串中的字符个数，结束标志空字符'\0'并不计算在内，因此一个字符串实际所占存储空间的字节数总比它的有效字符个数多 1 个字节。

字符串可以作为字符数组来存储和处理，这时系统会自动在字符数组后面加一个'\0'作为结束符，作为字符数组的一个元素来存储。例如，利用字符串"I Love China!"来初始化字符型数组 c，显然，长度为 13 的字符串初始化数组 c，数组长度不是 13 而是 14，这是因为字符串常量的最后由系统自动添加了一个'\0'，导致数组的最后也会自动添加一个'\0'，所以字符数组的长度包含'\0'，为 14。

```
char c[] = "I Love China!";或 char c[] = {"I Love China!"};
char c[14] = {'I',' ','L','o','v','e',' ','C','h','i','n','a','!','\0'};
```

未定长度字符数组 c 初始化为字符串"I Love China!"后的数组状态如图 4-11 所示。

c[0]	c[1]	c[2]	c[3]	c[4]	c[5]	c[6]	c[7]	c[8]	c[9]	c[10]	c[11]	c[12]	c[13]
I		L	o	v	e		C	h	i	n	a	!	\0

图 4-11 未定长度字符数组初始化为字符串后的数组状态

'\0'作为字符串的结束符时，并不计算在字符串的长度内，但是'\0'作为字符串的结束符而存储在字符数组中时，则计算在数组的长度内。字符串的有效长度并不等价于字符数组的长度，所以在定义字符数组时应估计实际字符串长度，保证字符数组长度始终大于字符串实际长度。特别是用一个字符数组来处理多个不同长度的字符串，应该使数组长度大于最长的字符串的长度,否则可能会导致数组作为字符串处理时,产生数组越界。

> char c[13] = "I Love China!"; /* 数组 c 的长度指定为 13,虽然最后一个字符不包含'\0',但是定义完全是合法的。一个个输出字符数组 c 存储的 13 个字符,不会有问题,但不能说字符数组 c 存储了一个字符串,如果作为字符串输出,由于没有字符串结束标志'\0',输出肯定会产生越界*/

指定长度字符数组 c 初始化为字符串"I Love China!"后的数组状态如图 4-12 所示。

c[0]	c[1]	c[2]	c[3]	c[4]	c[5]	c[6]	c[7]	c[8]	c[9]	c[10]	c[11]	c[12]
I	␣	L	o	v	e	␣	C	h	i	n	a	!

图 4-12 指定长度字符数组初始化为字符串后的数组状态

显然,上面两种初始化字符数组的方式并不等价。"char c[ ] = "I Love China!""通过字符串初始化,未定长度数组的长度 sizeof(c) = 14,而"char c[13] = "I Love China!""利用初始化列表,指定数组的长度 sizeof(c) = 13。说明字符数组并不要求它的最后一个字符为'\0',甚至可以不包含'\0',但作为字符串存储时,最后一个字符必须为'\0'。

【例 4-7】字符数组和字符串长度比较。对比几种情况下的数组长度和字符串长度:不指定数组大小时,利用初始化列表或者字符串来初始化;指定数组大小时,利用字符串来初始化,或者初始化为空串然后通过字符串输入函数来输入。

思路分析:字符数组的长度通过函数 sizeof(数组名)获得,字符串的长度通过字符串长度函数 strlen(数组名)获得,字符串长度不含结束标记'\0'。

程序代码:

```c
#include <stdio.h>
#include <string.h>
int main()
{
    //未指定长度的字符数组 c1 初始化长度为 14 个字符,尾部含 1 个空字符'\0'
    char c1[] = {'I',' ','L','o','v','e',' ','C','h','i','n','a','!','\0'};
    //未指定长度的字符数组 c2 初始化长度为 14 个字符,尾部含 1 个空字符'\0'
    char c2[] = {"I Love China!"};
    //指定长度的字符数组 c3 初始化长度为 14 个字符,尾部含 1 个空字符'\0'
    char c3[14] = "I Love China!";
    //指定长度的字符数组 c4 初始化长度为 15 个字符,尾部含 2 个空字符'\0'
    char c4[15] = "I Love China!";
    char c5[32] = "";        //指定长度的字符数组 c5 初始化为空串,初始化长度为 32 个空字符'\0'
    printf("输入字符串\"I Love China! \"\n");
    gets(c5);                //输入字符串"I Love China!"
    printf("数组大小 sizeof(c1) =%d  字符串\"%s\"长度 strlen(c1) =%d\n",
                                        sizeof(c1),c1,strlen(c1));
    printf("数组大小 sizeof(c2) =%d  字符串\"%s\"长度 strlen(c2) =%d\n",
                                        sizeof(c2),c2,strlen(c2));
    printf("数组大小 sizeof(c3) =%d  字符串\"%s\"长度 strlen(c3) =%d\n",
                                        sizeof(c3),c3,strlen(c3));
    printf("数组大小 sizeof(c4) =%d  字符串\"%s\"长度 strlen(c4) =%d\n",
                                        sizeof(c4),c4,strlen(c4));
    printf("数组大小 sizeof(c5) =%d  字符串\"%s\"长度 strlen(c5) =%d\n",
                                        sizeof(c5),c5,strlen(c5));
```

```
    return 0;
}
```

运行结果:

```
输入字符串"I Love China!"
I Love China!
数组大小 sizeof(c1)=14    字符串"I Love China!"长度 strlen(c1)=13
数组大小 sizeof(c2)=14    字符串"I Love China!"长度 strlen(c2)=13
数组大小 sizeof(c3)=14    字符串"I Love China!"长度 strlen(c3)=13
数组大小 sizeof(c4)=15    字符串"I Love China!"长度 strlen(c4)=13
数组大小 sizeof(c5)=32    字符串"I Love China!"长度 strlen(c5)=13
```

程序说明:

(1)字符数组 c1、c2、c3 的数组长度都是 14,存储的字符串长度都是 13,这是由于字符数组初始化后,尾部都会含有 1 个空字符'\0',占用 1 个字符的存储空间,但作为字符串的结束标记时,则不计算在字符串的长度内。

(2)字符数组 c4、c5 指定分配的数组长度分别是 15、32,c4 通过字符串初始化后尾部含 2 个空字符'\0',而 c5 初始化为空串,含有 32 个空字符'\0',然后通过字符串输入函数 gets()输入"I Love China!",首部的 13 个字符存储为字符串里的 13 个字符,其他 19 个字符仍为空字符'\0',所以两个字符数组表示的字符串长度都是 13。

【例 4-8】字符串循环加密。利用一维字符数组编程实现循环加密,要求:

①数字循环加密:数字字符 0~9 变成 9~0。0 变成 9,1 变为 0,2 变成 1,3 变成 2,6 变为 0,7 变为 6,8 变为 7,9 变为 8。

②大小写英文字母循环加密:大写字母 A~Z 变成小写字母 e~d,小写字母 a~z 变成大写字母 E~D。

大写字母 A 变成小写字母 e,即变成小写字母 a 后的第 4 个字母,对于字母表尾的 W 变成 a,X 变成 b,Y 变成 c,Z 变成 d。

小写字母 a 变成大写字母 E,即变成大写字母 A 后的第 4 个字母,对于字母表尾的 w 变成 A,x 变成 B,y 变成 C,z 变成 D。

③其他字符不变。

思路分析:一维字符数组 c[256]存储要加密的字符串,数字字符和英文字母都是以字符(ASCII 码值)的形式保存在字符数组中。针对 10 个数字字符'0'~'9'和 26 个大小写英文字母'a'~'z'和'A'~'Z',首先把其 ASCII 码值分别映射到 0~9 和 0~25 的数值范围,加位序变动值 9 或 4 后,再% 循环加密周期 10 或 26,最后再把得到的加密数值映射到指定的字符集,实现循环加密。

程序代码:

```
#include<stdio.h>
int main()
{
    int i=0;
    char c[256]="China 2022 GDP:121.02 万亿元";
    printf("原始字符串:%s\n",c);
    printf("加密字符串:");
```

```c
        for(i=0;c[i]!='\0';i++)
        {
            if(c[i]>='0'&&c[i]<='9')
                c[i]='0'+(c[i]-'0'+9)%10;//数字0~9有10个数字,其循环加密周期是10
            else if(c[i]>='A'&&c[i]<='Z')
                c[i]='a'+(c[i]-'A'+4)%26;//大写字母A~Z有26个字母,其循环加密周期是26
            else if(c[i]>='a'&&c[i]<='z')
                c[i]='A'+(c[i]-'a'+4)%26;//小写字母a~z有26个字母,其循环加密周期是26
            printf("%c",c[i]);
        }
        printf("\n");
        return 0;
    }
```

运行结果:

原始字符串:China 2022 GDP:121.02 万亿元
加密字符串:gLMRE 1911 kht:010.91 万亿元

程序说明:

(1)对于10个数字字符'0'~'9',通过"c[i]='0'+(c[i]-'0'+9)%10"进行加密。c[i]-'0'把字符'0'~'9'映射到数字0~9;(c[i]-'0'+9)%10把数字0~9加9后再进行%10,得到0~9数值范围的加密数字;'0'+(c[i]-'0'+9)%10通过加字符'0',把加密数字映射到指定的数字字符集,完成数字循环加密。

(2)对于26个大写英文字母'A'~'Z',通过"c[i]='a'+(c[i]-'A'+4)%26"进行加密。c[i]-'A'把字符'A'~'Z'映射到数字0~25;(c[i]-'A'+4)%26把数字0~25加4后再进行%26,得到0~25数值范围的加密数字;'a'+(c[i]-'A'+4)%26通过加小写字母'a',把加密数字映射到小写英文字母集,完成大写英文字母循环加密。

(3)对于26个小写英文字母'a'~'z',通过"c[i]='A'+(c[i]-'a'+4)%26"进行加密。其加密过程类似26个大写英文字母。

(4)其他字符不变,对于非数字、非英文字母的字符,如空格、冒号、小数点、甚至中文等,都不做加密,原样输出。

4.2.4 字符串处理函数及应用

1. 字符串处理函数

字符串处理函数

C语言提供了专门的字符串处理函数,在程序中使用时,字符串输入函数gets和字符串输出函数puts需要在程序开头加入编译预处理命令#include <stdio.h>,其他需要加入#include <string.h>。

(1)字符串输入函数gets()。

函数调用格式:gets(str);

函数功能:在标准输入设备输入一个字符串,以回车符结束,并将字符串存放到srt指定的字符数组或存储区域中。

```
char str[20];
gets(str);
```
输入：How are you? ✓

"How are you?"字符串存入数组 str 中,同时自动添加字符串结束标志'\0'。格式化输入函数 scanf()与格式控制符%s 配合,也能实现字符串的输入操作,但与 gets()不同的是,scanf()在输入字符串时遇空格即结束,只能输入不带空格的字符串。输入相同的字符串How are you?,系统碰到 How 后面的空格自动停止,只会把字符串"How"存入数组 str。

```
scanf("%s",str);
```
输入：How are you? ✓

（2）字符串输出函数 puts()。

函数调用格式：puts(str);

函数功能：将 str 中存放的字符串输出,并自动将字符串结束标志'\0'转换为回车换行符。格式化输出函数 printf()使用格式控制符%s 也能输出 str,但与 puts()不同的是,printf()在输出字符串后光标不换行。

（3）求字符串长度函数 strlen()。

函数调用格式：strlen(str);

函数功能：求 str 所表示的字符串的长度,不包括字符串结束标志'\0'。函数返回值为字符串的长度值。

（4）字符串复制函数 strcpy()和 strncpy()。

函数调用格式：strcpy(str1,str2); strncpy(str1,str2,n);

函数功能：strcpy(str1,str2)将字符串或字符数组 str2 复制到 str1 对应的字符数组或存储区域中。对于字符串复制,str1 的长度必须大于 str2 的长度,对于字符数组复制,str1 的长度不小于字符数组 str2 的长度。

注意：在定义字符数组的时候可以用字符串给字符数组赋初值,但 C 语言不允许直接用赋值语句给字符数组赋值,这时只能使用字符串复制函数 strcpy()进行赋值。strncpy(str1,str2,n)把 str2 前面的 n 个字符复制到 str1 中,复制的字符个数 n 原则上不应多于 str1 中原有的字符(不包括'\0')。

（5）字符串连接函数 strcat()。

函数调用格式：strcat(str1,str2);

函数功能：将字符串 str2 连接到 str1 的有效字符之后,连接时自动去掉字符数组 str1 后面的字符串结束标志'\0',只在新串后面保留'\0'。字符数组 str1 的长度必须足够大,以便容纳连接后的新字符串。

（6）字符串比较函数 strcmp()。

函数调用格式：strcmp(str1,str2);

函数功能：按字典序比较字符串 str1 和 str2 的大小。比较规则是将两个字符串自左至右逐个字符按 ASCII 值大小比较,直到出现不同的字符或遇到'\0'为止。若全部字符相同,则认为两个字符串相等,返回 0 值;否则,计算第 1 对不同字符的 ASCII 值之差,若为正整数,则 str1 大于 str2,返回值为一个正整数;若为负整数,则 str1 小于 str2,返回值为一个负整数。

注意：字符串 str1 和 str2 的比较，不能用直接使用 str1 > str2 的比较形式。

（7）转换为小写函数 strlwr()。

函数调用格式：strlwr(str)；

函数功能：把 str 中的大写字母转换成小写字母。

（8）转换为大写函数 strupr()。

函数调用格式：strupr(str)；

函数功能：把 str 中的小写字母转换成大写字母。

2. 字符串排序应用举例

【例4-9(1)】冒泡排序实现字符串排序。利用二维字符数组，对给定的 10 个字符串按照从小到大的正序排序输出结果。

思路分析：定义二维字符数组 a[10][256]，一维数组 a[0]~a[9] 依次保存 10 个字符串。冒泡排序通过字符串比较函数 strcmp(a[i],a[i+1])，比较相邻的两个字符数组所保存字符串的大小。字符串的交换通过字符串复制函数 strcpy() 实现，例如 strcpy(a[i],a[i+1])。字符串 a[0]~a[9] 的输出通过字符串输出函数 puts() 来实现。

程序代码：

```
#include<stdio.h>
#include<string.h>
int main()
{
    char a[10][256]={"hello","top","work","hard","study","Java","music",
                     "Python","Love","China"};
    char t[256];
    int i,j,n=10;
    for(j=0;j<n-1;j++)                    //外循环 j 实现 n-1 趟比较
        for(i=0;i<n-1-j;i++)              //每一趟内循环进行 n-1-j 次比较
            if(strcmp(a[i],a[i+1])>0)
            {      //相邻两个字符串比较，较大元素 a[i]和较小元素 a[i+1]交换
                strcpy(t,a[i]);           //2 个串交换用到中间变量 t
                strcpy(a[i],a[i+1]);
                strcpy(a[i+1],t);
            }
    printf("字符串排序顺序为:\n");
    for(i=0;i<n;i++)
        puts(a[i]);                       //输出正排序的字符串
    return 0;
}
```

运行结果：

```
字符串正排序顺序为:
China
Java
Love
Python
hard
hello
```

```
music
study
top
work
```

【例4-9(2)】 选择排序实现字符串排序。利用二维字符数组,对输入的10个字符串按照从小到大的正序排序输出结果。

思路分析: 定义二维字符数组a[10][256],一维数组a[0]~a[9]依次保存通过字符串输入函数gets()输入的10个字符串。选择排序中,通过字符串比较函数strcmp(a[i],a[min]),比较当前字符数组a[i]和最小下标min对应的字符数组a[min]所保存字符串的大小。字符串的交换通过字符串拷贝函数strcpy()实现,例如strcpy(a[j],a[min])。字符串a[0]~a[9]的输出通过字符串输出函数puts()来实现。

程序代码:

```c
#include<stdio.h>
#include<string.h>
int main()
{
    char a[10][256],t[256];
    int i,j,min,n=10;              //min 记录最小串下标
    printf("请输入10个字符串:\n");
    for(i=0;i<n;i++)
        gets(a[i]);                 //输入字符串
    for(j=0;j<n-1;j++)              //外循环j实现n-1趟选择
    {
        min=j;                      //min初值置为外循环开始下标j
        for(i=j+1;i<n;i++)          //每一趟内循环进行n-1-j次比较,找出数组a最小串下标min
            if(strcmp(a[i],a[min])<0)
                min=i;              //字符串a[i]小于字符串a[min],选择新的最小串下标min
        if(min!=j)                  //如果最小串下标min不是当前序列首,交换
        {
            strcpy(t,a[j]);
            strcpy(a[j],a[min]);
            strcpy(a[min],t);
        }
    }
    printf("字符串正排序顺序为:\n");
    for(i=0;i<n;i++)
        puts(a[i]);                 //输出正排序的字符串
    return 0;
}
```

程序说明:

字符串排序中用到的字符串函数:字符串比较函数strcmp(),字符串的交换用到函数strcpy(),字符串的输入和输出用到函数gets()和puts()。

4.3 构造数据类型

数值型数组和字符型数组是由系统所构造的数据类型,可以用来处理同类型批量集合数据,但数据类型只能是系统规定的,而且是相同的数据类型,例如 int、float、char。定义数组时,用户除了可以指定维度和长度外,没有更多的自由度。

现实世界数据的复杂性,要求用户有更大的自由度来构造自定义的数据类型,用户自定义类型可以处理:

(1)简单数据类型:由单一类型数据组成的简单数据类型,例如枚举类型 enum,定义时一一列举可能的数据值。

(2)复合数据类型:由不同类型数据组成的组合型数据集合,例如结构体 struct、共用体 union。

(3)新类型名定义:自定义新的数据类型名,例如 typedef 定义的新类型名代替系统默认的基本类型名,代替系统构造类型"数组、指针、函数",甚至代替用户自定义构造类型"结构体、共用体、枚举"。

结构体类型

4.3.1 结构体 struct

1. 结构体类型

结构体类型定义的一般形式为:

```
struct 结构体名
{
    类型名1    成员名1;
    类型名2    成员名2;
        ……
    类型名n    成员名n;
};
```

结构体类型定义的说明:

①结构体类型:"struct 结构体名"是由保留关键字 struct 和用户指定的"结构体名"组合而成的一个结构体类型标识符,用于定义结构体变量。结构体名应该遵循标识符的命名规则。

②成员表列:花括号{}内是成员表列(member list),又称域表(field list)。注意{}尾部的分号;不能省略。

③结构体成员:每个结构体成员(member)是结构体中的一个域,不仅有类型声明,而且成员名命名规则与变量名相同。成员的类型名可以是各种基本类型、数组、指针,甚至是自定义的结构体类型(结构体嵌套)。

例如,定义一个结构体类型"struct Student",包含 7 个结构体成员,每个成员可以是基本数据类型或者数组。struct Student 就是一个可以在程序中使用的合法类型名,它和系统提供的基本数据类型具有相似的作用,都可以定义变量。

```
struct Student            //声明结构体类型 struct Student
{
```

```
    int num;            //考生考号为整型
    char name[20];      //考生姓名为字符型数组
    char gender;        //考生性别为字符型
    char addr[30];      //考生地址为字符型数组
    float score[3];     //C、PHP、Python 三门课成绩为浮点型数组,成绩在[0,100]范围内
    int rank;           //考生最终排名名次为整型
    float total;        //考生总分为浮点型
};
```

上述结构体类型 struct Student,包含 7 个成员的组合结构如图 4-13 所示。

| num | name | gender | addr | score | rank | total |

图 4-13　结构体 struct Student 的结构

结构体类型成员还可以属于另一个结构体类型,相当于结构体嵌套。先声明一个 struct Date 类型,包含 3 个整型成员月、日、年。然后在声明 struct Student 类型时,增加了一个 struct Date 类型的成员 birthday。

```
struct Date                  //声明一个结构体类型 struct Date
{
    int month;               //月份为整型
    int day;                 //日为整型
    int year;                //年为整型
};
struct Student               //声明结构体类型 struct Student
{
    int num;
    char name[20];
    char gender;
    char addr[30];
    float score[3];
    int rank;
    float total;
    struct Date birthday;    //出生日期为 struct Date 类型
};
```

结构体嵌套类型 struct Student,包含 7 个基本数据类型或者数组成员以及 1 个 struct Date 结构体成员的组合结构如图 4-14 所示。

| num | name | gender | addr | score | rank | total | birthday | | |
| | | | | | | | month | day | year |

图 4-14　结构体 struct Student 嵌套 struct Date 结构体的结构

2. 结构体变量和数组

(1)结构体变量和数组的定义。

声明结构体类型后,就可以定义结构体类型变量和数组,有三种方法。

①先声明结构体类型,再定义该结构体类型的变量和数组。例如,先声明结构体类型 struct Student,然后单独定义结构体变量 student1、student2,以及结构体数组 stu[10]。

视频●
结构体变量和数组

```c
struct Student                    //声明结构体类型 struct Student
{
    int num;
    char name[20];
    char gender;
    char addr[30];
    float score[3];
    int rank;
    float total;
};
struct Student student1,student2,stu[10];   //定义 struct Student 类型变量和数组
```

②声明结构体类型的同时,定义该结构体类型的变量和数组。例如,声明结构体类型 struct Student 的同时,定义结构体变量 student1、student2、以及结构体数组 stu[10]。

```c
struct Student                    //声明结构体类型 struct Student
{
    int num;
    char name[20];
    char gender;
    char addr[30];
    float score[3];
    int rank;
    float total;
}student1,student2,stu[10];       //同时定义 struct Student 类型变量和数组
```

③不指定结构体类型名,直接定义结构体类型的变量和数组。

```c
struct                            //未声明结构体类型名
{
    int num;
    char name[20];
    char gender;
    char addr[30];
    float score[3];
    int rank;
    float total;
}student1,student2,stu[10];
```

(2)结构体变量的初始化和引用。

结构体类型与结构体变量是不同的概念。编译器不会为类型分配空间,只对变量分配空间,所以可以对结构体变量但不可以对结构体类型赋值、存取或运算。使用如上的三种方式对结构体变量进行定义时,可使用初始化列表同时对结构体变量进行初始化赋值,也就是说,在定义结构体变量时可以对它的成员初始化。

初始化列表是用花括号{}括起来的一些数据常量,各数据间用逗号隔开,依次赋值给结构体变量中的各成员。部分初始化时,未被指定初始化的数值型成员赋初值为 0;字符型成员为空字符'\0';指针型成员为空 NULL。如以下例子中的 int 型成员 rank 和 float 型成员 total 未被指定初值,自动赋值 0。

```
struct Student           //声明结构体类型 struct Student
{
    int num;
    char name[20];
    char gender;
    char addr[30];
    float score[3];
    int rank;
    float total;
}student1 = {23001,"Zhao",'M',"No.19 Huashan Road",79,58.5,86.5};
struct Student student2 = {23002,"Qian",'F',"No.19 Huashan Road",65,75,85};
```

使用结构体变量时,除了相同类型的结构体变量可以直接赋值外,一般不能把它作为一个整体来处理。对结构体变量的引用,包括赋值、运算、输入、输出等,都是通过结构体变量中成员的引用来实现的。

①引用结构体变量中的一个成员的形式如下,其中"."为成员运算符。

```
结构体变量名.成员名
```

②结构体变量的成员可以像普通变量一样单独参与各种运算(由其类型决定),如输入输出、算术、逻辑、关系、赋值、以及位运算等。

```
scanf("%d%s",&student1.num,student1.name);        //输入 student1 的考号和姓名
printf("%d %s\n",student2.num,student2.name);     //输出 student2 的考号和姓名
if(student1.num < student2.num)
    student2.rank = student1.rank - 1;
student1.total = student1.score[0] + student1.score[1] + student1.score[2];
```

③结构体变量的成员名可以与普通变量名同名,甚至类型也可以相同,引用时不会有冲突发生。

④结构体嵌套时应逐级引用。如果成员本身又是一个结构体类型,则要用若干成员运算符逐级找到最低一级的成员,才能进行引用。

```
student1.birthday.year
student1.birthday.month
```

⑤同一种类型的结构体变量间可以相互赋值。可以把一个结构体变量作为一个整体赋值给另一个具有相同类型的结构体变量。

⑥不能将结构体变量作为一个整体进行输入、输出或直接赋值。但可以引用结构体变量的地址(用作函数参数传递结构体变量的地址),也可以引用结构体变量成员的地址。

(3)结构体数组的初始化和引用。

类似于结构体变量,可以在定义结构体数组时,使用初始化列表对结构体数组进行初始化赋值。在{}中可以按照数组中所有元素的所有成员的顺序依次进行初始化赋值,各个成员间用逗号隔开;也可以把每个数组元素的成员分别用{}括号括起来,各个成员间、各个数组元素的{}间都要加上逗号。

```
struct Student stu[3] = {
    {23001,"Zhao",'M',"No.19 Huashan Road",79,58.5,86.5},
```

```
              {23002,"Qian",'F',"No.19 Huashan Road",65,75,85},
              {23003,"Sun",'M',"No.19 Huashan Road",70,71,84}};
```

结构体数组的引用类似于结构体变量,使用"结构体数组元素.成员名"。

```
for(j=0;j<n;j++)            //求出每个学生3门课的成绩总分
    stu[j].total=stu[j].score[0]+stu[j].score[1]+stu[j].score[2];
```

3. 结构体数组应用举例

例4-10

【例4-10】成绩排名。根据选择排序算法,利用结构体数组,对给定的10个考生信息,按照成绩从高到低进行排名,并输出排序结果。要求:

①先按照C、PHP、Python三门课成绩总分排序,总分高者排名靠前。

②若总分相同,依次按照C、PHP、Python分数高低进行排序,C分数高者排名靠前,若C分数相同,再依次根据PHP、Python分数高低排名。

③若三门课程分数都相同,按考号顺序从小到大排序,输出的排名名次相同,为并列排名。

思路分析:用结构体数组保存10个考生的信息,每个元素中的信息包括考号、姓名、性别、地址、三门课(C、PHP、Python)成绩、排名名次和总分。利用选择排序算法,依据三个要求从高到低进行排名。

程序代码:

```
#include<stdio.h>
#include<stdlib.h>
#include<string.h>
struct Student            //声明结构体类型 struct Student
{
    int num;              //考生考号,唯一
    char name[20];        //考生姓名
    char gender;          //考生性别
    char addr[30];        //考生地址
    float score[3];       //考生C、PHP、Python三门课成绩,每门课成绩在[0,100]范围内
    int rank;             //考生最终排名名次
    float total;          //考生总分
};
int main()
{
    int n=10,i,j,max;//max 记录最大值下标
    struct Student stu[10]={
        {23001,"Zhao",'M',"No.19 Huashan Road",79,58.5,86.5},
        {23002,"Qian",'F',"No.19 Huashan Road",65,75,85},
        {23003,"Sun",'M',"No.19 Huashan Road",70,71,84},
        {23004,"Li",'F',"No.19 Huashan Road",70,71,84},
        {23005,"Zhou",'F',"No.15 Heping Road",95,84,95},
        {23006,"Wu",'M',"No.15 Heping Road",95,85,94},
        {23007,"Zheng",'M',"No.30 Gonghe Road",64,75,85},
        {23008,"Wang",'F',"No.30 Gonghe Road",95,84,95},
        {23009,"Feng",'M',"No.12 Fuzhou Road",70,71,84},
        {23010,"Chen",'F',"No.12 Fuzhou Road",71,70,84}};
    struct Student temp; //定义结构体类型变量 temp 用作交换
```

```c
system("mode con cols =100 lines =30");   //控制台窗口调节为宽100列高30行的窗口
for(j =0;j <n;j ++)        //求出每个学生3门课的成绩总分
    stu[j].total =stu[j].score[0] +stu[j].score[1] +stu[j].score[2];
for(j =0;j <n -1;j ++)     //外循环j实现n -1趟选择
{
    max =j;                //max初值置为外循环开始下标j
    for(i =j +1;i <n;i ++) //每一趟内循环进行n -1 -j次比较,找出最大值下标max
    {
        if(stu[i].total >stu[max].total)//三门课成绩总分排序,总分高者排名靠前
            max =i;         //修改最大值下标max
        else if(stu[i].total ==stu[max].total)
        {   //若总分相同,再依次按照C、PHP、Python分数高低进行排序
            //C分数高者排名靠前,若C分数相同,再依次根据PHP、Python分数高低排名
            if(stu[i].score[0] >stu[max].score[0])
                max =i;
            else if(stu[i].score[0] ==stu[max].score[0])
            {
                if(stu[i].score[1] >stu[max].score[1])
                    max =i;
                else if(stu[i].score[1] ==stu[max].score[1])
                {   //对于总分和两门课程分数都相同的元素,第三门课程分数必然也相同
                    //并列考生按考号顺序从小到大排序,考号大的排名为考号小的排名减1
                    //并列考生临时排名生成为0、-1、-2、-3,便于后续输出并列排名名次
                    if(stu[i].num <stu[max].num)
                    {
                        stu[max].rank =stu[i].rank -1;
                        max =i;
                    }
                    else
                        stu[i].rank =stu[max].rank -1;
                }
            }
        }
    }
    if(max! =j)//如果最大值下标max不是当前序列首,用结构体中间变量temp完成交换
    {
        temp.num =stu[j].num;
        strcpy(temp.name,stu[j].name);
        temp.gender =stu[j].gender;
        strcpy(temp.addr,stu[j].addr);
        temp.score[0] =stu[j].score[0];
        temp.score[1] =stu[j].score[1];
        temp.score[2] =stu[j].score[2];
        temp.rank =stu[j].rank;
        temp.total =stu[j].total;

        stu[j].num =stu[max].num;
        strcpy(stu[j].name,stu[max].name);
```

```c
            stu[j].gender = stu[max].gender;
            strcpy(stu[j].addr,stu[max].addr);
            stu[j].score[0] = stu[max].score[0];
            stu[j].score[1] = stu[max].score[1];
            stu[j].score[2] = stu[max].score[2];
            stu[j].rank = stu[max].rank;
            stu[j].total = stu[max].total;

            stu[max].num = temp.num;
            strcpy(stu[max].name,temp.name);
            stu[max].gender = temp.gender;
            strcpy(stu[max].addr,temp.addr);
            stu[max].score[0] = temp.score[0];
            stu[max].score[1] = temp.score[1];
            stu[max].score[2] = temp.score[2];
            stu[max].rank = temp.rank;
            stu[max].total = temp.total;
        }
    }
    printf("考号 \t 姓名 \t 性别 \t \t 地址 \t \t 总分 \tC \tPHP \tPython \t 总排名 \n");
    for(i = 0;i < n;i ++)      //输出排序完成的结构体数组元素
    {
        //并列排名考生的临时排名为 0、-1、-2、-3,和 i +1 相加后,输出的排名名次相同
        //非并列排名考生的排名初值为 0,输出的排名名次就为当前位置值 i +1
        stu[i].rank = i +1 + stu[i].rank;
        printf("%d \t%s \t%c \t%s \t",stu[i].num,stu[i].name,stu[i].gender,
                                                                  stu[i].addr);
        printf("%.1f \t%.1f \t%.1f \t%.1f \t% 3d \n",stu[i].total,stu[i].score[0],
                                  stu[i].score[1],stu[i].score[2],stu[i].rank);
    }
    return 0;
}
```

运行结果:

考号	姓名	性别	地址	总分	C	PHP	Python	总排名
23006	Wu	M	No.15 Heping Road	274.0	95.0	85.0	94.0	1
23005	Zhou	F	No.15 Heping Road	274.0	95.0	84.0	95.0	2
23008	Wang	F	No.30 Gonghe Road	274.0	95.0	84.0	95.0	2
23010	Chen	F	No.12 Fuzhou Road	225.0	71.0	70.0	84.0	4
23003	Sun	M	No.19 Huashan Road	225.0	70.0	71.0	84.0	5
23004	Li	F	No.19 Huashan Road	225.0	70.0	71.0	84.0	5
23009	Feng	M	No.12 Fuzhou Road	225.0	70.0	71.0	84.0	5
23002	Qian	F	No.19 Huashan Road	225.0	65.0	75.0	85.0	8
23001	Zhao	M	No.19 Huashan Road	224.0	79.0	58.5	86.5	9
23007	Zheng	M	No.30 Gonghe Road	224.0	64.0	75.0	85.0	10

程序说明:

(1)基于选择排序算法,外循环 j 实现 $n-1$ 趟选择,每一趟内循环进行 $n-1-j$ 次比较,根据排名的多重比较条件,在未排序子序列中选择满足排序名次靠前的结构体数组元素的下

标 max,基于结构体中间变量 temp,实现结构体元素 stu[max]和未排序序列首元素 stu[j]的交换。

(2)对于总分和三门课程分数都相同的元素,先按考号顺序从小到大排序。通过"stu[max].rank = stu[i].rank − 1;"和"stu[i].rank = stu[max].rank − 1;"语句,实现考号大的排名 rank 等于考号小的排名 rank − 1,这样并列排名的所有考生的排名 rank,就生成为临时值 0, − 1, − 2, − 3,依次递减 1。

(3)for 循环根据排名变量 i 从 0 至 9 依次输出结构体数组的排序结果。对于并列排名的考生,其输出的排名名次值应该相同,所以在循环体中,通过赋值语句"stu[i].rank = i + 1 + stu[i].rank;",把第 i 位考生在数组中的位置值 i + 1 和前面排序中生成的临时排名 rank(0, − 1, − 2, − 3,依次递减 1)之和,重新赋值给 rank,这样对于并列排名的考生,其排名 rank 就变成了相等的值,输出的总排名名次也就相同。而对于非并列排名的其他考生,排名 rank 初值为 0,所以输出位置值 i + 1 就是其总排名名次。

*4.3.2 共用体 union

1. 共用体变量的定义和引用

由几个不同类型的变量共享同一段内存的结构称为共用体类型结构,简称共用体,也有称共同体或联合体。在数据处理中,有时需要对同一段内存空间安排不同的用途,这时使用共用体比较方便,可以增加程序处理的灵活性。定义共用体类型变量的一般形式如下:

```
union 共用体名
{
    类型名1  成员名1;
    类型名2  成员名2;
     ……
    类型名n  成员名n;
}变量表列;
```

对于共用体变量定义,既可以在声明共用体的同时定义变量,也可以把共用体类型声明和变量定义分开,还可以不定义类型名直接定义共用体变量。

例如,声明一个共用体类型 union Data,同时定义变量 data。该共用体包含两个共用体成员,每个成员可以是基本数据类型或者数组。

```
union Data            //声明共用体类型 union Data
{
    int n;            //不同类型的变量 n,数组 c 可以存放到同一段存储单元中
    char c[4];
}data;                //同时定义 union Data 类型变量
```

先声明一个共用体类型 union Data,然后再定义 union Data 类型的变量 data。

```
union Data            //声明共用体类型 union Data
{
    int n;
    char ch[4];
};
union Data data;      //定义 union Data 类型变量
```

也可以直接定义共用体变量,而不用声明共用体类型名。

```
union                    //未声明共用体类型名
{
    int n;
    char ch[4];
}data;
```

定义共用体变量后,就可以引用共用体变量中的成员,例如:

```
data.n = 0x00000001;    //也可以直接写作 data.n = 1;
printf("ch[%d]地址:0x%x 值:%d\n",i,&data.ch[i],data.ch[i]);
```

显然,共用体与结构体不仅在类型声明形式,而且在变量定义和引用的方式上都非常相似,甚至共用体类型和结构体类型可以互为成员。使用共用体类型变量时,需要注意:

①共用同一内存空间:使用共用体变量时,系统按占用内存字节数最大的成员来分配内存空间,若干不同类型的成员共用这同一段内存空间。也就是说共用体变量的地址和它的各成员的地址都是同一地址。

②存储单元值唯一:更新任意一个成员的值,其他成员的值同步更新,也即存储单元同一时刻只保存最后一次更新的值,而且是唯一的值。

③单一成员初始化:共用体变量初始化时,限制初始化列表中只能有一个常量,不能使用初始化列表同时对多个成员进行初始化。

④变量成员引用:只能通过引用共用体变量中的成员进行赋值或者获取值,而不能对共用体变量名赋值,也不能企图引用共用体变量名来得到一个值。同类型的共用体变量可以互相赋值。

2. 大端模式和小端模式

计算机中的数据是以字节 Byte 为单位存储的,每个字节都有不同的地址。CPU 的位数(理解为一次能处理的数据的位数)基本都是 64 位。对于一次能处理多个字节的 CPU,必然存在着如何安排多个字节的问题,也就是大小端模式。显然,大端和小端是指数据在内存中的存储模式,它由 CPU 决定。

(1)大端模式(big-endian)是指将数据的低位保存在内存的高地址上,而数据的高位保存在内存的低地址上。这种存储模式类似于把数据当作字符串顺序处理,地址由小到大增加,而数据从高位往低位存放。

(2)小端模式(little-endian)是指将数据的低位保存在内存的低地址上,而数据的高位保存在内存的高地址上。这种存储模式将地址的高低和数据的大小结合起来,高地址存放数值较大的部分,低地址存放数值较小的部分。

【例4-11】大小端模式判断。借助共用体 union,检测 CPU 是大端模式还是小端模式。

思路分析:利用共用体类型的所有成员共用同一段内存的特征,设计 2 个成员变量,一个为 int 型成员(4 字节长度),另一个是 char 型数组成员(4 个元素,4 字节长度)。对 int 型成员赋值为 1 后,通过检查 char 型数组的四个元素的值及其内存地址,如果位于低位地址的第 0 个元素值为 1,表明 CPU 是小端模式,否则是大端模式。

程序代码:

```
#include<stdio.h>
int main()
```

```c
{
    int i;
    union{
        int n;
        char ch[4];
    }data;
    data.n=0x00000001;    //也可以直接写作 data.n=1;
    for(i=0;i<4;i++)
        printf("ch[%d]地址:0x%x 值:%d\n",i,&data.ch[i],data.ch[i]);
    if(data.ch[0]==1)
    {
        printf("数据的低位保存在内存的低地址上,而数据的高位保存在内存的高地址上\n");
        printf("CPU 是 Little-endian(小端模式)\n");
    }
    else{
        printf("数据的低位保存在内存的高地址上,而数据的高位保存在内存的低地址上\n");
        printf("CPU 是 Big-endian(大端模式)\n");
    }
    return 0;
}
```

运行结果:

```
ch[0]地址:0x3ffbbc 值:1
ch[1]地址:0x3ffbbd 值:0
ch[2]地址:0x3ffbbe 值:0
ch[3]地址:0x3ffbbf 值:0
数据的低位保存在内存的低地址上,而数据的高位保存在内存的高地址上
CPU 是 Little-endian(小端模式)
```

3. 字节对齐

结构体变量所占内存长度是各成员所占内存长度之和,每个成员分别占有单独的内存单元。而共用体变量所占的内存长度等于最长的成员的长度,所有成员共用一个内存区。实际上,计算机为了保证数据访问的效率,需要在存储变量时考虑字节对齐,这就会导致结构体变量的内存长度,可能不仅仅是各个成员所占内存长度之和,而共用体变量所占的内存长度也不一定是最长的成员的长度。

结构体字节对齐的细节和具体编译器实现相关,一般需满足三个准则:

(1)结构体变量的首地址能够被其最宽基本类型成员的大小所整除。编译器在给结构体开辟空间时,首先找到结构体中最宽的基本数据类型,然后寻找内存地址能被该基本数据类型所整除的位置,作为结构体的首地址。将这个最宽的基本数据类型的大小作为整个结构体的对齐模数。

(2)结构体每个成员相对结构体首地址的偏移量(offset)都是成员大小的整数倍,如有需要编译器会在成员之间加上填充字节(internal adding)。编译器为结构体的每个成员开辟空间之前,首先检查预开辟空间的首地址相对于结构体首地址的偏移是否是本成员大小的整数倍,若是,则存放本成员,反之,则在本成员和上一个成员之间填充一定的字节,以达到整数倍的要求,也就是将预开辟空间的首地址后移几个字节。

(3)结构体的总大小为结构体最宽基本类型成员大小的整数倍,如有需要编译器会在最

末一个成员之后加上填充字节(trailing padding)。

结构体总大小包括填充字节,即使最后一个成员满足上面两条以外,还必须满足第(3)条,否则就必须在最后填充几个字节以达到本条要求。对于共用体,也要满足类似结构体字节对齐的要求中的第(1)条和第(3)条。

【例 4-12】字节对齐。验证不同的结构体类型变量,如果成员相同但其在结构体中的位置改变,那么字节对齐可能会导致结构体变量占用的内存长度改变。

思路分析:定义两个具有相同成员但成员位置不同的结构体变量,利用 sizeof() 获取各成员的字节长度和结构体变量的字节长度,通过输出各成员的存储地址和占用字节长度,来分析和验证字节对齐导致的这两个结构体变量的长度改变。

程序代码:

```c
#include <stdio.h>
int main()
{
    int n = 0;                    //记录字节数
    /*共用体类型 union Country 各成员共享内存为 10 字节,由于共用体中最大成员变量 code
    占用 4 个字节,共用体总大小需要是 4 的倍数,字节对齐导致需最后填充 2 个字节补齐,故共用
    体大小为 10 + 2 = 12*/
    union Country{                //声明共用体类型 union Country
        int code;                 //国家代码
        char abbr[10];            //国家缩写
    };
    /*结构体变量 friends 各成员变量占用内存为 4 + 20 + 1 + 30 + 12 + 4 + 4 + 10 = 85,但字节
    对齐导致 addr 后需填充 1 个字节补齐,nationality 需填充 2 个字节,故总大小为 85 + 1 +
    2 = 88。结构体中最大成员变量 num 占用 4 个字节,结构体总大小 88 正好是 4 的倍数*/
    struct Student                //声明结构体类型 struct Student
    {
        int num;                  //考生考号,占 4 个字节
        char name[20];            //考生姓名,占 20 个字节
        char gender;              //考生性别,占 1 个字节
        /*考生地址,占 30 个字节,字节对齐导致其后 float 成员变量 score 需从地址为 4 的倍
        数开始,故 addr 后需填充 1 个字节补齐,共 31 个字节*/
        char addr[30];
        //考生 C、PHP、Python 三门课成绩,每门课成绩在 [0,100] 范围内,占 12 个字节
        float score[3];
        int rank;                 //考生最终排名名次,占 4 个字节
        float total;              //考生总分,占 4 个字节
        union Country nationality;//考生国籍,字节对齐导致占 12 个字节
    }friends;

    /*结构体变量 mfriends 各成员变量占用内存为 4 + 20 + 1 + 12 + 4 + 4 + 30 + 10 = 85,但字节
    对齐导致 gender 后需填充 3 个字节补齐,addr 后需填充 2 个字节,nationality 需填充 2 个
    字节,故总大小为 85 + 3 + 2 + 2 = 92。结构体中最大成员变量 num 占用 4 个字节,结构体总大
    小 92 正好是 4 的倍数*/
    struct mStudent               //声明结构体类型 struct mStudent
    {
        int num;                  //考生考号,占 4 个字节
        char name[20];            //考生姓名,占 20 个字节
```

```
    /*考生性别,占1个字节,字节对齐导致其后float成员变量score需从地址为4的倍数
开始,故gender后需填充3个字节补齐,共4个字节*/
    char gender;
    //考生C、PHP、Python三门课成绩,每门课成绩在[0,100]范围内,占12个字节
    float score[3];
    int rank;          //考生最终排名名次,占4个字节
    float total;       //考生总分,占4个字节
    /*考生地址,占30个字节,字节对齐导致其后union Country成员变量需从地址为4的
    倍数开始,故addr后需填充2个字节补齐,共32个字节*/
    char addr[30];
    union Country nationality; //保存考生国籍,字节对齐导致占12个字节
}mfriends;

printf("结构体变量friends及其成员内存地址:\n");
printf("friends地址:%d\n",&friends);
printf("friends.num地址:%d   sizeof(friends.num)          =%d\n",
                                    &friends.num,sizeof(friends.num));
printf("friends.name地址:%d   sizeof(friends.name)         =%d\n",
                                    friends.name,sizeof(friends.name));
printf("friends.gender地址:%d   sizeof(friends.gender)     =%d\n",
                                    &friends.gender,sizeof(friends.gender));
printf("friends.addr地址:%d   sizeof(friends.addr)         =%d\n",
                                    friends.addr,sizeof(friends.addr));
printf("friends.score地址:%d   sizeof(friends.score)       =%d\n",
                                    friends.score,sizeof(friends.score));
printf("friends.rank地址:%d   sizeof(friends.rank)         =%d\n",
                                    &friends.rank,sizeof(friends.rank));
printf("friends.total地址:%d   sizeof(friends.total)       =%d\n",
                                    &friends.total,sizeof(friends.total));
printf("friends.nationality.code地址:%d
       sizeof(friends.nationality.code)                    =%d\n",
            &friends.nationality.code,sizeof(friends.nationality.code));
printf("friends.nationality.abbr地址:%d
       sizeof(friends.nationality.abbr)                    =%d\n",
            friends.nationality.abbr,sizeof(friends.nationality.abbr));
printf("friends.nationality地址:%d   sizeof(friends.nationality)
       =%d\n",&friends.nationality,sizeof(friends.nationality));
n=sizeof(friends.num)+sizeof(friends.name)+sizeof(friends.gender)+
    sizeof(friends.addr)+sizeof(friends.score)+sizeof(friends.rank)+
    sizeof(friends.total)+sizeof(friends.nationality.abbr);
printf("结构体变量friends的各成员变量理论上所占内存空间       =%d\n",n);
printf("结构体变量friends字节对齐后所占内存空间实际值大小      =%d\n",
                                    sizeof(friends));

printf("\n结构体变量mfriends及其成员内存地址:\n");
printf("mfriends地址:%d\n",&mfriends);
printf("mfriends.num地址:%d   sizeof(mfriends.num)        =%d\n",
                                    &mfriends.num,sizeof(mfriends.num));
printf("mfriends.name地址:%d   sizeof(mfriends.name)      =%d\n",
                                    mfriends.name,sizeof(mfriends.name));
printf("mfriends.gender地址:%d   sizeof(mfriends.gender)  =%d\n",
```

```c
                                      &mfriends.gender,sizeof(mfriends.gender));
    printf("mfriends.score地址:%d    sizeof(mfriends.score)          =%d\n",
                                   mfriends.score,sizeof(mfriends.score));
    printf("mfriends.rank地址:%d    sizeof(mfriends.rank)           =%d\n",
                                   &mfriends.rank,sizeof(mfriends.rank));
    printf("mfriends.total地址:%d   sizeof(mfriends.total)          =%d\n",
                                   &mfriends.total,sizeof(mfriends.total));
    printf("mfriends.addr地址:%d    sizeof(mfriends.addr)           =%d\n",
                                   mfriends.addr,sizeof(mfriends.addr));
    printf("mfriends.nationality.code地址:%d
           sizeof(mfriends.nationality.code)                         =%d\n",
            &mfriends.nationality.code,sizeof(mfriends.nationality.code));
    printf("mfriends.nationality.abbr地址:%d
           sizeof(mfriends.nationality.abbr)                         =%d\n",
                mfriends.nationality.abbr,sizeof(mfriends.nationality.abbr));
    printf("mfriends.nationality地址:%d   sizeof(mfriends.nationality)
         =%d\n",&mfriends.nationality,sizeof(mfriends.nationality));
    n=sizeof(mfriends.num)+sizeof(mfriends.name)+sizeof(mfriends.gender)+
                    sizeof(mfriends.score)+sizeof(mfriends.rank)+
                    sizeof(mfriends.total)+sizeof(mfriends.addr)+
                                sizeof(mfriends.nationality.abbr);
    printf("结构体变量mfriends的各成员变量理论上所占内存空间    =%d\n",n);
    printf("结构体变量mfriends字节对齐后所占内存空间实际值大小   =%d\n",
                                                     sizeof(mfriends));
    return 0;
}
```

运行结果:

```
结构体变量friends及其成员内存地址:
friends地址:3930668
friends.num地址:3930668    sizeof(friends.num)                        =4
friends.name地址:3930672   sizeof(friends.name)                       =20
friends.gender地址:3930692 sizeof(friends.gender)                     =1
friends.addr地址:3930693   sizeof(friends.addr)                       =30
friends.score地址:3930724  sizeof(friends.score)                      =12
friends.rank地址:3930736   sizeof(friends.rank)                       =4
friends.total地址:3930740  sizeof(friends.total)                      =4
friends.nationality.code地址:3930744   sizeof(friends.nationality.code)=4
friends.nationality.abbr地址:3930744   sizeof(friends.nationality.abbr)=10
friends.nationality地址:3930744        sizeof(friends.nationality)     =12
结构体变量friends的各成员变量理论上所占内存空间                        =85
结构体变量friends字节对齐后所占内存空间实际值大小                       =88

结构体变量mfriends及其成员内存地址:
mfriends地址:3930568
mfriends.num地址:3930568    sizeof(mfriends.num)                      =4
mfriends.name地址:3930572   sizeof(mfriends.name)                     =20
mfriends.gender地址:3930592 sizeof(mfriends.gender)                   =1
mfriends.score地址:3930596  sizeof(mfriends.score)                    =12
```

```
mfriends.rank 地址:3930608    sizeof(mfriends.rank)                            =4
mfriends.total 地址:3930612   sizeof(mfriends.total)                           =4
mfriends.addr 地址:3930616    sizeof(mfriends.addr)                            =30
mfriends.nationality.code 地址:3930648  sizeof(mfriends.nationality.code) =4
mfriends.nationality.abbr 地址:3930648  sizeof(mfriends.nationality.abbr) =10
mfriends.nationality 地址:3930648  sizeof(mfriends.nationality)           =12
结构体变量 mfriends 的各成员变量理论上所占内存空间                      =85
结构体变量 mfriends 字节对齐后所占内存空间实际值大小                    =92
```

程序说明：

声明的两个结构体类型"struct Student"和"struct mStudent"，虽然包含相同的成员，但是成员"char addr[30];"所处位置不同，导致了两个结构体类型变量 friends 和 mfriends 字节对齐后所占内存空间实际值大小分别为 88 和 92。另外，每次运行程序时，地址部分的值会有变化。

*4.3.3 枚举类型 enum

枚举(enumeration)类型是指把可能的值一一列举出来，变量的取值范围只限于列举出来的值。声明枚举类型用关键字 enum 开头，一般形式如下：

```
enum 枚举名 {枚举元素1,枚举元素2,……,枚举元素n};
```

枚举类型定义的说明：

(1)枚举类型："enum 枚举名"是由保留关键字 enum 和用户指定的枚举名组合而成的一个枚举类型标识符，用于定义枚举变量。注意枚举名应该遵循标识符命名规范。

(2)枚举变量：定义枚举类型变量，既可以把枚举类型声明和变量定义分开，也可以在声明枚举类型的同时定义变量，还可以不定义枚举类型名，直接定义枚举变量。

先声明一个枚举类型 enum Color，然后用枚举类型 enum Color 来定义枚举变量 color1 和二维枚举数组 combination[300][3]并分别赋值。

```
enum Color{red,orange,yellow,white,black};      //定义枚举类型 enum Color
enum Color color1, combination[300][3];          //定义枚举变量和二维枚举数组
color1 = red;                                    //枚举变量 color1 的枚举元素值为 0
combination[1][1] = yellow;      //枚举数组元素 combination[1][1]的枚举元素值为 2
printf("%d %d\n",color1,combination[1][1]);      //输出值为 0 2
```

枚举变量 color1 和二维枚举数组 combination[300][3]，其取值范围都限定为{}中的 red，orange，yellow，white，black，这些值称为枚举元素或枚举常量。每个枚举元素都是一个整数常量，按定义时的默认顺序赋值，所代表的值依次为常量 0,1,2,3,4,5,…,n，即 red = 0, orange = 1, yellow = 2, white = 3, black = 4。

在声明枚举类型 enum Color 的同时定义枚举变量 color1 和二维枚举数组 combination[300][3]。而且在定义枚举类型时，还可以显式地指定枚举元素的数值 red = 5，其后未指定值的枚举元素 orange = 5 + 1 = 6，其值是在前一枚举元素值 red 的基础上加 1。显式指定 yellow = 3，其后未指定值的枚举元素 white、black 依次加 1，white = 3 + 1 = 4，black = 3 + 2 = 5。

```
enum Color{red = 5,orange,yellow = 3,white,black} color1,combination[300][3];
color1 = orange;                     //枚举变量 color1 的枚举元素值为 6
```

```
combination[1][1]=white;        //枚举数组元素combination[1][1]的枚举元素值为4
printf("%d %d\n",color1,combination[1][1]);     //输出值为6 4
```

也可以不声明枚举类型名而直接定义枚举变量。

```
enum{red,orange,yellow,white,black} color1,combination[300][3];
```

（3）枚举常量：枚举类型的枚举元素按常量处理，故称枚举常量。但不能因为枚举常量是带有名字的标识符而把它们看作变量，不能对它们赋值。可以使用枚举元素来作判断比较，相当于拿一个整型常量来进行比较。

```
color1=red;              //正确,color1是枚举变量,red是枚举常量之一
red=1;                   //不正确,不能对枚举元素赋值,它是一个常量
if(color1==white)        //枚举元素white可以和枚举变量color1作相等判断
```

【例4-13(1)】排列组合问题。用枚举类型变量编程来处理，当有5种颜色的球（红，橙，黄，白，黑）若干个时，输出依次取3种不同颜色的球的可能组合数及组合情况。

思路分析：用枚举变量来定义5种不同颜色。对于某一种组合，取出的3个球的颜色一定要不同，但和取出时的顺序无关，组合数是C_5^3。设取出3个球的颜色分别是i、j、k，需要三层循环，第一层循环i从red到black；第二层循环j从i+1到black，表示前面已经取过的颜色i不再取；第三层循环k从j+1到black，表示前面已经取过的颜色i,j不再取。利用count来记录组合数，在每次循环中，把取出3种不同颜色的球的组合结果，依次保存到二维枚举数组元素combination[count][0]～combination[count][2]中，就得到所有组合。

程序代码：

```
#include <stdio.h>
int main()
{
    //声明枚举类型enum Color,枚举元素red=0,orange=1,yellow=2,white=3,black=4
    enum Color{red,orange,yellow,white,black};
    enum Color combination[300][3];     //定义二维枚举数组,保存组合结果
    int i,j,k,count=0,loop;             //count记录组合数
    //第一层循环i从red到black
    for(i=red;i<=black;i++)
        //第二层循环j从i+1到black,前面已经取过的颜色i不再取
        for(j=i+1;j<=black;j++)
            //第三层循环k从j+1到black,前面已经取过的颜色i,j不再取
            for(k=j+1;k<=black;k++)
            {   //依次取出3种不同颜色的球保存到3个数组元素中
                combination[count][0]=(enum Color)i;
                combination[count][1]=(enum Color)j;
                combination[count++][2]=(enum Color)k;
            }
    printf("依次取3种不同颜色的球的组合数:%d\n",count);
    for(i=0;i<count;i++)                //输出组合的情况
    {
        printf("%-4d",i+1);             //输出当前是第几个符合条件的排列
        for(loop=0;loop<=2;loop++)
            switch(combination[i][loop])
```

```
                    {
                        case red: printf("%-10s","red");break;
                        case orange: printf("%-10s","orange");break;
                        case yellow: printf("%-10s","yellow");break;
                        case white: printf("%-10s","white");break;
                        case black: printf("%-10s","black"); break;
                        default:printf("%-10s","error");
                    }
            printf("\n");
        }
    return 0;
}
```

运行结果:

```
依次取 3 种不同颜色的球的组合数:10
1    red      orange    yellow
2    red      orange    white
3    red      orange    black
4    red      yellow    white
5    red      yellow    black
6    red      white     black
7    orange   yellow    white
8    orange   yellow    black
9    orange   white     black
10   yellow   white     black
```

【例 4-13(2)】排列组合问题。用枚举类型变量编程来处理,当有 5 种颜色的球(红,橙,黄,白,黑)若干时,输出依次取 3 种不同颜色的球,包含红色球的可能取法(排列数)及排列结果。

思路分析:同样用枚举变量来定义 5 种不同颜色。对于某一种排列,取出的 3 个球的颜色不仅要不同,而且还和取出时的顺序有关,有条件的排列数是 $3 \times P_4^2$。设取出 3 个球的颜色分别是 i、j、k,需要三层循环,第一层循环 i、第二层循环 j、第三层循环 k,都是从 red 到 black。颜色不同就是要保证 i≠j≠k,同时包含红色球,要求 i = red 或 j = red 或 k = red 之一成立。利用 count 来记录排列数,在每次循环中,把取出 3 种不同颜色的球且包含红色球的排列结果,依次保存到二维枚举数组元素 permutation[count][0]~permutation[count][2]中,就得到所有排列。

程序代码:

```
#include <stdio.h>
int main()
{
    //声明枚举类型 enum Color,red=0,orange=1,yellow=2,white=3,black=4
    enum Color {red,orange,yellow,white,black};
    enum Color permutation[300][3];       //定义二维枚举数组,保存排列结果
    int i,j,k,count=0,loop;               //count 记录排列数
    for(i=red;i<=black;i++)               //第一层循环 i 从 red 到 black
        for(j=red;j<=black;j++)           //第二层循环 j 从 red 到 black
            for(k=red;k<=black;k++)       //第三层循环 k 从 red 到 black
            {
```

```
                if(j!=i && k!=i && k!=j && (i==red ||j==red || k==red))
                {//依次取出3种不同颜色的球,且包含红色球的排列结果,保存到3个枚举数组元素中
                    permutation[count][0] = (enum Color)i;
                    permutation[count][1] = (enum Color)j;
                    permutation[count ++][2] = (enum Color)k;
                }
            }
    printf("依次取3种不同颜色的球,包含红色球的可能取法的排列数:%d\n",count);
    for(i=0;i<count;i ++)          //输出排列的情况
    {
        printf("%-4d",i+1);        //输出当前是第几个符合条件的排列
        for(loop=0;loop<=2;loop ++)
            switch(permutation[i][loop])
            {
                case red: printf("%-10s","red");break;
                case orange: printf("%-10s","orange");break;
                case yellow: printf("%-10s","yellow");break;
                case white: printf("%-10s","white");break;
                case black: printf("%-10s","black");break;
                default: printf("%-10s","error");
            }
        printf("\n");
    }
}
```

运行结果:

```
依次取3种不同颜色的球,包含红色球的可能取法的排列数:36
1    red        orange    yellow
2    red        orange    white
3    red        orange    black
4    red        yellow    orange
5    red        yellow    white
6    red        yellow    black
7    red        white     orange
8    red        white     yellow
9    red        white     black
10   red        black     orange
11   red        black     yellow
12   red        black     white
13   orange     red       yellow
14   orange     red       white
15   orange     red       black
16   orange     yellow    red
17   orange     white     red
18   orange     black     red
19   yellow     red       orange
20   yellow     red       white
21   yellow     red       black
22   yellow     orange    red
23   yellow     white     red
```

24	yellow	black	red
25	white	red	orange
26	white	red	yellow
27	white	red	black
28	white	orange	red
29	white	yellow	red
30	white	black	red
31	black	red	orange
32	black	red	yellow
33	black	red	white
34	black	orange	red
35	black	yellow	red
36	black	white	red

*4.3.4　新类型名定义 typedef

用 typedef 指定新数据类型名来代替系统已经有的或者用户自定义的类型名。

(1)命名一个新类型名代替系统默认的基本类型名。跨平台移植程序时,只需要修改 typedef 的定义即可,而不用对其他源代码做任何修改。

```
typedef int Integer;              //新类型名 Integer,作用与 int 相同
Integer i = 0;                    //定义整型变量 i
typedef unsigned int Count;       //新类型名 Count,作用与 unsigned int 相同
Count m = 1;                      //定义无符号整型变量 m
typedef float Real;               //新类型名 Real,作用与 float 相同
Real t = 1.0;                     //定义浮点型变量 t
typedef double Real1;             //新类型名 Real1,作用与 double 相同
Real1 r1 = 2.0;                   //定义 double 型变量 r1
typedef long double Real2;        //新类型名 Real2,作用与 long double 相同
Real2 r2 = 5.0;                   //定义 long double 型变量 r2
```

(2)命名一个新类型名代替系统构造类型数组、指针、函数。

```
typedef int Num[100];             //Num 为整型数组新类型名,作用与 int [100]相同
Num a;                            //定义整型数组 a,它有 100 个元素
typedef char* String;             //String 为字符指针新类型名,作用与 char* 相同
String p,s[10];                   //定义 p 为字符指针变量,s 为字符指针数组
typedef int (*Ptr)();             //Ptr 为指向函数的新指针类型,该函数返回整型值
Ptr p1,p2;                        //p1,p2 为 Ptr 类型的函数指针变量
```

(3)命名一个新类型名代替用户自定义构造类型结构体、共用体、枚举。

```
struct Date                       //声明一个结构体类型 struct Date
{   int month;
    int day;
    int year;
};
struct Date birthday;
```

定义结构体类型变量 birthday 时,保留字 struct 不能省略,因为上面定义的结构体类型是"struct Date",是由关键字 struct 和类型名 Date 一起构成。

```
//typedef 定义一个新类型名 Date,作用与结构体类型 struct Date 相同
typedef struct Date Date;
//用新类型名 Date(等价于结构体 struct Date)定义结构体类型变量 birthday
Date birthday;
```

可以先定义结构体类型 struct Date,然后用 typedef struct Date Date 定义新类型名 Date,也可以把二者合起来一起定义。

```
//typedef 定义了一个新类型名 mDate,作用与结构体类型 struct mDate 相同
typedef struct mDate
{
    int month;
    int day;
    int year;
}mDate;
//定义结构体指针变量 p3,指向开辟的 struct mDate 结构体类型数据单元
mDate * p3 = (mDate * )malloc(sizeof(mDate));
```

可以先定义枚举类型 enum Color,后用 typedef enum Color 定义新类型名 Color,也可以把二者合起来一起定义。enum 关键字和 Color 一起构成了这个枚举类型,所以类型定义语句中,保留字 enum 不能省略。

```
enum Color{red,orange,yellow,white,black};//定义一个枚举类型 enum Color
//typedef 定义了一个新类型名 Color,作用与枚举类型 enum Color 相同
typedef enum Color Color;
//用新类型名 Color(等价于枚举类型 enum Color)定义枚举类型变量 color1
Color color1 = red;
//定义一个枚举类型 enum mColor 的同时,通过 typedef 定义了一个等价的新类型名 mColor
typedef enum mColor{mred,morange,myellow,mwhite,mblack} mColor;
//用新类型名 mColor(等价于枚举类型 enum mColor)定义枚举类型变量 mcolor1
mColor mcolor1 = mred;
```

先定义共用体类型 union Data,后用 typedef union Data Data 定义新类型名 Data,也可把二者合起来一起定义。union 关键字和 Data 一起构成了这个共用体类型,所以类型定义语句中,保留字 union 不能省略。

```
union Data         //声明一个共用体类型 union Data
{
    int n;
    char ch[4];
};
//typedef 定义了一个新类型名 Data,作用与共用体类型 union Data 相同
typedef union Data Data;
//用新类型名 Data(等价于共用体类型 union Data)定义共用体类型变量 data
Data data;
//定义一个共用体类型 union mData 的同时,通过 typedef 定义了一个等价的新类型名 mData
typedef union mData
{
    int n;
    char ch[4];
```

```
}mData;   //typedef 定义了一个新类型名 mData,作用与共用体类型 union mData 相同
//用新类型名 mData(等价于共用体 union mData)定义共用体类型变量 mdata
mData mdata;
```

typedef 的方法实际上是为特定的类型指定了一个别名。用 typedef 只能对已经存在的类型指定一个新的类型名,而不能创造新的类型。用 typedef 声明普通变量、数组、指针、结构体、共用体、枚举等类型的名称,有利于程序的通用性与可移植性。依赖于硬件特性的程序会有不同的类型名,这时通过 typedef 定义统一的新类型名,就非常便于跨平台移植程序。

上机实训

1. 求最小值。对输入的 $n(0<n\leqslant 10)$ 个整数,要求利用一维数组编程,求出其中最小值元素及对应的下标位置。如果存在多个大小一致的值,分别输出元素值和下标位置。

2. 数值排序。利用一维数组编写程序,分别对输入的 $n(0<n\leqslant 10)$ 个整数按照从小到大的顺序进行正序排序,并输出正序排序和逆序排序结果。要求分别实现:

(1)冒泡排序算法。

(2)选择排序算法。

(3)插入排序算法。

3. 求最大值。输入一个 3×4 的整数矩阵,要求利用二维数组编写程序,求出其中最大值元素,并给出所在的行号和列号(假设行号和列号都是从 0 开始,为 0、1、2、…)。如果存在多个大小一致的值,分别输出第一个和最后一个元素值及行列位置。

4. 运算数统计。利用一维字符数组编写程序,输入一个逻辑表达式,统计运算符(假设表达式中仅使用了关系运算符、逻辑运算符)分隔开的运算数的数量。例如,ch >= 'a' && ch <= 'z' || ch >= 'A' && ch <= 'Z',运算数有 ch、'a'、ch、'z'、ch、'A'、ch、'Z'共 8 个运算数。

5. 字符串排序。利用二维字符数组编写程序,对输入的 10 个字符串按照从小到大的顺序排序,并输出结果。要求分别实现:

(1)冒泡排序算法。

(2)选择排序算法。

(3)插入排序算法。

6. 成绩排序。有 10 个学生的信息(包括学号、姓名、成绩),根据选择排序算法,利用结构体数组编写程序,按照成绩由高到低顺序输出各学生的信息和排名名次,成绩高者排名靠前。若成绩相同,按照学号大小由小到大排序,输出的排名名次相同,为并列排名。

7. CPU 大小端判断。借助共用体 union,检测系统是大端模式还是小端模式。

8. 排列组合。口袋中有红、橙、黄、绿、白、黑 6 种颜色的球若干个。每次从口袋中先后取出 3 个球,利用枚举类型编写程序,计算得到 3 种不同颜色的球的可能取法,并输出每种排列的情况和组合的情况。

第5章 函数模块化程序设计

学习目标

- 熟练掌握函数的值传递和数组名传递方式，理解宏定义参数传递。
- 熟悉数值排序、字符串排序、顺序和折半查找的函数实现方式。
- 了解内部和外部函数、局部和全局变量应用，熟悉递归函数的调用。
- 具有函数的值传递和数组名传递方式的应用编程和设计能力。
- 具有数值排序、字符串排序、顺序和折半查找函数的应用和编程能力。
- 具有外部函数、全局变量、递归函数的基本应用和编程能力。

5.1 函数定义和调用

模块化设计思想，把函数看作程序设计的配件，可以根据需要进行选择和搭配，通过组装的方法来简化程序设计。基于函数能够实现：

(1) 功能重用：单个函数用来实现一个特定的可重用的功能，通过封装具有重复功能的程序代码，使程序清晰、代码精炼、调用灵活。利用系统提供的库函数，设计不同领域的专用函数以及用户自定义函数，可实现不同功能的重用。

(2) 模块设计：从架构设计上，基于功能划分若干程序模块，实现模块化程序设计。如果把各功能间和功能内都用到的公共函数作为公用程序模块，不仅可以起到功能隔离作用，而且可以减少程序重复编写工作。

(3) 团队协作：对于规模较大的程序，以函数为基础，基于功能划分程序模块，搭建软件设计架构，更有利于大型团队间实施并行开发、分工合作，提高程序编写和调试效率、保证软件测试和代码维护质量。

视频
函数定义和声明

5.1.1 函数定义和声明

1. 函数的分类

前面1.3.1小节介绍了C程序的组成，指出每个程序模块可以包含一个或者多个源程序文件，而一个源程序文件则可以由预处理指令、全局变量声明、若干个函数组成。在程序编译时是以源程序文件而不是以函数为单位进行编译的。

从用户使用的角度看,一个 C 程序是由唯一一个 main 函数(主函数)、多个系统定义的库函数、多个用户自定义的子函数组成。

(1) main 函数:C 程序的执行是从 main 函数开始,并在 main 函数中结束整个程序的运行。main 函数可以调用其他子函数完成相关任务,但 main 函数只能被操作系统调用。

(2) 库函数:系统预先定义的,用户可直接调用的函数。使用时需用#include 包含有关头文件声明。例如输入输出函数#include < stdio. h >、数学函数#include < math. h >、字符串函数 #include < string. h >、内存处理函数#include < stdlib. h >。

(3) 自定义函数:用户定义的用以解决自己专门需要的函数。这些自定义的子函数间可以互相调用,甚至可以递归调用自己。

从函数的外观形式看,函数可以分为无参函数和有参函数两类。当调用无参函数时,主调函数无需向被调函数传递数据。而在调用有参函数时,主调函数需要通过若干参数向被调函数传递数据。

注意:如同变量需要先定义后使用一样,函数也必须"先定义,后使用",即首先完成函数的声明和定义,然后才能进行函数的调用。

2. 函数的定义

用户通过函数的定义来指定函数实现的功能,自定义函数应包括以下信息:
①函数类型:函数执行后的返回值所具有的数据类型。
②函数名称:唯一标识该函数,使用时按函数名调用函数。
③函数参数:调用函数时所指定的参数名称及参数类型。
④函数功能:函数体实现的程序应当完成的操作。
用户自定义函数的一般形式如下:

```
类型名   函数名(形式参数表列)
{
    函数体
}
```

C 程序的函数结构在 1.3.2 小节有介绍,指出一个函数包括函数首部和函数体两部分。函数首部是指函数的第一行,包括类型名、函数名、形式化参数表列。在定义函数时,要用类型名(类型标识符)指定函数返回值的类型。形式化参数表列可以含有多个形式化参数(简称形参,也称虚参),用逗号隔开。类型名、形式化参数表列都可以为空,表明函数无返回值,函数无参数。

函数体是指函数首部下面的{}内的部分,包含声明部分和执行部分,用以实现函数的功能。有返回值的函数需要加 return 语句,无返回值的则不需要。甚至在模块设计的开始阶段,可以定义函数体为空的函数,便于程序设计。

如下列出了无参函数(参数为空,或专门指定为 void)、无返回值函数(返回值类型指定为 void)、函数体为空的函数的形式。

```
类型名  函数名()         类型名  函数名(void)       void  函数名()         void  函数名()
{                       {                         {                       {
    函数体                   函数体                    函数体
}                       }                         }                       }
```

3. 函数声明

函数声明(function declaration)的作用是把函数的信息(函数名、函数类型、函数参数表的类型和个数)通知编译系统,以便主调函数对子函数进行调用时,编译系统能正确识别子函数并检查调用是否合法。

库函数的声明是在程序的开始位置,用#include 包含库函数的有关头文件声明。自定义函数的声明一般放在主调函数的声明部分,即主调函数内部。函数声明的一般形式如下:

```
函数类型 函数名(参数类型1 参数名1,参数类型2 参数名2,…,参数类型n 参数名n);
函数类型 函数名(参数类型1,参数类型2,…,参数类型n);
```

函数声明中的形参名可省略,只写形参的类型,但形参的个数以及对应位置的参数类型必须与函数首部保持一致。

例如,例3-1 求3个整数中的最大值和最小值的程序,在 main 函数开头就有如下两行对自定义的最大值函数 max 和最小值函数 min 的声明。

```
int max(int x,int y);        //对最大值 max 函数进行声明
int min(int x,int y);        //对最小值 min 函数进行声明
```

函数 max 和函数 min 的声明也可以不写参数名,只写参数类型 int。

```
int max(int,int);            //对 max 函数声明,不写参数名,只写参数类型 int
int min(int,int);            //对 min 函数声明,不写参数名,只写参数类型 int
```

函数定义的首行,即函数首部,也包含检查调用函数是否合法的基本信息(函数名、函数值类型、参数个数、参数类型和参数顺序),这称为函数原型(function prototype)。而函数声明是一个语句,它是把函数定义的函数首部取出来,再加一个分号。因此,可以说函数声明是函数原型的声明,目的是在函数调用时检查函数原型是否与函数声明一致,以保证函数的正确调用。

如果函数定义位于主调函数之前,则函数声明可以省略。或者说,主调函数对函数的调用位于函数定义之后,则主调函数内对函数的声明可以省略。

视频
函数调用形式和函数参数传递方式

5.1.2 函数调用和参数传递

1. 函数调用形式

函数声明告知编译系统函数调用时需要进行合法性检查的信息,函数定义则是对函数功能的确定性实现。函数声明和函数定义之后,就可以对函数进行调用。函数调用的一般形式如下:

```
函数名(实际参数表列);         //调用有参函数
函数名();                    //调用无参函数,实际参数表列可以省略,括号要保留
```

① 若调用实参函数,括号内的各个实际参数(简称实参)按照顺序依次用逗号隔开。若调用无参函数,实际参数表列可以省略,注意括号不能省略。

② 对于无返回值的函数,函数调用单独作为一个语句。若不使用函数的返回值,只是完成函数的操作,这时也把函数调用单独作为一个语句。

③ 对于有返回值的函数,函数调用通常出现在表达式中或者作为另一个函数调用的实参,

参与表达式运算和函数的参数传递。

2. 函数参数传递方式

调用有参函数时,主调函数的实参和被调用函数的形参间存在着参数传递关系,包括值传递和地址传递两种参数传递方式,见表 5-1。值传递方式中,实参可以是简单类型变量和构造类型变量,包括常量、变量、表达式、函数值等。函数调用时,一方面要求实参必须有确定的值,另一方面实参与形参的类型应相同或赋值兼容,即使二者的类型不同,也能按不同类型的转换规则进行转换。

表 5-1　函数调用过程的参数传递方式

传递方式	形式参数	实际参数
值传递	简单类型变量	常量、变量、表达式、函数值
		数组元素、结构体成员、共用体成员
	构造类型变量	结构体变量、共用体变量、枚举变量
地址传递	数组名或指针变量	数组名(一维、二维、多维)
	指针变量	简单类型变量地址、构造类型变量地址或成员地址
		指针变量(普通指针变量、结构体指针、函数指针)

3. 函数调用的过程

【例 5-1(1)】求最小值。利用子函数,求输入的 3 个浮点数中的最小值。

思路分析:利用子函数求两个浮点数的最小值,在主函数中分别调用两次子函数进行比较。也可以把函数返回值作为参数继续调用自己,即把前两个浮点数比较大小的第一次函数调用的返回值作为实参,和第三个浮点数作为实参,第二次调用该子函数继续进行比较。

函数调用
的过程

程序代码:

```
#include <stdio.h>
int main()
{
    float min(float x,float y);      //对最小值 min 函数进行声明
    float a,b,c,m;
    printf("请输入浮点数 a,b,c:");
    scanf("%f %f %f",&a,&b,&c);      //输入 3 个浮点数
    m=min(a,b); //调用子函数 min,有 2 个实参 a 和 b,把浮点型函数值赋值给浮点型变量 m
    m=min(m,c); //调用子函数 min,有 2 个实参 m 和 c,把浮点型函数值赋值给浮点型变量 m
    printf("通过 m=min(a,b) m=min(m,c)求得的最小值:%.1f \n",m); //输出最小值
    printf("通过 min(min(a,b),c)求得的最小值:%.1f \n",min(min(a,b),c));
                                     //浮点型函数值作为入参,求得最小值
    return 0;
}
float min(float x,float y)           //定义子函数 min,形式参数 x、y 为浮点型,函数值为浮点型
{
    return x<y? x:y;                 //条件表达式的浮点型值作为子函数 min 的函数值返回
}
```

运行结果:

```
请输入浮点数a,b,c:0.1 -9.8 1.5
通过m=min(a,b) m=min(m,c)求得的最小值:-9.8
通过min(min(a,b),c)求得的最小值:-9.8
```

程序说明:

主函数 main 中首先对自定义子函数 min 进行声明"float min(float x,float y);",相比定义子函数 min 的第一行"float min(float x,float y)"多了一个分号。子函数名为 min,函数类型为 float,指定两个形参 x 和 y,其类型为 float。

主函数 main 中的"float a,b,c,m;"定义了 4 个 float 变量 a、b、c、m,作为调用函数 min 时的实参。主调函数 main 执行中,先为 float 实参变量 a、b、c 分配存储单元,并存入所输入的数值 0.1、-9.8、1.5。

赋值语句"m=min(a,b);"通过 min(a,b)调用子函数 min,将 a 和 b 作为 min 函数的实参,分别传送给 min 函数的形参 x 和 y,调用结束时,min 函数执行"return x<y? x:y;",把得到的最小值作为函数 min 的函数值返回主调函数 main,赋值给变量 m。图 5-1(a)是执行"m = min(a,b);"时,min(a,b)函数调用过程的参数传递,其函数调用过程的详细说明如下:

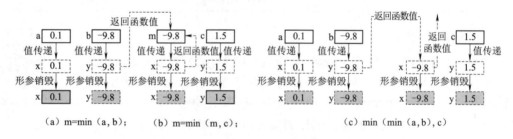

图 5-1 函数调用过程的参数传递

(1)函数调用时,形参才会被临时分配存储单元,并将实参的值传递给对应形参,而且实参向形参的数据传递是单向值传递,反之则不行。主函数 main 执行"m = min(a,b);",通过 min(a,b)调用子函数 min,形参 x 和 y 临时分配存储单元,并且通过参数传递,得到实参 a 和 b 的值,x = 0.1,y = -9.8。

(2)被调函数执行时,形参不仅已经分配存储单元,而且保存了实参的值,形参就和普通变量一样,可以执行各种运算操作。min 函数执行"return x<y? x:y;",先比较 x 和 y 得到最小值 -9.8。

(3)函数值通过 return 语句返回主调函数,返回值的类型应与函数类型一致,否则要按类型转换规则进行转换。最小值 -9.8 为 float 型,和函数类型一致,返回主调函数 main,并赋值给变量 m = -9.8。

(4)函数调用结束,min 函数的形参 x 和 y 所分配的内存空间将被释放,x 和 y 销毁。但只要主调函数不结束,实参 a 和 b 的内存单元不仅不会释放,而且仍维持原值不变,a = 0.1,b = -9.8。也就是说,被调函数中即使形参的值发生过改变,也不会影响主调函数中实参的值,因为实参和形参具有不同的内存存储单元。

图 5-1(b)是执行"m = min(m,c);"时,函数调用的过程示意。类似地,主函数执行"m =

min(m,c);"再次调用 min 函数时,形参 x 和 y 会再次临时分配内存空间,并且从实参 m 和 c 传递新的值。函数调用结束,min 函数的形参 x 和 y 所分配的内存空间将再次被释放,x 和 y 销毁。函数值通过 return 语句返回主调函数时,变量 m = -9.8 再次被赋值,从而得到三个浮点数的最小值。"m = min(m,c);"语句中的变量 m 具有双重作用,先作为实参,然后作为保存函数返回值的变量。

主函数 main 通过 printf 函数调用 min(min(a,b),c),图 5-1(c)是执行函数 min(min(a,b),c)时,函数调用的过程示意。min(min(a,b),c)直接把 min(a,b)的返回值 -9.8 作为实参,和实参 c 通过再次调用 min 函数比较大小。这种函数自己调用自己,不需要借助中间变量 m,实际上是一种递归调用。

4. 函数的返回值

函数的返回值是指函数被调用之后,执行函数体能得到一个确定的值,并通过 return 语句返回,这个值就是函数值。return 语句的一般形式为:

```
return (表达式);
return 表达式;      //括号非必要,一般省略括号
```

(1)一个函数中可以有一个以上的 return 语句,可以出现在函数体的任意位置,但是每次调用函数只能有一个 return 语句被执行,只有一个返回值。

(2)return 语句有强制结束函数执行的作用,函数一旦执行到 return 语句就立即返回,其后的所有语句都不会再被执行。

(3)不带任何返回值的函数,定义为 void 类型(空类型)函数,这时在主调函数中禁止采用任何形式处理被调用函数的返回值。但被调函数中仍然可以单独使用"return;"语句,处理一些异常返回,终止函数执行。

(4)函数值的类型在定义函数时指定,由函数类型来决定。如果函数值的类型和 return 语句中表达式的值不一致,则以函数类型为准,系统自动进行类型转换,即函数类型决定返回值的类型。

【例 5-1(2)】修改例 5-1(1),把函数值定义为 int 型,和函数的返回值 float 类型不同,对比所求最小值的结果。

思路分析:函数返回值的类型以函数类型为准,如果二者不一致,按照赋值规则自动进行类型转换。

程序代码:

```c
#include<stdio.h>
int main()
{
    int min(float,float);         //对最小值 min 函数进行声明,不写参数名,只写参数类型
    float a,b,c,m;
    printf("请输入浮点数 a,b,c:");
    scanf("%f %f %f",&a,&b,&c);    //输入3个浮点数
    m=min(a,b); //调用子函数 min,有2个实参 a 和 b,把整型函数值赋值给浮点型变量 m
    m=min(m,c); //调用子函数 min,有2个实参 m 和 c,把整型函数值赋值给浮点型变量 m
    printf("通过 m=min(a,b) m=min(m,c)求得的最小值:%.1f\n",m); //输出最小值
    printf("通过 min(min(a,b),c)求得的最小值:%d\n",min(min(a,b),c));
```

```
            return 0;                    //整型函数值作为入参,求得最小值
        }
        int min(float x,float y)//定义子函数min,形式参数x、y为浮点型,函数值为整型
        {
            return x<y? x:y;    //条件表达式的浮点型值作为子函数min的函数值返回
        }
```

运行结果:

```
请输入浮点数a,b,c:0.1 -9.8 1.5
通过m=min(a,b) m=min(m,c)求得的最小值:-9.0
通过min(min(a,b),c)求得的最小值:-9
```

程序说明:

主函数main中通过"int min(float,float);"对自定义子函数min进行声明,子函数名为min,函数类型为int,指定两个不带参数名类型为float的形参。float型的实参变量a、b、c输入值为0.1、-9.8、1.5。

赋值语句"m=min(a,b);"和"m=min(m,c);"分别通过min(a,b)和min(m,c)调用子函数min。min(a,b)比较a和b的值得到返回值是浮点型-9.8,但函数值定义为int型,返回值被强制转换为int型-9,m为float型,赋值时把int型-9强制转换为-9.0,m=-9.0。min(m,c)比较m和c的值得到返回值是浮点型-9.0,但函数值定义为int型,返回值被强制转换为int型-9,m为float型,赋值时把int型-9强制转换为-9.0,m=-9.0。所以,通过m=min(a,b)和m=min(m,c)求得的最小值为-9.0,并在printf函数中用格式符%.1f输出。

min(min(a,b),c)直接把min(a,b)的返回值作为实参,和实参c通过再次调用min函数比较大小。"int min(float x,float y)"定义子函数min的两个形参都为float型,min(a,b)调用min函数虽然得到的值是int型-9,但作为实参,需要转换为浮点型-9.0,然后和c再次调用min函数,得到int型-9。最后,通过printf函数用格式符%d输出。

显然,类型不一致导致不仅在编译时有如下类似告警,而且返回值有截断。所以定义函数时,函数值的类型应该和return语句中表达式的值保持一致。

```
warning C4244: "=":从"int"转换到"float",可能丢失数据
warning C4244: "=":从"int"转换到"float",可能丢失数据
warning C4244: "函数":从"int"转换到"float",可能丢失数据
warning C4244: "return":从"float"转换到"int",可能丢失数据
```

5.1.3 函数的数组参数传递

函数的数组参数传递

数组元素和变量的作用类似,可以用作函数实参,采用值传递方式,向简单类型变量的形参传递数组元素的值。

注意:数组元素不能作形参,因为形参在函数被调用时会临时分配存储单元,只能把数组作为一个整体分配连续的内存空间,而不能单独为一个数组元素分配存储单元。数组名(一维数组名、二维数组名)可以作为实参和形参,采用地址传递方式,传递的是数组第一个元素的地址。

1. 数组元素作函数参数

【例 5-1(3)】利用子函数和一维数组编程,数组元素作函数实参,求输入的 3 个浮点数中的最小值。例 5-1(1)的不同实现方式。

思路分析:输入的 3 个浮点数存到具有 3 个元素的一维数组 a,m = a[0],用数组元素 a[1]和 a[2]作为实参,通过循环依次调用最小值 min 函数,求出 3 个元素的最小值。

程序代码:

```
#include<stdio.h>
int main()
{
    float min(float x,float y);    //对最小值min函数进行声明
    float a[3],m;
    int i;
    printf("请输入3个浮点数:");
    for(i=0;i<3;i++)               //输入3个浮点数给a[0]~a[2]
        scanf("%f",&a[i]);
    for(i=1,m=a[0];i<3;i++)
        m=min(m,a[i]);             //调用子函数min,有2个实参m和a[i]
    printf("求得的最小值:%.1f\n",m);//输出最小值
    return 0;
}
float min(float x,float y)         //定义子函数min,形式参数x、y为浮点型,函数值为浮点型
{
    return x<y? x:y;               //条件表达式的浮点型值作为子函数min的函数值返回
}
```

运行结果:

```
请输入3个浮点数:0.1 -9.8 1.5
求得的最小值:-9.8
```

程序说明:

主函数 main 中"float a[3],m;"定义了数组长度为 3 的一维 float 型数组 a,最小值 m,并通过循环依次输入 float 型数组元素的值 0.1、-9.8、1.5。

变量 m 用来存放当前已经比较过的各数中的最小值。for 循环设置 m 的初始值 m = a[0],变量 i 从 1~2 循环执行赋值语句"m = min(m,a[i]);",每次循环中把变量 m 和数组元素 a[i]作为两个实参,通过 min(m,a[i])调用子函数 min,值传递给两个形参 x 和 y。子函数 min 比较 x 和 y 的大小,把最小值作为函数值返回主函数并赋给 m,作为下一次循环的实参。每次循环结束后,m 的值会通过赋值更新,但只有 m < a[i]时 m 的值大小才会改变,否则值不变。

2. 一维数组名作函数参数

一维数组名是数组首元素的地址,函数参数可以作为实参和形参。数组名作为实参时,向形参(数组名或者指针变量)传递的是地址,是地址传递方式。

【例 5-2】求最大值。利用一维数组名作函数参数编程,初始化一维数组的 10 个整型数据元素为 8,0,-1,8,-6,1,2,8,-5,8,顺序查找 10 个整数中的最大值,输出最大值元素及对应

的下标位置(如果存在多个大小一致的值,分别输出元素值和位置)。例 4-1 的不同实现方式。

思路分析:用子函数 max 来求最大值序列。数据元素序列和存放最大值序列都用一维数组,函数的实参和形参都用数组名,在 max 函数中求最大值序列,并返回 main 函数最大值个数。

程序代码:

```c
#include<stdio.h>
int max(int data[],int n,int loc[])
{
    int max,i=0,j=0;
    for(i=0,max=data[0];i<n;i++)       //把数组元素 a[0]的值赋值给最大值 max
    {
        if(data[i]>max||i==0)           //处理最大值序列的第 1 个元素
        {
            max=data[i];
            j=0;                        //最大值 max 变化,其位置值 j 重新开始计数
            loc[j++]=max;               //最大值存在 loc[0]
            loc[j++]=i;                 //记录第 1 个最大值在数组元素中的位置
        }
        else if(data[i]==max)
            loc[j++]=i;                 //记录多个最大值在数组元素中的位置
    }
    return j;                           //返回多个最大值的数目
}

int main()
{
    int a[10]={8,0,-1,8,-6,1,2,8,-5,8},loc[11],n=10,i,num=0;
    num=max(a,n,loc);//数组名 a 和 loc,数据元素个数 n 共 3 个实参,num 接收函数返回值
    printf("最大值元素:\n");
    for(i=1;i<num;i++)
        printf("a[%d]=%d\n",loc[i],loc[0]); //输出最大值在数组元素中的位置及其值
    return 0;
}
```

运行结果:

```
最大值元素:
a[0]=8
a[3]=8
a[7]=8
a[9]=8
```

程序说明:

(1)主函数 main 中"int a[10]={8,0,-1,8,-6,1,2,8,-5,8},loc[11],n=10,i,num=0;"定义并初始化了存放数据元素序列的一维 int 数组 a,长度为 10;定义了一维 int 数组 loc,长度为 11,loc[0]存放最大值元素的值,loc[1]~loc[10]存放多个最大值元素对应的下标位置,最多有 10 个大小一样的最大值元素,所以数组 loc 长度至少设为 11;num 是最大值元素的个数,接收子函数 max 的返回值。

(2) 主函数 main 中赋值语句"num = max(a,n,loc);",通过 max(a,n,loc)调用子函数 max,把一维数组名 a、数据元素个数 n、一维数组名 loc 作为 3 个实参,变量 num 存放最大值序列的个数,用于接收函数返回值。子函数 max 的定义放在了主函数 main 之前,主函数中对于子函数声明则可以省略。

(3) 函数定义"int max(int data[ ],int n,int loc[ ])"有 3 个形参变量,一维 int 数组 data、数据元素个数 int 型变量 n、一维 int 数组 loc。子函数形参类型(数组和变量)应该和实参一致,都为 int 型。声明形参数组时可以指定大小,例如 int data[10]、int loc[11],但实际上指定大小是不起任何作用的,所以一般都省略大小,直接在数组名后跟一个空的方括号,例如 int data[ ]、int loc[ ]。

(4) 值传递时,子函数的形参和主函数的实参可以同名,因为二者分配的是不同的存储单元,其可操作的内存空间不同,是具有不同作用范围的变量。如图 5-2 所示,主函数中执行 max(a,n,loc)时,实参 n 和形参 n 虽然同名,但二者分配存储单元不同,值传递后各自保存自己的变量值,互不影响。

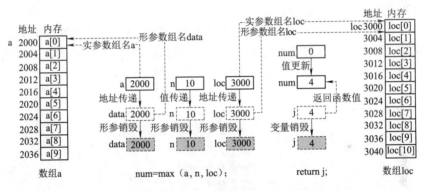

图 5-2 函数调用过程的一维数组名参数传递

(5) 地址传递时有所不同。通过数组名传递,隐式地实现了整个数组元素的传入。如图 5-2 所示,实参数组名 a 和形参数组名 data 不相同,二者所分配存储单元也不同,地址传递后各自也会保存自己的地址值 2000,互不影响。但实参和形参的数组名所保存的地址值 2000, 指向的是同一个数组 a,主函数中实参组 a 的所有数组元素,都可以在子函数中,通过形参数组 data 对这些数组元素进行引用和操作,例如,比较大小 data[i] > max 或给变量赋值 max = data[i]。

(6) 通过数组名传递,也可以隐式地实现整个数组元素的传出。如图 5-2 所示,虽然实参数组名 loc 和形参数组名 loc 相同,但是二者所分配的存储单元不同,地址传递后各自会保存自己的地址值 3000,互不影响。由于实参和形参的数组名所保存的地址值 3000,指向的是同一个数组 loc,所以子函数中对形参数组 loc 的数组元素的任何操作,实际上就是对实参 loc 的数组元素进行操作。子函数求得的最大值序列数组 loc,主函数中仍然可以访问,相当于隐式地把数组 loc 的所有数组元素返回主函数,主函数可以通过"printf("a[%d] = %d\n",loc[i], loc[0]);"对 loc 的数组元素输出。

(7) 子函数中,通过"return j;"显式地返回最大值元素的个数到主函数 main,并赋值给变量 num。函数返回时,三个形参"数组名 data、变量 n、数组名 loc"所分配的内存空间都会被释放并销毁。只要主调函数不结束,三个实参"数组名 a、变量 n,数组名 loc"的内存单元不仅不会释放,而且仍维持原值不变。显然,通过数组名参数传递的只是数组名本身所代表的地址,二者指向的是同一存储空间的同一个数组,子函数中对形参数组名所指向的数组元素的任何改变,就是对主函数中的实参数组名所指向的数组元素的修改。

(8)实际上,编译器把形参数组作为指针变量处理,int data[ ]和 int loc[ ]以 int * data 和 int * loc 的形式处理。对数组的处理,下标法和指针法等价。

3. 二维数组名作函数参数举例

二维数组和一维类似,都可以通过地址传递方式作为函数的参数。被调函数的形参数组的定义可以指定每一维的大小,也可以省略第一维的大小,但是第二维的大小不能省略。二维数组在内存中是按行存放的,只有指定列数(一行中包含几个元素),编译器才能准确地定位每一行的起始地址。

【例 5-3】求最大值。随机产生一个 8×10 的二维整数矩阵,利用二维数组名作函数参数编程,顺序查找二维矩阵,输出所有元素中值最大的元素值及其行列位置(如果存在多个大小一致的值,分别输出元素值和位置)。

思路分析:用子函数 matrix_max 来求最大值序列。随机产生的整数矩阵元素序列存放在二维数组,采用一维结构体数组存放最大值序列,结构体成员存放行号、列号和最大值。函数的实参和形参都用数组名,在 matrix_max 函数中求最大值序列,并返回 main 函数最大值个数。

程序代码:

```c
#include<stdio.h>
#include<stdlib.h>
#include<time.h>
#define ROWS 8                  //宏定义矩阵行数
#define COLUMNS 10              //宏定义矩阵列数
struct location                 //定义 location 结构体,包含行、列
{
    int row;
    int column;
};
int matrix_max(int data[][COLUMNS],struct location loc[])
{
    int max,i,j,m=0;
    for(i=0,max=data[0][0];i<ROWS;i++)   //数组元素 data[0][0]的值赋值给最大值 max
        for(j=0;j<COLUMNS;j++)
        {
            if(data[i][j]>max||m==0)     //处理最大值序列的第 1 个元素
            {
                max=data[i][j];
                m=0;                     //最大值 max 变化,其位置值 m 重新开始计数
                loc[m++].column=max;     //最大值存在 loc[0].column
                loc[m].row=i;            //记录第 1 个最大值在数组元素中的行和列位置
                loc[m++].column=j;
            }
```

```
            else if(data[i][j]==max)
            {
                loc[m].row=i;            //记录多个最大值在数组元素中的位置
                loc[m++].column=j;
            }
        }
    return m;                            //返回最大值个数
}
int main()
{
    int i,j,num=0,a[ROWS][COLUMNS];
    struct location loc[ROWS*COLUMNS+1];
    printf("随机产生的二维数组:\n");
    srand((unsigned)time(NULL));         //随机数以时间(unsigned类型)作为参数生成种子
    for(i=0;i<ROWS;i++)
        for(j=0;j<COLUMNS;j++)
        {
            a[i][j]=rand()%30;           //随机数生成范围为[0,29]
            if((i*COLUMNS+j+1)%COLUMNS==0)
                printf("%2d\n",a[i][j]);
            else
                printf("%2d\t",a[i][j]);
        }
    num=matrix_max(a,loc);
    printf("最大值元素值:\n");
    for(i=1;i<num;i++)                   //输出最大值在数组元素中的位置及其值
        printf("a[%d][%d]=%d\n",loc[i].row,loc[i].column,loc[0].column);
    return 0;
}
```

运行结果:

```
随机产生的二维数组:
 8   28   0    9   26   15   5    0   16   0
 3   25   9   20   29   18   27   29   1    4
 5   28  14    8   28   20   24   8   13   13
 4   24   3   26   17   12   4   25   23   20
10   21   6   16   17   10   2   14   7    7
 2    9  11   11   26   28   21   0   26   6
 5    5   5    2   28    9   0    4   2   26
23   19  20    5    4    4   0   28   27   21
最大值元素值:
a[1][4]=29
a[1][7]=29
```

程序说明:

(1) 二维数组 a[ROWS][COLUMNS] 的行数 ROWS 和列数 COLUMNS 分别通过宏定义为 8 和 10。结构体 struct location 的两个成员为整型变量 row(行)、和整型变量 column(列),最大值序列定义为结构体数组 struct location loc[ROWS * COLUMNS + 1],loc[0]作为特殊之用,loc[0].column 用于保存最大值。

(2) 主函数中"a[i][j] = rand()%30;"表示二维数组 a 的数组元素通过随机数函数 rand()生成,范围为[0,29]。

(3) 主函数 main 中赋值语句"num = matrix_max(a,loc);"调用子函数 matrix_max(a,loc),把二维数组名 a、一维结构体数组名 loc 作为 2 个实参,变量 num 存放最大值序列的个数,用于接收函数返回值。

(4) 函数定义"int matrix_max(int data[ ][COLUMNS],struct location loc[ ])"有 2 个形参变量,二维 int 数组 data、一维 struct location 数组 loc。声明形参二维数组 int data[ ][COLUMNS]必须指定第二维列的大小,第一维行的大小可以省略,用空的方括号替代。声明一维结构体数组 struct location loc[ ],直接在数组名后跟一个空的方括号。

(5) 类似一维数组名作函数参数,通过数组名的地址传递,可以隐式地实现整个二维数组元素的传入,以及整个一维结构体数组元素的传出。也就是说,二维数组 a[ROWS][COLUMNS]和一维数组 struct location loc[ROWS * COLUMNS + 1]在主函数 main 和子函数 matrix_max 中是共享的。

(6) 子函数中,通过"return m;"显式地返回最大值元素的个数,返回主函数 main,赋值给变量 num。

*5.1.4 函数的宏定义参数传递

1. 预处理指令

常见的预处理指令有:文件包含、宏定义、条件编译、布局控制四种。

(1) 文件包含:#include 可把头文件中定义的函数原型、全局变量、宏定义等扩展到本程序中使用,多放在源文件的开头。#include 预处理指令有如下形式:

```
#include <stdio.h>                        //标准库头文件
#include "myfile.h"                       //自定义头文件
#include "c:\cpp\include\myfile.h"        //全路径头文件
#include "..\myfile.h"                    //父目录头文件
```

注意:符号#应该是一行的第一个非空字符,把它放在一行的起始位置。如果预处理指令一行放不下,可以通过在指令尾部加"\"进行多行控制。

上面四种不同的包含形式,指定了查找包含文件时的不同方式:

①标准库头文件:C 编译系统指定的标准库 include 目录下查找文件。

②自定义头文件:源程序文件所在当前目录下查找文件。

③全路径头文件:按指定完整路径查找文件。

④父目录头文件:在父目录下查找文件。

(2) 宏定义:#define 可以实现定义符号常量、函数功能、重命名、字符串拼接等各种功能,宏定义的主要功能就是替换,#define 预处理指令的两种形式:

```
#define 标识符 [字符串]           //无参宏定义,标识符也称为宏名,字符串可选
#define 宏名(形参表列) 字符串     //有参宏定义,形参表列可以是逗号隔开的多个形式化参数
```

①宏定义#define 命令允许用标识符(也称宏名)来表示一个字符串,该字符串中可以是含任意字符的常数、表达式、格式串等。宏名一般都大写。

②宏定义不是变量声明或语句,在行末不必加分号,如果确实需要加上分号则连分号也一起置换。

③宏定义需在函数之外定义,其作用域为宏定义起到源程序结束,如要终止其作用域可使用取消宏定义的预处理命令#undef。

```
#undef 标识符          //取消宏定义,终止其作用域
```

④宏定义可以定义不含字符串的标识,例如,#define XXX 定义了标识符 XXX,常与条件编译预处理指令#if 配合使用。

⑤宏定义在预处理阶段,对程序中所有出现的宏名,都用宏定义中的字符串进行内容的覆盖式替换,这称为宏代换或宏展开。

⑥宏定义无类型和语法检查,不分配存储单元。宏定义的字符串如果是表达式,要注意可能产生的边缘效应。

(3)条件编译:编译时进行选择性的挑选,注释掉一些指定的代码,以达到版本控制、防止对文件重复包含的功能。条件编译预处理指令的几种形式:

```
#ifdef 标识符         //如果宏被定义就进行编译
#ifndef 标识符        //如果宏未被定义就进行编译
#if 表达式            //如果表达式非零就对代码进行编译
#else                 //作为其他预处理的剩余选项进行编译
#elif 表达式          //一种#else 和#if 的组合选项
#endif                //结束编译块的控制
```

①#ifdef:如下是#ifdef 的单分支和双分支应用,第二种的含义是,如果定义了标识符 identifier,则编译指令代码 1,否则编译指令代码 2。

```
#ifdef identifier              #ifdef identifier
    指令代码1                       指令代码1
#endif                          #else
                                    指令代码2
                                #endif
```

②#ifndef:如下是#ifndef 的单分支和双分支应用,第二种的含义是,如果未定义标识符 identifier,编译指令代码 1,否则编译指令代码 2。

```
#ifndef identifier             #ifndef identifier
    指令代码1                       指令代码1
#endif                          #else
                                    指令代码2
                                #endif
```

③#if、#elif:如下是二者结合的单分支、双分支、多分支应用,第三种的含义是,如果表达式 expression1 非零,编译指令代码 1,否则如果表达式 expression2 非零,编译指令代码 2,否则编译指令代码 3。

```
#if expression1            #if expression1            #if expression1
    指令代码1                   指令代码1                    指令代码1
#endif                     #else                      #elif expression2
                               指令代码2                    指令代码2
                           #endif                     #else
                                                          指令代码3
                                                      endif
```

(4) 布局控制:为编译程序提供非常规的控制流信息,布局控制预处理指令有如下3种形式:

```
#line num filename              //改变当前的行数和文件名
#error info                     //输出一个错误信息
#progma align 8 (name, val)     //把name和val的起始地址调整为8个字节的倍数
#progma init (MyFunction)       //在程序执行开始,调用函数MyFunction
```

注意:#progma 格式和具体编译器有关,如上是 SUN C++编译器中应用。

2. 无参宏的参数传递

无参宏定义是指"标识符"为不带参数的宏名。例5-3 文件开头的两个无参宏定义,宏名为 ROWS 和 COLUMNS,分别对应字符串8和10。

```
#define ROWS 8            //宏定义矩阵行数
#define COLUMNS 10        //宏定义矩阵列数
```

这两个宏的作用域为宏定义起到源程序结束,在预处理阶段用宏定义中的字符串对作用域内的所有标识符进行覆盖式替换。也就是说,程序中所有出现的宏名 ROWS 都替换为8,COLUMNS 都替换为10,相当于在程序的所有函数中,传递了两个全局常量参数。无参宏通过替换功能实现参数传递。

【例5-4】验证无参宏的替换功能和边缘效应。注意宏名一般都大写,宏替换中用括号避免表达式产生的边缘效应。

思路分析:宏定义常量、不加括号的表达式以及加括号的表达式,验证宏替换的功能及因为边缘效应产生的可能错误。

程序代码:

```
#include<stdio.h>
#define PI 3.1415926
#define COUNT 10 +3                     //表达式不加括号,替换中将产生边缘效应
#define M (k+m)
int main()
{
    int k=2,m=1;
    printf("无参宏定义求值:PI =%8.7f\n",PI);                       //替换结果为3.1415926
    printf("无参宏定义求值:COUNT =%d\n",COUNT);                    //替换结果为10 +3
    printf("无参宏定义求值:PI*COUNT =%8.6f\n",PI*COUNT);           //替换结果为3.1415926*10 +3
    printf("无参宏定义求值:PI*(COUNT) =%8.6f\n",PI*(COUNT));       //替换结果为3.1415926*(10 +3)
    printf("无参宏定义求值:(k+m)*(k+m) =%d\n",(k+m)*(k+m));
```

```
        printf("无参宏定义求值:M*M=%d\n",M*M);    //替换结果为(k+m)*(k+m)
        return 0;
}
```

运行结果:

```
无参宏定义求值:PI=3.1415926
无参宏定义求值:COUNT=13
无参宏定义求值:PI*COUNT=34.415926
无参宏定义求值:PI*(COUNT)=40.840704
无参宏定义求值:(k+m)*(k+m)=9
无参宏定义求值:M*M=9
```

程序说明:

(1)宏定义"#define COUNT 10+3"把标识符COUNT定义为一个表达式字符串"10+3", 对"PI*COUNT"和"PI*(COUNT)"进行覆盖式的宏替换后,结果分别为"PI*10+3""PI*(10+3)",替换的结果不同,得到的求值结果也不同,PI*COUNT=34.415926,PI*(COUNT)=40.840704,这是不带括号带来的边缘效应。

(2)宏定义"#define M (k+m)"中,把标识符M定义为一个带括号的表达式字符串"(k+m)",对"M*M"进行覆盖式的宏替换后的结果为"(k+m)*(k+m)",避免了边缘效应。

3. 有参宏的参数传递

有参宏定义是指"标识符"为带参数的宏名。有参宏定义中的参数称为形式参数(形参), 宏调用中的参数称为实际参数(实参)。对带参数的宏,在调用中,不仅要宏展开,而且要用实参去替换形参。

【例5-5】验证有参宏的替换功能和边缘效应。参数要大写,宏名与参数之间不能有空格, 宏替换中参数要加括号,以避免边缘效应。

思路分析:宏定义常量、不加括号的表达式以及加括号的表达式,验证宏替换的功能及因为边缘效应产生的可能错误。

程序代码:

```
#include<stdio.h>
#define SQR1(X) X*X
#define SQR2(X) (X)*(X)
#define SQR3(X) ((X)*(X))
#define GET_MAX(A,B) ((A)>(B)? (A):(B))
#define GEN_FUN(TYPE,A,B) TYPE MIN_##TYPE(TYPE A,TYPE B){return A>B? B:A;}
GEN_FUN(int,A,B) //增加了类型说明,预编译后就变成 int MIN_int(int A,int B){return A>B? B:A;}
int main()
{
    int a1=16,a2=16,a3=16,k=2,m=1;
    //复合赋值表达式的替换结果相当于 a1=a1/(k+m*k+m/k+m*k+m)
    a1/=SQR1(k+m)/SQR1(k+m);
    printf("有参宏定义求值:a1=%d 16/(k+m*k+m/k+m*k+m)=%d\n",
                a1,16/(k+m*k+m/k+m*k+m));
    //复合表达式的替换结果相当于 a2=a2/((k+m)*(k+m)/(k+m)*(k+m))
```

```
            a2/=SQR2(k+m)/SQR2(k+m);
            printf("有参宏定义求值:a2=%d 16/((k+m)*(k+m)/(k+m)*(k+m))=%d\n",
                                        a2,16/((k+m)*(k+m)/(k+m)*(k+m)));
            //复合表达式的替换结果相当于a3=a3/(((k+m)*(k+m))/((k+m)*(k+m)))
            a3/=SQR3(k+m)/SQR3(k+m);
            printf("有参宏定义求值:a3=%d 16/(((k+m)*(k+m))/((k+m)*(k+m)))=%d\n",
                                        a3,16/(((k+m)*(k+m))/((k+m)*(k+m))));
            //直接调用宏定义的函数
            printf("有参宏定义求值:GET_MAX(%d,%d)=%d\n",k,m,GET_MAX(k,m));
            //直接调用宏定义的带类型的函数
            printf("有参宏定义求值:GEN_FUN(int,%d,%d)=%d\n",k,m,MIN_int(k,m));
            return 0;
        }
```

运行结果:

```
有参宏定义求值:a1=2 16/(k+m*k+m/k+m*k+m)=2
有参宏定义求值:a2=1 16/((k+m)*(k+m)/(k+m)*(k+m))=1
有参宏定义求值:a3=16 16/(((k+m)*(k+m))/((k+m)*(k+m)))=16
有参宏定义求值:GET_MAX(2,1)=2
有参宏定义求值:GEN_FUN(int,2,1)=1
```

程序说明:

(1)"#define SQR1(X) X*X"有参宏定义中,字符串"X*X"中的X未加括号,所以赋值语句"a1/=SQR1(k+m)/SQR1(k+m);"中的表达式"SQR1(k+m)/SQR1(k+m)"的宏替换结果为"k+m*k+m/k+m*k+m",根据"int a1=16,a2=16,a3=16,k=2,m=1;"语句中的变量初始化值,求值"k+m*k+m/k+m*k+m"的值"2+1*2+1/2+1*2+1"的结果为7,整除结果 a1=16/7=2。

(2)"#define SQR2(X) (X)*(X)"有参宏定义中,字符串"(X)*(X)"中的X加括号,所以赋值语句"a2/=SQR2(k+m)/SQR2(k+m);"中的表达式"SQR2(k+m)/SQR2(k+m)"的宏替换结果为"(k+m)*(k+m)/(k+m)*(k+m)",求值"(2+1)*(2+1)/(2+1)*(2+1)"的结果为9,整除结果 a2=16/9=1。

(3)"#define SQR3(X) ((X)*(X))"有参宏定义中,字符串"((X)*(X))"中的X不仅加了括号,字符串的最外层也加了一对括号,所以赋值语句"a3/=SQR3(k+m)/SQR3(k+m);"中的表达式"SQR3(k+m)/SQR3(k+m)"的宏替换结果为"((k+m)*(k+m))/((k+m)*(k+m))",求值"((2+1)*(2+1))/((2+1)*(2+1))"的结果为1,整除结果 a3=16/1=16。

(4)"#define GET_MAX(A,B) ((A)>(B)?(A):(B))"有参宏定义中,字符串"((A)>(B)?(A):(B))"中的A和B不仅加了括号,字符串的最外层也加了一对括号,所以printf输出语句中的"GET_MAX(k,m)"表达式的宏替换结果为"((k)>(m)?(k):(m))",求最大值"((2)>(1)?(2):(1))"的结果为2。

有参宏定义中,覆盖式的宏替换后的结果表明,需要通过在字符串的最外层加括号才能避免边缘效应。标识符SQR3(X)和标识符GET_MAX(A,B),其字符串((X)*(X))和((A)>(B)?(A):(B))的最外层都加了括号,保证宏定义中的字符串替换宏名后,其计算结果作为一个整体参与程序运算。

(5)有参宏定义可以带入不同的参数,多用于取代公式型的函数来简化程序。例如,"#define GEN_FUN(TYPE,A,B) TYPE MIN_##TYPE(TYPE A,TYPE B){return A>B? B:A;}"有参宏定义中,增加了类型说明 TYPE,GEN_FUN(int,A,B)预编译后就变成 int MIN_int(int A,int B){return A>B? B:A;},这是一个求最小值的函数,函数类型为 int 型,函数名 MIN_int,函数体为执行 return 语句求"A>B? B:A;"的最小值,所以 MIN_int(2,1)的求值结果为1。

5.2 基本排序和查找函数

基本排序算法和查找算法的子函数化,第一,说明如何通过函数组装的方法来简化程序设计,体现基于函数的模块化设计思想。第二,通过一维数组名、二维数组名的函数参数传递应用案例,进一步加强对地址传递方式的理解。第三,对比内部排序中的简单排序算法(冒泡排序、选择排序、插入排序)和基本查找算法(顺序查找、折半查找),提高更贴近实际的综合应用编程能力。

5.2.1 数值和字符串排序函数

例5-6

【例 5-6】数值排序。利用一维数组作为函数参数编写程序,用户可以选择冒泡排序、基本选择排序、直接插入排序,分别实现对 10 个整数的排序,并输出正序排序和逆序排序结果。

思路分析:10 个整数存入一维 int 型数组,用户输入整数值 0、1、2,选择数组元素排序算法,0-冒泡排序、1-选择排序、2-插入排序,分别执行不同算法的子函数,实现数值排序并输出。

程序代码:

```
#include<stdio.h>
//冒泡排序-交换排序(无序子序列中比较相邻两个元素的大小,满足条件则交换)
void bubble_sort(int data[],int n)
{
    int i,j,t,order=1;              //order 为是否有交换的标志
    for(j=0;j<n-1;j++)              //外循环 j 实现 n-1 趟比较
    {
        for(i=0,order=1;i<n-1-j;i++)//每一趟内循环进行 n-1-j 次比较,order 置 1
            if(data[i]>data[i+1])//相邻两个数进行比较,较大元素 data[i]和较小元素 data[i+1]交换
            {
                t=data[i+1];
                data[i+1]=data[i];
                data[i]=t;
                order=0;         //如果有交换,说明未排序好,order 置 0
            }
        if(order==1)break;   //order 标志未变,说明本趟一次都没交换过,数据已有序,跳出循环
    }
}

//选择排序(无序子序列中选择最小值元素,并和本序列首元素交换)
void select_sort(int data[],int n)
```

```c
    {
        int i,j,min,t;                    //min 记录最小值下标
        for(j=0;j<n-1;j++)                //外循环 j 实现 n-1 趟选择
        {
            min=j;                        //min 初值置为外循环开始下标 j
            for(i=j+1;i<n;i++)            //每一趟内循环进行 n-1-j 次比较,找出最小值下标 min
                if(data[i]<data[min])
                    min=i;                //元素 data[i]小于元素 data[min],修改最小值下标 min
            if(min!=j)                    //如果最小下标 min 不是当前序列首,交换
            {
                t=data[j];
                data[j]=data[min];
                data[min]=t;
            }
        }
    }

//插入排序(无序子序列中序列首元素,插入到有序子序列中)
void insert_sort(int data[],int n)
{
    int i,j,insert;                       //insert 记录待插入元素值
    for(j=0;j<n-1;j++)                    //外循环 j 实现 n-1 趟插入
    {
        insert=data[j+1];                 //选定待插入的元素
        for(i=j+1;i>0&&insert<data[i-1];i--) //每一趟内循环最多进行 j+1 次插入位置查找
            data[i]=data[i-1];            //所有大于待插入元素 insert 的数组元素依次后移一个位置
        data[i]=insert;                   //在前面有序序列中找到合适的插入位置 i,完成插入
    }
}

int main()
{
    int a[10]={8,0,-1,8,-6,1,2,8,-5,8},n=10,i,choice=-1;
    printf("请选择数组元素排序算法(0-冒泡排序 1-选择排序 2-插入排序):");
    scanf("%d",&choice);                  //输入选择排序算法的整型变量 choice 的值
    switch(choice)
    {
        case 0:
            bubble_sort(a,n);
            break;
        case 1:
            select_sort(a,n);
            break;
        case 2:
            insert_sort(a,n);
            break;
        default:
            printf("选择数组元素排序算法的输入值错误!\n");
    }
    if(choice>=0 && choice<=2)
```

第 5 章 函数模块化程序设计

```
    {
        printf("正序排序的数组元素:");
        for(i=0;i<n;i++)
            printf("%d ",a[i]);          //输出正序排序的数组元素
        printf("\n逆序排序的数组元素:");
        for(i=n-1;i>=0;i--)
            printf("%d ",a[i]);          //输出逆序排序的数组元素
        printf("\n");
    }
    return 0;
}
```

运行结果:

```
请选择数组元素排序算法(0-冒泡排序 1-选择排序 2-插入排序):2
正序排序的数组元素:-6 -5 -1 0 1 2 8 8 8 8
逆序排序的数组元素:8 8 8 8 2 1 0 -1 -5 -6
```

程序说明:

主函数中通过"scanf("%d",&choice);"输入选择不同排序算法的整型变量 choice 的值,根据不同的选择调用不同的子函数。冒泡排序、选择排序、插入排序的 3 个子函数定义放在了主函数 main 之前,且返回值都为 void。

冒泡排序"void bubble_sort(int data[ ],int n)"有 2 个形参变量,一维 int 型数组 data、数据元素个数 int 型变量 n。实现中增加了 order 标志,用于指示是否有交换发生,初值为 1。如果某次内循环结束,标志 order==1 成立,表明 order 初值 1 未发生改变,说明本趟排序中一次交换都未发生,显然数据已排列有序,执行 break,跳出外层循环结束排序。

选择排序"void select_sort(int data[ ],int n)"和插入排序"void insert_sort(int data[ ],int n)"的 2 个形参变量,和冒泡排序一致。

【例 5-7】字符串排序。利用二维数组作为函数参数编写程序,用户可以选择冒泡排序、基本选择排序、直接插入排序,分别实现对 10 个字符串的排序,并输出正序排序结果。

思路分析:10 个字符串存入二维 char 型数组,用户输入字符'0'、'1'、'2',选择字符串排序算法,'0'-冒泡排序、'1'-选择排序、'2'-插入排序,分别执行不同算法的子函数,实现字符串排序并输出。

程序代码:

```
#include<stdio.h>
#include<string.h>
//冒泡排序-交换排序(无序子序列中比较相邻两个元素的大小,满足条件则交换)
void bubble_sort_string(char str[][256],int n)
{
    int i,j,order=1;                      //order 为是否有交换的标志
    char t[256];
    for(j=0;j<n-1;j++){                   //外循环 j 实现 n-1 趟比较
        for(i=0,order=1;i<n-1-j;i++)      //每一趟内循环进行 n-1-j 次比较,order 置 1
            if(strcmp(str[i],str[i+1])>0)
            {                             //相邻两个字符串比较,较大元素 str[i]和较小元素 srt[i+1]交换
```

```c
                strcpy(t,str[i]);
                strcpy(str[i],str[i+1]);
                strcpy(str[i+1],t);
                order=0;                    //如果有交换,说明未排序好,order置0
            }
        if(order==1)break;     //order标志未变,说明本趟一次都没交换过,数据已有序,跳出循环
        }
}

//选择排序(无序子序列中选择最小值元素,并和本序列首元素交换)
void select_sort_string(char str[][256],int n)
{
    char t[256];
    int i,j,min;                         //min记录最小串下标
    for(j=0;j<n-1;j++)                   //外循环j实现n-1趟选择
    {
        min=j;                           //min初值置为外循环开始下标j
        for(i=j+1;i<n;i++)//每一趟内循环进行n-1-j次比较,找出数组str最小串下标min
            if(strcmp(str[i],str[min])<0)
                min=i;     //字符串str[i]小于字符串str[min],选择新的最小串下标min
        if(min!=j)                       //如果最小串下标min不是当前序列首,交换
        {
            strcpy(t,str[j]);
            strcpy(str[j],str[min]);
            strcpy(str[min],t);
        }
    }
}


//插入排序(无序子序列中序列首元素,插入到有序子序列中)
void insert_sort_string(char str[][256],int n)
{
    char insert[256];                    //insert记录待插入字符串
    int i,j;
    for(j=0;j<n-1;j++)                   //外循环j实现n-1趟插入
    {
        strcpy(insert,str[j+1]);         //选定待插入的字符串
        //每一趟内循环最多进行j+1次插入位置查找
        for(i=j+1;i>0&&strcmp(insert,str[i-1])<0;i--)
            strcpy(str[i],str[i-1]);     //所有大于待插入串insert的数组元素依次后移一个位置
        strcpy(str[i],insert);           //在前面有序序列中找到合适的插入位置i,完成插入
    }
}

int main()
{
    char a[10][256]={"hello","top","work","hard","study","Java","music",
                     "Python","Love","China"};
    char choice;
    int i,n=10;
```

```c
        printf("请选择数组元素排序算法('0'-冒泡排序 '1'-选择排序 '2'-插入排序):");
        scanf("%c",&choice);        //输入选择排序算法的字符变量choice的值
        switch(choice){
            case '0':
                bubble_sort_string(a,n);
                break;
            case '1':
                select_sort_string(a,n);
                break;
            case '2':
                insert_sort_string(a,n);
                break;
            default:
                printf("选择数组元素排序算法的输入值错误! \n");
        }
        if(choice >= '0' && choice <= '2')
        {
            printf("正序排序顺序的字符串:\n");
            for(i =0;i <n;i ++)
                puts(a[i]);         //输出正排序的字符串
        }
        return 0;
}
```

运行结果:

```
请选择数组元素排序算法('0'-冒泡排序 '1'-选择排序 '2'-插入排序):2
正序排序顺序的字符串:
China
Java
Love
Python
hard
hello
music
study
top
work
```

程序说明:

主函数中通过"scanf("%c",&choice);"输入选择不同排序算法的字符变量choice的字符,根据不同的选择调用不同的子函数。冒泡排序、选择排序、插入排序的3个子函数定义放在了主函数main之前,且返回值都为void。

冒泡排序"void bubble_sort_string(char str[ ][256],int n)"有2个形参变量,二维char型数组str、字符串个数int型变量n。选择排序"void select_sort_string(char str[ ][256],int n)"和插入排序"void insert_sort_string(char str[ ][256],int n)"的2个形参变量,和冒泡排序一致。

注意: C字符串不能直接进行比较和赋值,所以子函数用了字符串比较函数strcmp和字符串拷贝函数strcpy,另外字符串的输出使用字符串输出函数puts。

5.2.2 顺序和折半查找函数

【例5-8】数值查找。利用一维数组作为函数参数编写程序,通过顺序查找或折半查找,实现在10个整数的正序序列中查找某整数,并输出查找结果。

思路分析:10个正序有序整数存入一维int型数组a,多个待查整数也存入一维int型数组b,执行顺序查找或者折半查找函数,实现查找并输出结果。

顺序查找可以针对无序和有序序列,从元素开头依次查找。本例中,从10个正序有序整数元素的开头,逐个进行元素值和待查整数的比较,若某个元素值和待查整数相等,则查找成功;反之,直至最后一个元素,所有元素值和待查整数比较都不等,则表明查找失败。

折半查找只针对有序序列,先确定待查元素所在子序列,然后逐步缩小范围直到找到或找不到该元素为止。图5-3示意了在10个正序有序整数"-8 -6 10 18 18 18 30 85 89 99"中,利用折半查找算法查找整数99和100的过程。每趟折半查找过程中,输出确定的待查元素所在的子序列范围low~high,以及选定的待比较中间元素位置mid,详细过程记录见程序运行结果。

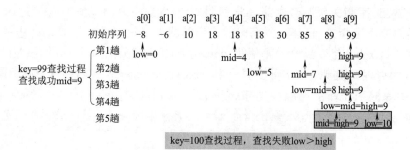

图5-3 折半查找算法实现数值查找过程

折半查找整数99的过程。第1趟,确定10个有序整数"-8 -6 10 18 18 18 30 85 89 99"序列的待查元素范围为[0,9](low=0,high=9),取序列中间位置 mid=⌊(low+high)/2⌋=4的元素a[4]=18,与待查元素key=99相比较,因为a[4]<key,说明待查元素若存在,必定存在区间[mid+1,high]范围,令low=mid+1=5进行下一趟折半查找。

第2趟,在第1趟的基础上,确定子序列的待查元素范围为[5,9](low=5,high=9),取序列中间位置 mid=⌊(low+high)/2⌋=7的元素a[7]=85,与待查元素key=99相比较,因为a[7]<key,说明待查元素若存在,必定存在区间[mid+1,high]范围,令low=mid+1=8进行下一趟折半查找。

按此规律,经过共4趟,第4趟确定子序列的待查元素范围为[9,9](low=9,high=9),取序列中间位置 mid=⌊(low+high)/2⌋=9的元素a[9]=99,与待查元素key=99相比较,因为a[9]==key,说明待查元素存在,返回查找成功的位置9。

折半查找整数100的过程,其第1趟到第4趟同99的查找过程,只是在第4趟中,由于a[9]<key,所以继续确定下一个子序列待查区间[mid+1,high]范围,令low=mid+1=9+1=10进行下一趟折半查找。

第5趟,low=10,high=9,low>high,表明待查子序列的元素个数为0,查找失败,返回-1。

程序代码:

```c
//顺序查找(针对无序和有序序列,从元素开头依次查找)
#include<stdio.h>
int Sequence_search(int data[],int n,int key)
{
    int i;
    for(i=0;i<n;i++)
        if(data[i]==key)return i;           //查找到该值,返回位置i
    return -1;                              //查找失败,返回-1
}

//折半查找(针对有序序列)
int Binary_search(int data[],int n,int key)
{
    int low=0,high=n-1,mid,count=1;
    while(low<=high)
    {
        mid=(low+high)/2;
        printf("第%d趟: mid=%d low=%d high=%d\n",count++,mid,low,high);
        if(data[mid]==key)return mid;       //查找成功,返回位置值
        else if(data[mid]>key)high=mid-1;   //前半部分序列继续查找
        else low=mid+1;                     //后半部分序列继续查找
    }
    printf("第%d趟: mid=%d low=%d high=%d\n",count,mid,low,high);
    return -1;                              //查找失败,返回-1
}

int main()
{
    int a[10]={-8,-6,10,18,18,18,30,85,89,99};     //数组a正序有序
    int b[5]={-9,-8,18,99,100},i,n=10,m=5;         //数组b是待查序列
    for(i=0;i<m;i++)
    {   //依次查找每个元素,查找成功输出查到的位置(位置为-1表明查找失败)
        printf("顺序查找:数值%d位于第%d个元素位置\n",
                                b[i],Sequence_search(a,n,b[i]));
        printf("折半查找:数值%d位于第%d个元素位置\n\n",
                                b[i],Binary_search(a,n,b[i]));
    }
    return 0;
}
```

运行结果:

```
顺序查找:数值-9位于第-1个元素位置
第1趟: mid=4 low=0 high=9
第2趟: mid=1 low=0 high=3
第3趟: mid=0 low=0 high=0
第4趟: mid=0 low=0 high=-1
折半查找:数值-9位于第-1个元素位置
```

```
        顺序查找:数值-8 位于第 0 个元素位置
        第1趟: mid=4 low=0 high=9
        第2趟: mid=1 low=0 high=3
        第3趟: mid=0 low=0 high=0
        折半查找:数值-8 位于第 0 个元素位置

        顺序查找:数值18 位于第 3 个元素位置
        第1趟: mid=4 low=0 high=9
        折半查找:数值18 位于第 4 个元素位置

        顺序查找:数值99 位于第 9 个元素位置
        第1趟: mid=4 low=0 high=9
        第2趟: mid=7 low=5 high=9
        第3趟: mid=8 low=8 high=9
        第4趟: mid=9 low=9 high=9
        折半查找:数值99 位于第 9 个元素位置

        顺序查找:数值100 位于第 -1 个元素位置
        第1趟: mid=4 low=0 high=9
        第2趟: mid=7 low=5 high=9
        第3趟: mid=8 low=8 high=9
        第4趟: mid=9 low=9 high=9
        第5趟: mid=9 low=10 high=9
        折半查找:数值100 位于第 -1 个元素位置
```

程序说明:

两种查找算法对于序列中相同数值的查找结果可能会不同。本例中的有序序列有 3 个相同的数值18,顺序查找数值 18 位于第 3 个元素位置,而折半查找数值 18 位于第 4 个元素位置。

针对 n 个整数有序序列的查找,顺序查找需要进行最多 n 次查找和比较,而折半查找只需要进行 $\log_2 n$ 次查找和比较,其速度更快,效率更高。

数值排序(冒泡排序、选择排序、插入排序)和数值查找(顺序查找、折半查找)函数中的一维数组名以及字符串排序(冒泡排序、选择排序、插入排序)函数中的二维数组名作为地址传递,再次验证了通过数组名传递函数参数,可以隐式地实现整个数组元素的传入和传出。

5.3 函数和变量的特性

函数根据作用域的不同可以分为内部函数和外部函数。变量根据作用域的不同则可以分为局部变量和全局变量,其另一个重要特性是存储方式,可分为静态存储和动态存储两种方式。

*5.3.1 内部函数和外部函数

1. 函数的全局声明和局部声明

函数的声明是一个声明性语句,是由函数原型(函数定义的首行)加分号组成,可以说是对函数原型的声明,目的是把函数的信息通知编译系统,便于在调用时检查函数是否被正确调用。函数声明的位置是可变的,不同的位置决定了函数的可使用范围,即函数的作用域。函数声明分局部声明和全局声明。

(1)局部声明也称内部声明。局部的函数声明位于主调函数内部,只能被主调函数调用,而其他函数原则上不能调用。如果主调函数内未声明被调函数就直接调用,系统编译时会有如下"未定义"的告警信息,系统"假设外部返回 int"。如果被调函数类型和系统假设的返回类型 int 不一致时,甚至会有如下函数"重定义;不同的基类型"编译错误。

```
warning C4013: "bubble_sort_string"未定义;假设外部返回 int
warning C4013: "select_sort_string"未定义;假设外部返回 int
warning C4013: "insert_sort_string"未定义;假设外部返回 int
error C2371: "bubble_sort_string":重定义;不同的基类型
error C2371: "select_sort_string":重定义;不同的基类型
error C2371: "insert_sort_string":重定义;不同的基类型
```

(2)全局声明也称外部声明。全局函数声明位于主调函数的外部,而且必须显式地位于主调函数之前。例如在源文件的开头,对本文件中所调用的函数都进行声明,则在各主调函数内不必对被调用函数再作重复声明。

2. 函数的作用域

函数声明的位置不仅可以在函数内部也可以在函数外部,所谓的函数外部不仅包含本源文件,而且包含其他源文件。根据函数能否被其他源文件中的函数调用,即函数的作用域,把函数区分为内部函数和外部函数。

(1)内部函数又称静态函数,是指一个函数只能被本源文件中的其他函数调用。内部函数的定义形式为:

```
static 函数类型 函数名(形参表列)      //函数首部
{
    函数体
}
```

定义内部函数时,在函数类型前加关键字 static,这样函数的作用域就只局限于本源文件,而其他源文件不可以调用。即使不同源文件中有同名的内部函数,也因其作用域不同而互不干扰。

(2)外部函数。定义函数时,在函数首部的函数类型前加 extern,则该函数称为外部函数。外部函数的定义形式为:

```
extern 函数类型 函数名(形参表列)      //函数首部
{
    函数体
}
```

如果定义函数时省略 extern,默认为外部函数,本书前面所有函数都是外部函数,这也说明函数本质上都是外部的。

函数定义时的关键字(static 或 extern)决定了函数作用域是在文件内还是文件外,函数声明的位置(函数内或函数外)则决定了函数的作用域是函数内还是函数外。但不论是内部函数还是外部函数,任何需要调用此函数的其他文件或者本文件,都需要先对函数进行声明,声明的同时需要加上关键字 static 或 extern。

由于函数本质上是外部的,程序中经常要调用其他源文件中的外部函数,为方便编程,C语言在定义和声明外部函数时,默认 extern 都可以省略。外部函数的作用域要扩展到定义该函数的文件之外,一种是显式地在使用该函数的每一个源文件中包含该函数的声明即可,另一种是隐式地利用#include 指令,类似于库函数的原型包含方式,把声明了函数原型的.h 头文件 include 到每一个使用该函数的源文件中。

3. 外部函数应用举例

下面的例 5-9 就是利用外部函数和#include 指令,基于结构体数组名进行函数参数传递,实现了直接插入排序、折半插入排序、希尔插入排序算法,是对例 4-10 的成绩排名程序的改进,这种方式实际上才是编写大型程序常用的方式。

【例 5-9】成绩排名。利用结构体数组名传递方式,编写直接插入排序、折半插入排序、希尔插入排序的外部函数程序,解决例 4-10 的成绩排名问题。

思路分析:定义 3 个文件,结构体类型定义和外部函数声明放在 Insert_Sort_Funcs.h,主函数 main 放在 main.c,直接插入排序、折半插入排序、希尔插入排序以及折半查找的函数定义放在 Insert_Sort_Funcs.c。主函数文件和子函数文件都通过"#include "Insert_Sort_Funcs.h""来包含外部函数的声明。

Insert_Sort_Funcs.h 程序代码:

```c
struct Student                    //声明结构体类型 struct Student
{
    int num;                      //考生考号,唯一
    char name[20];                //考生姓名
    char gender;                  //考生性别
    char addr[30];                //考生地址
    float score[3];               //考生 C、PHP、Python 三门课成绩,每门课成绩在[0,100]范围内
    int rank;                     //考生最终排名名次
    float total;                  //考生总分
};
//声明 3 个外部函数,默认省略 extern
void Direct_Insert_sort(struct Student data[],int n);    //直接插入排序
void Binary_Insert_sort(struct Student data[],int n);    //折半插入排序
void Shell_Insert_sort(struct Student data[],int n);     //希尔插入排序
```

main.c 程序代码:

```c
#include <stdio.h>
#include <stdlib.h>
#include "Insert_Sort_Funcs.h"   //包含头文件定义的结构体类型和外部函数声明
int main()
{
    int i,n=10;
    char choice;
    struct Student stu[10]={
        {23001,"Zhao",'M',"No.19 Huashan Road",79,58.5,86.5},
        {23002,"Qian",'F',"No.19 Huashan Road",65,75,85},
        {23003,"Sun",'M',"No.19 Huashan Road",70,71,84},
```

```c
            {23004,"Li",'F',"No.19 Huashan Road",70,71,84},
            {23005,"Zhou",'F',"No.15 Heping Road",95,84,95},
            {23006,"Wu",'M',"No.15 Heping Road",95,85,94},
            {23007,"Zheng",'M',"No.30 Gonghe Road",64,75,85},
            {23008,"Wang",'F',"No.30 Gonghe Road",95,84,95},
            {23009,"Feng",'M',"No.12 Fuzhou Road",70,71,84},
            {23010,"Chen",'F',"No.12 Fuzhou Road",71,70,84}};
    system("mode con cols=100 lines=30");//控制台窗口调节为宽100列高30行的窗口
    printf("请选择结构体数组元素插入排序算法
                        ('a'-直接插入排序 'b'-折半插入排序 'c'-希尔插入排序):");
    choice=getchar();          //输入选择排序算法的变量choice的值
    switch(choice){
        case 'a':
            Direct_Insert_sort(stu,10);
            break;
        case 'b':
            Binary_Insert_sort(stu,10);
            break;
        case 'c':
            Shell_Insert_sort(stu,10);
            break;
        default:
            printf("选择结构体数组元素排序算法的输入值错误！请重新输入!! \n");
    }
    if(choice>='a' && choice<='c')
    {
        printf("考号\t姓名\t性别\t\t地址\t\t总分\tC\tPHP\tPython\t总排名\n");
        for(i=0;i<n;i++)             //输出正序排序的结构体数组元素
        {
            printf("%d\t%s\t%c\t%s\t",stu[i].num,stu[i].name,stu[i].gender,stu[i].addr);
            printf("%.1f\t%.1f\t%.1f\t%.1f\t% 3d\n",stu[i].total,stu[i].score[0],
                                stu[i].score[1],stu[i].score[2],stu[i].rank);
        }
    }
    return 0;
}
```

Insert_Sort_Funcs.c 程序代码：

```c
//3个外部函数的定义,默认省略extern
#include<stdio.h>
#include<string.h>
#include "Insert_Sort_Funcs.h"       //包含头文件定义的结构体类型和外部函数声明
//直接插入排序(无序子序列中序列首元素,插入到有序子序列中)
void Direct_Insert_sort(struct Student data[],int n)
{
    int i,j,move=0;              //后移标志move置0
    struct Student insert;       //insert记录待插入结构体元素
    for(j=0;j<n;j++)             //求出每个考生3门课的成绩总分
        data[j].total=data[j].score[0]+data[j].score[1]+data[j].score[2];
    for(j=0;j<n-1;j++)           //外循环j实现n-1趟插入
```

```c
        {
            insert.num=data[j+1].num;                    //选定待插入的结构体元素
            strcpy(insert.name,data[j+1].name);
            insert.gender=data[j+1].gender;
            strcpy(insert.addr,data[j+1].addr);
            insert.score[0]=data[j+1].score[0];
            insert.score[1]=data[j+1].score[1];
            insert.score[2]=data[j+1].score[2];
            insert.rank=data[j+1].rank;
            insert.total=data[j+1].total;
            //每一趟内循环最多进行j+1次插入位置查找
            for(i=j+1;i>0&&(data[i-1].total<=insert.total);i--)
            {
                if(data[i-1].total<insert.total)//三门课成绩总分排序,总分高者排名靠前
                    move=1;
                else if(data[i-1].total==insert.total)
                {   //若总分相同,再依次按照C、PHP、Python分数高低进行排序
                    //C分数高者排名靠前,若C分数相同,再依次根据PHP、Python分数高低排名
                    if(data[i-1].score[0]<insert.score[0])
                        move=1;
                    else if(data[i-1].score[0]==insert.score[0])
                    {
                        if(data[i-1].score[1]<insert.score[1])
                            move=1;
                        else if(data[i-1].score[1]==insert.score[1])
                        {   //对于总分和两门课程分数相同的元素,第三门课程分数必然也相同
                            //并列考生按考号从小到大,考号大者排名为data[i-1]的排名减1
                            //临时排名生成为0、-1、-2、-3,便于后续输出并列排名名次
                            if(data[i-1].num>insert.num)
                            {
                                data[i-1].rank=data[i-1].rank-1;
                                move=1;
                            }
                            else
                                insert.rank=data[i-1].rank-1;
                        }
                    }
                }
                if(move==1)//后移标志move为1
                {   //所有小于待插入结构体元素insert的结构体数组元素依次后移一个位置
                    data[i].num=data[i-1].num;
                    strcpy(data[i].name,data[i-1].name);
                    data[i].gender=data[i-1].gender;
                    strcpy(data[i].addr,data[i-1].addr);
                    data[i].score[0]=data[i-1].score[0];
                    data[i].score[1]=data[i-1].score[1];
```

```c
            data[i].score[2] = data[i-1].score[2];
            data[i].rank = data[i-1].rank;
            data[i].total = data[i-1].total;
            move = 0;    //后移标志 move 重置 0
        }
        else
            break;    //后移标志 move 为 0,表明不需要移动元素,跳出循环
    }
    //在前面有序序列中找到合适的插入位置 i,完成插入
    data[i].num = insert.num;
    strcpy(data[i].name, insert.name);
    data[i].gender = insert.gender;
    strcpy(data[i].addr, insert.addr);
    data[i].score[0] = insert.score[0];
    data[i].score[1] = insert.score[1];
    data[i].score[2] = insert.score[2];
    data[i].rank = insert.rank;
    data[i].total = insert.total;
}
//并列排名考生的临时排名为 0、-1、-2、-3,和 j+1 相加后,输出的排名名次相同
//非并列排名考生的排名初值为 0,输出的排名名次就为当前位置值 j+1
for(j = 0; j < n; j++)
    data[j].rank = j + 1 + data[j].rank;
}

//折半插入查找(针对有序序列)
int Binary_Insert_search(struct Student data[], int n, struct Student key)
{
    int low = 0, high = n-1, mid, left = 0;    //left 标志为 1,表示前半部分查找,为 0 后半部分查找
    while(low <= high)
    {
        left = 0;       //每次查找 left 先置 0
        mid = (low + high)/2;
        if(data[mid].total == key.total)
        {
            if(data[mid].score[0] == key.score[0])
            {
                if(data[mid].score[1] == key.score[1])
                {
                    //对于总分和两门课程分数都相同的元素,第三门课程分数必然也相同
                    //对于总分和三门课程分数都相同的元素,有序序列按考号顺序从小到大排序
                    if(data[mid].num > key.num)
                        left = 1;
                }
                else if(data[mid].score[1] < key.score[1])
                    left = 1;
            }
            else if(data[mid].score[0] < key.score[0])
                left = 1;
        }
```

```c
        else if(data[mid].total<key.total)
            left=1;
        //根据 left 标志,确定查找前半部分还是后半部分
        if(left==1)
            high=mid-1;                 //前半部分序列继续查找
        else
            low=mid+1;                  //后半部分序列继续查找
    }
    return low;                         //未查找到该值,返回插入位置
}

//折半插入排序(无序子序列中序列首元素,折半查找插入到有序子序列中)
void Binary_Insert_sort(struct Student data[],int n)
{
    int i,j,loc=0;
    struct Student insert;              //insert 记录待插入结构体元素
    for(j=0;j<n;j++)                    //求出每个考生3门课的成绩总分
        data[j].total=data[j].score[0]+data[j].score[1]+data[j].score[2];
    for(j=0;j<n-1;j++)                  //外循环 j 实现 n-1 趟插入
    {
        //折半查找 data[j+1]元素的插入位置值
        loc=Binary_Insert_search(data,j+1,data[j+1]);
        insert.num=data[j+1].num;       //选定待插入的结构体元素
        strcpy(insert.name,data[j+1].name);
        insert.gender=data[j+1].gender;
        strcpy(insert.addr,data[j+1].addr);
        insert.score[0]=data[j+1].score[0];
        insert.score[1]=data[j+1].score[1];
        insert.score[2]=data[j+1].score[2];
        insert.rank=data[j+1].rank;
        insert.total=data[j+1].total;
        for(i=j+1;i>loc;i--)
        {   //loc~j 位,所有小于待插入结构体元素 insert 的结构体数组元素依次后移一个位置
            data[i].num=data[i-1].num;
            strcpy(data[i].name,data[i-1].name);
            data[i].gender=data[i-1].gender;
            strcpy(data[i].addr,data[i-1].addr);
            data[i].score[0]=data[i-1].score[0];
            data[i].score[1]=data[i-1].score[1];
            data[i].score[2]=data[i-1].score[2];
            //对于总分和两门课程分数相同的元素,表明后移元素 data[i-1]为并列考生
            //并列考生按考号顺序从小到大排序,后移元素 data[i-1]的排名减1
            //并列考生临时排名生成为 0、-1、-2、-3,便于后续输出并列排名名次
            if((insert.total==data[i-1].total)&&(insert.score[0]==
                data[i-1].score[0])&&(insert.score[1]==data[i-1].score[1]))
                data[i].rank=data[i-1].rank-1;
            else        //后移元素 data[i-1]为非并列考生,排名不变
```

```
            data[i].rank=data[i-1].rank;
         data[i].total=data[i-1].total;
      }
      data[i].num=insert.num;//在前面排序完成的序列中找到合适的插入位置i,完成插入
      strcpy(data[i].name,insert.name);
      data[i].gender=insert.gender;
      strcpy(data[i].addr,insert.addr);
      data[i].score[0]=insert.score[0];
      data[i].score[1]=insert.score[1];
      data[i].score[2]=insert.score[2];
      //对于总分和两门课程分数都相同的元素,表明插入位置i前一元素为并列考生
      //并列考生按考号顺序从小到大排序,考号大的排名为元素data[i-1]的排名减1
      //并列考生临时排名生成为0、-1、-2、-3,便于后续输出并列排名名次
      if(i>0&&(insert.total==data[i-1].total)&&(insert.score[0]==
            data[i-1].score[0])&&(insert.score[1]==data[i-1].score[1]))
         data[i].rank=data[i-1].rank-1;
      else //插入位置i==0或前一元素为非并列考生,排名为插入元素insert排名
         data[i].rank=insert.rank;
      data[i].total=insert.total;
   }
   //并列排名考生的临时排名为0、-1、-2、-3,和j+1相加后,输出的排名名次相同
   //非并列排名考生的排名初值为0,输出的排名名次就为当前位置值j+1
   for(j=0;j<n;j++)
      data[j].rank=j+1+data[j].rank;
}

//希尔插入排序(序列按固定增量分成若干组,组内进行直接插入排序)
void Shell_Insert_sort(struct Student data[],int n)
{
   int i,j,d,move=0;
   struct Student insert;            //insert记录待插入结构体元素
   for(j=0;j<n;j++)                   //求出每个考生3门课的成绩总分
      data[j].total=data[j].score[0]+data[j].score[1]+data[j].score[2];
   for(d=n/2;d>=1;d/=2)              //选择二分法,每次增量值变为原来的一半
   {
      for(j=0;j<n-d;j++) //初始的d个分组会各分配1个元素,故外循环j实现n-d趟插入
      {
         //分组元素的间距为d,故选定元素j所在分组的待插入结构体元素为j+d
         insert.num=data[j+d].num;
         strcpy(insert.name,data[j+d].name);
         insert.gender=data[j+d].gender;
         strcpy(insert.addr,data[j+d].addr);
         insert.score[0]=data[j+d].score[0];
         insert.score[1]=data[j+d].score[1];
         insert.score[2]=data[j+d].score[2];
         insert.rank=data[j+d].rank;
         insert.total=data[j+d].total;
         //每次循环左移间距d,每一趟内循环最多进行⌊j/d⌋+1次插入位置查找
```

```c
//待插入结构体元素j+d的前一个元素j,为该分组有序序列的最后一个位置的元素
for(i=j+d;i>d-1&&data[i-d].total<=insert.total;i-=d)
{
    if(data[i-d].total<insert.total)//三门课成绩总分排序,总分高者排名靠前
        move=1;
    else if(data[i-d].total==insert.total)
    {    //若总分相同,再依次按照C、PHP、Python分数高低进行排序
        //C分数高者排名靠前,若C分数相同,再依次根据PHP、Python分数高低排名
        if(data[i-d].score[0]<insert.score[0])
            move=1;
        else if(data[i-d].score[0]==insert.score[0])
        {
            if(data[i-d].score[1]<insert.score[1])
                move=1;
            else if(data[i-d].score[1]==insert.score[1])
            {
                //总分和两门课程分数相同的元素,第三门课程分数必然也相同
                //并列考生按考号从小到大,考号大者为data[i-d]的排名减1
                //临时排名生成为0、-1、-2、-3,便于后续输出并列排名名次
                if(data[i-d].num>insert.num)
                {    //排序间隔d为1时,再进行排名计算
                    if(d==1)data[i-d].rank=data[i-d].rank-1;
                    move=1;
                }
                else    //排序间隔d为1时,再进行排名计算
                    if(d==1)insert.rank=data[i-d].rank-1;
            }
        }
    }
    if(move==1)    //后移标志move为1
    {    //小于待插入结构体元素insert的结构体数组元素依次后移一个间隔d的位置
        data[i].num=data[i-d].num;
        strcpy(data[i].name,data[i-d].name);
        data[i].gender=data[i-d].gender;
        strcpy(data[i].addr,data[i-d].addr);
        data[i].score[0]=data[i-d].score[0];
        data[i].score[1]=data[i-d].score[1];
        data[i].score[2]=data[i-d].score[2];
        data[i].rank=data[i-d].rank;
        data[i].total=data[i-d].total;
        move=0;    //后移标志move重置0
    }
    else
        break;    //后移标志move为0,表明不需要移动元素,跳出循环
}
//在前面有序序列中找到合适的插入位置i,完成插入
data[i].num=insert.num;
```

```
                strcpy(data[i].name,insert.name);
                data[i].gender = insert.gender;
                strcpy(data[i].addr,insert.addr);
                data[i].score[0] = insert.score[0];
                data[i].score[1] = insert.score[1];
                data[i].score[2] = insert.score[2];
                data[i].rank = insert.rank;
                data[i].total = insert.total;
            }
    }
    //并列排名考生的临时排名为 0、-1、-2、-3,和 j+1 相加后,输出的排名名次相同
    //非并列排名考生的排名初值为 0,输出的排名名次就为当前位置值 j+1
    for(j=0;j<n;j++)
        data[j].rank = j + 1 + data[j].rank;
}
```

运行结果:

```
请选择结构体数组元素插入排序算法('a'-直接插入排序 'b'-折半插入排序 'c'-希尔插入排序):c
考号    姓名    性别    地址                总分    C       PHP     Python   总排名
23006   Wu      M       No.15 Heping Road   274.0   95.0    85.0    94.0     1
23005   Zhou    F       No.15 Heping Road   274.0   95.0    84.0    95.0     2
23008   Wang    F       No.30 Gonghe Road   274.0   95.0    84.0    95.0     2
23010   Chen    F       No.12 Fuzhou Road   225.0   71.0    70.0    84.0     4
23003   Sun     M       No.19 Huashan Road  225.0   70.0    71.0    84.0     5
23004   Li      F       No.19 Huashan Road  225.0   70.0    71.0    84.0     5
23009   Feng    M       No.12 Fuzhou Road   225.0   70.0    71.0    84.0     5
23002   Qian    F       No.19 Huashan Road  225.0   65.0    75.0    85.0     8
23001   Zhao    M       No.19 Huashan Road  224.0   79.0    58.5    86.5     9
23007   Zheng   M       No.30 Gonghe Road   224.0   64.0    75.0    85.0     10
```

程序说明:

(1)头文件 Insert_Sort_Funcs.h:用户自定义结构体类型 struct Student,声明 3 个省略 extern 的外部函数"直接插入排序、折半插入排序、希尔插入排序"。

(2)主函数文件 main.c:主函数中通过"#include "Insert_Sort_Funcs.h""包含了用户自定义的头文件 Insert_Sort_Funcs.h,通过"choice = getchar();"输入字符变量 choice,根据 choice 字符值,选择调用对应的直接插入排序、折半插入排序、希尔插入排序子函数。

(3)外部函数文件 Insert_Sort_Funcs.c:定义了 4 个函数。

直接插入排序函数"void Direct_Insert_sort(struct Student data[ ],int n)"有 2 个形参变量,一个是自定义的 struct Student 结构体类型数组 data,用于保存考生数据;另一个是 int 型变量 n,保存结构体数组长度。每趟内循环进行插入位置查找时,需要根据总分、三门课每门的成绩、考号进行多重分支的比较,为简化频繁的结构体数组元素后移时,编写重复的结构体数组元素成员赋值代码,设置一个后移标志 move 初值置 0,若满足后移条件则令 move = 1,本次插入位置查找完成后,再根据 move 是否为 1,进行一次当前比较的结构体数组元素的后移。

折半查找函数"int Binary_Insert_search(struct Student data[ ],int n,struct Student key)"有 3 个形参变量,前 2 个形参变量同直接插入排序,第 3 个形参是要查找的 struct Student 结构体类型数组元素 key。每趟折半查找,也需要根据总分、三门课每门的成绩、考号进行多重分支

的比较,为简化程序逻辑和分支数量,引入 left 标志初值置 0,只处理确定需要在前半部分继续查找的分支,令 left = 1。本次折半查找处理完成后,再根据 left 是否为 1,确定下次折半查找的范围。由于考生考号唯一,所以不可能查到两个一模一样的考生信息,折半查找函数返回值 low 只能是而且必须是结构体数组元素有效范围内的一个插入位置值。

折半插入排序函数"void Binary_Insert_sort(struct Student data[ ],int n)"有 2 个形参变量,同直接插入排序。外循环 j 实现 n - 1 趟插入,对于第 j 趟插入,首先调用折半查找函数 Binary_Insert_search,得到待插入的结构体元素的插入位置 loc,然后从 loc ~ j 位置,把所有小于待插入结构体元素 insert 的结构体数组元素依次后移一个位置。

希尔插入排序函数"void Shell_Insert_sort(struct Student data[ ],int n)"的 2 个形参变量同直接插入排序。希尔插入排序的思想是,先把整个待排序序列分成若干个子序列分别进行直接插入排序,待整个序列"基本有序"时,再对待排序序列进行一次直接插入排序。希尔插入排序又称缩小增量排序,本例中二分法的固定增量从 d = n/2 开始,将待排序的结构体数组元素序列,按固定增量 d 分成若干个组,例如,第 0、0 + d、0 + 2 * d、…、0 + m * d 分到第 1 个分组,第 1、1 + d、1 + 2 * d、…、1 + m * d 分到第 2 个分组,一直到第 d - 1、d - 1 + d、d - 1 + 2 * d、…、d - 1 + m * d 分到第 d 个分组,元素等距地分布在 d 个不同组中,然后再在每个组内进行直接插入排序。每次循环结束后,d/ = 2 缩小 d 到原来的一半,如果 d >= 1,进行下一次希尔插入排序,直到 d < 1 结束。当 d = 1 时,实际上是对整个基本有序的序列进行最后一次直接插入排序。

注意:上面分组举例中为方便起见,假设各分组的元素个数一致,实际中分组元素个数有可能并不完全相等,即部分分组的元素个数会少 1 个。

(4)函数的嵌套调用。程序运行后输入字符'c',折半插入排序函数 Binary_Insert_sort 在被主函数 main 调用的过程中,又会调用另一个折半查找函数 Binary_Insert_search。这种在调用一个函数的过程中,又对另一个函数进行调用的过程称为函数的嵌套调用。

5.3.2 局部变量和全局变量

1. 变量的作用域

每一个变量都有一个有效范围,这个有效范围就是变量的作用域。按照作用域范围的不同,可以把变量分为局部变量和全局变量。

(1)局部变量:也称内部变量,是在函数内部定义的变量,只在本函数范围内有效,也就是只能在本函数内才可以引用的变量,此函数外不能使用该变量。

函数的开头定义的变量,即只在函数体的声明部分定义的变量,只能在本函数内部引用。无论子函数开头,还是主函数开头定义的变量,也都只能在各自的函数中有效,不可以使用其他函数中定义的变量。

函数的形参也只在定义它的函数中有效,其他函数中不能直接引用形参。即使是数组名作为形参,从实参到形参的数据传递来看,二者分配不同的存储单元,形参也只是在函数范围内有效,是一个局部变量,只是其存储值是和实参相同的地址值,二者所指向的是同一个数组空间而已。

一个函数内部的复合语句中定义的变量只在本复合语句中有效。局部变量允许不同函数或者复合语句中可以使用同名变量,但它们代表不同的对象,会分配不同的内存空间,互不干扰。

(2)全局变量:也称外部变量,是指在函数外部定义的变量,其有效范围为从定义变量的位置开始到本源文件结束,可为本文件中全局变量定义位置之后的各个函数所共用。

除了函数的返回值可以用作函数间的数据传递外,通过全局变量也可以增加函数间的数据传递渠道。但建议限制使用全局变量,非必要不使用。这是因为全局变量不仅从定义开始到程序结束全程占用存储单元,而且它可以在同一源文件的函数间,甚至不同源文件的函数间进行数据传递,这大大降低了程序的可靠性、通用性、可移植性、清晰性。

函数只有一个返回值,当需要多个返回值时,全局变量是一种不得已的解决方法,从函数间数据传递的安全性考虑,更好的方式是使用数组名作形参或者将在后续章节介绍到的指针变量类型作形参来解决。

【例5-10】分块查找。利用一维数组名、结构体数组名、全局变量传递方式,编写分块查找程序,解决整体有序的整数序列查找问题。

思路分析:分块查找也称索引顺序查找,是顺序查找的一种改进方法,它把待查找的序列表分成若干子表(也称块),在此基础上建立块索引表进行查找的方法。分块查找的前提是待查找序列表要么整体有序,要么分块有序。所谓分块有序是指第二个子表中所有元素值都要大于第一个子表中的最大元素值,第三个子表的所有元素值都要大于第二个子表中的最大元素值,依此类推。

本例只针对整体有序的整数序列表,分块后建立的索引表自然满足分块有序且按升序排列的要求。查找过程包含建立块索引顺序表和分块查找两步:

第1步,建立块索引顺序表。首先按序将序列表的元素分块,总块数假定为 BLOCKS 块(相同值的元素需要放在一个块内,每块的元素个数不等,甚至可能有无效的空块)。然后为每个块建立一个表项,每个表项由对应块的最大元素值(也称关键字)、该块在序列表中的起始位置和结束位置组成。索引顺序表保存在一个结构体类型数组中,该数组的每个元素就是一个索引表的表项。

第2步,分块查找。查找过程分两步,首先利用折半查找,在索引顺序表中确定待查关键字可能存在哪一个具体的块中,接着在对应的块中,从该块的起始位置到结束位置,依次进行顺序查找。

程序代码:

```
#include<stdio.h>
#define BLOCKS 4         //宏定义总块数
int index=0;             //全局变量 index,关键字在索引表中的位置
struct index             //定义索引块结构
{
    int key;             //块的关键字
    int start;           //块的起始值
    int end;             //块的结束值
};

//顺序查找。针对无序和有序序列,从元素开头依次查找
int BSequence_search(int data[],int n,int key)
{
    int i;
    for(i=0;i<n;i++)
        if(data[i]==key)return i;  //查找到该值,跳出循环
```

```c
        return -1;                                  //没查到,返回-1
}

//折半查找。针对索引顺序表,无论能否查找到,都要返回一个该值应该所在块索引位置值
int BBinary_search(struct index data[],int n,int key)
{
    int low=0,high=n-1,mid;
    while(low<=high)
    {
        mid=(low+high)/2;
        if(data[mid].key==key)return mid;            //查找关键字成功,返回所属的块索引
        else if(data[mid].key>key)high=mid-1;        //前半部分序列继续查找
        else low=mid+1;                              //后半部分序列继续查找
    }
    if(low>n-1)low=-1;                               //未查找到该值所属的块索引,返回-1
    return low;                                      //查找到该值所属的块索引,返回块索引
}

//建立索引顺序表。元素整体有序,总块数为BLOCKS,每块的元素个数不定,可能有空块
int BEstablish_index_table(struct index index_table[],int data[],int n)
{
    int i,j,k=0,ave,block;
    for(i=0,block=0;i<n&&block<BLOCKS;i++,block++)
    {
        if((n-i)%(BLOCKS-block)==0)
            ave=(n-i)/(BLOCKS-block);                //动态调整每块的平均元素个数ave
        else
            ave=(n-i)/(BLOCKS-block)+1;
        index_table[block].start=i;                  //确定每块范围对应的起始位置
        i+=ave-1;                                    //确定每块范围对应的结束位置
        if(i<n)index_table[block].end=i;
        else   index_table[block].end=n-1;
        index_table[block].key=data[index_table[block].end];
        //针对值相同元素,调整每块范围对应的位置结束值
        for(j=index_table[block].end+1;j<n;j++)
            if(data[j]==index_table[block].key)
            {
                index_table[block].end++;            //当前块的结束位置后移
                i++;                                 //下一块的起始位置也后移
            }
    }
    return block;      //返回建立的有效索引表的块数,有些块可能为空块
}

//分块查找。首先利用折半查找确定关键字可能存在哪一个具体的块中,接着在该块中进行顺序查找
int BBlock_search(struct index index_table[],int valid_BLOCKS,int data[],int key)
{
    int loc=-1;     //loc初值置为-1,表示关键字没查到
    //在0~valid_BLOCKS有效索引顺序表内进行折半查找,确定在哪个块中
    index=BBinary_search(index_table,valid_BLOCKS,key);
```

```
    //确保index是0~valid_BLOCKS的一个有效块,在该块中顺序查找,求出在块中的相对位置
    if(index>=0&&index<valid_BLOCKS)
        loc=BSequence_search(&data[index_table[index].start],
                    index_table[index].end-index_table[index].start+1,key);
    if(loc!=-1)loc+=index_table[index].start;//求在元素序列表中的实际位置
    return loc;
}

int main()
{
    int a[10]={-8,-6,10,18,18,18,30,85,89,99};//数组a正序有序
    int b[5]={-9,-8,18,99,100},i,n=10,m=5;   //数组b是待查序列
    //valid_BLOCKS为建立索引表后的有效块数,loc为关键字在元素序列表中位置
    int valid_BLOCKS,loc;
    struct index index_table[BLOCKS];          //定义索引表为结构体数组
    //分块查。输出查找到的元素位置和块位置
    for(i=0;i<BLOCKS;i++) //初始化索引表
    {
        index_table[i].start=-1;
        index_table[i].end=-1;
        index_table[i].key=0;
    }
    //建立索引表并返回有效的总块数,有些块为空块
    valid_BLOCKS=BEstablish_index_table(index_table,a,n);
    for(i=0;i<valid_BLOCKS;i++)                 //输出索引表中的有效块信息
        printf("index_table[%d].key=%d start=%d end=%d\n",i,
                index_table[i].key,index_table[i].start,index_table[i].end);
    for(i=0;i<m;i++)
    {
        loc=BBlock_search(index_table,valid_BLOCKS,a,b[i]);
        printf("分块查找:数值%3d 位于索引顺序表第%2d 块 元素序列表第%2d 个位置 \n",
                                                b[i],index,loc);
    }
    return 0;
}
```

运行结果:

```
index_table[0].key=10 start=0 end=2
index_table[1].key=18 start=3 end=5
index_table[2].key=85 start=6 end=7
index_table[3].key=99 start=8 end=9
分块查找:数值 -9 位于索引顺序表 第 0 块    元素序列表第 -1 个位置
分块查找:数值 -8 位于索引顺序表 第 0 块    元素序列表第  0 个位置
分块查找:数值 18 位于索引顺序表 第 1 块    元素序列表第  3 个位置
分块查找:数值 99 位于索引顺序表 第 3 块    元素序列表第  9 个位置
分块查找:数值100 位于索引顺序表 第 -1 块 元素序列表第 -1 个位置
```

程序说明:

(1)"int index=0;"定义了一个全局变量index,表示查到的关键字在索引顺序表中的位

置。主函数 main 中,希望输出所查关键字在索引顺序表中的哪个块,序列表中的哪个元素位置,但是分块查找函数 BBlock_search 只能返回一个函数值 loc,该返回值是关键字在序列表中的位置。主函数 main 中想要获得关键字在索引顺序表中的块位置,只能通过全局变量 index 进行函数间的数据传递。

(2)主函数通过"valid_BLOCKS = BEstablish_index_table(index_table,a,n);",调用函数 BEstablish_index_table 建立索引顺序表,目标是建立总块数为 BLOCKS 块的顺序索引表,但有可能有相同值的元素,所以分块中会动态调整每块的元素个数,这可能导致各分块的元素个数不等,甚至可能有空块。该函数需要返回建立的有效索引表的块数 block 到主函数 main,并赋值给 valid_BLOCKS,后续的查找是在有效块上进行的。

(3)主函数 main 针对每个待查关键字,循环调用函数 BBlock_search 在有效块上进行分块查找,并通过 printf 函数输出查找到的信息。

执行"loc = BBlock_search(index_table,valid_BLOCKS,a,b[i]);",在有效块上调用块查找函数 BBlock_search。该函数首先调用折半查找函数 BBinary_search,确定待查关键字可能存在的块,查找时有可能索引表项保存的某块的最大值正好等于待查关键字,但多数情况下并非如此碰巧,只能确定待查关键字所在块位置,所以即使没有准确查到该关键字,也要返回该关键字所属的块索引 low,如果 low > n − 1,表明超出有效块范围,确定该关键字不在任何有效块中 low = −1。函数返回 low 到调用函数 BBlock_search,并赋值给全局变量 index。

接着,调用顺序查找函数 BSequence_search,在全局变量 index 所表示的块中 data[index_table[index].start] ~ data[index_table[index].end],定位关键字在整个序列表中实际位置。函数返回查到的实际位置值 loc 到调用函数 BBlock_search,若该元素查找不到,返回的位置值 loc = −1。

BBlock_search 函数每处理完一个待查关键字,主函数通过"printf("分块查找:数值%3d 位于索引顺序表第%2d 块 元素序列表第%2d 个位置\n",b[i],index,loc);"输出该关键字 b[i]、索引顺序表第 index 块(−1 表示块不存在)、元素序列表第 loc 位置(−1 表示元素不存在)。

*2. 局部变量的存储类型

变量的存储方式分为静态存储和动态存储两种方式。静态存储是指在程序运行期间由系统分配固定的存储空间的方式,变量在程序运行的整个过程都是存在的;而动态存储则是指在程序运行期间,使用时才临时分配存储空间,使用完就立刻释放的分配方式,其内存的分配和释放是动态的。例如,函数的形参变量只有在函数被调用时才为其临时分配存储单元,函数调用结束后就释放,变量也就不复存在。如果一个函数被多次调用,变量的存储单元就反复分配、释放。

在 C 语言中,变量和函数都具有两个属性,数据类型和数据的存储类型。根据存储方式,C 变量的存储类型包括 4 种类型:自动(auto)、静态(static)、寄存器(register)、外部(extern)。不能单独指定变量的存储类型,只能在声明变量时指定,若不显式地指定,系统会隐含地指定为某一种存储类型,所以变量定义的完整形式为:

[存储类型说明符] 数据类型说明符 变量名

局部变量的存储类型有:

(1)自动变量(auto,动态存储方式):自动变量用关键字 auto 作存储类型声明,由系统分配动态存储空间,存储在动态存储区。关键字 auto 默认可省略,程序中大多数省略了关键字 auto 的局部变量,被隐含地指定为自动变量,例如函数的形参、函数中定义的局部变量以及函数的复合语句内定义的局部变量。每次函数调用时,自动变量重新另分配存储单元,重新赋初值(若未赋初值,其值将是一个不确定的值),每次函数调用结束后释放存储单元。

(2)静态局部变量(static,静态存储方式):静态局部变量用关键字 static 作存储类型声明,由系统分配静态存储空间,存储在静态存储区。static 局部变量的特点是,在编译时静态局部变量赋初值且只赋初值一次,若未赋初值则由编译器自动赋初值(数值型变量赋 0,字符型变量赋空字符'\0'),函数调用结束,其所分配的存储单元并不释放,且在函数再次调用时无须再重新赋初值,而是继续使用上次调用时保留的该变量值。显然,程序运行中的静态局部变量,一次定义全程有效。另外,虽然其值可以在多次调用时被连续使用,但其作用域的有效范围也只是本函数,只能在本函数内引用,其他函数不能引用。

(3)寄存器变量(register,动态存储方式):寄存器变量用关键字 register 作存储类型声明,存储在 CPU 中的寄存器中,以提高程序执行效率。目前,多数编译系统已经可以自动识别高频度引用的局部变量,并能自动存储在寄存器中,所以用户没有必要显式地去指定寄存器变量类型。

*3. 全局变量的存储类型

全局变量也称外部变量,由系统分配静态存储空间,存放在静态存储区,其存储类型并不是为指定不同的存储方式,而是为了扩展或者限制外部变量的作用域。全局变量既可以用来扩展外部变量在本文件中的作用域,也可以使外部变量的作用域从一个文件扩展到程序中的其他文件,还可以将外部变量的作用域限制在本文件内。

(1)外部变量(extern,静态存储方式):外部变量用关键字 extern 作存储类型声明,由系统分配静态存储空间,存储在静态存储区。

系统在编译过程中遇到 extern 时,先在本文件中查找对应的外部变量的定义,如果找到,就在本文件中扩展作用域。如果外部变量并非在源文件的开头定义,其有效范围只是从定义点到文件结束有效,若需要在本文件的定义点之前使用该外部变量,需要在引用之前用关键字 extern 对该变量进行外部变量声明,此时类型可以省略,只需写出外部变量名即可。

```
extern int index;    //extern 对全局变量 int index 进行声明,扩展作用域到声明处
extern index;        //extern 只是对外部变量的声明,类型 int 可以不用指定
```

如果本文件中找不到,就在连接时从其他文件中查找该外部变量的定义。如果从其他文件中找到了,就将其他文件定义的外部变量的作用域扩展到本文件。

(2)静态外部变量(static,静态存储方式):外部变量用关键字 static 作存储类型声明,由系统分配静态存储空间,存储在静态存储区。用 static 对外部变量的声明,限制该外部变量的作用域只能用于本文件。

再次提醒,对于外部变量的存储类型 extern 和 static 的声明,并非指定变量的存储方式,而是限制或者扩展外部变量在文件内或者文件间的作用域。从程序模块化设计的角度,全局变量是一种不得已的解决方法,从函数间数据传递的安全性角度考虑,尽量减少定义和引用全局变量。

5.4 函数的递归调用

现实中的一些问题,可以分解成一个或者多个与原问题性质相同,但规模降低的下一级子问题,而且子问题可以按照类似方式进一步分解,直至得到一个有确定解的子问题,然后通过递推该子问题的解,求得上一级子问题的解,这样一层层地递推回代,最终求得原问题的解,这种解决问题的方式就是递归。通过递归方式来描述和解决的问题,典型的如数学函数阶乘的递归定义、Hanoi(汉诺)塔问题的递归求解、快速排序和归并排序的递归描述。

5.4.1 递归函数的引入

递归是程序设计中一个强有力的工具,一个函数直接或间接地调用函数自己本身,这称为函数的递归调用。通过函数的递归调用来解决递归问题的关键,一是建立问题的函数表示的递归规则,二是给出函数递归调用的终止条件,防止无终止的递归调用。

视频
例5-11

【例 5-11】求 $n!$。利用递归函数编写程序求阶乘,n 为非负整数。

思路分析:令函数 $fact(n) = n!$ 表示原问题,n 比较大时原问题无法直接求解,但可以把原问题规模 n 降一级到 $n-1$,$fact(n) = n! = n \times (n-1)! = n \times fact(n-1)$,此时只要子问题 $fact(n-1)$ 有解,通过递推回代子问题的解,原问题就可以求解,$fact(n) = n \times fact(n-1)$ 是把原问题和子问题的递归关系,用递归函数的方式表达成递归规则来处理。当然子问题 $fact(n-1)$ 还无法直接求解,需再进一步把子问题规模降一级到 $n-2$,$fact(n-1) = (n-1) \times fact(n-2)$,一直分解到子问题 $fact(1) = 1! = 1$,$fact(0) = 0! = 1$,此时 $n = 1$ 或者 $n = 0$ 子问题成为递归的终止条件。可以用下面的递归函数表示递归调用关系:

$$fact(n) = \begin{cases} n \times fact(n-1) & (n > 1) \quad \text{递归规则} \\ 1 & (n = 0, 1) \quad \text{递归终止} \end{cases}$$

程序代码:

```
#include <stdio.h>
#include <stdlib.h>
double fact(int n)
{
    double f;
    static int count =0;//静态局部变量count,作用域的有效范围是所有递归函数fact
    printf("第%d层函数调用 fact(%d) \n", ++count,n);//每次函数调用count前置加1
    if(n<0)
    {
        printf("input data error! \n");
        exit(1);
    }
    else if(n==0||n==1)
        f=1.0;
    else
        f=fact(n-1)* n;
//每次调用返回count后置减1
    printf("第%d层调用返回 fact(%d)=%.0f\n",count--,n,f);
```

```
        return f;
}
int main()
{
    int n;
    printf("请输入一个整数n(n>0):");
    scanf("%d",&n);
    printf("阶乘:%d!=%.0f\n",n,fact(n));
    return 0;
}
```

运行结果:

```
请输入一个整数n(n>0):5
第1层函数调用 fact(5)
第2层函数调用 fact(4)
第3层函数调用 fact(3)
第4层函数调用 fact(2)
第5层函数调用 fact(1)
第5层调用返回 fact(1)=1
第4层调用返回 fact(2)=2
第3层调用返回 fact(3)=6
第2层调用返回 fact(4)=24
第1层调用返回 fact(5)=120
阶乘:5!=120
```

程序说明:

递归函数"double fact(int n)"中通过"static int count=0;"定义了一个静态局部变量 count,其作用域的有效范围是所有递归函数 fact。递归函数每递归调用一层,执行一次 ++count 前置加 1,递归函数每递推回代一层执行一次 count-- 后置减 1,从输入 n=5 后的运行结果可以看到,函数的递归调用顺序和递推回代顺序正好相反。

递归函数 fact(5)的求值过程如图 5-4 所示,可以看到 fact 函数共被调用了 5 次,main()→fact(5)→fact(4)→fact(3)→fact(2)→fact(1),其中 fact(5)是由 main 函数调用的。调用过程中,每次 fact 函数并不是立即求得 fact(n)的值,而是一层一层的递归调用,直到 fact(1)才有确定的值 1,然后再一层一层地递推回代出 fact(2)、fact(3)、fact(4)、fact(5)的值。

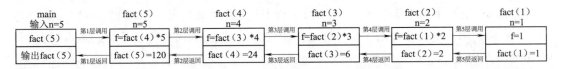

图 5-4 阶乘函数递归调用和递推回代过程

【例 5-12】n 阶 Hanoi(汉诺)塔问题。古代有一个梵塔,塔内有 3 个分别命名为 A、B、C 的塔座。开始时 A 座上有 n 个盘子,盘子大小不等,大的在下,小的在上,从小到大编号依次为 $1,2,\cdots,n$,如图 5-5 所示。有个和尚想把这 n 个盘子从 A 座移到 C 座,但规定每次只允许移动一个盘子,并且在移动过程中,3 个座上的盘子都始终保持大盘在下,小盘在上。假设 $n=64$,

在移动过程中可以借助 B 座，要求编写程序输出移动盘子的步骤。

思路分析：令 $n=64$ 时，假如有另外一个和尚有办法能将上面 63 个盘子从一个座移到另一座，问题就解决了。此时第 1 个和尚只需这样做：

①命令第 2 个和尚先将上面 63 个盘子从 A→B(方法未知)；
②自己将 1 个盘子(最底下、最大的盘子 n 号盘)从 A→C 座；
③再命令第 2 个和尚将 63 个盘子从 B→C(方法未知)。

这就是递归方法，64 个盘子的移动问题规模，降一级为 63 个盘子的移动子问题。接着第 2 个和尚也想，如果能有第 3 个和尚能将上面 62 个盘子从一个座移到另一座，他自己就能将 63 个盘子从 A 座移到 B 座，他是这样做的：

①命令第 3 个和尚将上面 62 个盘子从 A→C(方法未知)；
②第 2 个和尚将 1 个盘子(底下的、次大的盘子 $n-1$ 号盘)从 A→B；
③再命令第 3 个和尚将 62 个盘子从 C→B(方法未知)。

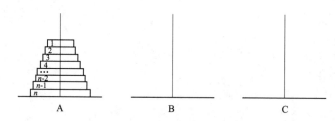

图 5-5　n 阶 Hanoi 塔问题的初始状态

如此把未知问题层层降级，直到找到第 62 个和尚移动上面的 3 个盘子、第 63 个移动上面 2 个盘子，第 64 个移动最上面的 1 个盘子，至此全部工作可以开始。只要第 64 个和尚完成任务，第 63 个和尚的任务就能完成，只有前面第 64 至第 2 个和尚的任务依次递推完成，第 1 个和尚的任务才能完成。

由上面的分析可知，将 n 个盘子从 A 座移到 C 座可以分解为以下 3 个步骤：

①将 A 座上 $(n-1)$ 个盘子借助 C 座先移到 B 座上；
②把 A 座上剩下的一个盘子 n 移到 C 座上；
③将 $(n-1)$ 个盘子从 B 座借助 A 座移到 C 座上。

上面第①步和第③步，都是把 $(n-1)$ 个盘子从一个座移到另一个座上，采取的办法相同，只是座的名字不同而已。因此，可以把上面 3 个步骤分成两类操作：

①hanoi 函数：借助于某个座，将 $(n-1)$ 个盘子从一个座移到另一个座上 $(n>1)$。这就是第 1 个和尚让第 2 个和尚做的工作。通过一个递归的过程，和尚可将任务层层下放，直到第 64 个和尚为止。

②move 函数：移动 n 个盘子时，将最下面剩下的一个标号为 n 的盘子从一个座上移到另一座上 $(n>1)$，这是第 1 个和尚自己做的工作；当 $n=1$ 时，只用移动一个标号为 1 的盘子，这是第 64 个和尚做的工作，递归终止。

把 A 座、B 座、C 座一般化为变量 a、b、c，则递归函数为：

$$\text{hanoi}(n,a,b,c) = \begin{cases} \text{hanoi}(n-1,a,c,b) \\ \text{move}(a,n,c) \\ \text{hanoi}(n-1,b,a,c) \\ \text{move}(a,1,c) \end{cases} \begin{matrix} \text{当 } n>1 \quad \text{递归规则} \\ \\ \\ \text{当 } n=1 \quad \text{递归终止} \end{matrix}$$

程序代码：

```c
#include <stdio.h>
//将n个盘子从A座借助B座移到C座
void hanoi(int n,char A,char B,char C)
{
    static int count=1;
    if(n<0)
    {
        printf("input data error! \n");
        return;
    }
    else if(n==1)
        printf("第%d次:移动盘子%d从%c座--->%c座\n",count++,n,A,C);
                    //把A座上一个盘子1直接移到C座上,相当于执行move(a,1,c)
    else
    {
        hanoi(n-1,A,C,B);     //把A座上n-1个盘子借助C座先移到B座上
        printf("第%d次:移动盘子%d从%c座--->%c座\n",count++,n,A,C);
                    //把A座上剩下的一个盘子n直接移到C座上,相当于执行move(a,n,c)
        hanoi(n-1,B,A,C);     //把B座上n-1个盘子借助A座再移到C座上
    }
}

int main()
{
    int n;
    printf("请输入汉诺塔问题盘子的个数n(n>0):");
    scanf("%d",&n);                //输入要移动的盘子的数量
    hanoi(n,'A','B','C');          //移动n个盘子的步骤
    return 0;
}
```

运行结果：

```
请输入汉诺塔问题盘子的个数n(n>0):3
第1次:移动盘子1从A座--->C座
第2次:移动盘子2从A座--->B座
第3次:移动盘子1从C座--->B座
第4次:移动盘子3从A座--->C座
第5次:移动盘子1从B座--->A座
第6次:移动盘子2从B座--->C座
第7次:移动盘子1从A座--->C座
```

程序说明：

根据运行结果,分析将A座上3个盘子移到C座上的过程：

①将 A 座上 2 个盘子移到 B 座上(借助 C 座,方法未知)。
②将 A 座上 1 个盘子移到 C 座上。
③将 B 座上 2 个盘子移到 C 座上(借助 A 座,方法未知)。
第①步又可用递归方法分解为(借助 C 座):
将 A 座上 1 个盘子从 A 座移到 C 座,A→C;
将 A 座上 1 个盘子从 A 座移到 B 座,A→B;
将 C 座上 1 个盘子从 C 座移到 B 座,C→B。
第②步可以直接实现,把 1 个盘子从 A 座移到 C 座,A→C。
第③步可用递归方法分解为(借助 A 座):
将 B 座上 1 个盘子从 B 座移到 A 座上,B→A;
将 B 座上 1 个盘子从 B 座移到 C 座上,B→C;
将 A 座上 1 个盘子从 A 座移到 C 座上,A→C。
移动 3 个盘子的步骤为:A→C,A→B,C→B,A→C,B→A,B→C,A→C,共经历 7 步。由此可推出,移动 n 个盘子要经历 $2^n - 1$ 步。

从以上两个例子可以看出,当 n 比较大时,人工很难在有限的时间内计算出阶乘的值,也很难解决移动盘子的 hanoi 塔问题,但通过编写行数不多的函数递归调用程序,轻而易举就可以得到结果。递归这种分层解决问题的思想,从编程角度来说确实是一种强有力而且很简洁的方式,但实际中归因于递归时,每层都存在函数调用现场的压栈,占用内存的大小在递归层级数不明确时,对内存的影响存在不确定性,所以一般在编码规范中,递归编程是不建议的。

*5.4.2 快速排序函数的递归调用

【例 5-13】快速排序。利用递归函数编写程序,对指定的 15 个整数,从小到大进行正序排序,并输出正序排序和逆序排序结果。

思路分析:快速排序是冒泡排序的优化,冒泡排序每一趟都会比较相邻的两个元素,实际上有很多次比较都是冗余的。基于分治法实现的快速排序,不断地将所排序列分成两部分,每一部分都递归地求解,其算法步骤如下:

(1)选定序列一半的位置处的元素 pivot 作为一个基准元素,用该基准元素将序列划分为两部分,小于等于 pivot 的一部分 + pivot 本身 + 大于 pivot 的一部分,此时 pivot 在最终的排序位置上。

(2)对小于等于 pivot 的一部分、大于 pivot 的一部分分别进行递归求解,终止条件为 1 个元素自然有序(即不断划分时,某一部分只有 1 个元素,此时该元素即在最终的位置)。

程序代码:

```
#include<stdio.h>
//基于分治法实现快速排序,不断地将所排序列分成两部分递归求解
void quick_sort(int data[],int left,int right)
{
    int p,pivot,i=left,j=right;
    p=(left+right)/2;          //选定一半的位置作为基准
    pivot=data[p];             //该位置的元素作为基准元素 pivot
    //小于等于基准元素 pivot 的元素全部置于其左侧,大于 pivot 的元素全部置于其右侧
    while(i<j)
    {
```

```
                //是基准元素左侧元素且小于等于基准元素,i位置不断增大
                while(i<p && data[i]<=pivot)i++;
                if(i<p)
                {
                    //找到比基准元素pivot大的元素,移动该元素data[i]到data[p]
                    data[p]=data[i];
                    p=i;                    //p的位置记录为位置i
                }
                //是基准元素右侧元素且大于基准元素,j位置不断减小
                while(j>p && data[j]>pivot)j--;
                if(j>p)
                {
                    //找到比基准元素pivot小或相等的元素,移动该元素data[j]到data[p]
                    data[p]=data[j];
                    p=j;                    //p的位置记录为位置j
                }
            }
            data[p]=pivot;                  //基准数pivot放到正确的位置
            if((p-left)>1)                  //基准元素左侧的数组元素个数大于1,快速排序递归
                quick_sort(data,left,p-1);
            if ((right-p)>1)                //基准元素右侧的数组元素个数大于1,快速排序递归
                quick_sort(data,p+1,right);
}
int main()
{
    int a[15]={-25,18,85,18,-100,-8,12,0,6,18,89,30,18,99,-10},n=15,i;
    quick_sort(a,0,n-1);
    printf("正序排序的数组元素:");
    for(i=0;i<n;i++)
        printf("%d ",a[i]);                 //输出正序排序的数组元素
    printf("\n逆序排序的数组元素:");
    for(i=n-1;i>=0;i--)
        printf("%d ",a[i]);                 //输出逆序排序的数组元素
    printf("\n");
    return 0;
}
```

运行结果:

正序排序的数组元素:-100 -25 -10 -8 0 6 12 18 18 18 18 30 85 89 99
逆序排序的数组元素:99 89 85 30 18 18 18 18 12 6 0 -8 -10 -25 -100

*5.4.3 归并排序函数的递归调用

【例5-14】二路归并排序。利用递归函数编写程序,对指定的15个整数,从小到大进行正序排序,并输出正序排序和逆序排序结果。

思路分析:基于分治法实现的二路归并排序,利用二分法不断地把整个序列分为左半部分和右半部分,每一部分都递归地求解,最后依次将两个有序子序列合并为一个子序列的过程,其算法步骤如下:

(1)选定序列一半位置处,把序列划分为左半部分和右半部分两个子序列。

(2)对左半部分和右半部分子序列,分别继续递归划分为左右两个子序列,终止条件为1个元素自然有序(即不断划分时,序列只有 1 个元素时停止),对划分完成的左右两个有序子序列进行递推合并。

程序代码:

```c
#include<stdio.h>
//将两个有序子序列合并为一个子序列
void Merge(int data[],int temp[],int low,int mid,int high)
{
    int len,i=low,j=mid+1,k=0;//i,j分别为两个子序列的游标,k为新合并序列的游标
    len=high-low+1;
    while(i<=mid && j<=high)
    {
        if(data[i]<data[j])
            temp[k++]=data[i++];
        else
            temp[k++]=data[j++];
    }
    while(i<=mid)temp[k++]=data[i++];    //若第一个子序列有剩余,则直接接到尾部
    while(j<=high)temp[k++]=data[j++];   //若第二个子序列有剩余,则直接接到尾部
    for(k=0;k<len;k++)                   //把排好序的临时数组元素写回原数组
        data[low+k]=temp[k];
}

//基于分治法实现二路归并排序,low、high为待归并排序左右子序列的边界值
void Merge_sort(int data[],int temp[],int low,int high)
{
    int mid;
    if(low<high)
    {
        mid=(low+high)/2;                        //划分成左右两个子序列
        Merge_sort(data,temp,low,mid);           //递归调用左子序列
        Merge_sort(data,temp,mid+1,high);        //递归调用右子序列
        Merge(data,temp,low,mid,high);           //合并左右两个子序列
    }
}

int main()
{
    int a[15]={-25,18,85,18,-100,-8,12,0,6,18,89,30,18,99,-10},n=15,i,b[15];
    Merge_sort(a,b,0,n-1);
    printf("正序排序的数组元素:");
    for(i=0;i<n;i++)
        printf("%d ",a[i]);                  //输出正序排序的数组元素
    printf("\n逆序排序的数组元素:");
    for(i=n-1;i>=0;i--)
        printf("%d ",a[i]);                  //输出逆序排序的数组元素
    printf("\n");
    return 0;
}
```

运行结果:

```
正序排序的数组元素:-100 -25 -10 -8 0 6 12 18 18 18 18 30 85 89 99
逆序排序的数组元素:99 89 85 30 18 18 18 18 12 6 0 -8 -10 -25 -100
```

上机实训

1. 求最大值。对输入的 8 个整数,利用函数嵌套编程,通过 max4 函数(求 4 个数的最大值)调用 max2 函数(求 2 个数的最大值)求最大值,并输出结果。

2. 数值排序。利用一维数组名作为函数参数编写程序,分别对输入的 $n(0<n\leqslant 10)$ 个整数按照从小到大进行正序排序,并输出正序排序和逆序排序结果。要求利用子函数分别实现:
(1)冒泡排序算法。
(2)选择排序算法。
(3)插入排序算法。

3. 关键字查找。在 n 个有序整数序列表中,利用一维数组名作为函数参数,对输入的关键字进行查找,并输出查找结果。要求利用子函数分别实现:
(1)顺序查找算法。
(2)折半查找算法。

4. 字符串排序。利用二维数组名作为函数参数编写程序,分别对输入的 $n(0<n\leqslant 10)$ 个字符串按照从小到大进行正序排序,并输出正序排序结果。要求利用子函数分别实现:
(1)冒泡排序算法。
(2)选择排序算法。
(3)插入排序算法。

5. 成绩排名。利用结构体数组名传递方式,编写直接插入排序、折半插入排序、希尔插入排序的外部函数程序。对指定的 10 个考生成绩按照从高到低进行排名,并输出排序结果。要求:
(1)先按照 C、PHP、Python 三门课成绩总分排序,总分高者排名靠前。
(2)若总分相同,再依次按照 C、PHP、Python 分数高低进行排序,C 分数高者排名靠前,若 C 分数相同,再依次根据 PHP、Python 分数高低排名。
(3)若三门课程分数都相同,按考号顺序从小到大排序,输出的排名名次相同,为并列排名。

6. 求平均成绩。利用一维数组名作为函数参数和全局变量编写程序,对一维数组存放的 n 个学生的成绩,通过子函数求其成绩的平均分、最高分、最低分(这 3 个变量为全局变量),并在主函数中输出成绩的平均分、最高分、最低分。

7. 分块查找。在 n 个有序整数序列表中,利用一维数组名、结构体数组名、全局变量传递方式编写分块查找程序,对输入的关键字进行分块查找并输出结果。

8. 字符去除。对一个有若干个字符的字符串,用外部函数以及#include 指令包含函数原型的头文件来编程,输入一个字符,去除字符串中的指定字符。

9. 求阶乘。利用递归函数编写程序,根据下述公式求 n! 的值,并输出结果。

$$n! = \begin{cases} n(n-1)! & (n>1) \quad \text{递归规则} \\ 1 & (n=0,1) \quad \text{递归终止} \end{cases}$$

10. 二阶 Fibonacci 数列。利用递归函数编写程序，根据下述公式求数列 Fib(n) 的值，并输出 $n=20$ 的数列结果。

$$\text{Fib}(n) = \begin{cases} \text{Fib}(n-1)+\text{Fib}(n-2) & (n>1) \quad \text{递归规则} \\ 1 & (n=1) \\ 0 & (n=0) \end{cases} \text{递归终止}$$

11. n 阶 Hanoi(汉诺)塔问题。利用递归函数编写程序，对于 n 个圆盘和 A、B、C 三个座，根据下述递归函数表示的递归调用关系，输出 $n=5$ 的移盘方案(以哪一座为中转，从哪一个座移到哪一个座)。

$$\text{hanoi}(n,a,b,c) = \begin{cases} \begin{rcases} \text{hanoi}(n-1,a,c,b) \\ \text{move}(a,n,c) \\ \text{hanoi}(n-1,b,a,c) \end{rcases} \text{当 } n>1 \quad \text{递归规则} \\ \text{move}(a,1,c) \quad \text{当 } n=1 \quad \text{递归终止} \end{cases}$$

12. 整数排序。利用递归函数编写程序，对输入的 $n(0<n\leq 10)$ 个整数，从小到大进行正序排序，并输出正序排序和逆序排序结果。要求利用子函数分别实现：

(1) 快速排序算法。

(2) 二路合并算法。

第 6 章
指针变量类型及应用

学习目标

- 理解指针变量的定义、引用、运算，熟练掌握指针引用一维数组，以及指针变量和数组名的函数参数传递方式。了解二维数组的行指针和列指针，数组指针以及引用二维数组的方式。
- 熟练掌握字符指针变量和字符数组名引用字符串以及传递函数参数的方式，了解指针数组引用字符串的处理方式。
- 了解函数指针变量调用函数和传递函数参数的方式，理解函数返回值为指针类型的指针函数。
- 熟悉结构体指针引用结构体变量和结构体数组以及传递函数参数的方式，理解结构体指针作为函数返回值的方式。
- 具有应用指针变量和一维数组名作为函数参数的程序设计能力。
- 具有应用字符指针和字符数组名作为函数参数处理字符串的编程能力。
- 具有应用结构体指针引用结构体变量和结构体数组以及作为函数参数和返回值的程序设计能力。

6.1 指针变量

指针是内存中的地址单元编号，指针变量不同于普通变量，它存储的内容是地址值，可以指向不同类型的变量，而且可以通过地址值来间接访问变量的内容。

6.1.1 地址与指针

计算机内存是以字节为单位的连续存储空间，内存区的每个字节都有一个唯一的编号，这个编号就是内存地址。如果在程序中定义一个变量，编译系统会根据所定义的变量类型，在内存的用户数据区为其分配一定字节数的空间，一般基本类型的 int 型分配 4 个字节，char 型 1 个字节，float 型 4 个字节，double 型 8 个字节。变量所分配的存储单元的第一个字节对应的编号，就是变量地址。例如，下述输入语句中 &x 是变量 x 的地址，数组名 a 和数组名 b 则表示数组首地址。

```
scanf("%d",&x);           //通过地址运算符 & 获取变量 x 的内存地址
int a[10], b[3][5];       //一维数组名和二维数组名代表该数组在内存的首地址
```

显然,变量的存储单元(地址)和变量值(内容)是两个不同概念。引入变量地址后,变量的存取方式发生了变化,可以通过变量名直接访问变量(直接访问),也可以通过变量地址访问变量(间接访问)。

(1)直接访问:编译系统会建立变量名和变量地址对应表,从而可以直接通过变量名对变量进行赋值和引用。通过变量名只是存取变量存储单元中的内容,变量地址本身并不会被改变。如图 6-1 所示,"int x = 504;"语句在定义变量 x 的时候,编译器分配内存单元 2000～2003 共 4 个字节长度,初始化变量 x 的值为 504,通过变量名 x 对变量值的访问是直接访问。

图 6-1　普通变量 x 和指针变量 p 的访问关系

(2)间接访问:如果将变量的地址存放在另一变量中,然后通过另一变量找到该变量的地址,从而访问该变量的内容,即通过变量的地址而不是变量名访问变量单元的内容,称为间接访问。变量的地址指向变量的存储单元,故把地址形象化地称为"指针"。图 6-1 中,"int * p = &x;"语句在定义指针变量 p 的时候,编译器分配内存单元 2024～2027 共 4 个字节长度,初始化变量 p 的值为变量 x 的地址 2000。变量 p 指向变量 x 的存储单元,故把变量 p 形象化地称为"指针 p",指向变量 x 的指针 p,通过 * p 对变量 x 的访问是间接访问。指针变量就是存放地址的变量,应用可直接访问内存地址的指针编写的程序会更简洁、紧凑、高效,其更大的作用主要体现在程序运行中的动态内存分配上。

6.1.2　指针变量定义和引用

1. 指针变量的定义

既然有基本数据类型的变量,如 int、char、float、double 等,就可以有指向这些类型变量的指针。可以通过类型名指定指针变量的基类型,即指定指针变量可以指向的变量的类型。指针变量是基本数据类型派生出来的,它不能离开基本类型而独立存在。更进一步,指针还可以是指向 struct 类型的变量,即可以定义结构体类型指针变量,通过结构体的指针变量成员形成更复杂的链表。

指针变量定义的一般形式为:

```
类型名 * 指针变量名;
```

(1) 定义指针变量时必须指定类型名。为有效存取一个普通变量,除了需要变量的地址信息外,还需要变量的类型信息,变量类型决定了变量在内存中可以分配存储单元大小(字节数)和存储方式(补码还是指数)。对于指针变量,其含义也包括两个方面,以存储单元编号表示的纯地址,即保存的位置信息(如编号为 2000 的地址),所指向的数据的类型信息(如 int、char、float、double 等)。

(2) 指针变量前面的"*"表示该变量为指针型变量,指针变量名则不含"*"。

(3) 指向整型数据的指针类型表示为 int*,读作指向 int 的指针或简称 int 指针。还可以有 char*、float*、double* 指针类型,甚至 struct 结构体指针类型,例如 struct Student* p,表示 struct Student 类型的指针。

(4) 指针变量的赋值。指针变量只能存放地址,不能将一个整数值直接赋给一个指针变量。例如,"int* p = 10000;"不合法,这是由于 C 语言中的地址都是带类型的地址,除了位置信息还需要类型信息。"int* p = (int*)10000;"合法,对整数强制类型转换。但一般不直接这样用,而是通过 & 取得变量的地址,或赋值为数组名。

2. 指针变量的引用

两个指针相关的运算符是"&""*"。& 取地址运算符,&x 是取变量 x 的地址。* 指针运算符,*p 代表指针变量 p 所指向的变量,访问被指向变量的值。通过这两种指针运算符,对指针变量的引用方式有:

(1) 对指针变量赋值:用 & 符号得到变量地址并赋值给指针变量。

```
//定义整型变量 x 和 y 并赋初值 504 和 425,定义整型指针变量 p 并把变量 y 的地址赋给 p
int x = 504, y = 425, *p = &y;
p = &x;    //把变量 x 的地址赋给指针变量 p
```

(2) 引用指针变量指向的变量:通过指针运算符*,来访问指针变量所指向的变量。

```
//将整数 303 赋给 p 当前所指向的变量,由于 p 指向变量 x,相当于修改变量 x 的值,x = 303
*p = 303;
printf("%d",*p); //以整数形式输出指针变量 p 所指向的变量的值,即 x 的值
```

(3) 引用指针变量的值:访问指针变量的值,即所指向变量的地址。

```
//以八进制形式输出指针变量 p 的值,由于 p 指向 x,相当于输出 x 的地址,即 &x
printf("%o",p);
```

数组名是一个地址,它指向数组元素的首地址,通过数组名作为函数参数进行数据传递,可以隐式地实现整个数组元素的传入和传出。对于指针类型的变量,它本身存储的就是地址值,也可以作为函数的参数,把一个变量的地址、数组元素的地址、甚至整块内存空间比如数组的某个元素开始的地址,传送到一个函数中,隐式地实现数据的传入和传出。"printf("%o", p);"输出语句,就把指针 p 所指向的变量 x 的地址值传递给 printf 函数。

指针和数组的关系最为复杂,有指针型数组、数组型指针、字符指针,指针和函数、指针和结构体的组合关系也都将在后面章节展开。本章中大部分例子都是前面章节中的例子加入指针后的重写,特别是指针变量作为函数参数后,不仅可以替代数组名,还可以替代普通变量,隐式地增加了更多函数间数据传递的方式。这样,既可以通过子函数修改变量或者数组的值,又不会影响函数的隔离性。同时,这也为更多重复功能的函数化和模块化提供了便利性,通过前

后章节例子的对比,可以看到加入指针功能后的代码程序更简洁、更紧凑、更高效。

6.2 数组指针

指针变量不仅可以引用数组的单个元素,而且可以和数组名通用,一起作函数的实参和形参。另外,作为数组型指针(简称数组指针),还可以引用二维数组的一行,这时的数组指针也称为行指针。

6.2.1 指针引用一维数组

1. 指针引用数组元素

编译器会为一个数组在物理内存中划出一片连续的存储空间,每个数组元素都占用一定的存储空间,也都有相应的存储单元地址。如果定义的指针变量存储的地址是数组元素的地址,这个指针就是指向数组元素的指针。

定义一个整型数组 a,包含 10 个数组元素 a[0]~a[9],每个数组元素占用 4 个字节的空间。其中 a 是一维数组名,表示一维数组中起始元素 a[0]的地址,是一个常量地址。通过 & 取地址运算符,可得到每个数组元素的地址 &a[0]~&a[9],其中 &a[0]为起始元素 a[0]的地址。定义一个 int 型指针变量 p,令 p = &a[0]或 p = a,指针 p 指向了数组的首个元素,建立了指针 p 和数组 a 之间的关系。

```
//定义 a 为包含10个整型数据的数组,p 为指向整型变量的指针变量
int a[10]={5,9,0,-8,86,32,100,-58,18,-100},*p;
p=&a[0]; //取 a[0]元素的地址赋给指针变量 p
p=a;     //p 赋为一维数组名 a,表示首元素 a[0]元素的地址,等价于 p=&a[0]
```

指针变量 p 和数组 a 之间的关系如图 6-2 所示。p、a、&a[0]都代表了数组的首地址,可以通过下标法、指针法、数组名法三种等价的方法来引用数组元素。下标法引用一个数组元素,如 a[i]的形式;指针法和数组名法,如 *(p+i) 或 *(a+i)。

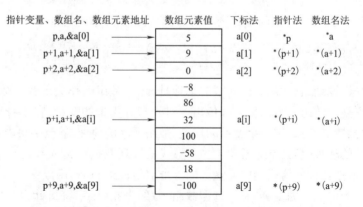

图 6-2 指针变量和一维数组之间的关系

数组元素 a[i]可以通过 & 取地址运算来计算数组元素地址。&a[i]是数组中序号为 i 的元素的地址,a[i]是该元素的值。C 编译系统中,下标[ ]实际上是变址运算符,将 a[i]转换为

a+i 处理,即先计算元素地址,然后获取此地址单元中的值。

数组名 a 是数组首个元素的地址,可通过数组名计算数组元素地址。a+i 是数组中序号为 i 的元素的地址,*(a+i) 是该元素的值。注意数组名是一个地址常量,不能使用 a++、a-- 自增/自减的类似操作来改变地址值。

指针变量 p 指向数组元素,其初值 p=a。p+i 是数组中序号为 i 的元素的地址,*(p+i) 是该元素的值。指针变量可以通过自增运算 p++、++p,自减运算 p--、--p,使 p 的值不断有规律地改变,从而指向不同的元素。用指针变量直接指向数组元素,通过自增/自减操作有规律地改变地址值的方式,能大大提高程序执行效率,因为它不必像数组元素下标引用时每次都要先重新计算地址,然后再取值。

指针变量 p 和数组名 a 都代表了数组的首地址,所以 p+i 和 a+i 是数组元素 a[i] 的地址 &a[i],它们都指向数组元素 a[i]。*(p+i) 或 *(a+i) 是 p+i 或 a+i 所指向的数组元素,即 a[i]。数组和指针有如下等价关系:

```
地址等价:&a[i] = a + i = p + i
元素等价:a[i] = *(a + i) = *(p + i)
```

执行 p+i 时并不是将 p 的地址值简单地加 i,而是根据定义的基类型加上"一个数组元素所占用的字节数*i"。反之,p-i 则是减去"一个数组元素所占用的字节数*i"。自增运算 p++,每次加上一个数组元素所占用的字节数,而自减运算 p--,每次减去一个数组元素所占用的字节数。

两个指针可以相减但不能相加,例如 p1-p2(p1 和 p2 必须指向同一数组),结果不是纯地址值本身相减的值,而是两个地址间数组元素的个数。

注意:指针变量引用数组元素的方式很不直观,很难判断出当前处理的是哪一个元素,编程时指针操作可能会产生越界问题,越界后的结果将不可预期!

2. 指针运算符的优先级和结合性

【例 6-1】指针组合运算。通过编程来对比和理解,由指针变量 p、指针运算符 *、自增运算符 ++、自减运算符 -- 的不同结合顺序,产生如下几类组合运算:

① 指针自增/自减或指针运算符 * 组合:p++、++p、p--、--p、*p;
② 指针运算符 * 和后置自增组合:*p++、*(p++)、(*p)++;
③ 指针运算符 * 和前置自增组合:*++p、*(++p)、++*p、++(*p);
④ 指针运算符 * 和前置自减组合:*--p、*(--p)、--*p、--(*p);
⑤ 指针运算符 * 和后置自减组合:*p--、*(p--)、(*p)--。

思路分析:指针 p 引用具有 10 个元素的一维数组 a,通过 printf 函数输出数组名 a 的地址、组合运算本身的结果(指针变量 p、指针运算符 *、自增运算符 ++、自减运算符 -- 的不同结合顺序的运算结果,可能是数组元素的地址,或者是数组元素),每次组合运算后 *p 的结果以及组合运算所代表的数组元素。程序中每种组合运算都有详细的注释说明。

下面结合单目运算符 ++ 和 -- 的优先级和结合性,分析和对比几类具有技巧性和代表性的组合运算符。假设每个组合开始时指针 p=&a[i],指向数组 a 的元素 a[i]。

(1) p++、*p:p++ 先引用 p 的值,即指向 a[i],然后再使 p 加 1 指向下一元素 a[i+1],*p 就是元素 a[i+1]。

(2) ++p、*p:p 先加 1 指向下一元素 a[i+1]，再引用 p 的值，*p 就是 a[i+1]。

(3) *p++、*(p++)、(*p)++：由于 ++ 和 * 同优先级，结合方向自右而左，因此在语义上 *p++ 等价于 *(p++)，而不是 (*p)++。

*p++ 和 *(p++) 都是先引用 p 的值，实现 *p 的运算，然后 p 再 ++，相当于 a[i++]。

(*p)++：先实现 *p 的运算，然后 *p 的值再 ++，相当于 a[i]++。

注意：*p++ 和 *(p++) 加不加括号效果都一样，没有任何区别。那种认为加上括号就可以实现指针 p 先加 1 再引用的理解是错误的。要达到先加 1 的效果，需要使用"*++p"。

(4) *++p、*(++p)、++*p、++(*p)：同样的，由于 ++ 和 * 同优先级，结合方向自右而左，因此 *++p 等价于 *(++p)，++*p 等价于 ++(*p)。

*++p 和 *(++p) 都是先使 p 的值 ++，再取 *p，相当于 a[++i]。

++*p 和 ++(*p) 都是先将 *p 的值 ++，再返回 *p 的值，相当于 ++a[i]。

(5) "while(*p++ = *src++);"：在理解 *p++ 的基础上，进一步分析和理解"while(*p++ = *src++);"语句中的后自增运算。后自增运算符的语义虽然明确是"先取值，后加 1"，但 while 语句的条件表达式中同时包含自增、指针引用和赋值，并最终作为控制循环的条件时，所谓的"先取值"究竟"先"到什么地步？

C99 中指出，后自增 ++ 运算符表达式的结果是操作数的值。获得结果后，操作数的值将会被递增，更新操作数存储值的"自增"应发生在上一个"序列点"和下一个"序列点"之间。赋值运算在 C 语言中并不是一个序列点，所以上面的 while 语句的条件表达式中，src 的自增不需在赋值之前发生。但 while 的整个条件表达式的结束却是一个序列点。

while 循环的条件是一个赋值表达式，左侧操作数是 *p++，等价 *(p++)，右侧操作数是 *src++，等价 *(src++)，整个表达式的值将等于赋值完成之后的左侧项。左右两侧是对两个后自增表达式的指针引用，这种指针引用是作用于整个后自增表达式 (p++) 和 (src++)，而不是仅仅作用于 p 或 src，那么根据上面 C99 标准，它们"取"的应该分别是指针 p 和 src 的当前值，而 p 和 src 的自增应发生在上一个"序列点"和下一个"序列点"之间，即只需在下一个序列点之前完成即可。

综上所述，编译器要先分别取得指针 p 和 src 的当前值，基于这个值完成 *src 到 *p 的赋值，同时这个赋值结果作为整个赋值表达式的值，用以决定是否退出 while 循环。然后，在整个表达式结束时的某一时刻，p 和 src 分别被加 1。当整个表达式完全结束之时，既完成了基于 p 和 src 的前值所进行的赋值以及循环条件判断，又完成了 p 和 src 的自增。

也就是说，是否退出 while 循环是由 p 的当前值指针引用 *p 决定的，但即使 while 要退出，在正式退出之前，后自增 ++ 仍要执行，p 仍然要加 1。显然，所谓退出循环，是指不再执行循环体，但控制表达式并非循环体的一部分，它在整个表达式结束之前还会执行。所以在编写这种指针代码时，一定要反复检查，确保当前指针 p 继续后移的操作，不会产生可能的越界问题。

程序代码：

```
#include<stdio.h>
int main()
{
```

```c
//指针p初始化为指向数组a的首元素
int a[10]={5,9,0,-8,86,32,100,-58,18,-100},*p=a;
printf("(1)指针自增/自减:p++、++p、p--、--p\n");
//p++:先引用p的值(指向a[0]),然后再使p加1指向下一元素a[1],*p:a[1]
printf("a=%d p++=%d *p=%d a[1]=%d\n",a,p++,*p,a[1]);
//++p:p先加1指向下一元素a[2],再引用p的值,*p:a[2]
printf("a=%d ++p=%d *p=%d a[2]=%d\n",a,++p,*p,a[2]);
//p--:先引用p的值(指向a[2]),再减1指向上一元素a[1],*p:a[1]
printf("a=%d p--=%d *p=%d a[1]=%d\n",a,p--,*p,a[1]);
//--p:先减1指向上一元素a[0],再引用p的值;*p:a[0]
printf("a=%d --p=%d *p=%d a[0]=%d\n",a,--p,*p,a[0]);
printf("(2)指针运算符* 和后置自增组合:*p++、* (p++)、(*p)++\n");
//*p++:由于++和* 同优先级,结合方向自右而左,因此它等价于* (p++),*p:a[1]
printf("a=%d *p++=%d *p=%d a[1]=%d\n",a,*p++,*p,a[1]);
//* (p++):先引用p的值,实现*p的运算,然后p再++,相当于a[i++],*p:a[2]
printf("a=%d * (p++)=%d *p=%d a[2]=%d\n",a,*(p++),*p,a[2]);
//(*p)++:先实现*p的运算,然后*p的值再++,*p:a[2]++
printf("a=%d (*p)++=%d *p=%d a[2]++=%d\n",a,(*p)++,*p,a[2]);
printf("(3)指针运算符* 和前置自增组合:* ++p、* (++p)、++ *p、++ (*p) \n");
//* ++p:由于++和* 同优先级,结合方向自右而左,因此它等价于* (++p),*p:a[3]
printf("a=%d * ++p=%d *p=%d a[3]=%d\n",a,* ++p,*p,a[3]);
//* (++p):先使p的值++,再取*p,相当于a[++i],*p:a[4]
printf("a=%d * (++p)=%d *p=%d a[4]=%d\n",a,*(++p),*p,a[4]);
//++ *p:由于++和* 同优先级,结合方向自右而左,因此它等价于++ (*p),*p: ++a[4]
printf("a=%d ++ *p=%d *p=%d ++a[4]=%d\n",a,++ *p,*p,a[4]);
//++ (*p):先将*p的值++,再返回*p的值,*p: ++a[4]
printf("a=%d ++ (*p)=%d *p=%d ++a[4]=%d\n",a,++ (*p),*p,a[4]);
printf("(4)指针运算符* 和前置自减组合:* --p、* (--p)、-- *p、-- (*p) \n");
//* --p:由于--和* 同优先级,结合方向自右而左,因此它等价于* (--p),*p:a[3]
printf("a=%d * --p=%d *p=%d a[3]=%d\n",a,* --p,*p,a[3]);
//* (--p):先使p的值--,再取*p,相当于a[--i],*p:a[2]
printf("a=%d * (--p)=%d *p=%d a[2]=%d\n",a,*(--p),*p,a[2]);
//-- *p:由于--和* 同优先级,结合方向自右而左,因此它等价于-- (*p),*p: --a[2]
printf("a=%d -- *p=%d *p=%d --a[2]=%d\n",a,-- *p,*p,a[2]);
//-- (*p):先将*p的值--,再返回*p的值,*p: --a[2]
printf("a=%d -- (*p)=%d *p=%d --a[2]=%d\n",a,-- (*p),*p,a[2]);
printf("(5)指针运算符* 和后置自减组合:*p--、* (p--)、(*p)-- \n");
//*p--:由于--和* 同优先级,结合方向自右而左,因此它等价于* (p--),*p:a[1]
printf("a=%d *p--=%d *p=%d a[1]=%d\n",a,*p--,*p,a[1]);
//* (p--):先引用p的值,实现*p的运算,然后p再--,相当于a[i--],*p:a[0]
printf("a=%d * (p--)=%d *p=%d a[0]=%d\n",a,*(p--),*p,a[0]);
//(*p)--:先实现*p的运算,然后*p的值再--,*p:a[0]--
printf("a=%d (*p)--=%d *p=%d a[0]--=%d\n",a,(*p)--,*p,a[0]);
return 0;}
```

运行结果:

(1)指针自增/自减:p++、++p、p--、--p
a=4061320 p++=4061320 *p=9 a[1]=9
a=4061320 ++p=4061328 *p=0 a[2]=0
a=4061320 p--=4061328 *p=9 a[1]=9

```
a=4061320  --p=4061320*p=5 a[0]=5
(2)指针运算符*和后置自增组合:*p++、*(p++)、(*p)++
a=4061320*p++=5*p=9 a[1]=9
a=4061320*(p++)=9*p=0 a[2]=0
a=4061320 (*p)++=0*p=1 a[2]++=1
(3)指针运算符*和前置自增组合:*++p、*(++p)、++*p、++(*p)
a=4061320*++p=-8*p=-8 a[3]=-8
a=4061320*(++p)=86*p=86 a[4]=86
a=4061320 ++*p=87*p=87 ++a[4]=87
a=4061320 ++(*p)=88*p=88 ++a[4]=88
(4)指针运算符*和前置自减组合:*--p、*(--p)、--*p、--(*p)
a=4061320*--p=-8*p=-8 a[3]=-8
a=4061320*(--p)=1*p=1 a[2]=1
a=4061320 --*p=0*p=0 --a[2]=0
a=4061320 --(*p)=-1*p=-1 --a[2]=-1
(5)指针运算符* 和后置自减组合:*p--、*(p--)、(*p)--
a=4061320*p---=-1*p=9 a[1]=9
a=4061320*(p--)=9*p=5 a[0]=5
a=4061320 (*p)--=5*p=4 a[0]--=4
```

程序说明:

自增运算 p++、++p 和自减运算 p--、--p,并不是将 p 的地址值简单地加 1 或者减 1,每次加上或者减去的是一个数组元素所占用的字节数,是以 4 个字节为单位整体进行增减。另外,每次程序运行会对一维数组 a 分配不同的存储单元,这会导致输出结果中的指针地址不同。

6.2.2 指针变量和数组名作函数参数

指针变量和数组名做函数参数

用数组名作函数参数时,如果形参数组中各元素的值发生变化,实参数组元素的值随之变化。实际上,编译系统把形参数组名作为指针变量来处理。也就是说,数组名作为函数实参时,形参可以是数组名形式,也可以是指针变量形式,二者完全等价。如果有一个实参数组,想在函数中改变此数组中元素的值,实参与形参的对应关系有以下 4 种情况,其中第一种数组名作为函数实参和形参的数据传递方式,在前面章节的多个应用实例中已经有深入的介绍。

(1)实参和形参均为数组名。
(2)实参用数组名,形参用指针变量。
(3)实参和形参都用指针变量。
(4)实参为指针变量,形参为数组名。

【例 6-2】数值排序。利用数组名和指针变量作函数参数编写程序,用户循环选择冒泡排序、基本选择排序、直接插入排序,分别实现对 10 个整数的排序,并输出正序排序和逆序排序结果。

思路分析:数组名和指针变量作函数参数重写例 5-6 程序。调用冒泡排序实现实参用数组名,形参用指针变量;基本选择排序实参和形参都用指针变量;基本交换排序实参为指针变量,形参为数组名。

10 个整数存入一维 int 数组,用户可循环输入字符'1'、'2'、'3'、'0',选择数组元素排序算法,'1'-冒泡排序、'2'-选择排序、'3'-插入排序,分别执行不同算法的子函数,实现数值排序并输出,'0'-退出。

程序代码：

```c
#include<stdio.h>
//交换*c1和*c2,相当于交换c1和c2所指向的变量,指针变量c1和c2本身存储的地址值不变
void swap(int *c1,int *c2)
{
    int temp;                      //两个元素交换,用到中间变量temp
    temp = *c1;
    *c1 = *c2;
    *c2 = temp;
}

//冒泡排序-交换排序(无序子序列中比较相邻两个元素的大小,满足条件则交换)
void bubble_sort(int *data,int n)
{
    int i,j,order=1;           //order为是否有交换的标志
    for(j=0;j<n-1;j++)         //外循环j实现n-1趟比较
    {
        for(i=0,order=1;i<n-1-j;i++)   //每一趟内循环进行n-1-j次比较,order置1
            if(*(data+i)>*(data+i+1))
            {  //相邻两个数进行比较,较大元素*(data+i)和较小元素*(data+i+1)交换
                swap(data+i,data+i+1);
                order=0;       //如果有交换,说明未排序好,order置0
            }
        if(order==1)break; //order标志未变,说明本趟一次都没交换过,数据已有序,跳出循环
    }
}

//选择排序(无序子序列中选择最小值元素,并和本序列首元素交换)
void select_sort(int *data,int n)
{
    int i,j,min;               //min记录最小值下标
    for(j=0;j<n-1;j++)         //外循环j实现n-1趟选择
    {
        min=j;                 //min初值置为外循环开始下标j
        for(i=j+1;i<n;i++)     //每一趟内循环进行n-1-j次比较,找出最小值下标min
            if(*(data+i)<*(data+min))
                min=i;         //元素*(data+i)小于元素*(data+min),修改最小值下标min
        if(min!=j) swap(data+j,data+min);  //如果最小下标min不是当前序列首,交换
    }
}

//插入排序(无序子序列中序列首元素,插入有序子序列中)
void insert_sort(int data[],int n)
{
    int i,j;
    for(j=0;j<n-1;j++)                                     //外循环j实现n-1趟插入
        //每一趟内循环最多进行j+1次插入位置查找
        for(i=j+1;i>0&&data[i]<data[i-1];i--)
            //所有大于待插入元素data[j+1]的数组元素依次后移一个位置
            swap(&data[i],&data[i-1]);
}
```

```c
int main()
{
    int a[10]={5,9,0,-8,86,32,100,-58,18,-100},b[10],n=10,i,*p;
    char choice='0';
    printf("请选择数组元素排序算法('1'-冒泡排序 '2'-选择排序 '3'-插入排序 '0'-退出):");
    while((choice=getchar())!='0')    //输入选择排序算法的变量choice的值
    {
        printf("未排序前的数组元素(choice='%c'):",choice);
        for(i=0;i<n;i++)
        {
            b[i]=a[i];                //保存数组各元素的值
            printf("%d ",a[i]);       //输出未排序前的数组元素
        }
        printf("\n");
        p=b;                          //指针p指向一维数组b
        switch(choice)
        {
            case '1':
                bubble_sort(b,n);     //传入一维数组名b
                break;
            case '2':
                select_sort(p,n);     //传入指向一维数组b的指针p
                break;
            case '3':
                insert_sort(p,n);     //传入指向一维数组b的指针p
                break;
            default:
                printf("选择数组元素排序算法的输入值错误,请重新输入!\n\n");
        }
        if(choice>='1' && choice<='3')
        {
            printf("正序排序的数组元素(choice='%c'):",choice);
            for(i=0,p=b;i<n;i++)                //指针p指向数组b的第一个元素
                printf("%d ",*p++);             //输出正序排序的数组元素
            printf("\n逆序排序的数组元素(choice='%c'):",choice);
            for(i=n-1,p=&b[n-1];i>=0;i--)       //指针p指向数组b的最后一个元素
                printf("%d ",*p--);             //输出逆序排序的数组元素
            printf("\n\n");
        }
        fflush(stdin);    //输入的字符可能还留在输入队列里,清除输入缓冲区
        printf("请选择数组元素排序算法('1'-冒泡排序 '2'-选择排序 '3'-插入排序 '0'-退出):");
    }
    return 0;
}
```

运行结果：

请选择数组元素排序算法('1'-冒泡排序 '2'-选择排序 '3'-插入排序 '0'-退出):3
未排序前的数组元素(choice='3'):5 9 0 -8 86 32 100 -58 18 -100
正序排序的数组元素(choice='3'):-100 -58 -8 0 5 9 18 32 86 100

逆序排序的数组元素(choice = '3'):100 86 32 18 9 5 0 -8 -58 -100

程序说明:

子函数"void swap(int*c1,int*c2)"实现两个数组元素交换,其形参是两个 int 型指针变量 c1 和 c2,参数采用地址传递方式。

在各排序函数中,调用 swap 函数时的实参都是指针变量,例如,冒泡排序函数 bubble_sort 中执行"swap(data + i,data + i + 1);",把实参指针变量 data + i、data + i + 1 的地址值分别传给对应的形参指针变量 c1、c2,由于形参单独分配自己的存储单元,地址传递后各自也会保存自己的地址值,所以二者各不相同,也互不影响。

实参和形参所保存的地址相同,二者指向的是同一个变量的地址空间,执行 swap 函数后,*c1 和*c2 的值完成互换,指针指向的地址空间的内容发生了互换,相当于交换指针变量 c1 和 c2 所指向的变量,c1 和 c2 本身存储的地址值不变。

swap 函数返回后,形参指针变量 c1 和 c2 就会释放,但其所指向的变量在主调函数中仍然存在,所以冒泡排序函数 bubble_sort 中的指针变量 data + i 和 data + i + 1 所指向的地址空间的值通过子函数 swap 完成了互换。

总之,在子函数 swap 中交换数组元素,一定要交换指针引用的数组元素的值,而不能交换指针本身,即不能企图通过改变指针形参的值而使指针实参的值改变。指针变量作为形参,在函数调用时,虽然分配了临时空间来存储地址值,但一旦子函数调用结束后就会释放,交换后的形参指针的作用域就失效了。

*6.2.3 二维数组的行指针和列指针

定义一个整型二维数组 a,包含 3 行 5 列共 15 个数组元素 a[0][0]~a[2][4],每个数组元素占用 4 个字节的空间。其中 a 是二维数组名,是一个常量地址。二维数组中蕴含的行指针、列指针的地址关系如图 6-3 所示。

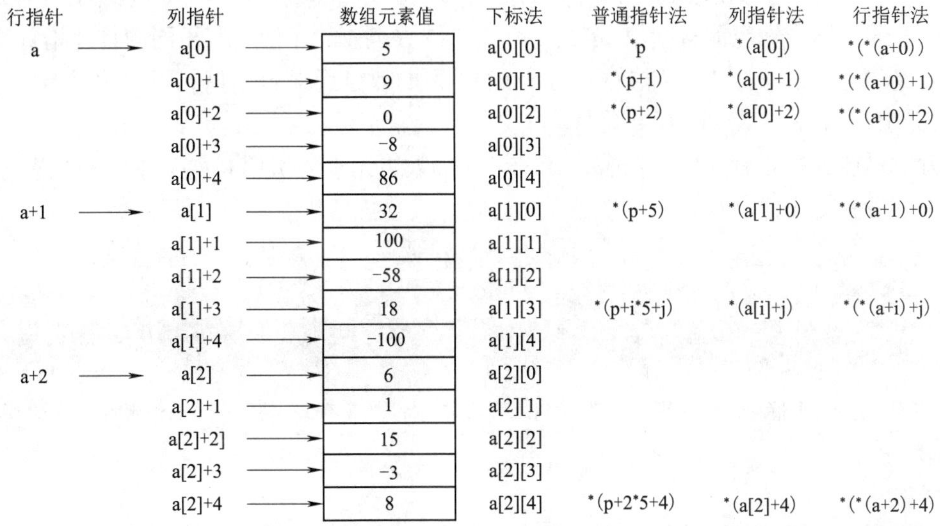

行指针	列指针	数组元素值	下标法	普通指针法	列指针法	行指针法
a	a[0]	5	a[0][0]	*p	*(a[0])	*(*(a+0))
	a[0]+1	9	a[0][1]	*(p+1)	*(a[0]+1)	*(*(a+0)+1)
	a[0]+2	0	a[0][2]	*(p+2)	*(a[0]+2)	*(*(a+0)+2)
	a[0]+3	-8	a[0][3]			
	a[0]+4	86	a[0][4]			
a+1	a[1]	32	a[1][0]	*(p+5)	*(a[1]+0)	*(*(a+1)+0)
	a[1]+1	100	a[1][1]			
	a[1]+2	-58	a[1][2]			
	a[1]+3	18	a[1][3]	*(p+i*5+j)	*(a[i]+j)	*(*(a+i)+j)
	a[1]+4	-100	a[1][4]			
a+2	a[2]	6	a[2][0]			
	a[2]+1	1	a[2][1]			
	a[2]+2	15	a[2][2]			
	a[2]+3	-3	a[2][3]			
	a[2]+4	8	a[2][4]	*(p+2*5+4)	*(a[2]+4)	*(*(a+2)+4)

图 6-3 行指针列指针和二维数组之间的关系

(1) 行指针:二维数组名 a 是二维数组的首行起始地址,所指向的数据类型是一个一维数组(行元素,一行 N 个列元素,此例中 N=5),二维数组 a 包含 3 个行元素 a[0]、a[1]、a[2],相当于包含 3 个一维数组。

a 代表二维数组首行(第 0 行)起始地址,a+1 代表二维数组第 1 行的起始地址,a+2 代表二维数组第 2 行的起始地址,a+i 代表二维数组第 i 行的起始地址。行指针的移动是以一行元素为基本单位进行变换的,数字 1 代表一行中 N 个元素所占的字节数,2 代表 2 行 2×N 个元素所占的字节数,i 代表 i 行 i×N 个元素所占的字节数。

(2) 列指针:a[0]是一维数组名,它是一维数组中起始元素的地址,所指向的数据的类型是一个数组元素(列元素)。a[0]、a[0]+1、a[0]+2、a[0]+i 分别是第 0 行 0 列、0 行 1 列、0 行 2 列、0 行 i 列元素的地址。列指针的移动是以一个元素为基本单位进行变换的,数字 1 代表 1 个数组元素所占的字节数,2 代表 2 个数组元素所占的字节数,i 代表 i 个数组元素所占的字节数。

(3) 行指针和列指针变换:行指针 a+i 表示行元素 a[i]的地址,前面加 * 号变换为列指针 *(a+i)=a[i],列指针 a[i]前面加 & 变换为行指针 &a[i]=a+i,两种地址都是指向 i 行 0 列元素,二者的纯地址是相同的,但它们指向的数据类型不同,行指针类型是一个一维数组,列指针类型是一个元素。不要把 &a[i]简单地理解为 a[i]元素的存储单元,实际 a[i]是一个地址并不是一个数据存储单元;同理,不要简单地理解 *(a+i)是 a+i 所指单元中的内容,这只是一种地址指针的类型转换方法。

(4) 列指针和数组元素变换:列指针指向数组元素,a[0]表示数组元素地址 &a[0][0],a[0]+1 表示地址 &a[0][1],a[i]+j 表示地址 &a[i][j]。

列指针 a[0]用行指针的等价表示形式是 *(a+0),a[1]和 *(a+1)等价,a[i]和 *(a+i) 等价。所以有 a[0]、*(a+0)、&a[0][0]三者等价,a[0]+1、*(a+0)+1、&a[0][1]等价,a[0]+2、*(a+0)+2、&a[0][2]等价,a[1]+2、*(a+1)+2、&a[1][2]等价,a[i]+j、*(a+i)+j、&a[i][j]等价。数组元素 a[i][j]的值可以表示为 *(a[i]+j) = *(*(a+i)+j)。

(5) 普通指针和数组元素变换:定义一个与二维数组 a 的元素类型相同的普通指针变量 p 来引用二维数组元素。类似一维数组,对于 i 行 j 列的数组元素 a[i][j],可以通过指针 p+i*N+j 来引用,*(p+i*N+j)为 a[i][j],N 为一行元素个数。

【例 6-3】验证行指针、列指针、普通指针对二维数组元素的引用有如下指针和元素等价关系,其中 N 为一行元素个数。

```
行指针等价:a+i = &a[i]
列指针等价:a[i] = *(a+i)
列指针和普通指针等价:&a[i][j] = a[i]+j = *(a+i)+j = p+i*N+j
元素等价:a[i][j] = *(a[i]+j) = *(*(a+i)+j) = *(p+i*N+j)
```

思路分析:把普通指针变量 p、行指针、列指针对二维数组若干个元素的引用结果通过 printf 函数输出。

程序代码:

```
#include<stdio.h>
int main()
```

```c
{
    int a[3][5]={{5,9,0,-8,86},{32,100,-58,18,-100},{6,1,15,-3,8}},*p=a[0];
    printf("(1)二维数组的第0行的行指针、列指针、普通指针对数组元素引用的对比\n");
    printf("行指针a=a+0=%d &a[0]=%d\n",a,&a[0]);                           //0行起始地址
    printf("列指针*a=*(a+0)+0=%d a[0]=a[0]+0=%d &a[0][0]=%d\n",
                              *a,a[0],&a[0][0]);                            //0行0列元素地址
    printf("普通指针p=%d\n",p);                                             //0行0列元素地址
    printf("元素值**a=*(*(a+0)+0)=%d *a[0]=*(a[0]+0)=%d *p=%d
            a[0][0]=%d\n",**a,*a[0],*p,a[0][0]);                            //0行0列元素
    printf("(2)二维数组的第1行的行指针、列指针、普通指针对数组元素引用的对比\n");
    printf("行指针a+1=%d &a[1]=%d\n",a+1,&a[1]);                            //1行起始地址
    printf("列指针*(a+1)=*(a+1)+0=%d a[1]=a[1]+0=%d &a[1][0]=%d\n",
                              *(a+1),a[1],&a[1][0]);                        //1行0列元素地址
    printf("普通指针p+1*5+0=%d\n",p+1*5+0);                                 //1行0列元素地址
    printf("元素值**(a+1)=*(*(a+1)+0)=%d *a[1]=*(a[1]+0)=%d *(p+1*5+0)=%d
            a[1][0]=%d\n",**(a+1),*a[1],*(p+1*5+0),a[1][0]);                //1行0列元素
    printf("列指针*(a+1)+1=%d  a[1]+1=%d &a[1][1]=%d\n",
                              *(a+1)+1,a[1]+1,&a[1][1]);                    //1行1列元素地址
    printf("普通指针p+1*5+1=%d\n",p+1*5+1);                                 //1行1列元素地址
    printf("元素值*(*(a+1)+1)=%d  *(a[1]+1)=%d *(p+1*5+1)=%d a[1][1]=%d\n",
                      *(*(a+1)+1),*(a[1]+1),*(p+1*5+1),a[1][1]);            //1行1列元素
    printf("(3)二维数组的第2行的行指针、列指针、普通指针对数组元素引用的对比\n");
    printf("行指针a+2=%d &a[2]=%d\n",a+2,&a[2]);                            //2行起始地址
    printf("列指针*(a+2)=*(a+2)+0=%d a[2]=a[2]+0=%d &a[2][0]=%d\n",
                              *(a+2),a[2],&a[2][0]);                        //2行0列元素地址
    printf("普通指针p+2*5+0=%d\n",p+2*5+0);                                 //2行0列元素地址
    printf("元素值**(a+2)=*(*(a+2)+0)=%d *a[2]=*(a[2]+0)=%d *(p+2*5+0)=%d
            a[2][0]=%d\n",**(a+2),*a[2],*(p+2*5+0),a[2][0]);                //2行0列元素
    printf("列指针*(a+2)+4=%d  a[2]+4=%d &a[2][4]=%d\n",
                              *(a+2)+4,a[2]+4,&a[2][4]);                    //2行4列元素地址
    printf("普通指针p+2*5+4=%d\n",p+2*5+4);                                 //2行4列元素地址
    printf("元素值*(*(a+2)+4)=%d *(a[2]+4)=%d *(p+2*5+4)=%d a[2][4]=%d\n",
                      *(*(a+2)+4),*(a[2]+4),*(p+2*5+4),a[2][4]);            //2行4列元素
    return 0;
}
```

运行结果：

```
(1)二维数组的第0行的行指针、列指针、普通指针对数组元素引用的对比
行指针a=a+0=1636156 &a[0]=1636156
列指针*a=*(a+0)+0=1636156 a[0]=a[0]+0=1636156 &a[0][0]=1636156
普通指针p=1636156
元素值**a=*(*(a+0)+0)=5 *a[0]=*(a[0]+0)=5*p=5 a[0][0]=5
(2)二维数组的第1行的行指针、列指针、普通指针对数组元素引用的对比
行指针a+1=1636176 &a[1]=1636176
列指针*(a+1)=*(a+1)+0=1636176 a[1]=a[1]+0=1636176 &a[1][0]=1636176
普通指针p+1*5+0=1636176
元素值**(a+1)=*(*(a+1)+0)=32 *a[1]=*(a[1]+0)=32 *(p+1*5+0)=32 a[1][0]=32
列指针*(a+1)+1=1636180   a[1]+1=1636180 &a[1][1]=1636180
普通指针p+1*5+1=1636180
元素值*(*(a+1)+1)=100   *(a[1]+1)=100 *(p+1*5+1)=100 a[1][1]=100
```

(3) 二维数组的第 2 行的行指针、列指针、普通指针对数组元素引用的对比
行指针 a+2=1636196 &a[2]=1636196
列指针*(a+2)=*(a+2)+0=1636196 a[2]=a[2]+0=1636196 &a[2][0]=1636196
普通指针 p+2*5+0=1636196
元素值**(a+2)=*(*(a+2)+0)=6 *a[2]=*(a[2]+0)=6 *(p+2*5+0)=6 a[2][0]=6
列指针*(a+2)+4=1636212   a[2]+4=1636212 &a[2][4]=1636212
普通指针 p+2*5+4=1636212
元素值*(*(a+2)+4)=8 *(a[2]+4)=8 *(p+2*5+4)=8 a[2][4]=8

结果说明：

二维数组的行指针、列指针、普通指针对数组元素引用的输出结果中，虽然指针所指向的地址值相同，但是它们所指向的数据类型不同，行指针类型是一个一维数组，列指针类型和普通指针类型是一个数组元素。另外，每次程序运行会对二维数组 a 分配不同的存储单元，这导致输出结果中的指针地址会不同。

*6.2.4　数组指针引用二维数组

任何类型指针的地址信息不仅包含纯地址的内存位置信息，而且包含所指向的数据的类型信息。行指针的类型是一个含 N 个元素的一维数组，它指向的必定是一个包含多个元素的一维数组，行指针是一种数组型指针。定义一个指针变量，指向一个包含多个元素的一维数组，称为数组型指针，简称数组指针。数组指针定义的一般形式为：

类型名 (*指针变量)[数组长度];

【例6-4】求最小值。有一个 8×10 的二维整数矩阵，利用数组指针和结构体数组名作函数参数编程，顺序查找二维矩阵，输出所有元素中值最小的元素值及其行列位置（如果存在多个大小一致的值，分别输出元素值和位置）。

思路分析：用子函数 matrix_min 来求最小值序列。随机产生的整数矩阵元素序列存放在二维数组，采用一维结构体数组存放最小值序列，结构体成员存放行号、列号。在 matrix_min 函数中求最小值序列，函数的实参和形参采用数组指针传递二维数组，结构体数组名传递最小值序列，指针变量传递最小值，并返回主函数最小值序列的个数。

程序代码：

```
#include<stdio.h>
#include<stdlib.h>
#include<time.h>
#define ROWS 8          //定义矩阵行数
#define COLUMNS 10      //定义矩阵列数
struct location         //定义 location 结构体，包含行、列
{
    int row;
    int column;
};
int matrix_min(int (*data)[COLUMNS],struct location loc[],int *min)
{
    int i,j,m=0;
    //把数组元素 data[0][0]赋值给最小值*min
```

```c
        for(i=0,*min=*(*(data+0)+0);i<ROWS;i++)
            for(j=0;j<COLUMNS;j++)
            {
                if(*(*(data+i)+j)<*min||m==0)      //处理最小值序列的第1个元素
                {
                    *min=*(*(data+i)+j);//把数组元素data[i][j]的值赋值给最小值*min
                    m=0;                           //最小值*min变化,其位置值重新开始计数
                    loc[m].row=i;
                    loc[m++].column=j;   //记录第1个最小值在数组元素中的行列位置
                }
                else if(*(*(data+i)+j)==*min)
                {
                    loc[m].row=i;
                    loc[m++].column=j;   //记录多个最小值在数组元素中的位置
                }
            }
        return m;                        //返回最小值个数
}

int main()
{
    int min=-1,i,num=0,a[ROWS][COLUMNS];
    //指针变量p1是一个数组指针,指向包含COLUMNS个整型元素的一维数组
    int *p0,(*p1)[COLUMNS]=a;
    struct location loc[ROWS*COLUMNS];
    printf("随机产生的二维数组:\n");
    srand((unsigned)time(NULL));    //随机数以时间(unsigned int类型)作为参数生成种子
    p0=a[0];                        //指针变量p0指向二维数组的第一个元素
    for(i=0;i<ROWS*COLUMNS;i++)
    {
        *(p0+i)=rand()%30;          //随机数生成范围为[0,29]
        if((i+1)%COLUMNS==0)
            printf("%2d\n",*(p0+i));
        else
            printf("%2d\t",*(p0+i));
    }
    //函数参数有数组指针p1、结构体数组名loc、变量min的地址,返回值赋给num
    num=matrix_min(p1,loc,&min);
    printf("最小值元素值:\n");
    for(i=0;i<num;i++)              //输出最小值在数组元素中的位置及值
        printf("a[%d][%d]=%d\n",loc[i].row,loc[i].column,min);
    return 0;
}
```

运行结果:

随机产生的二维数组:
```
14    1   21   18    1    7   17   18    8    6
16   16   24   26    3   20   21   26   24   22
 9   26    3    1    1   17   15   18   10    0
```

2	21	20	19	7	8	22	7	2	12
9	6	7	10	26	2	1	3	6	8
0	10	23	28	0	7	21	4	26	5
17	13	20	29	10	0	19	9	19	5
14	7	24	6	13	12	29	19	18	3

最小值元素值：
a[2][9]=0
a[5][0]=0
a[5][4]=0
a[6][5]=0

程序说明：

(1)语句"int *p0,(*p1)[COLUMNS]=a;"定义 int 型指针变量 p0,用于指向二维数组的元素;定义指针变量 p1 是一个 int 型数组指针,赋初值为二维数组的首行起始地址 a,p1 所指向的数据类型是一个包含 COLUMNS 个整型元素的一维数组行元素。二维数组 a 包含 ROWS 个行元素 a[0]、a[1]、a[2]、…、a[ROWS-1],相当于包含 ROWS 个一维数组,其中宏定义 ROWS 为 8,COLUMNS 为 10。

"p0=a[0];"给指针变量 p0 赋值为列指针 a[0],指向二维数组的首元素 a[0][0],"*(p0+i)=rand()%30;"通过随机函数给二维数组元素赋值,p0+i 指向的是二维数组的第 i 个元素,二维数组 a 共有 ROWS×COLUMNS 个元素。

(*p1)[COLUMNS]中的(*p1)强制修改*的结合优先级,表示定义一个指向一维整型数组的指针变量 p1,其类型不是 int*型,而是 int(*)[10]型,即指向了包含 10 个整型元素的一维数组。和普通数组定义语句"int a[10];"对比,可以说(*p1)是数组名,"int(*p1)[10];"相当于数组(*p1)有 10 个元素,每个元素为整型。(*p1)[0]就是 a[0],(*p1)[1]就是 a[1],(*p1)[2]就是 a[2],依此类推。

(2)语句"num=matrix_min(p1,loc,&min);"中,调用 matrix_min 函数的实参有数组指针 p1、结构体数组名 loc、变量 min 的地址,函数返回值保存在变量 num。

(3)子函数定义"int matrix_min(int (*data)[COLUMNS],struct location loc[],int *min)"指定形参为 int 型数组指针 data,结构体数组名 loc,int 型指针变量 min。子函数中的"*(*(data+i)+j)"表示数组元素 data[i][j],其中 data+i 表示指向第 i 行的行指针,*(data+i)表示指向第 i 行 0 列元素 data[i][0]的列指针 data[i],等价于 &data[i][0],*(data+i)+j 表示指向第 i 行 j 列元素 data[i][j]的列指针 data[i]+j,等价于 &data[i][j]。matrix_min 函数返回值为最小值个数 m。

6.3 字符指针

字符指针具有普通指针变量的特性,不仅可以引用字符数组的单个字符元素,和字符数组名一起作函数的实参和形参。另外,作为指针型数组(简称指针数组),更适合用来指向若干字符串,灵活方便地实现多个字符串的处理。

字符数组名和字符指针变量引用字符串

6.3.1 字符数组名和字符指针变量引用字符串

C 语言中有定义字符变量,但没有字符串变量,所以只能借用字符数组来存放和处理一个字符串。指针变量的引入,可通过定义 char 型指针变量,即字符指针变量来存放和处理字符串。注意二者在存取字符串细节上的一些区别。

(1)内存分配:字符数组由若干元素组成,系统为每个元素分配 1 字节的存储单元,每个数组元素中存放一个字符。而字符指针变量是一个 char 型指针变量,系统只为其分配一个存储单元(4 字节),用于存放字符串第 1 个字符的地址,而不是整个字符串。

(2)赋值方式:字符指针变量是一个变量,它的值是可以改变的,可以在定义时初始化为一个字符串,也可以再赋值新字符串,还可以赋值为存储了字符串的字符数组名,指向该字符数组;字符数组只能在定义时初始化字符串,不能单独对字符数组名再赋值字符串,因为字符数组名代表字符数组首元素的地址,是一个常量地址,不可以被改变。例如:

```
//未指定长度的字符数组 a 初始化长度为 11 个字符,尾部含 1 个空字符'\0'
char a[] = "3967051248";
a = "Hello Boys and Girls";          //错误!! 不能单独对字符数组名赋值字符串
char *p = "Hello Boys and Girls";    //初始化字符指针 p,指向字符串的第一个字符
p = a;                               //字符指针变量 p 指向字符数组 a 首元素
p = "I Love China!";                 //赋值新字符串给字符指针 p
```

(3)字符存取:字符数组和字符指针变量在字符引用上等价,字符数组 a 可以用下标法引用一个数组元素,也可以用地址法引用数组元素,例如 a[i]、*(a+i)。如果定义了字符指针变量 p = a,也可以用指针变量下标法和地址法引用数组元素,例如 p[i]、*(p+i)。

字符数组中各元素的值可以单独修改,例如 a[i] = '@'。如果定义的字符指针变量指向字符数组,例如 p = a,也可以通过 p[i] = '.'或*(p+i) = '.'单独修改某个位置的字符。但是若字符指针变量被赋值为一个字符串常量,例如 p = "I Love China!",这时 p 所指向的字符串中的内容则是不允许被修改的。

(4)输入输出:定义字符数组和指向字符数组字符指针变量,可以通过格式声明%s 输入字符串,二者在字符串的输入上等价。但如果字符指针变量被赋值为一个字符串常量,则不允许使用格式声明%s输入字符串,再次强调,这时 p 所指向的字符串常量中的内容不可以被修改。

```
char a[32],*p=a;       //定义字符数组和字符指针变量,p 指向 a
scanf("%s",a);         //通过字符数组名输入字符串,等价于 scanf("%s",p);
```

字符数组存放的字符串,可以通过字符数组名和格式声明%s 输出整个字符串。也可通过格式声明%s 输出字符指针变量所指向的字符串,直到遇到字符串结束标志'\0'为止。通过字符数组名或者字符指针变量输出整个字符串中的所有字符是字符型特有的功能,对数值型的数组或指针变量只能逐个元素依次处理。

```
//指定长度的字符数组 b 初始化长度为 32 个字符,尾部含 12 个空字符'\0'
char b[32] = "Hello Boys and Girls";
char *p = "I Love China!";                    //初始化字符指针 p,指向字符串的第一个字符
printf("复制前源字符串:\"%s\" 目的字符串:\"%s\"\n",p,b);  //输出字符串
```

6.3.2 字符指针变量和字符数组名作函数参数

用字符指针变量作为函数参数时,实参与形参的对应关系也有以下 4 种情况。
(1)形参和实参都用字符数组名。

(2)实参用字符数组名,形参用字符指针变量。
(3)实参形参都用字符指针变量。
(4)实参为字符指针变量,形参为字符数组名。

【例 6-5】字符排序、查找、字符串复制。利用字符指针和字符数组名作函数参数编程,实现字符串中的字符排序、字符查找、以及字符串复制。

思路分析:子函数 select_sort_char 利用基本选择排序算法实现字符串中的字符排序,实参为字符指针变量,形参为字符数组名。子函数 Binary_search_char 利用折半查找算法实现字符串中有序字符序列的查找,实参用字符数组名,形参用字符指针变量。子函数 copy_str 实现字符串拷贝,实参用字符数组名和字符指针变量,形参用字符指针变量。

程序代码:

```c
#include<stdio.h>
#include<string.h>
//交换*c1 和*c2,相当于交换指针变量 c1 和 c2 所指向的字符变量的值
//c1 和 c2 本身存储的地址值不变
void swap(char *c1,char *c2)
{
    char temp;                    //两个元素交换,用到中间变量 temp
    temp=*c1;
    *c1=*c2;
    *c2=temp;
}

//选择排序(无序子序列中选择最小字符元素,并和本序列首字符元素交换)
void select_sort_char(char str[],int n)
{
    int i,j,min;                  //min 记录最小字符下标
    for(j=0;j<n-1;j++)            //外循环 j 实现 n-1 趟选择
    {
        min=j;                    //min 初值置为外循环开始下标 j
        for(i=j+1;i<n;i++)        //每一趟内循环进行 n-1-j 次比较,找出最小字符下标 min
            if(str[i]<str[min])   //元素 str[i]小于元素 str[min],修改最小值下标 min
                min=i;
        if(min!=j)swap(str+j,str+min);  //如果最小下标 min 不是当前序列首,交换
    }
}

//折半查找(针对有序序列)
int Binary_search_char(char *data,int n,char key)
{
    int low=0,high=n-1,mid;
    while(low<=high)
    {
        mid=(low+high)/2;
        if(*(data+mid)==key)return mid;           //查找成功,返回位置值
        else if(*(data+mid)>key)high=mid-1;       //前半部分序列继续查找
        else low=mid+1;                           //后半部分序列继续查找
    }
```

```c
        return -1;                              //查找失败,返回-1
}
void copy_str(char *dest,const char *src)
{
    while((*dest = *src)!='\0')
    {   //'\0'的ASCII代码为0,判断*dest!=0可等价于判断*dest为真
        dest ++;
        src ++;
    }
}

int main()
{
    //未指定长度的字符数组a初始化长度为11个字符,尾部含1个空字符'\0'
    char a[] = "3967051248";
    //指定长度的字符数组b初始化长度为32个字符,尾部含12个空字符'\0'
    char b[32] = "Hello Boys and Girls";
    char *p=a,ch ='6';                    //字符指针变量p指向字符数组a首元素
    int n,loc;
    printf("初始字符串:%s 字符数组大小 sizeof(a) =%d 字符串长度 strlen(a) =%d\n",
                                                   a,sizeof(a),n = strlen(a));
    select_sort_char(p,n);                //选择排序得到正序排序的字符串
    loc = Binary_search_char(a,n,ch);   //折半查找字符ch,返回找到的位置
    printf("排序查找后字符串:%s 字符数组大小 sizeof(a) =%d
                     字符串长度 strlen(a) =%d\n",a,sizeof(a),strlen(a));
    if(loc! = -1)
    {
        printf("折半查找字符a[%d] ='%c'成功\n",loc,a[loc]);
        a[loc] = '@';                     //通过字符数组元素替换查到的字符
        printf("字符数组元素替换后的字符串 a:%s\n",a);
        p[loc] = '.';                     //通过字符指针变量替换查到的字符
        printf("字符指针变量替换后的字符串 a:%s\n",a);
    }
    else
        printf("折半查字符 ch ='%c'失败\n",ch);
    p = "I Love China!";
    printf("复制前源字符串:\"%s\" 目的字符串:\"%s\"\n",p,b);
    printf("复制前目的字符数组大小 sizeof(b) =%d 目的字符串长度 strlen(b) =%d\n",
                                                   sizeof(b),strlen(b));
    copy_str(b,p);
    printf("复制后源字符串:\"%s\" 目的字符串:\"%s\"\n",p,b);
    printf("复制后目的字符数组大小 sizeof(b) =%d  目的字符串长度 strlen(b) =%d\n",
                                                   sizeof(b),strlen(b));
    return 0;
}
```

运行结果:

```
初始字符串:3967051248 字符数组大小 sizeof(a) =11 字符串长度 strlen(a) =10
排序查找后字符串:0123456789 字符数组大小 sizeof(a) =11 字符串长度 strlen(a) =10
```

```
折半查找字符a[6]='6'成功
字符数组元素替换后的字符串a:012345@789
字符指针变量替换后的字符串a:012345.789
复制前源字符串:"I Love China!" 目的字符串:"Hello Boys and Girls"
复制前目的字符数组大小 sizeof(b)=32 目的字符串长度 strlen(b)=20
复制后源字符串:"I Love China!" 目的字符串:"I Love China!"
复制后目的字符数组大小 sizeof(b)=32  目的字符串长度 strlen(b)=13
```

程序说明：

选择排序函数"void select_sort_char(char str[],int n)"调用 swap 函数的实参都是指针变量,例如执行"swap(str+j,str+min);",把实参指针变量 str+j、str+min 的地址值分别传给对应的形参指针变量 c1、c2。

子函数"void swap(char*c1,char *c2)"实现两个字符数组元素交换,其形参是两个 char 型指针变量 c1 和 c2,参数采用地址传递方式。swap 函数交换*c1 和*c2,相当于交换 c1 和 c2 所指向的变量,c1 和 c2 各自存储的地址不变。swap 函数返回后,形参指针变量 c1 和 c2 就会释放,但其所指向的变量在调用函数中仍然存在,所以 select_sort_char 函数中的指针变量 str+j、str+min 所指向的地址空间的值通过子函数 swap 完成了互换。

主函数 main 中,通过"loc = Binary_search_char(a,n,ch);"把实参字符数组名 a、数组长度 int 变量 n、待查找字符 char 型变量 ch,传递给折半查找子函数 Binary_search_char。"int Binary_search_char(char*data,int n,char key)"的形参是字符指针变量 data、数组长度 int 变量 n、待查找字符 char 型变量 key,查找成功返回位置值 mid,若查找失败返回 -1,函数返回值赋值给主函数中的 int 型变量 loc。"a[loc]='@';"通过字符数组元素 a[loc]替换查到的字符,"p[loc]='.';"通过字符指针变量下标法 p[loc]替换查到的字符,二者对字符元素的引用是等价的。

主函数中通过"copy_str(b,p);"把实参字符数组名 b 和字符指针变量 p 传递给子函数 copy_str。子函数"void copy_str(char*dest,const char*src)"的形参是两个 char 型指针变量 dest 和 src,参数采用地址传递方式。子函数通过 while 循环实现源字符串 src 中的一个个字符到目标字符串 dest 中的赋值。

*6.3.3 指针数组引用字符串

一个指针型数组,简称指针数组,是指由指向相同数据类型的指针所构成的数组,即元素均为指针类型数据的数组。指针数组中的每个元素都相当于一个普通指针变量,存放的是地址值。定义一维指针数组的一般形式为:

```
类型名 * 数组名[数组长度];
```

指针数组适合用来指向若干字符串,对多个字符串处理更加灵活方便。例如,通过"char* a[10];"定义一个字符型指针数组 a,由于[ ]比*优先级高,因此 a 与[10]先结合为数组 a[10]形式,表示数组 a 有 10 个元素。然后再与 a 前面的*结合,*表示此数组是指针类型的,每个数组元素相当于一个普通指针变量,都可以指向一个字符型变量,而一个字符指针变量又可以指向一个字符串。如图 6-4 所示,字符型指针数组名 a 指向指针数组的第一个元素 a[0](相当于一个字符型指针变量),而 a[0]又指向一个字符串"hello",a 就是一个二级指针。二级指针 a+1 指向 a[1],a[1]指向字符串"top",二级指针 a+i 指向 a[i],a[i]指向第 i 个字符串。

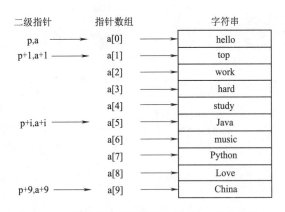

图 6-4 二级指针和指针数组及字符串之间的关系

一级指针存放一个变量的地址,这种指向变量的指针方式称为"一级间址",例如"char *p"定义了一个一级指针变量p,用于存放一个变量的地址。二级指针存放一个指针变量的地址,这种指向指针变量的指针方式称为"二级间址"。延伸到更多级的指针,称为多重指针。定义一个二级字符型指针变量的一般形式为:

```
char **指针变量名;
```

图 6-4 中,通过"char** p;"定义了一个二级指针变量p,它是一个指向指针的指针,可用于存放一个指针变量的地址。例如,令 p = a,则 p 指向指针数组的第一个元素 a[0],p+1 指向 a[1],p+i 指向 a[i]。

【例 6-6】字符串排序。利用指针数组和二级指针作为函数参数编写程序,用户循环选择冒泡排序、基本选择排序、直接插入排序,分别实现对 10 个字符串的排序,并输出正序排序结果。

思路分析:10 个字符串存入 char 型指针数组,用户可循环输入字符'1'、'2'、'3'、'0',选择字符串排序算法,'1'-冒泡排序、'2'-选择排序、'3'-插入排序,分别执行不同算法的子函数,实现字符串排序并输出,'0'-退出。

程序代码:

```
#include<stdio.h>
#include<string.h>
//交换*c1和*c2,相当于交换二级指针变量c1和c2所指向的一级指针变量的值
//c1和c2本身存储的地址值不变
void swap(char **c1,char **c2)
{
    char *temp;    //两个元素交换,用到中间指针变量temp
    temp = *c1;
    *c1 = *c2;
    *c2 = temp;
}

//冒泡排序-交换排序(无序子序列中比较相邻两个元素的大小,满足条件则交换)
void bubble_sort_string(char **str,int n)
```

```c
{
    int i,j,order=1;                         //order 为是否有交换的标志
    for(j=0;j<n-1;j++)                       //外循环 j 实现 n-1 趟比较
    {
        for(i=0,order=1;i<n-1-j;i++)//每一趟内循环进行 n-1-j 次比较,order 置 1
            if(strcmp(*(str+i),*(str+i+1))>0)
            {   //相邻两个字符串比较,较大元素*(str+i)和较小元素*(str+i+1)交换
                swap(str+i,str+i+1);         //利用二级指针进行字符串比较和交换
                order=0;                     //如果有交换,说明未排序好,order 置 0
            }
        if(order==1)break;//order 标志未变,说明本趟一次都没交换过,数据已有序,跳出循环
    }
}

//选择排序(无序子序列中选择最小值元素,并和本序列首元素交换)
void select_sort_string(char **str,int n)
{
    int i,j,min;                             //min 记录最小串下标
    for(j=0;j<n-1;j++)                       //外循环 j 实现 n-1 趟选择
    {
        min=j;                               //min 初值置为外循环开始下标 j
        for(i=j+1;i<n;i++)//每一趟内循环进行 n-1-j 次比较,找出数组 str 最小串下标 min
            if(strcmp(*(str+i),*(str+min))<0)
                min=i;//字符串*(str+i)小于字符串*(str+min),修改最小串下标 min
        //如果最小串下标 min 不是当前序列首,交换
        if(min!=j)swap(str+j,str+min);       //利用二级指针进行字符串比较和交换
    }
}

//插入排序(无序子序列中序列首元素,插入到有序子序列中)
void insert_sort_string(char *str[],int n)
{
    int i,j;
    for(j=0;j<n-1;j++)                       //外循环 j 实现 n-1 趟插入
        //每一趟内循环最多进行 j+1 次插入位置查找
        for(i=j+1;i>0&&strcmp(str[i],str[i-1])<0;i--)
            swap(&str[i],&str[i-1]);
                                             //所有大于待插入串 str[j+1]的数组元素依次后移一个位置
}

int main()
{
    //定义并初始化字符型指针数组 a
    char *a[10]={"hello","top","work","hard","study","Java","music",
                 "Python","Love","China"};
    char choice,**p,*b[10];//定义二级字符型指针变量 p,定义字符型指针数组 b
    int i,n=10;
    printf("请选择数组元素排序算法
                    ('1'-冒泡排序 '2'-选择排序 '3'-插入排序 '0'-退出):");
    while((choice=getchar())!='0')//输入选择排序算法的变量 choice 的值
```

```c
    {
        printf("未排序前的数组元素(choice = '%c'): \n",choice);
        for(i = 0;i < n;i ++)
        {
            b[i] = a[i];                //保存指针数组各字符串的地址值
            puts(b[i]);                 //输出未排序前的数组元素
        }
        p = b;                          //p为二级指针,是一个指向指针数据的指针变量
        switch(choice)
        {
            case '1':
                bubble_sort_string(b,n);
                break;
            case '2':
                select_sort_string(p,n);
                break;
            case '3':
                insert_sort_string(p,n);
                break;
            default:
                printf("选择数组元素排序算法的输入值错误,请重新输入! \n\n");
        }
        if(choice >= '1' && choice <= '3')
        {
            printf("正序排序的数组元素(choice = '%c'): \n",choice);
            for(i = 0;i < n;i ++)
                puts(b[i]);             //输出正序排序的数组元素
            printf("\n");
        }
        fflush(stdin);      //输入的字符可能还留在输入队列里,清除输入缓冲区
        printf("请选择数组元素排序算法
                    ('1'-冒泡排序 '2'-选择排序 '3'-插入排序 '0'-退出):");
    }
    return 0;
}
```

运行结果:

```
请选择数组元素排序算法('1'-冒泡排序 '2'-选择排序 '3'-插入排序 '0'-退出):3
未排序前的数组元素(choice = '3'):
hello
top
work
hard
study
Java
music
Python
Love
China
正序排序的数组元素(choice = '3'):
```

```
China
Java
Love
Python
hard
hello
music
study
top
work
```

程序说明：

子函数"void swap(char** c1,char** c2)"实现指针数组的两个指针元素交换,其形参是两个二级 char 型指针变量 c1 和 c2,参数采用地址传递方式,只不过这个地址参数是二级指针地址。

各排序函数调用 swap 交换函数的实参都采用二级指针变量,例如执行"swap(str + i, str + i + 1);",把实参二级指针 str + i、str + i + 1 的地址值分别传给对应的形参二级指针变量 c1、c2；"swap(str + j,str + min);"把实参二级指针 str + j、str + min 的地址值分别传给对应的形参二级指针变量 c1、c2；"swap(&str[i],&str[i-1]);"把指针数组元素 str[i]、str[i-1]的二级指针 &str[i]、&str[i-1]分别传给对应的形参二级指针变量 c1、c2。由于形参单独分配自己的存储单元,地址传递后各自也会保存自己的地址值,所以二者各不相同,也互不影响。

执行 swap 函数后,实参和形参的二级指针所保存的地址相同,指向的是同一个指针变量,*c1 和 *c2 的值完成互换,二级指针指向的地址空间的内容发生了互换,相当于交换二级指针变量 c1 和 c2 所指向的一级指针变量(字符串首地址),c1 和 c2 本身存储的地址值不变。

swap 函数返回后,形参二级指针变量 c1 和 c2 就会释放,但其所指向的一级指针变量在调用函数中仍然存在,所以各排序子函数中的二级指针变量 str + i 和 str + i + 1、str + j 和 str + min、&str[i]和 &str[i-1]所指向的地址空间的值(字符串首地址),通过子函数 swap 完成了互换。

子函数 swap 中交换指针数组的指针元素,一定要交换指针数组元素,即一级指针(字符串首地址),而不能交换二级指针本身,即不能企图通过改变二级指针形参的值而使二级指针实参的值改变。二级指针变量作为形参,在函数调用时,虽然分配了临时空间来存储地址值,但一旦子函数调用结束后就会释放,交换后的二级指针形参的作用域就失效了。

指针数组的另一个经典应用是通过有参 main 函数来实现的命令行参数处理,此时指针数组作为有参 main 函数的形参,其一般定义形式为：

```
int main(int argc, char *argv[])
```

其中,形参 argc 是一个 int 型变量,表示命令行参数的个数,形参 argv 是一个 char 型指针数组,该数组的指针元素依次指向命令行中每个参数的首字符(每个参数是一个字符串)。命令行状态下,操作系统调用 main 函数的实参就是命令行参数,它包括命令名和跟随其后的若干个参数,命令名和各参数之间用空格分隔。命令名是带参 main 函数的程序编译后所生成的可执行文件的名字。

6.4 函数指针

函数指针是一种指向函数的指针,不仅可以用来调用函数,而且可以作为函数参数来实现回调,适于编写更通用的函数库。当指针变量作为一个函数的返回值时,这种函数则被称为指针型函数。

*6.4.1 指向函数的指针变量

编译程序时,编译器会为所定义的函数分配内存空间,每个函数对应的内存空间都有一个起始地址,这称为函数的入口地址,用函数名来表示。每次通过函数名调用函数时,都是从函数名代表的入口地址开始执行函数,所以函数名就是指向函数的指针,它是一个函数指针常量。也可以通过定义一个指向函数的指针变量,用来存放指定类型函数的起始地址,然后通过指向函数的指针变量来调用该函数。一个函数的指针变量定义的一般形式为:

类型名 (*指针变量名)(函数形参表列)

例如"float (*FuncPtr)(char** str,int n);"定义了一个指向函数的指针变量 FuncPtr,所指向的函数类型用"float (*)(char**,int)"来表示。最前面的 float 表示这个函数返回值为浮点型;后面括号内的两个参数(char**,int),一个参数是二级 char 型指针变量 str,一个是 int 型变量 n;*FuncPtr 两侧的括号()不能省略,表示 FuncPtr 先与*结合,是指针变量,再与后面的函数参数的()结合,表示该指针变量不是指向普通变量,而是指向有指定参数的函数。如果写成"float*FuncPtr(char** str,int n);",则表示定义的是函数返回值为 float 型指针的 FuncPtr 函数。

注意:函数指针变量不能和普通的指针变量一样进行算术运算。

通过一个函数指针变量调用函数的一般形式为:

(*指针变量名)(函数实参表列)

通过函数指针调用某一函数时,先赋值函数指针变量为指定的函数名(此时不需带函数参数),例如"FuncPtr = Direct_Insert_sort_string;"语句,赋值函数指针变量 FuncPtr 的值为 Direct_Insert_sort_string。调用时,用(*FuncPtr)代替函数名即可,例如"(*FuncPtr)(b,n);",在(*FuncPtr)之后的括号中代入实参 b 和 n。

通过函数名调用函数,只能调用一个固定名字的函数,而通过指针变量调用函数,则可以调用函数返回值和函数形参一致但名字不同的同一类函数。

【例 6-7】字符串排序。利用函数指针调用函数,指针数组和二级指针作为函数参数编写程序,用户循环选择直接插入排序、折半插入排序、希尔插入排序,分别实现对 10 个字符串的排序,并输出正序排序结果。

思路分析:10 个字符串存入 char 型指针数组,用户可循环输入字符'1'、'2'、'3'、'0',选择字符串排序算法,'1'-直接插入排序,'2'-折半插入排序,'3'-希尔插入排序,分别执行不同算法的子函数,实现字符串排序并输出,'0'-退出。三种插入排序函数的类型都可以定义为"void (*FuncPtr)(char** str,int n);",可以通过函数指针变量 FuncPtr 调用类型相同但函数名不同的排序函数。

程序代码：

```c
#include<stdio.h>
#include<string.h>
//交换*c1和*c2,相当于交换二级指针变量c1和c2所指向的一级指针变量的值
//c1和c2本身存储的地址值不变
void swap(char **c1,char **c2)
{
    char *temp;                    //两个元素交换,用到中间指针变量temp
    temp=*c1;
    *c1=*c2;
    *c2=temp;
}

//直接插入排序(无序子序列中序列首元素,插入到有序子序列中)
void Direct_Insert_sort_string(char **str,int n)
{
    int i,j;
    for(j=0;j<n-1;j++)        //外循环j实现n-1趟插入
        //每一趟内循环最多进行j+1次插入位置查找
        for(i=j+1;i>0&&strcmp(*(str+i),*(str+i-1))<0;i--)
            swap(str+i,str+i-1);
                        //所有大于待插入串*(str+j+1)的数组元素依次后移一个位置
}

//折半插入查找(针对有序序列)
int Binary_Insert_search_string(char **str,int n,char * key)
{
    int low=0,high=n-1,mid;
    while(low<=high)
    {
        mid=(low+high)/2;
        if(strcmp(*(str+mid),key)==0)return mid;      //查找成功,返回位置值
        else if(strcmp(*(str+mid),key)>0)high=mid-1;//前半部分序列继续查找
        else low=mid+1;                            //后半部分序列继续查找
    }
    return low;                                     //查找失败,返回插入位置
}

//折半插入排序(无序子序列中序列首元素,折半查找插入到有序子序列中)
void Binary_Insert_sort_string(char **str,int n)
{
    int i,j,loc=0;
    for(j=0;j<n-1;j++)            //外循环j实现n-1趟插入
    {    //折半查找字符串*(str+j+1)的插入位置
        loc=Binary_Insert_search_string(str,j+1,*(str+j+1));
        for(i=j+1;i>loc;i--)
            swap(str+i,str+i-1);
                    //所有大于待插入串*(str+j+1)的数组元素依次后移一个位置
```

```c
    }
}
//希尔插入排序(序列按固定增量分成若干组,组内进行直接插入排序)
//希尔排序又称缩小增量排序,将待排序的序列按固定增量分成若干组,等距地分在不同组中
//然后再在组内进行直接插入排序。二分法的固定增量从n/2开始,以后每次缩小到原来的一半
void Shell_Insert_sort_string(char **str,int n)
{
    int i,j,d;
    for(d=n/2;d>=1;d/=2)      //选择二分法,每次增量值变为原来的一半
        for(j=0;j<n-d;j++)//初始d个分组会各分配1个元素,外循环j实现n-d趟插入
            //每次循环左移间距d,每一趟内循环最多进行⌊j/d⌋+1次插入位置查找
            //待插入元素j+d的前一个元素j,为该分组有序序列的最后一个位置的元素
            for(i=j+d;i>d-1&&strcmp(*(str+i),*(str+i-d))<0;i-=d)
                swap(str+i,str+i-d);
                //分组中,所有大于待插入串*(str+j+d)的数组元素依次后移一个位置
}

int main()
{
    char *a[10]={"hello","top","work","hard","study","Java","music",
                                                    "Python","Love","China"};
    char choice,*b[10];
    int i,n=10;
    void (*FuncPtr)(char **str,int n);     //定义指向函数的指针变量FuncPtr
    printf("请选择字符串排序算法
            ('1'-直接插入排序 '2'-折半插入排序 '3'-希尔插入排序 '0'-退出):");
    while((choice=getchar())!='0')     //输入选择排序算法的变量choice的值
    {
        printf("未排序前的数组元素(choice='%c'):\n",choice);
        for(i=0;i<n;i++)
        {
            b[i]=a[i];                  //保存指针数组各字符串的地址值
            puts(b[i]);                 //输出未排序前的数组元素
        }
        if(choice=='1')         //FuncPtr指向Direct_Insert_sort_string函数
            FuncPtr=Direct_Insert_sort_string;
        else if(choice=='2')    //FuncPtr指向Binary_Insert_sort_string函数
            FuncPtr=Binary_Insert_sort_string;
        else if(choice=='3')    //FuncPtr指向Shell_Insert_sort_string函数
            FuncPtr=Shell_Insert_sort_string;
        else
            printf("选择字符串排序算法的输入值错误,请重新输入!\n\n");
        (*FuncPtr)(b,n);        //调用函数指针FuncPtr指向的函数
        if(choice>='1' && choice<='3')
        {
```

```
                    printf("\n 正序排序的数组元素(choice = '%c'):\n",choice);
                    for(i = 0;i < n;i ++ ) puts(b[i]);        //输出正序排序的数组元素
                    printf("\n");
                }
                fflush(stdin);        //输入的字符可能还留在输入队列里,清除输入缓冲区
                printf("请选择字符串排序算法
                        ('1'-直接插入排序 '2'-折半插入排序 '3'-希尔插入排序 '0'-退出):");
        }
        return 0;
}
```

运行结果：

```
请选择字符串排序算法('1'-直接插入排序 '2'-折半插入排序 '3'-希尔插入排序 '0'-退出):3
未排序前的数组元素(choice = '3'):
hello
top
work
hard
study
Java
music
Python
Love
China
正序排序的数组元素(choice = '3'):
China
Java
Love
Python
hard
hello
music
study
top
work
```

程序说明：

主函数中,通过"void (* FuncPtr)(char ** str,int n);"定义指向函数的指针变量 FuncPtr。根据用户的不同输入,选择执行"FuncPtr = Direct_Insert_sort_string;"、"FuncPtr = Binary_Insert_sort_string;"或"FuncPtr = Shell_Insert_sort_string;"赋值 FuncPtr 为指定的排序函数名,即直接插入排序、折半插入排序、或希尔插入排序的函数名。通过"(* FuncPtr)(b,n);"调用函数指针变量 FuncPtr 指向的排序函数,b 为 char 型指针数组,指向了 10 个字符串,n 为 int 型变量,是字符串的数目。显然,函数指针变量为调用类型相同但函数名不同的函数提供了灵活性。

*6.4.2 函数指针作函数参数

函数指针变量的另一个作用是把函数的入口地址作为函数参数传递给其他函数。指向函

数的指针变量作为函数实参,把函数的入口地址传递给形参,这样通过函数指针作函数参数,在被调函数中通过函数指针调用的函数称为回调函数。

利用回调函数可以实现通用算法库的编写,大大提高编程效率。为了让某些排序算法,例如冒泡排序、快速排序等算法更加通用,编程者不用在函数中嵌入排序的算法逻辑,而是让使用者自己来实现相应的逻辑;甚至更进一步,让通用算法库适用于多种数据类型(int、float、double、char 等)。

使用函数指针实现回调是一种编写通用库的方式,在 C 通用工具库 stdlib.h 中,声明有一个快速排序算法 qsort 函数原型:

```
void qsort(void *, size_t, size_t, int (*comp)(const void *, const void *))
void qsort(void *base, size_t num, size_t width,
                 int (_cdecl *comp) (const void *elem1, const void *elem2))
```

其中,base 表示目标数组的首元素位置;num 元素个数;width 每个元素所占字节数;comp 函数指针,指向一个比较函数。该函数可用来排序 int 型、float 型的数值、char 型字符串,其中回调函数 comp 可以由用户来定义。

注意:库函数 qsort 的参数 base、回调函数的参数 elem1 和 elem2 都为 void* 类型指针,这是一种基类型为 void,即不包含类型信息的空指针类型。void* 类型的指针变量,不会指向任何一种具体类型的数据,只是提供一个纯地址。这种无指向的地址,只有通过强制类型转换,或由系统对它进行自动类型转换,转换为有类型的地址后,才能存取指定类型的数据。

【例 6-8】通用库函数。利用函数指针、指针数组、二级指针作为函数参数编写通用库程序,用户循环选择自定义冒泡排序函数、系统自带的快速排序库函数 qsort,分别实现对不同数据类型的 10 个整数、10 个浮点数、10 个字符串的排序,并输出正序排序结果。

思路分析:10 个整数、10 个浮点数、10 个字符串分别存入一维 int 型数组、一维 double 型数组、一维 char 型指针数组,用户可循环输入字符'1'、'2'、'0',选择不同类型数据的排序算法,'1'-自定义冒泡排序、'2'-系统库快速排序,分别执行不同算法的回调函数,实现排序并输出排序结果,'0'-退出。

仿照快速排序算法库函数 qsort 来定义冒泡排序算法通用库函数"void bubble_sort(void* data, int n, int size, int (*comp)(const void*, const void*))",其实现的关键在于函数指针 comp 指向用户自定义函数的程序编写。用户自定义函数分别对应整数比较、浮点数比较、字符串比较三种函数。

不同类型的数据排序结果输出,也通过"void sort_print(const void* data, const int n, void (*p)(const void*, const int))"的函数指针 p,指向整数、浮点数、字符串排序输出函数。

程序代码:

```
#include<stdio.h>
#include<stdlib.h>
#include<string.h>
//按字节交换*c1 和*c2,一个字节一个字节地交换指针变量 c1 和 c2 所指向的 size 个字符
void swap(char *c1,char *c2,int size)
{
    int i=0;
    char temp;              //两个元素交换,用到中间变量 temp
    for(i=0;i<size;i++)
```

```c
        {
            temp = *c1;
            *c1 ++= *c2;              //c1 ++,指向下一个待交换字节
            *c2 ++= temp;             //c2 ++,指向下一个待交换字节
        }
}

//冒泡排序 - 交换排序(无序子序列中比较相邻两个元素的大小,满足条件则交换)
void bubble_sort(void *data,int n,int size,int (*comp)(const void *,const void *))
{
    int i,j,order =1;                 //order 为是否有交换的标志
    printf("函数%s():用函数指针作为函数参数来调用函数\n",__FUNCTION__);
    for(j =0;j < n -1;j ++)           //外循环 j 实现 n -1 趟比较
    {
        for(i =0,order =1;i < n -1-j;i ++)//每一趟内循环进行 n -1-j 次比较,order 置1
            //利用回调函数对相邻两个数进行比较
            if(comp((char *)data +i*size,(char *)data +(i +1)*size) > 0)
            {   //较大元素和较小元素按字节进行 size 个字节的交换
                swap((char *)data +i*size,(char *)data +(i +1)*size,size);
                order =0;             //如果有交换,说明未排序好,order 置0
            }
        if(order ==1)break;//order 标志未变,说明本趟一次都没交换过,数据已有序,跳出循环
    }
}

//整数比较函数
int compare_int(const void *elem1,const void *elem2)
{
    return *(int *)elem1 - *(int *)elem2;
}

//浮点数比较函数
int compare_double(const void *elem1,const void *elem2)
{   //返回值类型为整型,如果直接返回差值,可能截掉小数部分
    if((*(double *)elem1) - (*(double *)elem2) > 0)
        return 1;
    else if((*(double *)elem1) - (*(double *)elem2) == 0)
        return 0;
    else
        return -1;
}

//字符串比较函数
int compare_string(const void *elem1,const void *elem2)
{   //先找到每个字符串的首地址再进行引用
    return strcmp(*(char **)elem1,*(char **)elem2);
}

//输出排序序列
void sort_print(const void *data, const int n,void (*p)(const void *, const int))
```

```c
{
    printf("函数%s():用函数指针作为函数参数来调用函数 \n",__FUNCTION__);
    p(data,n);                  //调用函数指针 p 指向的函数,执行回调函数
}

//输出正序排序的整数序列
void print_int(const void *data, const int n)
{
    int i = 0;
    printf("函数%s():输出正序排序的整数序列 \n",__FUNCTION__);
    for(i = 0;i < n;i ++)printf("%d ",*((int *)data + i));
    printf("\n\n");
}

//输出正序排序的浮点型序列
void print_double(const void *data, const int n)
{
    int i = 0;
    printf("函数%s():输出正序排序的浮点型序列 \n",__FUNCTION__);
    for(i = 0;i < n;i ++)printf("%.1f ",*((double *)data + i));
    printf("\n\n");
}

//输出正序排序的字符串序列
void print_string(const void * data, const int n)
{
    int i = 0;
    printf("函数%s():输出正序排序的字符串序列 \n",__FUNCTION__);
    for(i = 0;i < n;i ++)printf("%s ",*((char **)data + i));
    printf("\n\n");
}

int main()
{
    int a[10] = {5,9,0,-8,86,32,100,-58,18,-100},sa[10],choice,i,n = 10;
    double b[10] = {5.8,9.4,0.0,-8.3,86.0,32.2,100.7,-58.6,18.9,-10.8},sb[10];
    char *c[10] = {"hello","top","work","hard","study","Java","music",
                                            "Python","Love","China"}
    char *sc[10];
    printf("请选择利用回调函数的排序算法
                    ('1'-自定义冒泡排序 '2'-系统库快速排序 0'-退出):");
    while((choice = getchar()) != '0')         //输入选择排序算法的变量 choice 的值
    {
        printf("未排序前的数组元素(choice = '%c'): \n",choice);
        for(i = 0;i < n;i ++)
        {
            sa[i] = a[i];                      //保存数组值
            printf("%d ",sa[i]);               //输出未排序前的数组元素
        }
```

```c
        printf("\n");
        for(i=0;i<n;i++)
        {
            sb[i]=b[i];                          //保存数组值
            printf("%.1f ",sb[i]);               //输出未排序前的数组元素
        }
        printf("\n");
        for(i=0;i<n;i++)
        {
            sc[i]=c[i];                          //保存指针数组各字符串的地址值
            printf("%s ",sc[i]);                 //输出未排序前的数组元素
        }
        printf("\n\n");
        if(choice=='1')
        {
            printf("sizeof(int)=%d\n",sizeof(int));//整型的长度 sizeof(int)=4
            bubble_sort(sa,sizeof(sa)/sizeof(int),sizeof(int),compare_int);
            sort_print(sa,sizeof(sa)/sizeof(int),print_int);

            //浮点型的长度 sizeof(double)=8
            printf("sizeof(double)=%d\n",sizeof(double));
            bubble_sort(sb,sizeof(sb)/sizeof(double),sizeof(double),
                                                        compare_double);
            sort_print(sb,sizeof(sb)/sizeof(double),print_double);

            //字符指针型的长度 sizeof(char *)=4
            printf("sizeof(char *)=%d\n",sizeof(char *));
            bubble_sort(sc,10,sizeof(char *),compare_string);
            sort_print(sc,10,print_string);
        }
        else if(choice=='2')
        {
            printf("sizeof(int)=%d\n",sizeof(int));//整型的长度 sizeof(int)=4
            qsort(sa,sizeof(sa)/sizeof(int),sizeof(int),compare_int);
            sort_print(sa,sizeof(sa)/sizeof(int),print_int);

            //浮点型的长度 sizeof(double)=8
            printf("sizeof(double)=%d\n",sizeof(double));
            qsort(sb,sizeof(sb)/sizeof(double),sizeof(double),compare_double);
            sort_print(sb,sizeof(sb)/sizeof(double),print_double);

            //字符指针型的长度 sizeof(char *)=4
            printf("sizeof(char *)=%d\n",sizeof(char *));
            qsort(sc,10,sizeof(char *),compare_string);
            sort_print(sc,10,print_string);
        }
        else
            printf("选择排序算法的输入值错误,请重新输入！\n\n");
    fflush(stdin); //输入的字符可能还留在输入队列里,清除输入缓冲区
```

```
            printf("请选择利用回调函数的排序算法
                         ('1'-自定义冒泡排序 '2'-系统库快速排序 0'-退出):");
    }
    return 0;
}
```

运行结果:

```
请选择利用回调函数的排序算法('1'-自定义冒泡排序 '2'-系统库快速排序 0'-退出):1
未排序前的数组元素(choice = '1'):
5 9 0 -8 86 32 100 -58 18 -100
5.8 9.4 0.0 -8.3 86.0 32.2 100.7 -58.6 18.9 -10.8
hello top work hard study Java music Python Love China

sizeof(int) = 4
函数 bubble_sort():用函数指针作为函数参数来调用函数
函数 sort_print():用函数指针作为函数参数来调用函数
函数 print_int():输出正序排序的整数序列
-100 -58 -8 0 5 9 18 32 86 100

sizeof(double) = 8
函数 bubble_sort():用函数指针作为函数参数来调用函数
函数 sort_print():用函数指针作为函数参数来调用函数
函数 print_double():输出正序排序的浮点型序列
-58.6 -10.8 -8.3 0.0 5.8 9.4 18.9 32.2 86.0 100.7

sizeof(char *) = 4
函数 bubble_sort():用函数指针作为函数参数来调用函数
函数 sort_print():用函数指针作为函数参数来调用函数
函数 print_string():输出正序排序的字符串序列
China Java Love Python hard hello music study top work
```

程序说明:

主函数 main 根据用户不同的输入选择,choice = '1'时调用用户自定义冒泡排序函数"void bubble_sort(void * data,int n,int size,int (* comp)(const void *,const void *))"和排序结果输出函数"void sort_print(const void * data,const int n,void (* p)(const void *,const int))"。函数指针 comp 分别指向 compare_int、compare_double、compare_string,由 bubble_sort 回调处理 int 型、double 型、char 型字符串的比较并排序。函数指针 p 分别指向 print_int、print_double、print_string,由 sort_print 回调处理 int 型、double 型、char 型字符串的排序结果输出。

注意:这些回调函数在处理(void *)空指针类型数据时,先要对 int 型、double 型、char 型字符串进行(int *)、(double *)、(char **)的强制类型转换后才能引用。

为了提高函数处理不同类型数据的通用性,冒泡排序函数 bubble_sort 调用比较函数 comp(((char *)data + i * size,(char *)data + (i + 1) * size)和交换函数"swap((char *)data + i * size,(char *)data + (i + 1) * size,size);"时,待比较元素或待交换元素的地址不是按类型,而是按字节偏移量 size 来定位,两个相邻元素(char *)data + i * size 和(char *)data + (i + 1) * size,相差 size 个字节数。

交换函数"void swap(char * c1,char * c2,int size)"的实现也不是按类型,而是按字节交换

*c1 和 *c2，一个字节一个字节地交换 char 型指针变量 c1 和 c2 所指向的 size 个字节。

choice = '2'时调用系统库快速排序函数"void qsort(void * base, size_t num, size_t width, int (_cdecl * comp) (const void * elem1, const void * elem2))"和排序结果输出函数"void sort_print (const void * data, const int n, void (* p)(const void * , const int))"，函数指针 comp 和函数指针 p 分别调用对应类型数据的回调函数进行处理。

回调函数的通用性体现在把类型无关的处理逻辑尽量标准化，而把和具体数据类型相关的处理逻辑尽量交给用户来实现。

6.4.3 返回指针值的指针函数

一个函数可以返回一个 int 型、char 型、double 型的变量值，也可以返回指针型的数据，即地址。函数返回值的类型是指针类型的函数称为指针函数，其一般的定义形式为：

> 类型名 * 函数名(参数表列)

例如，"float * FuncPtr(char ** str, int n);"定义了一个函数名为 FuncPtr，函数返回值是 float 型指针的函数。

【例6-9】求最小字符串和最大字符串。利用返回指针型数据的指针函数和指针数组编程，实现 10 个字符串中查找最小字符串和最大字符串，并输出结果。

思路分析：10 个字符串存入一维 char 型指针数组，通过指针函数"char * string_min(char * data[ ], int n)"和"char * string_max(char * data[ ], int n)"分别依次比较各字符串的大小，求出最小字符串和最大字符串，把结果通过 char * 指针返回主函数，输出查找结果。

程序代码：

```
#include<stdio.h>
#include<string.h>
char *string_min(char*data[],int n)
{
    int i;
    char *min=data[0];              //初始化 char 型指针 min,赋值 data[0]字符串
    for(i=0;i<n;i++)
        if(strcmp(data[i],min)<0)//顺序比较字符串,得到最小串 min
            min=data[i];
    return min;                     //返回最小串 min
}

char *string_max(char *data[],int n)
{
    int i;
    char *max=data[0];              //初始化 char 型指针 max,赋值 data[0]字符串
    for(i=0;i<n;i++)
        if(strcmp(data[i],max)>0)//顺序比较字符串,得到最大串 max
            max=data[i];
    return max;                     //返回最大串 max
}

int main()
```

```
    {
        char *a[10]={"hello","top","work","hard","study","Java","music",
                                                "Python","Love","China"};
        printf("最小元素值对应的字符串:%s\n",string_min(a,10));
        printf("最大元素值对应的字符串:%s\n",string_max(a,10));
        return 0;
    }
```

运行结果:

```
最小元素值对应的字符串:China
最大元素值对应的字符串:work
```

6.5 结构体指针

结构体指针是一种指向结构体类型数据的指针,不仅可以指向结构体变量,也可指向结构体数组中的单个结构体数组元素。

6.5.1 指向结构体变量和结构体数组的指针

结构体指针就是指向结构体类型数据的指针,定义一个结构体类型的指针变量,可用于存放结构体变量的起始地址。结构体类型的指针变量,既可以指向结构体变量,也可指向结构体数组中的元素。结构体指针变量的基类型必须和结构体变量的类型相同。

前面定义过如下一个 struct Student 类型的结构体类型,通过该类型可以定义 struct Student 的结构体指针变量 sp 和 p,以及结构体数组 stu。语句"sp = &temp;"通过地址运算符 & 得到结构体变量 temp 的地址,并赋值给结构体指针 sp,可以说结构体指针 sp 指向了结构体变量 temp。语句"p = stu;"把结构数组的首地址赋值给结构体指针 p,结构体指针 p 指向了结构体数组 stu 的首个数组元素 stu[0]。

```
struct Student              //声明结构体类型 struct Student
{
    int num;                //考生考号,唯一
    char name[20];          //考生姓名
    char gender;            //考生性别
    char addr[30];          //考生地址
    float score[3];         //考生 C、PHP、Python 三门课成绩,每门课成绩在[0,100]范围内
    int rank;               //考生最终排名名次
    float total;            //考生总分
};
struct Student stu[10],temp,*p,*sp;//定义结构体数组 stu,结构体指针 p、sp
sp = &temp;                 //结构体指针 sp 指向结构体变量 temp
p = stu;                    //结构体指针 p 指向结构体数组 stu
```

利用结构体指针,引用结构体数组元素中的成员,有如下三种等价用法:

(1) stu[i].成员名:句号"."为引用结构体数组元素的成员运算符,stu[i]为第 i 个结构体数组元素。

(2)(*p).成员名:指针 p 指向 stu,等于首元素的地址 &stu[0],(*p)就是 stu[0]。
(3)p->成员名:箭头"->"为指向结构体成员运算符,是一种常用的方式。

6.5.2 结构体指针作函数参数和返回值

结构体变量的值作函数参数进行数据传递有三种方法:

(1)用结构体变量的成员作参数,其用法和普通变量一样,有值传递和地址传递两种方式。例如,用 int 型变量 stu[0].num 或 char 型数组名 stu[2].name 作函数实参,将实参值传给形参。

(2)用结构体变量作实参,属于值传递的方式,需要将结构体变量的全部成员按顺序依次传递给形参。当结构体比较大时,这种传递方式的开销比较大。

(3)用指向结构体变量或结构体数组元素的结构体指针作实参,属于地址传递方式,将结构体变量(或数组元素)的地址传给形参。如果实参结构体指针变量指向结构体数组的首元素,相当于把整个结构体数组传递给函数,这类似用结构体数组名作函数参数的地址传递方式。

函数返回值的类型可以是结构体变量,也可以是结构体指针类型。

【例 6-10】排序和查找。利用结构体数组名和结构体指针作函数参数,结构体指针作返回值,基于例 5-9 中定义的外部希尔插入排序函数来编程,解决例 4-10 的成绩排名问题,并能根据成绩排名和考生考号查找并输出对应的考生信息。

思路分析:用结构体数组保存 10 个考生的信息,并通过宏包含"#include Insert_Sort_Funcs.h",把结构体类型 struct Student 定义和希尔插入排序函数 Shell_Insert_sort 的函数声明包含进来,这样就可以直接在子函数 sort_print_struct 中利用外部函数 Shell_Insert_sort 实现考生成绩排名。子函数 search_print_rank 根据成绩排名查找结构体数组元素并输出。子函数 search_print_num 根据考生考号查找结构体数组元素并返回查到的结构体数组元素的指针。

程序代码:

```
#include<stdio.h>
#include<stdlib.h>
#include "Insert_Sort_Funcs.h"
//结构体数组元素排序,调用外部希尔插入排序函数
void sort_print_struct(struct Student data[],int n)
{
    int i;
    printf("*******************************排序前的结构体数组元素
                                   *******************************\n");
    printf("考号\t姓名\t性别\t\t地址\t\t总分\tC\tPHP\tPython\t总排名\n");
    for(i=0;i<n;i++)
    {
        printf("%d\t%s\t%c\t%s\t",data[i].num,data[i].name,
                                   data[i].gender,data[i].addr);
        printf("%.1f\t%.1f\t%.1f\t%.1f\t%3d\n",data[i].total,
             data[i].score[0],data[i].score[1],data[i].score[2],data[i].rank);
    }
    Shell_Insert_sort(data,n); //用结构体数组名作实参,调用外部希尔插入排序函数
    printf("\n*******************************排序后的结构体数组元素
                                   *******************************\n");
```

```c
        printf("考号\t 姓名\t 性别\t\t 地址\t\t 总分\tC\tPHP\tPython\t 总排名\n");
        for(i=0;i<n;i++)                    //输出正序排序的结构体数组元素
        {
            printf("%d\t%s\t%c\t%s\t",data[i].num,data[i].name,
                                        data[i].gender,data[i].addr);
            printf("%.1f\t%.1f\t%.1f\t%.1f\t%3d\n",data[i].total,
                data[i].score[0],data[i].score[1],data[i].score[2],data[i].rank);
        }
}

//根据成绩排名查找结构体数组元素并输出
void search_print_rank(struct Student *data,int n,int rank)
{
    int i;
    printf("\n*****************************根据成绩排名查找到的结构体元素
                                        *****************************\n");
    printf("考号\t 姓名\t 性别\t\t 地址\t\t 总分\tC\tPHP\tPython\t 总排名\n");
    for(i=0;i<n;i++)
        if((data+i)->rank == rank)
        {
            printf("%d\t%s\t%c\t%s\t",(data+i)->num,(data+i)->name,
                                        (data+i)->gender,(data+i)->addr);
            printf("%.1f\t%.1f\t%.1f\t%.1f\t%3d\n",(data+i)->total,
                                (data+i)->score[0],(data+i)->score[1],
                                (data+i)->score[2],(data+i)->rank);
        }
}

//根据考号查找结构体数组元素,返回查到的结构体数组元素的指针
struct Student *search_print_num(struct Student *data,int n,int num)
{
    int i;
    for(i=0;i<n;i++)
        if((data+i)->num==num) return data+i;
    return NULL;
}

int main()
{
    int n=10,rank=2,num=23009;//rank 是要查找的排名,num 是要查找的考号
    struct Student stu[10]={
        {23001,"Zhao",'M',"No.19 Huashan Road",79,58.5,86.5},
        {23002,"Qian",'F',"No.19 Huashan Road",65,75,85},
        {23003,"Sun",'M',"No.19 Huashan Road",70,71,84},
        {23004,"Li",'F',"No.19 Huashan Road",70,71,84},
        {23005,"Zhou",'F',"No.15 Heping Road",95,84,95},
        {23006,"Wu",'M',"No.15 Heping Road",95,85,94},
        {23007,"Zheng",'M',"No.30 Gonghe Road",64,75,85},
        {23008,"Wang",'F',"No.30 Gonghe Road",95,84,95},
        {23009,"Feng",'M',"No.12 Fuzhou Road",70,71,84},
```

```c
                {23010,"Chen",'F',"No.12 Fuzhou Road",71,70,84}};
    struct Student *p = stu,*sp = NULL;
    system("mode con cols =100 lines =40");  //控制台窗口调节为宽100列高40行的窗口
    sort_print_struct(p,n);              //用指向结构体数组的指针作实参
    //用指向结构体数组的指针作实参,输出根据排名查找到的结构体元素
    search_print_rank(p,n,rank);
    printf("\n*****************************根据考生考号查找到的结构体元素
                                           ******************************\n");
    printf("考号 \t 姓名 \t 性别 \t\t 地址 \t\t 总分 \tC \tPHP \tPython \t 总排名 \n");
    //用指向结构体数组的指针作实参,返回根据考号查找到的结构体元素的指针
    sp = search_print_num(p,n,num);
    if(sp! =NULL)
    {
        printf("%d\t%s \t%c\t%s \t",sp->num,sp->name,sp->gender,sp->addr);
        printf("%.1f \t%.1f \t%.1f \t%.1f \t%3d \n",
            sp->total,sp->score[0],sp->score[1],sp->score[2],sp->rank);
    }
    return 0;
}
```

运行结果:

```
*****************************排序前的结构体数组元素******************************
考号       姓名    性别      地址              总分    C      PHP    Python  总排名
23001     Zhao    M       No.19 Huashan Road   0.0    79.0   58.5   86.5    0
23002     Qian    F       No.19 Huashan Road   0.0    65.0   75.0   85.0    0
23003     Sun     M       No.19 Huashan Road   0.0    70.0   71.0   84.0    0
23004     Li      F       No.19 Huashan Road   0.0    70.0   71.0   84.0    0
23005     Zhou    F       No.15 Heping Road    0.0    95.0   84.0   95.0    0
23006     Wu      M       No.15 Heping Road    0.0    95.0   85.0   94.0    0
23007     Zheng   M       No.30 Gonghe Road    0.0    64.0   75.0   85.0    0
23008     Wang    F       No.30 Gonghe Road    0.0    95.0   84.0   95.0    0
23009     Feng    M       No.12 Fuzhou Road    0.0    70.0   71.0   84.0    0
23010     Chen    F       No.12 Fuzhou Road    0.0    71.0   70.0   84.0    0

*****************************排序后的结构体数组元素******************************
考号       姓名    性别      地址              总分    C      PHP    Python  总排名
23006     Wu      M       No.15 Heping Road   274.0   95.0   85.0   94.0    1
23005     Zhou    F       No.15 Heping Road   274.0   95.0   84.0   95.0    2
23008     Wang    F       No.30 Gonghe Road   274.0   95.0   84.0   95.0    2
23010     Chen    F       No.12 Fuzhou Road   225.0   71.0   70.0   84.0    4
23003     Sun     M       No.19 Huashan Road  225.0   70.0   71.0   84.0    5
23004     Li      F       No.19 Huashan Road  225.0   70.0   71.0   84.0    5
23009     Feng    M       No.12 Fuzhou Road   225.0   70.0   71.0   84.0    5
23002     Qian    F       No.19 Huashan Road  225.0   65.0   75.0   85.0    8
23001     Zhao    M       No.19 Huashan Road  224.0   79.0   58.5   86.5    9
23007     Zheng   M       No.30 Gonghe Road   224.0   64.0   75.0   85.0   10

*****************************根据成绩排名查找到的结构体元素******************************
考号       姓名    性别      地址              总分    C      PHP    Python  总排名
23005     Zhou    F       No.15 Heping Road   274.0   95.0   84.0   95.0    2
23008     Wang    F       No.30 Gonghe Road   274.0   95.0   84.0   95.0    2
```

**************************根据考生考号查找到的结构体元素**************************

考号	姓名	性别	地址	总分	C	PHP	Python	总排名
23009	Feng	M	No.12 Fuzhou Road	225.0	70.0	71.0	84.0	5

程序说明：

主函数 main 通过"sort_print_struct(p,n);"调用成绩排名子函数 sort_print_struct，用指向结构体数组 a 的指针 p 和考生数 n 作实参。子函数 sort_print_struct 用结构体数组名 data 和考生数 n 作实参，通过"Shell_Insert_sort(data,n);"调用外部希尔插入排序函数，实现成绩排名，并输出排名信息。

"search_print_rank(p,n,rank);"用指向结构体数组的指针 p、考生数 n、待查找的成绩排名 rank 作实参，调用成绩排名查找子函数 search_print_rank，输出根据成绩排名查找到的结构体数组元素信息。

"sp = search_print_num(p,n,num);"用指向结构体数组的指针 p、考生数 n、待查找的考生考号 num 作实参，调用考生考号查找子函数 search_print_num，返回根据考生考号查找到的结构体数组元素的指针，并在主函数 main 中赋值给 struct Student 结构体指针变量 sp，输出 sp 指向的结构体数组元素信息。

上 机 实 训

1. 数组元素值相反顺序存放。利用指针变量作函数参数编写程序，实现将数组 a 中 n 个整数按相反顺序存放。

2. 数值排序。利用指针变量和一维数组名作函数参数编写程序，用户循环选择冒泡排序、基本选择排序、直接插入排序算法，分别对输入的 $n(0<n\leqslant 10)$ 个整数从小到大进行正序排序，并输出正序排序和逆序排序结果。要求利用子函数分别实现：

(1) 冒泡排序算法：实参用数组名，形参用指针变量。

(2) 选择排序算法：实参和形参都用指针变量。

(3) 插入排序算法：实参用指针变量，形参用数组名。

3. 求最大值。有一个 8×10 的二维整数矩阵，利用数组指针和结构体数组名作函数参数编程，顺序查找二维矩阵，输出所有元素中值最大的元素值及其行列位置（如果存在多个大小一致的值，分别输出元素值和位置）。

4. 字符串和字符输出。利用字符指针编写程序，输出一个字符串"I love China!"及其第 8 个字符。

5. 字符串复制。利用字符指针作形参和实参编写程序，通过调用函数 copy_str 实现字符串的复制。

6. 字符排序和查找。利用字符指针和字符数组名作函数参数编程，实现字符串中的字符选择排序、字符折半查找。

7. 输出数组元素。有一个指针数组，其元素分别指向一个整型数组的元素，用指向指针数据的指针变量，输出整型数组各元素的值。

8. 字符串排序。利用指针数组和二级指针作函数参数编写程序，用户循环选择冒泡排序、基本选择排序、直接插入排序算法，分别对输入的 $n(0<n\leqslant 10)$ 个字符串从小到大进行正序排

序,并输出正序排序结果。要求利用子函数分别实现:

(1)冒泡排序算法:实参用字符型指针数组名,形参用二级字符型指针变量。

(2)选择排序算法:实参形参都用二级字符型指针变量。

(3)插入排序算法:实参用二级字符型指针变量,形参用字符型指针数组名。

9. 字符串排序。利用函数指针调用直接插入排序、折半插入排序、希尔插入排序子函数,指针数组和二级指针作为函数参数编写程序,分别对输入的 $n(0<n\leqslant 10)$ 个字符串从小到大进行正序排序,并输出正序排序结果。用户菜单选择要求:

(1)'a'-直接插入排序。

(2)'b'-折半插入排序。

(3)'c'-希尔插入排序。

(4)'0'-退出。

10. 通用排序库函数。利用函数指针、指针数组和二级指针作函数参数编写通用库程序,通过用户自定义的冒泡排序函数,实现对不同数据类型的 10 个整数、10 个 double 浮点数、10 个字符串的排序,并输出正序排序结果。

11. 查找不及格成绩。利用返回指针的函数(指针函数)编写程序,对于 N 个学生,每个学生有 M 门课程的成绩,要求找出其中有不及格课程的学生,并输出该学生的全部成绩。

12. 考生信息查找。利用结构体数组名和结构体指针作函数参数编写程序,通过外部希尔插入排序函数对指定的 10 个考生成绩从高到低进行排名,并可以根据指定的成绩排名和考生考号来查找对应考生的信息并输出。排名要求:

(1)先按照 C、PHP、Python 三门课成绩总分排序,总分高者排名靠前。

(2)若总分相同,再依次按照 C、PHP、Python 分数高低进行排序,C 分数高者排名靠前,若 C 分数相同,再依次根据 PHP、Python 分数高低排名。

(3)若三门课程分数都相同,按考号顺序从小到大排序,输出的排名名次相同,为并列排名。

第三部分

工程应用开发

第 7 章 动态内存管理及应用

学习目标

- 了解用户存储空间的静态存储区和动态存储区,以及动态存储区的栈区和堆区的作用。
- 熟悉动态内存分配函数 malloc、calloc、realloc、free,掌握动态内存分配和释放方式,有效管理程序的内存资源,避免野指针和内存泄漏等问题。
- 理解静态链表和动态链表,掌握线性表的顺序存储结构以及链式存储结构的实现方式,熟知两种实现方式的优缺点。
- 具有应用动态内存分配函数进行顺序存储结构的程序设计和测试能力。
- 具有应用动态内存分配函数进行链式存储结构的程序设计和测试能力。
- 具有选择合理的动态内存管理方式,提高程序运行效率和性能的能力。

7.1 动态内存分配

内存管理是指程序和数据所用内存的分配和释放。C 语言的内存管理需要编程者人工选择和处理,相比其他由系统自动完成内存管理的高级语言,这是一个比较大的难点。程序可以使用的两个主要内存区域是栈和堆,栈(stack)是由编译器自动分配和释放的内存区域,用于存储函数调用的局部变量和函数参数等;堆(heap)则是由编程者手动分配和释放的内存区域,用以存放程序运行中的一些临时数据,二者都用于动态内存分配。

7.1.1 内存分配和处理

1. 用户存储空间分类

内存中供用户使用的存储空间分为三部分:程序存储区、静态存储区、动态存储区。数据主要存放在静态存储区和动态存储区中。

(1)程序存储区:存放函数实现的二进制代码以及各种符号类常量,程序运行结束后由系统自动释放。

(2)静态存储区:全局变量和 static 变量分配在内存中的静态存储区中,程序开始时分配固定的存储单元,程序执行完毕由系统自动释放。

视频
内存分配
和处理

（3）动态存储区（栈区）：为运行函数而定义的非静态的局部变量、函数形参、函数返回值，以及函数调用现场等分配在内存中的动态存储区中，其操作方式类似于数据结构中的栈。内存由编译器自动分配和释放，函数调用开始时分配存储空间，结束时释放这些空间，这个存储区是一个称为栈的区域。

（4）动态存储区（堆区）：C 语言还允许由编程者建立内存动态分配区域，用以存放程序运行中的一些临时数据，这些数据并非类似变量和数组，在程序中也没有明确的声明和定义，而是需要时根据所需空间大小随时向系统申请，不需要时随时释放，所分配内存也不必等到函数结束时才释放。用户管理的数据临时存放在一个特别的自由存储区，称为堆的区域。这些临时数据由于未在声明部分定义，所以程序中只能通过指针而不能通过变量名或数组名去引用这些数据。

2. 动态内存分配函数

C 语言提供了专门的动态内存分配函数，函数的声明包含在 stdlib.h 头文件中，也有 C 编译系统包含在头文件 malloc.h 中。程序中用到这些函数时应当通过编译预处理命令"#include < stdlib.h >"，把 stdlib.h 头文件包含到程序文件中。程序中主要通过以下四个函数进行内存的分配和释放，注意，函数参数所用指针的基类型为 void，即不指向任何类型的数据，只提供一个纯地址，由用户在使用中根据需要进行类型转换。

（1）malloc 函数。

malloc 函数用于分配动态内存空间，其函数原型的一般形式为：

```
void *malloc(unsigned size);
```

malloc 函数用于在堆区中分配一块长度为 size 的连续存储区，并返回指向分配好的空间首地址（即指向该内存块的指针）。如果分配失败，函数返回空指针 NULL。调用 malloc 时需要指定所需内存空间的大小（单位为字节）。例如，下面通过 malloc 函数为线性表 L 分配了 LIST_INIT_SIZE * sizeof(ElemType) 字节大小的动态连续空间，ElemType 是 int 类型的新类型名。分配的存储空间的基地址类型强制转换为 ElemType * 指针类型后赋值给 L –> elem，初始分配的存储容量记录为 L –> listsize = LIST_INIT_SIZE，计量单位为 sizeof(ElemType)。

```
#define LIST_INIT_SIZE 10      //线性表存储空间的初始容量
typedef int ElemType;           //定义元素数据类型 ElemType 为 int
typedef struct SqNode           //顺序线性表的头结点
{
    ElemType *elem;             //存储空间基址
    int length;                 //表长度
    int listsize;               //分配的存储容量,计量单位为 sizeof(ElemType)
}SqList;
SqList L;                       //定义线性表 L
//malloc 动态分配连续空间
L->elem = (ElemType*)malloc(LIST_INIT_SIZE*sizeof(ElemType));
L->length = 0;                  //空表的长度为 0
L->listsize = LIST_INIT_SIZE;   //初始的存储容量
```

（2）calloc 函数。

calloc 函数与 malloc 类似，它在分配内存空间时不仅要指定空间大小，还要指定需要分配

的元素个数,其函数原型的一般形式为:

```
void *calloc(unsigned num, unsigned size);
```

calloc 会在堆区中分配 num * size 字节的内存空间,并将所有的字节初始化为 0。函数返回该内存空间的首地址(即指向该内存块的指针)。如果分配失败,函数返回 NULL。例如,调用 calloc 为线性表 L 分配初始容量,这时需要指定所需元素的个数 LIST_INIT_SIZE 以及每个元素所占用的空间大小 sizeof(ElemType)。

```
//calloc 动态分配连续空间
L->elem=(ElemType*)calloc(LIST_INIT_SIZE,sizeof(ElemType));
L->length=0;                        //空表的长度为 0
L->listsize=LIST_INIT_SIZE;         //初始的存储容量
```

(3) realloc 函数。

函数用于重新分配已经分配过的内存空间,即修改已分配内存空间的大小,其函数原型的一般形式为:

```
void *realloc(void *p, unsigned size);
```

该函数在已经申请好的堆区空间的基础上重新申请内存,新空间大小为函数的第 2 个参数 size,如果原空间后面不足以增加指定的大小,系统会重新找一个足够大的连续空间,然后将原空间的数据复制过来并释放原空间。例如,线性表 L 初始分配的存储空间容量 L->listsize = LIST_INIT_SIZE 已满,需要增加 LISTINCREMENT * sizeof(ElemType) 的空间,调用 realloc 函数重新分配大小为 (L->listsize + LISTINCREMENT) * sizeof(ElemType) 的内存空间,重新分配的存储容量记录为 L->listsize += LISTINCREMENT,计量单位为 sizeof(ElemType)。

```
#define LISTINCREMENT 5             //线性表存储空间的容量增量
ElemType *newbase;
newbase = (ElemType*)realloc(L->elem,(L->listsize +
                                      LISTINCREMENT)*sizeof(ElemType));
L->elem=newbase;                    //存储空间新基址
L->listsize+=LISTINCREMENT;         //增加存储容量
```

(4) free 函数。

该函数用于释放先前分配的内存。它接受一个指向要释放内存的指针作为参数,并将该内存标记为未使用状态,一般与 calloc、malloc、realloc 等分配内存空间的函数配合使用,其函数原型的一般形式为:

```
void free(void *p);
```

该函数释放 void 型指针 p 所指向的内存空间,该内存块是由 calloc、malloc 或 realloc 函数动态分配的。

注意:使用 free 函数释放一个已经被分配的内存块之后,需要把该指针设置为 NULL,否则这个指针就成了一个野指针,野指针的不当操作会导致系统崩溃。例如,线性表 L 的销毁,通过 free(L->elem) 来释放动态分配的内存空间后,设置 L->elem = NULL。

```
free(L->elem);          //free 释放动态分配的连续空间
L->elem=NULL;           //指向分配存储空间的指针置 NULL
L->length=0;            //表的长度置 0
L->listsize=0;          //表的存储容量置 0
```

7.1.2 静态链表和动态链表

静态链表
和动态链表

1. 顺序和链式存储结构

数据结点(node)的存储可以采用连续存储空间的顺序存储结构,例如结构体数组,通过地址连续的存储单元依次存储数据元素序列。假设 $LOC(a_i)$ 表示数据元素 a_i 的存储位置,则数据元素的位置关系满足:

```
LOC(a_{i+1}) = LOC(a_i) + l        //l 是一个以数据元素类型为单位的步长
LOC(a_i)   = LOC(a_1) + (i-1)*l   //通过 a_i 和 a_1 的相对位置关系寻址
```

顺序存储结构的特点是元素逻辑关系相邻,物理位置也相邻,通过任何一个元素的位置,可以快速寻址和定位其他元素,其相对位置的顺序关系是一种隐式的数据链。缺点是在序列中插入和删除元素时,需要移动大量数据元素。

另外一种是链式存储结构,其中每个结点由数据域和指针域两部分组成,数据域用来存储数据元素信息或用户数据,可有多个数据域;而指针域用来存储直接后继的存储位置信息,建立与下一个结点的联系,也可有多个指针域。它通过指针域将一些数据结点,连接成一个显式的数据链。假设 $LOC(a_i)$ 的指针域为 next,则数据元素的位置关系满足:

```
LOC(a_{i+1}) = LOC(a_i)->next                        //next 是一个数据元素的指针域
LOC(a_i) = LOC(a_1)->next-> … ->next    //通过 a_i 和 a_1 的链式位置关系寻址
```

链式存储结构的特点是逻辑上相邻的元素,物理位置上不一定相邻。通过指针建立链表,无须事先知道数据总量的大小,可以根据需要为新建元素动态分配内存,插入或删除时不需要移动元素。链表的开销,主要是访问的顺序性和组织链的空间损失。

2. 链表的分类

链表从结点的内存分配方式上分为静态链表和动态链表两类,而从结点的链接方式上又分为单链表、双链表、循环链表等。

(1)静态链表:所有数据结点都在程序中定义和声明,分配一整片连续的存储空间,该空间用完后不能随即释放,这种链表称为绝对"静态链表",其动态性比较差,面对数据量不确定时灵活性也差。例如,借助下述一维结构体数组来描述的链式存储结构叫静态单链表存储结构:

```
typedef struct SLNode       //静态链表结点
{
    ElemType data;          //数据域
    int cur;                //游标指示器
}SLinkList[1000];
```

每个数组元素表示一个结点,用游标 cur 代替指针描述结点在数组中的相对位置,游标即链表中的指针域。这种存储结构的缺点是需要预先分配一个较大的空间,但在线性表的插入和删除时是不需要移动元素的,仅需要修改游标。

(2)动态链表:是指在程序执行过程中从无到有地建立起一个链表,即一个一个地分配结点内存,赋值各结点数据,并建立起前后结点的相链关系。

下述结构定义的数据结点组成的链表为单链表,又称线性链表,该链表的每个结点中只包含两个域,当前结点的数据域 elem 和一个指向下一个结点的指针域 next,整个链表存取都是从第一个结点开始进行,最后一个数据元素没有直接后继,最后一个结点的指针为空 NULL。如果最后一个结点的指针域指向第一个结点,则整个链表形成一个环,称为循环链表。

```
typedef int ElemType;        //定义元素数据类型 ElemType 为 int
typedef struct LNode         //链式线性表的结点
{
    ElemType elem;           //数据域,保存结点的数据元素,若为头结点保存表长度
    struct LNode *next;      //指针域,保存下一结点的地址
}LNode,*LinkList;
```

双向链表比线性链表复杂一些,它的指针域有两个,每一个结点除了拥有数据域 elem 和指向下一结点的 next 指针,还拥有指向前置结点的 prior 指针。如下述结构,如果最后一个结点的后继指针 next 指向第一个结点,第一个结点的前置指针 prior 指向最后一个结点,则形成双向循环链表。

```
typedef struct DLNode         //双向链式线性表的结点
{
    ElemType elem;            //数据域,保存结点的数据元素,若为头结点保存表长度
    struct DLNode *next;      //指针域,保存后继结点的地址
    struct DLNode *prior;     //指针域,保存前置结点的地址
}DLNode,*DLinkList;
```

*7.2 顺序和链式线性表应用

线性表(linear list)是一种最基本的常用数据结构,它是由 $n(n \geq 0)$ 个具有相同数据类型的数据元素($a_1,a_2,\cdots,a_n$)组成的有限序列。线性表的操作和管理涉及线性表的建立、销毁、置空、合并、排序,以及元素的查找、插入、删除等。通过顺序存储结构和链式存储结构的动态内存分配,分别来实现线性表的管理,可以方便对比二者在处理相同数据元素上的优劣。

7.2.1 顺序线性表管理

【例 7-1】顺序线性表管理。假设元素为整数的线性表中无重复元素,通过顺序存储结构和动态内存管理函数编写程序,实现顺序线性表的建立、销毁、置空、查找、插入、删除、合并的菜单式管理和操作。

思路分析:顺序线性表的存储结构采用动态内存分配的顺序存储结构,如图 7-1 所示,L 的头结点 SqList 指向 malloc(LIST_INIT_SIZE * sizeof(ElemType))动态分配的初始内存空间,随着数据元素的插入,当所分内存空间不够时,通过 realloc 函数重新分配(LIST_INIT_SIZE + LISTINCREMENT) * sizeof(ElemType)大小的增量内存空间。程序采用三个文件:

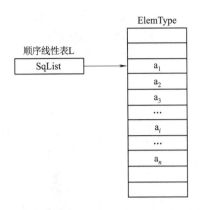

图 7-1　线性表动态分配的顺序存储结构

头文件 SqList.h:声明顺序线性表 SqList 的函数,包括建立、销毁、置空、查找、插入、删除、合并等的线性表管理和操作函数。

源文件 SqList.c:定义 SqList.h 中声明的顺序线性表的管理和操作函数。

源文件 Main.c:用户接口,实现顺序线性表的菜单应用功能。

头文件 SqList.h 程序代码:

```
#define LIST_INIT_SIZE 10           //线性表存储空间的初始容量
#define LISTINCREMENT 5             //线性表存储空间的容量增量
#define TRUE 1
#define FALSE 0
#define OK 1
#define ERROR 0
#define OVERFLOW -2
typedef int Status;                 //定义函数返回值类型 Status 为 int
typedef int ElemType;               //定义元素数据类型 ElemType 为 int
typedef struct SqNode               //顺序线性表的头结点
{
   ElemType *elem;                  //存储空间基址
   int length;                      //表长度
   int listsize;                    //分配的存储容量,计量单位为 sizeof(ElemType)
}SqList;
Status InitList(SqList *L);         //构造一个空的顺序线性表 L
//顺序线性表 L 的建立,无重复元素,初始化元素值为随机数
Status ListCreate(SqList *L,Status(*compare)(ElemType*,ElemType*));
Status DestroyList(SqList *L);      //顺序线性表 L 销毁
Status ClearList(SqList *L);        //顺序线性表 L 重置为空表
ElemType GetElem(SqList L,int pos); //返回顺序线性表 L 中 pos 位置元素值
//返回顺序线性表 L 中第 1 个与 e 满足 compare()关系的元素位序。若不存在,返回值为 0
Status LocateElem(SqList L,ElemType e,Status(*compare)(ElemType*,ElemType*));
//在顺序线性表 L 中 pos 位置之前插入新的元素 e,若无重复再插入,L 的表长度增 1
Status ListInsert(SqList *L,int pos,ElemType e,
                             Status(*compare)(ElemType*,ElemType*));
//在顺序线性表 L 中删除 pos 位置的元素,L 的表长度减 1
ElemType ListDelete(SqList *L,int pos);
```

```
//依次对顺序线性表L的每个元素调用回调函数vi()进行处理
Status ListTraverse(SqList L,void(*vi)(ElemType*));
//顺序线性表合并算法,将所有在顺序线性表Lb中但不在La中的数据元素插入到La中
Status ListUnion(SqList *La,SqList Lb,Status(*compare)(ElemType*,ElemType*));
```

源文件SqList.c程序代码:

```
#include<stdlib.h>
#include<time.h>
#include "SqList.h"
//构造一个空的顺序线性表L
Status InitList(SqList *L)
{
    //malloc动态分配连续空间
    L->elem=(ElemType*)malloc(LIST_INIT_SIZE*sizeof(ElemType));
    if(L->elem==NULL)
        exit(OVERFLOW);                   //存储空间分配失败,退出
    L->length=0;                          //空表的长度为0
    L->listsize=LIST_INIT_SIZE;           //初始的存储容量
    return OK;
}

//顺序线性表L的建立,无重复元素,初始化元素值为随机数
Status ListCreate(SqList *L,Status(*compare)(ElemType*,ElemType*))
{
    int i,length;
    if(L->length!=0)return OK;            //非空表时返回
    if(L->listsize==0)InitList(L);        //构造空表
    length=LIST_INIT_SIZE;                //空表时指定length为LIST_INIT_SIZE
    srand((unsigned)time(NULL));
    for(i=0;i<length;i++)
    {
        do{
            *(L->elem+i)=(ElemType)rand()%20;   //元素值为[0,20)的随机数
        }while(LocateElem(*L,*(L->elem+i),compare));//确保L中不存在相同的元素
        L->length++;   //初始化完成1个元素,表长度加1,最终长度为LIST_INIT_SIZE
    }
    return OK;
}

//顺序线性表L销毁
Status DestroyList(SqList *L)
{
    free(L->elem);                        //free释放动态分配的连续空间
    L->elem=NULL;                         //指向分配存储空间的指针置NULL
    L->length=0;                          //表的长度置0
    L->listsize=0;                        //表的存储容量置0
    return OK;
}
```

```c
//顺序线性表L重置为空表
Status ClearList(SqList *L)
{
    L->length=0;            //表的长度置0,内容清空但存储容量不变
    return OK;
}

//返回顺序线性表L中pos位置元素值
ElemType GetElem(SqList L,int pos)
{
    if(pos<1||pos>L.length)
        return ERROR;
    return *(L.elem+pos-1);
}

//返回线性表L中第1个与e满足compare()关系的元素位序。若不存在,返回值为0
Status LocateElem(SqList L,ElemType e,Status(*compare)(ElemType*,ElemType*))
{
    ElemType *p;
    int i=1;                //i的初值为第1个元素的位序
    p=L.elem;               //p的初值为第1个元素的存储位置
    while(i<=L.length&&!compare(p++,&e))i++;
    if(i<=L.length)
        return i;
    else
        return ERROR;
}

//在顺序线性表L中pos位置之前插入新的元素e,若无重复再插入,L的表长度增1
Status ListInsert(SqList *L,int pos,ElemType e,
                                    Status(*compare)(ElemType*,ElemType*))
{
    ElemType *newbase,*q,*p;
    //pos值不合法或者e为重复元素
    if(pos<1||pos>L->length+1||LocateElem(*L,e,compare))
        return ERROR;
    if(L->length>=L->listsize)      //当前存储空间已满,增加分配
    {
        newbase=(ElemType*)realloc(L->elem,
                        (L->listsize+LISTINCREMENT)*sizeof(ElemType));
        if(!newbase)
            exit(OVERFLOW);         //存储空间分配失败,退出
        L->elem=newbase;            //存储空间新基址
        L->listsize+=LISTINCREMENT; //增加存储容量
    }
    q=L->elem+pos-1;                //q为插入位置
    for(p=L->elem+L->length-1;p>=q;--p)  //插入位置及之后的元素右移
        *(p+1)=*p;
    *q=e;                           //插入元素e
    L->length++;                    //表长度增1
```

```c
        return OK;
}

//在顺序线性表 L 中删除 pos 位置的元素,L 的表长度减 1
ElemType ListDelete(SqList *L,int pos)
{
    ElemType *p,*q,e;
    if(pos<1||pos>L->length)                //pos 值不合法
        return ERROR;
    p=L->elem+pos-1;                        //p 为被删除元素的位置
    e=*p;                                   //被删除元素的值赋给 e
    q=L->elem+L->length-1;                  //q 为表尾元素的位置
    for(++p;p<=q;++p)                       //被删除元素之后的元素左移
        *(p-1)=*p;
    L->length--;                            //表长度减 1
    return e;                               //返回删除位置的元素值
}

//依次对顺序线性表 L 的每个元素调用回调函数 vi()进行处理
Status ListTraverse(SqList L,void(*vi)(ElemType*))
{
    ElemType *p;
    int i;
    for(i=1,p=L.elem;i<=L.length;i++,p++)
        vi(p);
    return OK;
}

//顺序线性表合并算法,将所有在顺序线性表 Lb 中但不在 La 中的数据元素插入 La 中
Status ListUnion(SqList *La,SqList Lb,Status(*compare)(ElemType*,ElemType*))
{
    ElemType e;
    int La_len;
    int i;
    La_len=La->length;                      //临时保存线性表 La 的长度
    for(i=1;i<=Lb.length;i++)
    {
        e=GetElem(Lb,i);                    //取 Lb 中第 i 个数据元素赋给 e
        if(!LocateElem(*La,e,compare))      //La 中不存在和 e 相同的元素,则插入
            ListInsert(La,++La_len,e,compare);
    }
    return OK;
}
```

源文件 Main.c 程序代码:

```c
#include<stdio.h>
#include<stdlib.h>
#include "SqList.h"
//判断两个元素是否相等,ListUnion 函数中回调
Status equal(ElemType *c1,ElemType *c2)
```

```c
{
    if(*c1 == *c2)
        return TRUE;
    else
        return FALSE;
}

//输出元素值,ListTraverse 函数中回调
void print(ElemType *c)
{
    printf("%d ",*c);
}

int main()
{
    SqList La = {0}, Lb = {0};
    ElemType e,value;
    char opp = '1';
    int pos;
    while(opp! = '0')
    {
        system("cls");
        printf("**********************顺序线性表操作与管理**********************\n");
        printf("*                     1.线性表建立                             * \n");
        printf("*                     2.线性表销毁                             * \n");
        printf("*                     3.线性表置空                             * \n");
        printf("*                     4.线性表中某位置元素查找                 * \n");
        printf("*                     5.线性表判断元素是否在表中               * \n");
        printf("*                     6.线性表插入一个元素                     * \n");
        printf("*                     7.线性表删除一个元素                     * \n");
        printf("*                     8.线性表合并                             * \n");
        printf("*                     0.Exit                                   * \n");
        printf("****************************************************************\n");
        printf("\n请输入你的选择: ");
        opp = getchar();
        switch(opp)
        {
            case '1':
                ListCreate(&La,equal);
                printf("线性表 La 建立成功,La.length = %d 
                            La.listsize = %d\n",La.length,La.listsize);
                printf("线性表 La(随机赋值):");
                ListTraverse(La,print);
                break;
            case '2':
                DestroyList(&La);
                printf ("销毁 La 后:La.length = %d 
                                La.listsize = %d",La.length,La.listsize);
                ListTraverse(La,print);
                break;
```

```c
        case '3':
            ClearList(&La);
            printf("置空 La 后:La.length=%d
                                La.listsize=%d",La.length,La.listsize);
            ListTraverse(La,print);
            break;
        case '4':
            printf("你要查找第几个元素?");
            scanf("%d",&pos);
            e=GetElem(La,pos);
            if(e!=ERROR)
                    printf("第%d个元素的值为:%d\n",pos,e);
            else
                    printf("没有位置为%d的元素\n",pos);
            ListTraverse(La,print);
            break;
        case '5':
            printf("输入你想知道是否在表中的数值:");
            scanf("%d",&e);
            pos=LocateElem(La,e,equal);      //返回线性表中第1个满足条件的元素
            if(pos)
                 printf("值为%d是表中的第%d个元素\n",e,pos);
            else
                 printf("没有值为%d的元素\n",e);
            ListTraverse(La,print);
            break;
        case '6':
            printf("插入开始,线性表状态,La.length=%d
                                La.listsize=%d\n",La.length,La.listsize);
            ListTraverse(La,print);
            printf("\n请输入插入元素位置:");
            scanf("%d",&pos);
            printf("请输入插入元素的值:");
            scanf("%d",&value);
            ListInsert(&La,pos,value,equal);
            printf("插入结束,线性表状态,La.length=%d
                                La.listsize=%d\n",La.length,La.listsize);
            ListTraverse(La,print);
            break;
        case '7':
            printf("删除开始,线性表状态,La.length=%d
                                La.listsize=%d\n",La.length,La.listsize);
            ListTraverse(La,print);
            printf("\n要删除第几个元素?");
            scanf("%d",&pos);
            ListDelete(&La,pos);
            printf("删除结束,线性表状态,La.length=%d
                                La.listsize=%d\n",La.length,La.listsize);
            ListTraverse(La,print);
            break;
```

```
                case '8':
                    ListCreate(&Lb,equal);
                    printf("线性表 Lb 建立成功,Lb.length=%d
                                    Lb.listsize=%d\n",Lb.length,Lb.listsize);
                    printf("线性表 Lb(随机赋值):");
                    ListTraverse(Lb,print);
                    printf("\n 线性表 La 目前的状态,La.length=%d
                                    La.listsize=%d",La.length,La.listsize);
                    printf("\n 线性表 La 目前的元素:");
                    ListTraverse(La,print);
                    ListUnion(&La,Lb,equal);
                    printf("\n 合并线性表 La 和 Lb 的元素:");
                    ListTraverse(La,print);
                    printf("\n 合并结束,线性表 La 状态,
                            La.length=%d La.listsize=%d",La.length,La.listsize);
                    DestroyList(&Lb);              //合并结束,销毁 Lb
                    printf("\n 合并结束,线性表 Lb 状态,
                            Lb.length=%d Lb.listsize=%d",Lb.length,Lb.listsize);
                    break;
                case '0':
                    DestroyList(&La);              //退出主程序时,销毁 La
                    exit(0);
                default:
                    printf("输入值错误,请重新输入! \n");
        }
        printf("\n 请按 Enter 键或其他任意键返回主菜单!");
        fflush(stdin);    //输入的字符可能还留在输入队列里,清除输入缓冲区
        getchar();
    }
}
```

运行结果:

```
**********************顺序线性表操作与管理**********************
*                    1.线性表建立                               *
*                    2.线性表销毁                               *
*                    3.线性表置空                               *
*                    4.线性表中某位置元素查找                   *
*                    5.线性表判断元素是否在表中                 *
*                    6.线性表插入一个元素                       *
*                    7.线性表删除一个元素                       *
*                    8.线性表合并                               *
*                    0.Exit                                    *
***************************************************************

请输入你的选择:1
线性表 La 建立成功,La.length=10 La.listsize=10
线性表 La(随机赋值):4 3 1 7 14 16 15 18 19 10
请按 Enter 键或其他任意键返回主菜单!
```

```
请输入你的选择:6
插入开始,线性表状态,La.length=10 La.listsize=10
 4 3 1 7 14 16 15 18 19 10
请输入插入元素位置:1
请输入插入元素的值:-1
插入结束,线性表状态,La.length=11 La.listsize=15
 -1 4 3 1 7 14 16 15 18 19 10
请按 Enter 键或其他任意键返回主菜单!

请输入你的选择:7
删除开始,线性表状态,La.length=11 La.listsize=15
 -1 4 3 1 7 14 16 15 18 19 10
要删除第几个元素?10
删除结束,线性表状态,La.length=10 La.listsize=15
 -1 4 3 1 7 14 16 15 18 10
请按 Enter 键或其他任意键返回主菜单!

请输入你的选择:8
线性表 Lb 建立成功,Lb.length=10 Lb.listsize=10
线性表 Lb(随机赋值):4 2 8 12 15 14 10 19 18 11
线性表 La 目前的状态,La.length=10 La.listsize=15
线性表 La 目前的元素:-1 4 3 1 7 14 16 15 18 10
合并线性表 La 和 Lb 的元素:-1 4 3 1 7 14 16 15 18 10 2 8 12 19 11
合并结果,线性表 La 状态,La.length=15 La.listsize=15
合并结果,线性表 Lb 状态,Lb.length=0 Lb.listsize=0
请按 Enter 键或其他任意键返回主菜单!
```

程序说明:

主函数 main 通过循环选择菜单中的'1'~'8',分别执行线性表建立、线性表销毁、线性表置空、线性表中某位置元素查找、线性表判断元素是否在表中、线性表插入一个元素、线性表删除一个元素、线性表合并,'0'退出函数执行。主函数各个子菜单完成后,多数都会执行"ListTraverse(La,print);"遍历线性表,调用回调函数 print 输出表中的元素。

(1) 线性表建立:主函数执行"ListCreate(&La,equal);"调用初始化函数"Status InitList(SqList *L)建立线性表 La,通过 malloc(LIST_INIT_SIZE * sizeof(ElemType))分配初始内存空间,赋值元素值为[0,20)的随机数,并通过 LocateElem 函数调用回调函数 equal,确保 La 中不存在相同值的重复元素。

(2) 线性表销毁:主函数执行"DestroyList(&La);",通过"free(L->elem);"释放线性表 La 动态分配的连续空间。

(3) 线性表置空:主函数执行"ClearList(&La);",通过"L->length=0;"设置表的长度为 0,相当于表元素的内容清空,但存储容量不变。

(4) 线性表中某位置元素查找:主函数执行"e=GetElem(La,pos);",根据位置值 pos 获得元素值,返回主函数并赋值给变量 e。

(5) 线性表判断元素是否在表中:主函数执行"pos=LocateElem(La,e,equal);",调用回调函数 equal,依次比较表中的每个元素,判断要查找的值 e 是否在线性表 La 中,得到位序值,返回主函数并赋值给变量 pos。

第 7 章 动态内存管理及应用   265

（6）线性表插入一个元素：主函数执行"ListInsert(&La,pos,value,equal);"，在线性表 La 的 pos 位置插入值为 value 的元素，通过调用回调函数 equal，确保待插入值为非重复元素。如果当前存储空间已满，执行"newbase=(ElemType*)realloc(L–>elem,(L–>listsize+LISTINCREMENT)*sizeof(ElemType));"的 realloc 函数,分配增量内存。插入位置及之后的元素全部右移,L–>length ++ 表长度加 1。

（7）线性表删除一个元素：主函数执行"ListDelete(&La,pos);"，删除线性表 La 的 pos 位置元素，被删除位置之后的元素全部左移，表长度减 1。

（8）线性表合并：主函数执行"ListUnion(&La,Lb,equal);"，将所有在顺序线性表 Lb 中但不在 La 中的数据元素插入 La 中。并通过 LocateElem 函数调用回调函数 equal，保证合并的新表中无重复元素。合并结束，调用"DestroyList(&Lb);"销毁线性表 Lb。

（9）退出：退出函数执行时，调用"DestroyList(&La);"销毁线性表 La。

7.2.2 链式线性表管理

【例 7-2】链式线性表管理。假设元素为整数的线性表中无重复元素，通过链式存储结构和动态内存管理函数编写程序，实现链式线性表的建立、销毁、置空、查找、插入、删除、合并的菜单式管理和操作。

思路分析：链式线性表的存储结构采用动态内存分配的链式存储结构，如图 7-2 所示，线性链表 L 的头结点 LinkList 指向一列数据链，每个数据元素包含一个数据域和指针域，并且每个元素单独由 malloc(sizeof(LNode)) 动态分配内存。程序采用 3 个文件：

图 7-2 线性表动态分配的链式存储结构

头文件 LinkList.h：声明链式线性表 LinkList 的函数，包括建立、销毁、置空、查找、插入、删除、合并等的线性表管理和操作函数。

源文件 LinkList.c：定义 LinkList.h 中声明的链式线性表的管理和操作函数。

源文件 Main.c：用户接口，实现链式线性表的菜单应用功能。

头文件 LinkList.h 程序代码：

```
#define LIST_INIT_SIZE 10      //链式线性表存储空间的初始容量
#define TRUE 1
#define FALSE 0
#define OK 1
#define ERROR 0
#define OVERFLOW -2
typedef int Status;            //定义函数返回值类型 Status 为 int
typedef int ElemType;          //定义元素数据类型 ElemType 为 int
typedef struct LNode           //链式线性表的结点
{
    ElemType elem;             //数据域，保存结点的数据元素，若为头结点保存表长度
```

```c
    struct LNode *next;                    //指针域,保存下一结点的地址
}LNode,*LinkList;
//链式线性表L的建立,带头结点,无重复元素,初始化元素值为随机数
LinkList ListCreate_L(LinkList L,Status(*compare)(ElemType*,ElemType*));
LinkList DestroyList_L(LinkList L);        //链式线性表L销毁
Status ClearList_L(LinkList L);            //链式线性表L重置为空表
ElemType GetElem_L(LinkList L,int pos);    //返回链式线性表L中pos位置元素值
//返回链式线性表L中第1个与e满足compare()关系的元素位序。若不存在,返回值为0
Status LocateElem_L(LinkList L,ElemType e,Status(*compare)(ElemType*,ElemType*));
//在链式线性表L中pos位置之前插入新的元素e,若无重复再插入,L的表长度增1
Status ListInsert_L(LinkList L,int pos,ElemType e,
                               Status(*compare)(ElemType*,ElemType*));
//在链式线性表L中删除pos位置的元素,L的表长度减1
ElemType ListDelete_L(LinkList L,int pos);
//依次对链式线性表L的每个元素调用回调函数vi()进行处理
Status ListTraverse_L(LinkList L,void(*vi)(ElemType*));
//链式线性表合并算法,将所有在链式线性表Lb中但不在La中的数据元素插入La中
Status ListUnion_L(LinkList La,LinkList Lb,Status(*compare)(ElemType*,ElemType*));
```

源文件 LinkList.c 程序代码:

```c
#include<stdio.h>
#include<stdlib.h>
#include<time.h>
#include "LinkList.h"
//链式线性表L的建立,带头结点,无重复元素,初始化元素值为随机数
LinkList ListCreate_L(LinkList L,Status(*compare)(ElemType*,ElemType*))
{
    int i,length;
    LNode *p;
    if(L!=NULL&&L->elem!=0)return L;       //链表非空,不再重复创建
    if(L==NULL)                            //头结点不存在
    {
        L=(LinkList)malloc(sizeof(LNode));//建立一个带头结点的单链表
        L->elem=0;
        L->next=NULL;
    }
    length=LIST_INIT_SIZE;                 //空表时指定length为LIST_INIT_SIZE
    srand((unsigned)time(NULL));
    for(i=0;i<length;i++)
    {
        p=(LinkList)malloc(sizeof(LNode));//生成新元素结点
        p->elem=(ElemType)rand()%20;       //元素值为[0,20)的随机数
        while(LocateElem_L(L,p->elem,compare))//确保L中不存在相同的元素
            p->elem=(ElemType)rand()%20;
        p->next=L->next;                   //插入到表头
        L->next=p;
        L->elem++;    //初始化完成1个元素,表长度加1,最终长度为LIST_INIT_SIZE
    }
    return L;
}
```

```c
//链式线性表 L 销毁
LinkList DestroyList_L(LinkList L)
{
    LNode *p,*q;
    p = L;
    while(p! = NULL)
    {
        q = p;
        p = p->next;
        free(q);                        //释放动态分配的头结点和每个元素结点空间
    }
    return NULL;
}

//链式线性表 L 重置为空表
Status ClearList_L(LinkList L)
{
    LNode *p,*q;
    if(L == NULL)
        return FALSE;
    else
        p = L->next;
    while(p! = NULL)
    {
        q = p;
        p = p->next;
        free(q);                        //释放动态分配的每个元素结点空间
    }
    L->next = NULL;
    L->elem = 0;                        //保留头结点,表的长度置 0
    return OK;
}

//返回链式线性表 L 中 pos 位置元素值
ElemType GetElem_L(LinkList L,int pos)
{
    LNode *p;
    if(L == NULL||pos <1||pos >L->elem)  //pos 位序的元素不存在
        return ERROR;
    for(p = L;pos >0&&p! = NULL;pos -- )  //保证循环结束后,p 指向 pos 位序的结点
        p = p->next;
    return p->elem;                      //返回 pos 位序的元素结点值
}

//返回链式线性表 L 中第 1 个与 e 满足 compare()关系的元素位序。若不存在,返回值为 0
Status LocateElem_L(LinkList L,ElemType e,Status(*compare)(ElemType*,ElemType*))
{
    LNode *p;
    int pos = 1;                         //pos 的初值为第 1 个元素结点的位序
```

```c
    for(p=L->next;p!=NULL&&!compare(&p->elem,&e);p=p->next)
        pos++;
    if(pos-1<L->elem)
        return pos;
    else
        return ERROR;
}

//在链式线性表L中pos位置之前插入新的元素e,若无重复再插入,L的表长度增1
Status ListInsert_L(LinkList L,int pos,ElemType e,
                                  Status(*compare)(ElemType*,ElemType*))
{
    LNode *p,*s;
    //L空或pos值不合法或e为重复元素
    if(L==NULL||pos<1||pos>L->elem+1||LocateElem_L(L,e,compare))
        return ERROR;
    //保证循环结束后,p指向pos位序的前一个元素结点
    for(p=L;pos-1>0&&p!=NULL;pos--)
        p=p->next;
    s=(LinkList)malloc(sizeof(LNode));       //生成新元素结点
    s->elem=e;
    s->next=p->next;
    p->next=s;                                //新元素结点插入L中的位序pos
    L->elem++;                                //表长度增1
    return OK;
}

//在链式线性表L中删除pos位置的元素,L的表长度减1
ElemType ListDelete_L(LinkList L,int pos)
{
    LNode *p,*q;
    ElemType e;
    if(L==NULL||pos<1||pos>L->elem)          //L空或pos值不合法
        return ERROR;
    //保证循环结束后,p指向pos位序的前一个元素结点
    for(p=L;pos-1>0&&p!=NULL;pos--)
        p=p->next;
    q=p->next;                                //删除pos位序的元素结点q
    p->next=q->next;
    e=q->elem;                                //被删除元素的值赋给e
    free(q);                                  //释放结点q的空间
    L->elem--;                                //表长度减1
    return e;                                 //返回删除位置的元素值
}

//依次对链式线性表L的每个元素调用回调函数vi()进行处理
Status ListTraverse_L(LinkList L,void(*vi)(ElemType*))
{
    LNode *p;
    if(L==NULL)return FALSE;
```

```c
    for(p=L->next;p!=NULL;p=p->next)
        vi(&p->elem);
    return OK;
}

//链式线性表合并算法,将所有在链式线性表 Lb 中但不在 La 中的数据元素插入到 La 中
Status ListUnion_L(LinkList La,LinkList Lb,Status(*compare)(ElemType*,ElemType*))
{
    ElemType e;
    int La_len;
    int i;
    La_len=La->elem;                        //临时保存线性表 La 的长度
    for(i=1;i<=Lb->elem;i++)
    {
        e=GetElem_L(Lb,i);                  //取 Lb 中第 i 个数据元素赋给 e
        if(!LocateElem_L(La,e,compare))     //La 中不存在和 e 相同的元素,则插入
            ListInsert_L(La,++La_len,e,compare);
    }
    return OK;
}
```

源文件 Main.c 程序代码:

```c
#include<stdio.h>
#include<stdlib.h>
#include "LinkList.h"
//判断两个元素是否相等,ListUnion 函数中回调
Status equal(ElemType *c1,ElemType *c2)
{
    if(*c1==*c2)
        return TRUE;
    else
        return FALSE;
}

//输出元素值,ListTraverse 函数中回调
void print(ElemType *c)
{
    printf("%d ",*c);
}

int main()
{
    LinkList La=NULL, Lb=NULL;
    ElemType e,value;
    char opp=1;
    int pos;
    while(opp!='0')
    {
        system("cls");
```

```c
printf("********************链式线性表操作与管理********************\n");
printf("*              1.链式线性表建立                    *\n");
printf("*              2.链式线性表销毁                    *\n");
printf("*              3.链式线性表置空                    *\n");
printf("*              4.链式线性表中某位置元素查找        *\n");
printf("*              5.链式线性表判断元素是否在表中      *\n");
printf("*              6.链式线性表插入一个元素            *\n");
printf("*              7.链式线性表删除一个元素            *\n");
printf("*              8.链式线性表合并                    *\n");
printf("*              0.Exit                              *\n");
printf("****************************************************\n");
printf("\n请输入你的选择：");
opp=getchar();
switch(opp)
{
    case '1':
        La=ListCreate_L(La,equal);
        printf("链式线性表 La 建立成功,表长度 La->elem=%d\n",La->elem);
        printf("链式线性表 La(随机赋值):");
        ListTraverse_L(La,print);
        break;
    case '2':
        La=DestroyList_L(La);
        printf("销毁 La,头结点和元素结点都销毁");
        break;
    case '3':
        ClearList_L(La);
        if(La!=NULL)printf("置空 La 后:
                       保留头结点,表长度 La->elem=%d\n",La->elem);
        else
            printf("La 是空表\n");
        ListTraverse_L(La,print);
        break;
    case '4':
        printf("你要查找第几个元素?");
        scanf("%d",&pos);
        e=GetElem_L(La,pos);
        if(e!=ERROR)
            printf("第%d个元素的值为:%d\n",pos,e);
        else
            printf("没有位置为%d的元素\n",pos);
        ListTraverse_L(La,print);
        break;
    case '5':
        printf("输入你想知道是否在表中的数值:");
        scanf("%d",&e);
        pos=LocateElem_L(La,e,equal);   //返回线性表中第1个满足条件的元素
        if(pos)
            printf("值为%d是表中的第%d个元素\n",e,pos);
        else
```

```
                    printf("没有值为%d的元素\n",e);
                ListTraverse_L(La,print);
                break;
            case '6':
                printf("插入开始,线性表状态,表长度La->lem=%d\n",La->elem);
                ListTraverse_L(La,print);
                printf("\n请输入插入元素位置:");
                scanf("%d",&pos);
                printf("请输入插入元素的值:");
                scanf("%d",&value);
                ListInsert_L(La,pos,value,equal);
                printf("插入结束,线性表状态,表长度La->elem=%d\n",La->elem);
                ListTraverse_L(La,print);
                break;
            case '7':
                printf("删除开始,线性表状态,表长度La->elem=%d\n",La->elem);
                ListTraverse_L(La,print);
                printf("\n要删除第几个元素?");
                scanf("%d",&pos);
                ListDelete_L(La,pos);
                printf("删除结束,线性表状态,表长度La->elem=%d\n",La->elem);
                ListTraverse_L(La,print);
                break;
            case '8':
                Lb=ListCreate_L(Lb,equal);
                printf("线性表Lb建立成功,表长度Lb->elem=%d\n",Lb->elem);
                printf("线性表Lb(随机赋值):");
                ListTraverse_L(Lb,print);
                printf("\n线性表La目前的状态,表长度La->elem=%d",La->elem);
                printf("\n线性表La目前的元素:");
                ListTraverse_L(La,print);
                ListUnion_L(La,Lb,equal);
                printf("\n合并线性表La和Lb的元素:");
                ListTraverse_L(La,print);
                printf("\n合并结束,线性表La状态,表长度La->elem=%d\n",La->elem);
                Lb=DestroyList_L(Lb);           //合并结束,销毁Lb
                if(Lb==NULL)printf("合并结束,销毁Lb,头结点和元素结点都销毁");
                break;
            case '0':
                La=DestroyList_L(La);           //退出主程序时,销毁La
                if(La==NULL)printf("退出,销毁La,头结点和元素结点都销毁");
                exit(0);
            default:
                printf("输入值错误,请重新输入! \n");
        }
        printf("\n请按Enter键或其他任意键返回主菜单!");
        fflush(stdin);      //输入的字符可能还留在输入队列里,清除输入缓冲区
        getchar();
    }
}
```

运行结果：

```
*******************链式线性表操作与管理*******************
*                    1.链式线性表建立                    *
*                    2.链式线性表销毁                    *
*                    3.链式线性表置空                    *
*                    4.链式线性表中某位置元素查找        *
*                    5.链式线性表判断元素是否在表中      *
*                    6.链式线性表插入一个元素            *
*                    7.链式线性表删除一个元素            *
*                    8.链式线性表合并                    *
*                    0.Exit                              *
*********************************************************

请输入你的选择：1
链式线性表 La 建立成功,表长度 La->elem=10
链式线性表 La(随机赋值):1 13 12 5 16 8 3 18 17 6
请按 Enter 键或其他任意键返回主菜单!

请输入你的选择：6
插入开始,线性表状态,表长度 La->lem=10
1 13 12 5 16 8 3 18 17 6
请输入插入元素位置:11
请输入插入元素的值:-1
插入结束,线性表状态,表长度 La->elem=11
1 13 12 5 16 8 3 18 17 6 -1
请按 Enter 键或其他任意键返回主菜单!

请输入你的选择：7
删除开始,线性表状态,表长度 La->elem=11
1 13 12 5 16 8 3 18 17 6 -1
要删除第几个元素? 1
删除结束,线性表状态,表长度 La->elem=10
13 12 5 16 8 3 18 17 6 -1
请按 Enter 键或其他任意键返回主菜单!

请输入你的选择：8
线性表 Lb 建立成功,表长度 Lb->elem=10
线性表 Lb(随机赋值):10 18 15 4 5 6 11 19 7 13
线性表 La 目前的状态,表长度 La->elem=10
线性表 La 目前的元素:13 12 5 16 8 3 18 17 6 -1
合并线性表 La 和 Lb 的元素:13 12 5 16 8 3 18 17 6 -1 10 15 4 11 19 7
合并结束,线性表 La 状态,表长度 La->elem=16
合并结束,销毁 Lb,头结点和元素结点都销毁
请按 Enter 键或其他任意键返回主菜单!
```

程序说明：

主函数 main 通过循环选择菜单中的'1'~'8'，分别执行链式线性表建立、链式线性表销毁、链式线性表置空、链式线性表中某位置元素查找、链式线性表判断元素是否在表中、链式线性表插入一个元素、链式线性表删除一个元素、链式线性表合并，'0'退出函数执行。主函数各个

子菜单完成后,多数都会执行"ListTraverse_L(La,print);"遍历线性表,调用回调函数 print 输出表中的元素。

(1)链式线性表建立:主函数执行"La = ListCreate_L(La,equal);",通过"L = (LinkList)malloc(sizeof(LNode));"建立一个带头结点的单链表,初始的指针域为空 NULL,元素个数为 0。

```
L = (LinkList)malloc(sizeof(LNode));//建立一个带头结点的单链表
L->elem = 0;
L->next = NULL;
```

通过"p = (LinkList)malloc(sizeof(LNode));"新建一个个元素结点,赋值元素值为[0,20)的随机数,并通过 LocateElem_L 函数调用回调函数 equal,确保 La 中不存在相同值的重复元素。表头和元素结点都使用结构体类型 LNode。通过下述指针赋值语句实现新结点数据域赋值并插入到链表的表头(头结点之后),表头记录的长度加 1。

```
p->elem = (ElemType)rand()%20;
p->next = L->next;         //插入到表头
L->next = p;
L->elem ++;                //初始化完成1个元素,表长度加1,最终长度为 LIST_INIT_SIZE
```

(2)链式线性表销毁:主函数执行"La = DestroyList_L(La);",通过 while 循环,对每个结点依次执行 free 函数,释放动态分配的头结点和每个元素结点的内存空间,返回 NULL 到主函数。

(3)链式线性表置空:主函数执行"ClearList_L(La);",通过 while 循环,对每个元素结点依次执行 free 函数,释放动态分配的元素结点空间,保留头结点,表长度置 0。

(4)链式线性表中某位置元素查找:主函数执行"e = GetElem_L(La,pos);",依次移动元素结点指针 p 指向 pos 位序的结点,获得元素值,返回主函数并赋值给变量 e。

(5)链式线性表判断元素是否在表中:执行"pos = LocateElem_L(La,e,equal);",依次移动元素结点指针 p,调用回调函数 equal,比较表中的每个元素,判断要查找的值 e 是否在线性表 La 中,得到位序值,返回主函数并赋值给变量 pos。

(6)链式线性表插入一个元素:执行"ListInsert_L(La,pos,value,equal);",在线性表 La 的 pos 位置插入值为 value 的元素,通过调用回调函数 equal,确保待插入值为非重复元素。依次移动元素结点指针 p,指向 pos 位序的前一个元素结点。执行"s = (LinkList)malloc(sizeof(LNode));"的 malloc 函数,生成新元素结点 s,通过下述指针赋值语句,完成 pos 位置 s 元素结点的插入,表长度加 1。

```
s->elem = e;
s->next = p->next;
p->next = s;               //新元素结点插入 L 中的位序 pos
L->elem ++;                //表长度增1
```

(7)链式线性表删除一个元素:主函数执行"ListDelete_L(La,pos);",通过下述指针赋值语句,删除 pos 位序的元素结点 q,释放结点空间,表长度减 1。

```
q = p->next;               //删除 pos 位序的元素结点 q
p->next = q->next;
```

```
    e = q -> elem;              //被删除元素的值赋给 e
    free(q);                    //释放结点 q 的空间
    L -> elem--;                //表长度减 1
```

(8) 链式线性表合并：主函数执行"ListUnion_L(La,Lb,equal);"，调用 ListInsert_L 函数，将所有在链式线性表 Lb 中但不在 La 中的数据元素插入 La 中。并通过 LocateElem_L 函数调用回调函数 equal，保证合并的新表中无重复元素。合并结束，调用"Lb = DestroyList_L(Lb);"销毁线性表 Lb。

(9) 退出：退出函数执行时，调用"La = DestroyList_L(La);"销毁线性表 La。

顺序线性表和链式线性表的比较，在内存管理上，顺序线性表需要调用 malloc 函数分配批量空间，并在内存不够时需要通过 realloc 函数重新分配增量内存，但顺序线性表的内存销毁则很简单，直接调用 free 一次性整体释放。链式线性表的内存管理相对更加灵活，针对每个新增结点，调用 malloc 单独分配，删除时单独释放，不会浪费内存，但对于整个链式线性表的销毁，则需要一个一个结点地调用 free 函数来释放。

根据位置查找元素，线性顺序表略胜一筹，它可以根据相对位置直接定位元素，而链式线性表则需要从表头顺序查找。对于元素插入和删除，线性表需要额外移动元素，而链式线性表则不需要，从这个角度讲，链式线性表更有效率。

上机实训

1. 静态链表的学生信息管理。利用结构体变量，建立一个简单的静态链表，该链表由三个学生数据的结点组成，要求输出各结点中的数据。

2. 动态链表的学生信息管理。利用动态内存分配，建立一个有 3 名学生数据的单向动态链表。一个个地开辟结点和输入各结点数据，并建立起前后相链的关系，要求输出各结点中的数据。

3. 顺序线性表管理。假设元素为整数的线性表中无重复元素，通过顺序存储结构和动态内存管理函数编写程序，实现顺序线性表的建立、销毁、置空、查找、插入、删除、合并的菜单式管理和操作。

4. 链式线性表管理。假设元素为整数的线性表中无重复元素，通过链式存储结构和动态内存管理函数编写程序，实现链式线性表的建立、销毁、置空、查找、插入、删除、合并的菜单式管理和操作。

5. 有序线性表合并。假设元素为整数的两个线性表，通过链式存储结构和动态内存管理函数编写程序，建立单向链表，利用冒泡排序算法对元素从小到大进行正序排序，并对排序后的单向链式线性表进行合并操作，要求合并后的表中元素保持正序排序。

6. 数值排序。利用动态内存分配，通过链式存储结构，对输入的 $n(0<n\leq10)$ 个整数建立单向循环链表。用户循环选择冒泡排序、基本选择排序、直接插入排序算法，对链表中的整数从小到大进行正序排序，并输出正序排序和逆序排序结果。用户菜单选择要求：

(1) '1'-冒泡排序。

(2) '2'-选择排序。

(3) '3'-插入排序。

(4) '0'-退出。

7. 数值排序。利用动态内存分配,通过链式存储结构,对输入的 $n(0<n\leqslant 10)$ 个整数建立双向循环链表。用户循环选择冒泡排序、基本选择排序、直接插入排序算法,对链表中的整数从小到大进行正序排序,并输出正序排序和逆序排序结果。用户菜单选择要求:

(1)'1'-冒泡排序。

(2)'2'-选择排序。

(3)'3'-插入排序。

(4)'0'-退出。

8. 字符串排序。利用动态内存分配,通过链式存储结构,对输入的 $n(0<n\leqslant 10)$ 个字符串建立单向链表。用户循环选择冒泡排序、基本选择排序、直接插入排序算法,对链表中的 n 个字符串从小到大进行正序排序,并输出正序排序结果。用户菜单选择要求:

(1)'a'-冒泡排序。

(2)'b'-选择排序。

(3)'c'-插入排序。

(4)'e'-退出。

第 8 章
正则表达式和字符串模式匹配应用

学习目标

- 了解正则表达式的概念、作用及工具,熟悉正则表达式的基本语法。
- 熟悉正则表达式在输入函数 scanf 读入字符串时,通过%[ ]格式控制符实现字符串模式匹配的方式。
- 掌握 Linux 正则表达式库函数在字符串模式匹配中的使用方式。
- 具有应用%[ ]格式控制符的正则表达式处理字符串异常输入的编程能力。
- 具有应用 Linux 正则表达式库函数处理字符串异常输入的编程能力。

8.1 正则表达式概述

C 语言编程中,经常会遇到以下应用场景需求:

视频

正则表达式概述

(1)数据有效性验证:系统需对输入的字符串进行有效性验证,即检查其是否符合某种格式要求。例如,对输入的整数要求是非负整数,浮点数要求是带 1 位小数的正数,对用户输入的用户名要求是一个以字母开头,长度是 5~16 个字符,允许字母数字下划线的字符串。

(2)文本搜索和替换:搜索一个文本文件,查找是否包含特定的字符文本,并可以将其删除或者替换为另一个指定字符串。

上述场景的解决方案,一种是通过循环遍历字符串并套用一系列 if 语句的方法来解决,这样的程序性能低下、代码冗余、阅读性差。另一种较为简单的解决方案是使用正则表达式。正则表达式在字符串的匹配、查找、替换、截取等方面具有很强的优势,上述场景中的需求都可以使用正则表达式实现。

1. 正则表达式概念

正则表达式又称规则表达式(regular expression),是一种描述字符串结构的语法规则,或者说是一个特定的格式化模式,可匹配、替换、截取符合某个模式(规则)的文本。正则表达式是由普通字符和元字符(meta characters)构成的规则字符串或文本模式,是对字符串进行过滤的一种逻辑公式或者匹配模式。其中,元字符是一类具有特殊含义的字符,例如问号?、英文句号 . 、星号 * 、加号 + 。显然,正则表达式就像一把筛子,可以筛选出符合用户需要的各种数据。

如果给定一个正则表达式和一个字符串,就可以进行字符串匹配,判断给定的字符串是否符合正则表达式的过滤逻辑;进行字符串截取、替换,通过正则表达式从字符串中截取或替换特定部分的子串。

正则表达式应用工具包括:

(1) grep:强大的文本搜索工具,可用正则表达式搜索文本。

(2) egrep:贝尔实验室推出的扩展 grep,增强了正则表达式的能力。

(3) POSIX:可移植操作系统接口(portable operating system interface of UNIX),定义了 OS 为应用程序提供的接口标准,确保了操作系统之间的元字符的可移植性。

(4) Perl:集成了正则表达式的功能,以及巨大的第三方代码库 CPAN。

(5) PCRE:一套可以兼容 Perl 正则表达式的正则引擎库(perl compatible regular expressions)。

有的正则表达式在线测试工具不仅可以根据正则表达式对输入文本进行匹配和替换,还可以生成不同语言的执行代码,而且给出了常用的正则表达式,包含校验数字类、校验字符类以及特殊需求类的表达式。

2. 正则表达式基本语法

正则表达式的语法包括如下 12 种:

(1) 行定位符(^、$):描述一行字符串的边界。^表示匹配一行开头,$ 匹配一行结尾。

(2) 单词定界符(\b、\B):描述单词或非单词的边界,见表 8-1。

表 8-1 常用单词定界符

定界符	含 义 说 明
\<	匹配词首。\<th 匹配单词是 th 开头的词,this、thing
\>	匹配词尾。th\> 匹配单词是 th 结尾的词,tenth、fifth
\b	匹配词首或词尾。\bfi 匹配单词是 fi 开头的词;le\b 匹配单词是 le 结尾的词;\bfile\b 锁定单词 file
\B	匹配非词首或非词尾。\Bat\B 匹配单词不是以 at 开头和结尾的词,bath、battery,不匹配 redhat、attend
\A	匹配字符串的起始位置,类似^,但不受处理多行选项的影响
\Z	匹配字符串尾位置或字符串中换行符之前的位置(如果一个字符串包含\n,则匹配\n 之前的内容),不受处理多行选项的影响
\z	只匹配字符串尾,类似 $,而不考虑任何换行符,不受处理多行选项的影响
\G	当前匹配的起始位置

(3) 字符集[set]:匹配集合 set 内任意单个字符。set 是一个字符列表,用以匹配 set 字符集中的一个字符。例如,要匹配字符串"Qf"不区分大小写,表达式[Qq][Ff]表示匹配字符串"Qf"的所有写法,如 qf、Qf、qF、QF。

(4) 范围符/连字符[-]:当要匹配的字符能够按照字符编码表排序时,可以使用连字符"-"。连字符"-"的左侧字符为范围起始点,右侧字符为范围终点。

注意:字符范围都是根据字符在 ASCII 编码表中的位置关系来确定。例如,[0-9]匹配一个数字 0~9 范围的字符,[a-zA-Z0-9]表示字母和数字。

(5)预定义字符类:包含 PCRE、POSIX 预定义字符类。
PCRE 预定义字符类使用反斜线表示,见表 8-2。

表 8-2　预定义字符类(PCRE)

预定义字符类(PCRE)	含义说明
\d	等价[0-9],匹配一个数字字符
\D	等价[^0-9],匹配一个非数字的字符
\s	等价[\f\n\r\t\v],匹配任意空白字符
\S	[^\f\n\r\t\v],匹配任意非空白字符
\w	等价[A-Za-z_0-9],匹配包括下划线的任何字母、数字
\W	等价[^A-Za-z_0-9],匹配任何非下划线、字母、数字

POSIX 预定义字符类则是使用单词来表示,见表 8-3。

表 8-3　预定义字符类(POSIX)

预定义字符类(POSIX)	含义说明
[:digit:]	十进制数字集合,等价[0-9]
[:alnum:]	字母和数字的集合,等价[a-zA-Z0-9]
[:alpha:]	字母集合,等价[a-zA-Z]
[:blank:]	空格和制表符
[:xdigit:]	十六进制数字
[:punct:]	特殊字符集合,包括键盘上的所有特殊字符,如!@#$?
[:print:]	所有的可打印字符(包括空白字符)
[:space:]	空白字符(空格、换行符、换页符、回车符、水平制表符)
[:graph:]	所有的可打印字符(不包括空白字符)
[:upper:]	所有大写字母,[A-Z]
[:lower:]	所有小写字母,[a-z]
[:cntrl:]	控制字符

(6)选择符(|):选择字符"(|)"类似于字符类,可以实现选择字符匹配模式,其表示的意义相当于"或"。字符类一次只能匹配 1 个字符,而选择符"|"一次可以匹配任意长度的字符。例如,如果要匹配字符串"qf"并且不区分大小写。可以写成匹配单个字符的表达式格式(Q|q)(F|f),可匹配字符串 qf、Qf、qF、QF 等。除了匹配单个字符外,"|"也同样可以匹配字符串,上述表达式也可以写成形式(QF|Qf|qf|qF)。

(7)反义符/排除符[^]:[^set]用于匹配不在字符集 set 指定范围内的任意字符。^字符表示行的开始,但如果将^放到方括号中,表示反义符。例如,要匹配除数字以外的任意字符,其表达式的格式[^0123456789]。

(8)数量限定符:匹配字符时,有时会遇到不明确匹配多少字符的情况,限定符可以指定正则表达式的一个给定组件(符号、字符、表达式)必须要出现多少次才能满足匹配。正则表达式中的数量限定符主要有 6 种,见表 8-4。

表 8-4 常用数量限定符

数量限定符	含义说明
*	匹配前一项 0 次或多次。例如 go*gle,匹配范围从 ggle 到 goo…gle
+	匹配前一项至少 1 次,等价{1,}。例如 go+gle,匹配范围从 gogle 到 goo…gle
?	匹配前一项最多 1 次,等价{0,1}。例如 go?gle,匹配 ggle 和 gogle
{n}	匹配前一项 n 次。例如 go{2}gle,匹配 google
{n,}	匹配前一项至少 n 次。例如 go{2,}gle,匹配范围从 google 到 goo…gle
{n,m}	匹配前一项 n 至 m 次。go{0,2}gle,匹配 ggle、gogle、google

(9)点号符/任意字符:英文句号"."用于匹配除换行符\n 外的任意单个字符。例如,匹配以 a 开头、c 结尾、中间包含一个任意单个字符的字符串,其正则表达式为^a.c$。

(10)转义符/反斜杠:\可将特殊字符(.、*、?、^、$、\)变为普通的字符。正则表达式中的很多字符具有特殊含义,如果想作为一个普通字符,则需进行转义。例如,匹配以 a 开头、?c 结尾、中间包含一个字符的字符串,其正则表达式为:^a.\?c$。\可以把特殊字符转义为普通字符,也可把普通字符转义为具有特定功能的非打印字符(转义字符),还可表示前述 PCRE 预定义字符集和单词定界符。

(11)分组符/括号符():分组符/括号符()第一个作用是改变作用范围或优先级,可将小原子组合成大原子,同时也可将括号里的匹配项整合为大元素中的小元素。例如(danc|sing)er、(sing){1,3}。第一个表达式(danc|sing)er 用于匹配单词 dancer 或 singer,如果不使用括号字符,那么就变成了匹配单词 danc 或 singer 了。第二个表达式(sing){1,3}定义限定符作用范围为 sing 四个字符,而不是前面的一个字符,即 sing 重复出现 1 次到 3 次。

分组符/括号符()第二个作用是分组,即定义子表达式。子表达式相当于一个独立的正则表达式,具有记忆功能,能临时存储其匹配的字符串,并在后面引用。

注意:当子表达式重复多次时,其记忆功能临时存储最后一次匹配的字符串。

(12)反向引用符/分组引用符:根据子表达式的"记忆"功能,来匹配连续出现的字符或子字符串。

若匹配连续的固定字符串,可把固定字符串放入分组()内。例如匹配连续 2 个字符串 itit,首先将单词 it 作为分组,然后在后面加上\1 即可,其表达式可写成(it)\1,\1 表示对(it)的反向引用。

若要匹配的字符串不固定,可把括号内的字符串写成一个正则表达式,称为子表达式。例如,匹配连续 3 个字符 aaa、bbb、ccc,其表达式可以写成:([abc])\1\1。

若匹配遇到小括号时,括号内的子表达式所匹配的字符或字符串(子匹配)将会被存储到一个临时缓冲区(尽管该子表达式可通过反向引用重复匹配 N 次,但只存储其首次匹配的子匹配),所捕获的每个子匹配,会按照在正则表达式中从左到右的顺序依次存储。存储子匹配的缓冲区编号为 1~99,每个子缓冲区都可以使用\1~\99 来访问,即有多个分组时,可以用\1、\2、…、\n 来表示每个分组。

8.2 字符串模式匹配及应用

字符串模式匹配可以应用到输入函数 scanf 的%[ ]格式控制符和正则表达式库函数,对输入的字符串模式进行过滤。

8.2.1 输入函数 scanf 的%[ ]格式控制符

通过含有正则表达式的%[ ]格式控制符,可以实现字符集过滤字符功能,达到输入函数 scanf 对读入字符串的格式控制。

%[set]格式控制符,[set]是正则表达式的字符集,表示读入字符串时,将匹配所有在字符集 set 中出现的字符,遇到非 set 中的字符时输入就结束。

%[^set]以^字符开头,[^set]是正则表达式的反义字符集,表示在读入字符串时将匹配所有不在 set 中出现的字符,遇到 set 中的字符输入就结束。

[-]是正则表达式的范围符/连字符,当"-"出现在字符集 set 中且两边都是有效字符时,表示匹配从左字符到右字符之间所有的字符(按 ASCII 码排序)。例如,%[0-9]匹配 0 到 9 十个数字,%2[0-9]匹配最多 2 个数字字符,%[A-Za-z]只匹配大小写字符,%[^0-9]不匹配所有数字,%[0-4-6-9]匹配的字符为{0,1,2,3,4,-,6,7,8,9},第二个'-'被认为是普通字符,%[3-14]等价[3214]。%[^\n]% *c 读取一行字符且忽略最后的\n 换行字符,% *[^\n]% *c 表示跳过一行,%20[^\n]表示读取\n 前的至多 20 个字符。

```
scanf("%[0-9]",num);   //读取任意数字字符,直到遇到非 0~9 的数字字符,结束
scanf("%2[0-9]",num);  //读取最多 2 个数字字符,如果遇到非 0~9 的数字字符,结束
scanf("%[a-zA-Z]%[0-9]",buf1,buf2); //按照字母和数字分别读到字符串 buf1 和 buf2
```

【例 8-1】累加求和。通过格式控制符%2[0-9]控制输入整数 $n(0<n<100)$ 的值,编程求 $1+1/2+1/3+1/4+1/5+\cdots+1/n$ 的和(保留 3 位有效数字)。

思路分析:通过 while 循环处理整数项个数的输入问题,利用 scanf 函数输入数字字符串 num,通过格式控制符%2[0-9],控制 num 读取最多 2 个数字字符,调用 atoi 库函数把数字字符串转换为数字 n,如果 n 的范围是 $0<n<100$,结束 while 循环。利用 for 循环求 $1+1/2+1/3+1/4+1/5+\cdots+1/n$ 的和。

程序代码:

```c
#include<stdio.h>
#include<stdlib.h>
void main()
{
    int n=0,i=1;
    char num[256]="";
    float sum=0;
    printf("请输入数值个数 n(0<n<100):");
    do{
        scanf("%2[0-9]",num); //读取最多 2 个数字字符,如果遇到非 0~9 的数字字符,结束
        n=atoi(num);          //数字字符串转换为数字
```

```
            printf("实际输入的有效数值个数 n(0<n<100):%d\n",n);
            fflush(stdin);            //输入的字符可能还留在输入队列里,清除输入缓冲区
            if(n<=0||n>=100)
                printf("输入的数值不在有效范围,请重新输入数值个数 n(0<n<100):");
        }while(n<=0||n>=100);
        for(i=1;i<=n;i++)
        {
            sum=sum+1.0/i;            //和 sum 累加 1.0/i
            i=i+1;                    //变量 i 既作为当前项的分母值,又作为数值个数的计数
        }
        printf("sum=%.3f\n",sum);
}
```

运行结果:

```
请输入数值个数 n(0<n<100):0000
实际输入的有效数值个数 n(0<n<100):0
输入的数值不在有效范围,请重新输入数值个数 n(0<n<100):abc
实际输入的有效数值个数 n(0<n<100):0
输入的数值不在有效范围,请重新输入数值个数 n(0<n<100):368
实际输入的有效数值个数 n(0<n<100):36
sum=2.427
```

程序说明:

通过"scanf("%2[0-9]",num);"语句,实现 num 读取最多 2 个数字字符,如果遇到非 0~9 的数字字符,结束读取。从运行结果可以看到,输入 0000、abc 都是非法输入,输入 368 只读取前 2 个数字字符 36。

输入函数 scanf 通过%[set]格式控制符,可以保证输入字符串符合字符集 set 的要求。但实际中,用户输入不仅仅是整数,还有可能是浮点数或者字符串,用户输入的随意性更大,出错的概率更大,需要更通用的正则表达式来处理输入,解决输入数据的有效性验证问题。

8.2.2 Linux 正则表达式库函数及应用

标准 C/C++ 不支持正则表达式库,大多 Linux 发行版会自带 Philip Hazel 的 Perl-Compatible Regular Expression 库,提供正则表达式处理的库函数,例如,编译函数 regcomp()、匹配函数 regexec()、释放函数 regfree()、错误函数 regerror()。这些函数的声明包含在 regex.h 头文件中,程序中用到这些函数时,应当通过编译预处理命令"#include <regex.h>"把头文件包含到程序文件中。

1. 编译函数 regcomp( )

```
int regcomp(regex_t *compiled, const char *pattern, int cflags);
```

该函数按照参数 cflags 的设置,把正则表达式 pattern 编译成一种特定的数据格式存放到 compiled,这样使函数 regexec 匹配更有效。参数说明:

regex_t *compiled:结构体数据类型,存放编译后的规则表达式的指针,其成员 re_nsub 用来存储规则表达式中的子规则表达式(括号括起来的部分)的个数。

const char *pattern:指向正则表达式,即输入的模式匹配字符串的指针。

int cflags 有如下四个值或者是这些值进行或运算后的值：
（1）REG_EXTENDED 以功能更加强大的扩展规则表达式的方式进行匹配。
（2）REG_ICASE 匹配字母时忽略大小写。
（3）REG_NOSUB 不用存储匹配后的结果。
（4）REG_NEWLINE 识别换行符，这样'$'就可以从行尾开始匹配，'^'就可以从行的开头开始匹配。

注意：若不指定 cflags 的参数为 REG_NEWLINE，则默认情况下是忽略换行符的，也就是把所有行的文本串当作一个整字符串处理。

2. 匹配函数 regexec( )

```
int regexec(regex_t *compiled, char *string, size_t nmatch, regmatch_t matchptr [], int eflags);
```

该函数使用编译的正则表达式匹配目标文本串，执行成功返回 0。参数说明：

regex_t * compiled：指向用 regcomp() 函数已编译好的正则表达式。
char * string：指向待匹配的目标文本串。
size_t nmatch：是 regmatch_t 结构体数组的长度。
regmatch_t matchptr []：结构体数组，存放匹配文本串的位置信息。regmatch_t 是一个结构体数据类型，在 regex.h 中定义如下：

```
typedef struct
{
    regoff_t rm_so;      //成员 rm_so 存放匹配文本串在目标串中的开始位置
    regoff_t rm_eo;      //成员 rm_eo 存放结束位置
}regmatch_t;
```

用数组形式定义一组结构体，便于处理正则表达式中子表达式。数组元素 0 存放主正则表达式位置信息，数组元素 1 以后元素依次存放子表达式位置信息。

int eflags 有如下两个值：
（1）REG_NOTBOL 若设置，那么'^'就不会从目标串开始匹配，否则从开始匹配。
（2）REG_NOTEOL 和（1）作用类似，这个值设置是否从目标串结束'$'开始匹配。

3. 释放函数 regfree( )

```
void regfree(regex_t *compiled);
```

在使用完编译好的正则表达式，或要重新编译其他正则表达式时，必须用该函数清空 compiled 指向的 regex_t 结构体的内容。参数说明：

regex_t * compiled：指向用 regcomp() 函数已编译好的正则表达式。

4. 错误函数 regerror( )

```
size_t regerror(int errcode, regex_t *compiled, char *buffer, size_t length);
```

当调用函数 regcomp() 或 regexec() 产生错误时，就可以调用这个函数返回一个包含错误信息的字符串。参数说明：

int errcode：由函数 regcomp() 或 regexec() 返回的错误代码。

regex_t * compiled:用函数 regcomp()编译好的正则表达式,可为 NULL。
char * buffer:用来存放错误信息的字符串的内存空间。
size_t length:指明 buffer 长度,如果错误信息的长度大于这个值,则 regerror 函数会自动截断超出的字符串,但仍然会返回完整的字符串的长度。所以可用如下方法先得到错误字符串的准确长度。

```
size_t length = regerror(errcode, compiled, NULL, 0);
```

【例8-2】成绩计算。Linux 环境下,利用正则表达式库函数编程,根据平时作业得分、实验得分、理论考试得分,计算"Linux 操作系统"课程的期末总成绩,假设分数为整数和浮点数两种情况。具体要求如下:

(1) 成绩最低为 0 分,最高为 100 分,可处理用户输入的异常值。
(2) 期末总成绩 = 作业得分×10% + 实验得分×30% + 理论得分×60%。
(3) 输出总成绩,并根据总成绩范围,输出如下分类提示信息。
[90,100]:Excellent [80,90):Good [60,80):Pass [0,60):No pass

思路分析:主函数中,利用 scanf 函数,通过格式控制符%2[^\n],控制 buf 读取最多2个非回车字符,存为数字字符串 buf,调用 atoi 库函数把数字字符串 buf 转换为数字 select(用户菜单界面选择),如果选择 select = 1,调用函数 intScore()处理整数成绩,选择 select = 2 则调用函数 floatScore()处理浮点数成绩,选择 select = 0 退出程序执行,其他输入提示错误信息。

intScore 调用模式匹配函数 isMatched(),匹配整数模式^([1-9]?[0-9]|100)$,保证输入的三门课程的作业、实验、理论得分是在[0,100]范围内的整数,最后输出计算的总成绩是否通过信息。正则表达式^([1-9]?[0-9]|100)$ 表示匹配一位数 0~9、二位数 10~99,或者三位数 100。其中,^和 $ 表示字符串的开始和结束;[1-9]? 表示数字 1~9 最多出现 1 次,十分位上的数字可以有也可以没有;[0-9]表示个位上的数字 0~9;或|表示要么匹配的是前面的一位和二位数字,要么匹配三位数 100。

floatScore 调用模式匹配函数 isMatched(),匹配浮点数模式^([1-9]?[0-9]([.][0-9]+)?|100([.][0]+)?)$,保证输入作业、实验、理论得分是在[0.0,100.0]范围内的浮点数(可含若干位小数),输出计算的总成绩是否通过信息。

正则表达式^([1-9]?[0-9]([.][0-9]+)?|100([.][0]+)?)$ 表示匹配浮点数,它包含整数部分、小数部分以及一个小数点,也可以仅包含整数部分。整数部分可以是一位数 0~9、二位数 10~99、三位数 100,小数部分针对一位数和二位数可以含 1 个小数点和多位 0~9 小数,针对三位数 100,可以含 1 个小数点和多位 0。其中,^和 $ 表示字符串的开始和结束;[1-9]?表示数字 1~9 最多出现 1 次,十分位上的数字可以有也可以没有;[0-9]表示个位是数字 0~9;([.][0-9]+)? 表示小数部分可以出现最多一次,[.]表示出现小数点,[0-9]+ 表示数字[0-9]至少出现一次;或|表示要么匹配的是整数部分含一位或二位数字的浮点数,要么匹配的是三位数的浮点数 100;100([.][0]+)? 表示浮点数 100 可以只包含整数部分 100,([.][0]+)? 表示小数部分可以出现最多一次,[.]表示出现小数点,[0]+ 表示数字[0]至少出现一次,即 100 的小数位数可以含一个 0 以上。

程序使用系统正则表达式库函数,保存在 Score.c 文件中,在 Linux 环境下编译和运行。

Score.c 程序代码：

```c
#include <stdio.h>
#include <string.h>
#include <stdlib.h>
#include <regex.h>
#define BUFFER_SIZE 255
//模式匹配函数,buf 待匹配的目标字符串,pattern 模式匹配字符串
int isMatched(char *buf,const char *pattern)
{
    int mFlag = REG_NOMATCH;            //匹配结果初始化为非匹配
    int cflags = REG_EXTENDED;          //模式匹配支持扩展表达式
    regex_t regx;                       //结构体 regx 存放编译后的表达式
    regmatch_t pmatch[10];              //结构体数组,存放多个匹配文本串的位置信息
    const size_t nmatch = 10;           //匹配文本串的最大数量
    regcomp(&regx,pattern,cflags);      //编译正则表达式
    mFlag = regexec(&regx,buf,nmatch,pmatch,0);  //执行模式匹配过程
    regfree(&regx);                     //清空结构体 regx 的内容
    return mFlag;                       //返回匹配结果
}

//整数成绩处理,buf 待匹配的目标字符串,intPattern 整数模式匹配字符串
int intScore(char *buf,const char *intPattern)
{
    int Hscore = 101;                   //初始化平时作业得分 Hscore
    int Escore = 101;                   //初始化实验得分 Escore
    int Tscore = 101;                   //初始化理论考试得分 Tscore
    int score = 0;                      //初始化总得分 score
    //处理作业得分 Hscore 的输入和模式匹配
    sprintf(buf,"%d",Hscore);           //把 Hscore 以整数的格式存储到 buf
    while(isMatched(buf,intPattern))    //对输入的整数进行模式匹配
    {
        printf("Please input your Homework score(Integer):");
        memset(buf,0,BUFFER_SIZE);      //memset 清空 buf 的内容
        //从标准输入 stdin 最多读取 BUFFER_SIZE-1 个字符保存到 buf 中
        fgets(buf,BUFFER_SIZE-1,stdin);
        if(buf[strlen(buf)-1] == '\n')
            buf[strlen(buf)-1] = '\0';//buf 最后一个字符替换为空字符'\0',作为字符串的结尾
    }
    Hscore = atoi(buf); //atoi 把字符串 buf 转换为整型数,赋值给 Hscore
    //处理实验得分 Escore 的输入和模式匹配
    sprintf(buf,"%d",Escore);           //把 Escore 以整数的格式存储到 buf
    while(isMatched(buf,intPattern))    //对输入的整数进行模式匹配
    {
        printf("Please input your Experiment score(Integer):");
        memset(buf,0,BUFFER_SIZE);      //memset 清空 buf 的内容
        fgets(buf,BUFFER_SIZE-1,stdin);
        if(buf[strlen(buf)-1] == '\n')
            buf[strlen(buf)-1] = '\0';
    }
    Escore = atoi(buf);                 //atoi 把字符串 buf 转换为整型数,赋值给 Escore
```

```c
    //处理理论考试得分Tscore的输入和模式匹配
    do{
        printf("Please input your Theory score(Integer):");
        memset(buf,0,BUFFER_SIZE);          //memset清空buf的内容
        fgets(buf,BUFFER_SIZE-1,stdin);
        if(buf[strlen(buf)-1] == '\n')
            buf[strlen(buf)-1] = '\0';
    }while(isMatched(buf,intPattern));  //对输入的整数进行模式匹配
    Tscore=atoi(buf);       //atoi把字符串buf转换为整型数,赋值给Tscore
    //计算总得分score并输出总成绩
    score = (Hscore*10 + Escore*30 + Tscore*60)/100;
    printf("Integer - Linux Operating System score:%d\n", score);
    //根据得分的范围,输出分类提示信息
    if(score >=90)printf("Excellent! \n");
    else if(score >=80)printf("good! \n");
    else if(score >=60)printf("pass! \n");
    else printf("no pass! \n");
    return 0;
}

//浮点数成绩处理,buf待匹配的目标字符串,floatPattern浮点数模式匹配字符串
int floatScore(char *buf,const char *floatPattern)
{
    float Hscore=101;                   //初始化平时作业得分Hscore
    float Escore=101;                   //初始化实验得分Escore
    float Tscore=101;                   //初始化理论考试得分Tscore
    float score=0;                      //初始化总得分score
    //处理作业得分Hscore的输入和模式匹配
    sprintf(buf,"%3.2f",Hscore);        //把Hscore以浮点数的格式存储到buf
    while(isMatched(buf,floatPattern))  //对输入的浮点数进行模式匹配
    {
        printf("Please input your Homework score(Float):");
        memset(buf,0,BUFFER_SIZE);      //memset清空buf的内容
        fgets(buf,BUFFER_SIZE-1,stdin);
        if(buf[strlen(buf)-1] == '\n')
            buf[strlen(buf)-1] = '\0';
    }
    sscanf(buf, "%f", &Hscore); //sscanf把浮点数字符串buf转换为浮点数,赋值给Hscore
    //处理实验得分Escore的输入和模式匹配
    sprintf(buf,"%f",Escore);           //把Escore以浮点数的格式存储到buf
    while(isMatched(buf,floatPattern))  //对输入的浮点数进行模式匹配
    {
        printf("Please input your Experiment score(Float):");
        memset(buf,0,BUFFER_SIZE);      //memset清空buf的内容
        fgets(buf,BUFFER_SIZE-1,stdin);
        if(buf[strlen(buf)-1] == '\n')
            buf[strlen(buf)-1] = '\0';
    }
    sscanf(buf, "%f", &Escore); //sscanf把浮点数字符串buf转换为浮点数,赋值给Escore
```

```c
        //处理理论考试得分Tscore的输入和模式匹配
        do{
           printf("Please input your Theory score(Float):");
           memset(buf,0,BUFFER_SIZE);              //memset清空buf的内容
           fgets(buf,BUFFER_SIZE-1,stdin);
           if(buf[strlen(buf)-1] == '\n')
              buf[strlen(buf)-1] = '\0';
        }while(isMatched(buf,floatPattern));//对输入的浮点数进行模式匹配
        sscanf(buf, "%f", &Tscore); //sscanf把浮点数字符串buf转换为浮点数,赋值给Tscore
        //计算总得分score并输出总成绩
        score=Hscore*0.1+Escore*0.3+Tscore*0.6;
        printf("Float - Linux Operating System score:%.1f\n", score);
        //根据得分的范围,输出分类提示信息
        if(score >= 90)printf("Excellent! \n");
        else if(score >= 80)printf("good! \n");
        else if(score >= 60)printf("pass! \n");
        else printf("no pass! \n");
        return 0;
}

int main()
{
    char buf[BUFFER_SIZE] ="0";//初始化输入字符串,假设其长度不超过BUFFER_SIZE
    const char*intPattern ="^([1-9]? [0-9] |100) $"; //整数模式匹配字符串
    const char*floatPattern =
        "^([1-9]? [0-9] ([.] [0-9] +)? |100([.] [0] +)?) $";//浮点数模式匹配字符串
    int  select =1; //存储输入字符串转换为整型的数值
    printf("******Caculating Score of Linux Operating System ******\n");
    printf("*                    1: Integer Score              *\n");
    printf("*                    2: Float Score                *\n");
    printf("*                    0: Exit                       *\n");
    printf("****************************************************\n");
    while(select!=0)
    {
        printf("Please input choice(0-2):");
        scanf("%2[^\n]",buf);           //读取最多2个非回车字符,如果遇到回车,结束
        scanf("%*[^\n]");               //清除读入缓存区的若干个非回车字符
        scanf("%*c");                   //清除读入缓存区的回车字符
        if(strlen(buf)>1)strcpy(buf," -1");   //非法输入时buf复制为字符串"-1"
        select = atoi(buf);             //数字字符串转换为数字
        switch(select)
        {
            case 1: //匹配整数模式^([1-9]? [0-9] |100) $
                intScore(buf,intPattern);
                break;
            case 2: //匹配浮点数模式^([1-9]? [0-9] ([.] [0-9] +)? |100([.] [0] +)?) $
                floatScore(buf,floatPattern);
                break;
            case 0: //退出
                printf("Exit \n");
```

```
            break;
        default://输入异常
            printf("input error! Please input 0-2 \n");
    }
}
```

运行结果:

```
[superman@ zs DHostShare] $ gcc-o Score Score.c
[superman@ zs DHostShare] $ ./Score
******Caculating Score of Linux Operating System ******
*              1 : Integer Score                       *
*              2 : Float Score                         *
*              0 : Exit                                *
********************************************************
Please input choice(0-2):0000
input error! Please input 0-2
Please input choice(0-2):abc
input error! Please input 0-2
Please input choice(0-2):1
Please input your Homework score(Integer):101
Please input your Homework score(Integer):95
Please input your Experiment score(Integer):101
Please input your Experiment score(Integer):85
Please input your Theory score(Integer):101
Please input your Theory score(Integer):100
Integer-Linux Operating System score:95
Excellent!
Please input choice(0-2):2
Please input your Homework score(Float):101
Please input your Homework score(Float):95.0
Please input your Experiment score(Float):101
Please input your Experiment score(Float):85.0
Please input your Theory score(Float):101
Please input your Theory score(Float):100.0
Float-Linux Operating System score:95.0
Excellent!
Please input choice(0-2):0
Exit
```

程序说明:

Linux 操作系统下,通过"gcc-o Score Score.c"编译程序,"./Score"运行可执行程序。

主函数 main 处理用户的循环选择。每次选择通过"scanf("%2[^\n]",buf);"读取,实现 buf 读取最多 2 个非回车字符,如果遇到回车字符,结束读取。"scanf("%*[^\n]");"用于清除读入缓存区的可能存在的若干个非回车字符;"scanf("%*c");"用于清除读入缓存区可能存在的回车字符。从运行结果可以看到,输入 0000、abc 非法选择时,程序提示输入错误,请求用户重新输入。

用户选择 1,调用"intScore(buf,intPattern);"进行整数成绩处理,分别对输入的平时作业得分 Hscore、实验得分 Escore、理论考试得分 Tscore,执行模式匹配函数 isMatched,对输入的整

数成绩进行模式匹配,整数模式匹配字符串为"^([1-9]?[0-9]|100)$"。从运行结果可以看到,输入 101 非法时,程序提示重新输入,最后输出该门课程整数总成绩及分类提示信息。

用户选择 2,调用"floatScore(buf,floatPattern);"进行浮点数成绩处理,分别对输入的平时作业得分 Hscore、实验得分 Escore、理论考试得分 Tscore 执行模式匹配函数 isMatched,对输入的浮点数成绩进行模式匹配,浮点数模式匹配字符串为"^([1-9]?[0-9]([.][0-9]+)?|100([.][0]+)?)$"。从运行结果可以看到,输入非法时,程序提示重新输入,最后输出该门课程浮点数总成绩及分类提示信息。

用户选择 0,退出程序执行。

上 机 实 训

1. 累加求和。通过格式控制符%2[0-9]控制输入整数 $n(0<n<100)$ 的值,编程求 $1+1/3+1/5+1/7+1/9+\cdots+1/(2n-1)$(保留 3 位有效数字)。

2. 数列求和。通过格式控制符%2[0-9]控制输入整数 $n(0<n<100)$ 的值,编程求 $1-1/2+1/3-1/4+1/5-\cdots\pm1/n$(保留 3 位有效数字)。

3. 成绩计算。Linux 环境下,利用正则表达式库函数编程,根据平时作业得分、实验得分、理论考试得分,计算《Linux 操作系统》课程的期末总成绩,假设分数为整数和浮点数两种情况。具体要求如下:

(1)成绩最低为 0 分,最高为 100 分,可处理用户输入的异常值。

(2)期末总成绩 = 作业得分×20% + 实验得分×20% + 理论得分×60%。

(3)输出总成绩,并根据总成绩范围,输出如下分类提示信息。

[90,100]:A [80,90):B [60,80):C [0,60):D

第 9 章 文件操作及图像处理应用

学习目标

- 了解文件概念和文件指针,熟悉文件打开与关闭、文本文件顺序读写、二进制文件按块随机读写、文件读写检测函数,掌握文件处理及应用。
- 了解图像和像素的表示、图形图像函数、图像处理技术,掌握位图图像的处理及应用。
- 了解嵌入式应用中的计算机图形图像仿真技术。
- 具有应用文件操作函数实现文本文件顺序读写处理的编程和开发能力。
- 具有应用图形图像函数和文件按块随机读写操作函数实现图像文件处理技术的编程和开发能力。
- 具有基于图形图像技术实现嵌入式应用仿真的编程和开发能力。

9.1 文件操作及处理

通过文件指针和系统提供的各种文件操作和处理函数,可以实现外部文件中数据的输入和输出。

9.1.1 文件操作概述

1. 文件概念和文件指针

文件(file)一般指存储在外部介质上数据的集合。通常,我们把各种与计算机相连的输入输出设备都看作一个文件,如键盘、鼠标、显示屏、打印机等。

每个文件都有一个唯一的文件标识,也就是文件名。一个完整的文件名通常包含文件路径、文件名、文件后缀三部分。根据数据的组织形式,文件可分为 ASCII 文件(文本文件,每个字节存放一个字符)和二进制文件(映像文件,数据在内存中的二进制码流)。每个文件在内存中都有一个缓冲区,输出缓冲区用于向文件输出数据,输入缓冲区用于从文件输入数据。

文件系统中,通过 stdio.h 头文件中声明的结构体类型 FILE 来定义文件指针变量,即文件指针,然后通过它来引用文件信息。FILE 的结构定义如下:

视频●……
文件操作概述

```
struct _iobuf
{
    char *_ptr;              //文件当前位置标记指针
    int _cnt;                //当前缓冲区的相对位置
    char *_base;             //文件初始位置
    int _flag;               //文件标记
    int _file;               //文件有效性
    int _charbuf;            //缓冲区是否可读取
    int _bufsiz;             //缓冲区字节数大小
    char *_tmpfname;         //临时文件名
};
typedef struct _iobuf FILE;  //定义 FILE
```

文件指针的一般定义形式为：

`FILE *文件指针变量名;`

其中 FILE 必须大写，文件指针变量名是一个文件指针。例如：

`FILE *fp;    //定义文件指针变量 fp`

通过 FILE 定义一个文件指针变量 fp，在内存中为该文件开辟一个相应的文件信息区，fp 指向该文件信息区，用来存放文件名、文件状态等信息，可以通过 fp 实现对文件的操作和处理。C 语言提供了大量的库函数来操作文件，包括文件打开与关闭函数、文件读写函数（按字符和字符串、按格式化、按数据块）、文件的检测和定位函数。

2. 文件打开与关闭

在读写文件之前应该先打开该文件，为文件建立相应的信息区（用来存放有关文件的信息）和文件缓冲区（暂时存放输入输出数据）。文件使用结束之后应关闭该文件，释放文件信息区和文件缓冲区。

文件打开函数 fopen 和文件关闭函数 fclose 见表 9-1。打开一个文件时不仅需要指定文件名，而且需要指定文件读或写的方式，文件打开方式见表 9-2，其中文本文件和二进制文件打开方式不同。

表 9-1　文件打开与关闭函数

函数名	函数原型	功　能	返回值
fopen	FILE* fopen(char* filename, char* mode);	以 mode 指定的方式打开名为 filename 的文件	成功，返回一个文件指针（文件信息区的起始地址）；否则返回 NULL(0)
fclose	int fclose(FILE* fp);	关闭 fp 所指文件，释放文件缓冲区	成功，返回 0；否则，返回 EOF(-1)

表9-2 文本文件和二进制文件的打开方式

文件类型	文件打开方式	含 义	若指定打开文件不存在
文本文件	"r"（只读）	以只读方式打开一个已存在的文本文件	出错（返回NULL）
	"w"（只写）	以只写方式打开一个文本文件	建立新文件（若存在删除后新建）
	"a"（追加）	以追加方式向文本文件尾添加数据	建立新文件
	"r+"（读写）	打开一个文本文件读和追加	出错（返回NULL）
	"w+"（读写）	建立一个新的文本文件读和写	建立新文件（若存在删除后新建）
	"a+"（读写）	打开一个文本文件读和追加	建立新文件
二进制文件	"b"（二进制）	打开二进制文件,和以上各项合并使用（"rb"、"wb"、"ab"、"rb+"、"wb+"、"ab+"）	

3. 文本文件顺序读写操作

（1）按字符和字符串读写文件的函数,见表9-3。fgetc 和 fputc 实现单个字符的读写处理,fgets 和 fputs 实现字符串的读写处理。

表9-3 按字符和字符串读写文件函数

函数名	函数原型	功　能	返回值
fgetc	int fgetc(FILE* fp);	从 fp 指向的文件中读入下一个字符	读成功,返回所读的字符,失败则返回文件结束标志 EOF(-1)
fputc	int fputc(char ch,FILE* fp);	把字符 ch 写到 fp 所指向的文件中	输出成功,返回值就是输出的字符;输出失败,则返回 EOF(-1)
fgets	char* fgets(char* str,int n,FILE* fp);	从 fp 指向的文件读入一个长度为（n-1）的字符串,存放到起始地址为 str 空间	读成功,返回地址 str,失败或遇到文件结束,则返回 NULL
fputs	int fputs(char* str,FILE* fp);	把 str 字符串写到 fp 所指向的文件中	输出成功,返回0;否则返回非0值

（2）格式化读写文件的函数:对文件进行格式化输入输出,用到 fprintf 函数和 fscanf 函数,见表9-4。

表9-4 格式化读写文件函数

函数名	函数原型	功　能	返回值
fprintf	int fprintf(FILE* fp char* format,args,…);	把 args 的值以 format 指定的格式输出到 fp 指定的文件中	实际输出的字符数
fscanf	int fscanf(FILE* fp char* format,args,…);	从 fp 指定的文件中按 format 指定的格式读取数据到 args 所指向的内存单元	已输入的数据个数

4. 二进制文件按块随机读写操作

表9-5 给出了文件按块读写函数 fread 和 fwrite,文件定位函数 fseek、ftell、rewind。

（1）文件按块读写函数:fread 函数以二进制形式从文件中读取一个整数据块的内容,fwrite 函数以二进制形式将内存中一个整数据块写入文件。

（2）文件定位函数：为了对读写进行控制，系统为每个文件设置了一个文件读写位置标记，简称文件位置标记或文件标记，用来指示接下来要读写的下一个字符的位置。对字符文件进行顺序读写时，每读或写完 1 个字符后，文件位置标记顺序向后移一个位置。对流式文件进行顺序读写，每读或写完 1 个字节后，位置标记是按字节位置顺序向后移动。如果能将文件位置标记按需要移动到任意位置，就可以实现流式文件的随机读写，显然这种方法比顺序访问效率高得多。

rewind 函数移动文件位置标记到文件的起点，相当于文件位置标记的复位。

fseek 函数用于设置当前文件位置标记，一般用于二进制文件的操作。

ftell 函数用于获得文件位置标记的当前位置（相对于文件首的偏移字节数）。

表 9-5 按块读写和文件定位函数

函数名	函数原型	功　　能	返回值
fread	int fread(char * pt, unsined size, unsigned n, FILE * fp);	从 fp 指定的文件中读取长度为 size 的 n 个数据项，存到 pt 所指向的内存区	返回所读数据项的个数，如遇文件结束或出错返回 0
fwrite	int fwrite(char * pt, unsined size, unsigned n, FILE * fp);	把 pt 指向的 n × size 个字节的数据输出到 fp 所指向的文件中	写到 fp 文件中的数据项个数
rewind	void rewind(FILE * fp);	将 fp 的文件位置标记移到文件开头，并清除文件结束标志和错误标志	无
fseek	int fseek (FILE * fp, long offset, int base);	将 fp 的文件位置标记移到以 base 给出的位置为基准，以 offset 为位移量的位置，起始点 base 取值为：SEEK_SET:0，文件开始位置 SEEK_CUR:1，文件当前位置 SEEK_END:2，文件末尾位置	成功返回 0，否则，不改变文件位置标记的位置，并返回一个非 0 值
ftell	long ftell(FILE * fp);	测定文件位置标记的当前位置（用相对于文件开头的位移量来表示）	成功，返回偏移字节数，若调用函数时出错，返回 –1L

5. 文件读写检测函数

文件读写检测函数见表 9-6，包括文件结束检测函数 feof、文件读写出错函数 ferror、文件出错标志和文件结束标志置 0 函数 clearerr。

（1）feof 函数：检测文件位置标记是否到达文件结尾。

（2）ferror 函数：检测各种输入输出函数进行读写操作时产生的错误。

（3）clearerr 函数：文件出错标志和文件结束标志置 0。

表 9-6 文件读写检测函数

函数名	函数原型	功　　能	返回值
feof	int feof(FILE * fp);	检查文件是否结束	已读到文件尾标志，返回非 0，否则返回 0

续上表

函数名	函数原型	功 能	返回值
ferror	int ferror(FILE * fp);	调用各种输入输出函数(如 putc, getc, fread, fwrite 等)时,如果出现错误,除了函数返回值有所反映外,还可以用 ferror 函数检查	如果 ferror 返回值为 0,表示未出错;如果返回一个非零值,表示出错
clearerr	void clearerr(FILE * fp);	使 fp 所指文件出错标志和文件结束标志置为 0	无

9.1.2 文件处理及应用

视频
例9-1

【例9-1】字符串排序。利用文件操作、指针数组和二级指针实现字符串排序编程,用户循环选择冒泡排序、基本选择排序、直接插入排序,从文件读入若干字符串,按照从小到大的正序排序,将排序结果输出到屏幕并保存到文件。

思路分析:排序算法的实现和前面的章节一样,区别仅仅在于待排序字符串是通过 fgets 函数从外部文件 strings.txt 读入,排序完成的字符串是通过 fputs 函数保存到外部文件 strings_sorted.txt。

外部文件读入的字符串存入 char 型指针数组,每个指针数组元素由 malloc 函数动态分配内存,用户可循环输入字符'1'、'2'、'3'、'0',选择字符串排序算法,'1'-冒泡排序、'2'-选择排序、'3'-插入排序,分别执行不同算法的子函数,实现字符串排序并输出到屏幕和外部文件,'0'-退出。

程序代码:

```c
#include<stdio.h>
#include<string.h>
#include<stdlib.h>
//交换*c1 和*c2,相当于交换二级指针变量 c1 和 c2 所指向的一级指针变量的值
//c1 和 c2 本身存储的地址值不变
void swap(char **c1,char **c2)
{
    char *temp;      //两个元素交换,用到中间指针变量 temp
    temp = *c1;
    *c1 = *c2;
    *c2 = temp;
}

//冒泡排序-交换排序(无序子序列中比较相邻两个元素的大小,满足条件则交换)
void bubble_sort_string(char **str,int n)
{
    int i,j,order =1;                    //order 为是否有交换的标志
    for(j =0;j<n-1;j ++)                 //外循环 j 实现 n-1 趟比较
    {
        for(i =0,order =1;i<n-1-j;i ++)//每一趟内循环进行 n-1-j 次比较,order 置 1
            if(strcmp(*(str+i),*(str+i+1))>0)
            {   //相邻两个字符串比较,较大元素*(str+i)和较小元素*(str+i+1)交换
```

```c
                    swap(str+i,str+i+1);        //利用二级指针进行字符串比较和交换
                    order=0;                    //如果有交换,说明未排序好,order置0
                }
            if(order==1)break;   //order 标志未变,说明本趟一次都没交换过,数据已有序,跳出循环
        }
}

//选择排序(无序子序列中选择最小值元素,并和本序列首元素交换)
void select_sort_string(char **str,int n)
{
    int i,j,min;                                //min 记录最小串下标
    for(j=0;j<n-1;j++)                          //外循环 j 实现 n-1 趟选择
    {
        min=j;                                  //min 初值置为外循环开始下标 j
        for(i=j+1;i<n;i++)//每一趟内循环进行 n-1-j 次比较,找出数组 str 最小串下标 min
            if(strcmp(*(str+i),*(str+min))<0)
                min=i;      //字符串*(str+i)小于字符串*(str+min),修改最小串下标 min
        //如果最小串下标 min 不是当前序列首,交换
        if(min!=j)swap(str+j,str+min);   //利用二级指针进行字符串比较和交换
    }
}

//插入排序(无序子序列中序列首元素,插入到有序子序列中)
void insert_sort_string(char *str[],int n)
{
    int i,j;
    for(j=0;j<n-1;j++)                          //外循环 j 实现 n-1 趟插入
        //每一趟内循环最多进行 j+1 次插入位置查找
        for(i=j+1;i>0&&strcmp(str[i],str[i-1])<0;i--)
            swap(&str[i],&str[i-1]);
                            //所有大于待插入串 str[j+1]的数组元素依次后移一个位置
}

int main()
{
    FILE *fp1,*fp2;
    char *fin="strings.txt",*fout="strings_sorted.txt";
    char choice,**p,*a[100],buf[256];       //定义二级字符型指针 p,字符型指针数组 a
    int i,n=0;
    printf("请选择数组元素排序算法
                    ('1'-冒泡排序 '2'-选择排序 '3'-插入排序 '0'-退出):");
    while((choice=getchar())!='0')          //输入选择排序算法的变量 choice 的值
    {
        if((fp1=fopen(fin,"r"))==NULL)   //以只读方式打开文件
        {
            printf("打开待排序文件%s 失败\n",fin);
            exit(0);
        }
        fgets(buf,256,fp1);                     //读入一行
        if(buf[strlen(buf)-1] == '\n')
            buf[strlen(buf)-1] = '\0';//buf 最后一个字符替换为空字符'\0',作为字符串的结尾
```

```c
        n = atoi(buf);
        printf("未排序前的%d个数组元素(choice = '%c'): \n",n,choice);
        for(i =0;i <n;i ++)
        {
            fgets(buf,256,fp1);                    //读入一行
            if(buf[strlen(buf) -1] == '\n')
                buf[strlen(buf) -1] = '\0';
                            //buf 最后一个字符替换为空字符'\0',作为字符串的结尾
            a[i] = (char *)malloc(256*sizeof(char)); //创建字符串空间
            memcpy(a[i],buf,256);
            puts(a[i]);                            //输出未排序前的数组元素
        }
        switch(choice)
        {
            case '1':
                bubble_sort_string(a,n);
                break;
            case '2':
                select_sort_string(a,n);
                break;
            case '3':
                insert_sort_string(a,n);
                break;
            default:
                printf("选择数组元素排序算法的输入值错误,请重新输入! \n\n");
        }
        if(choice >= '1' && choice <= '3')
        {
            printf("正序排序的%d个数组元素(choice = '%c'): \n",n,choice);
            if((fp2 = fopen(fout,"w")) ==NULL) //以只写方式打开文件
            {
                printf("打开保存排序结果文件%s 失败\n",fout);
                exit(0);
            }
            sprintf(buf,"%d\n",n);                 //字符串个数转换为字符串
            fputs(buf,fp2);                        //写入一行
            for(i =0,p =a;i <n;i ++,p ++)
            {
                puts(*p);                          //输出正序排序的数组元素
                sprintf(buf,"%s\n",*p);            //字符串加入换行
                fputs(buf,fp2);                    //写入一行
                free(a[i]);                        //释放字符串空间
            }
            fclose(fp2);
            printf("\n");
        }
        fflush(stdin);        //输入的字符可能还留在输入队列里,清除输入缓冲区
        fclose(fp1);
        printf("请选择数组元素排序算法
                    ('1'-冒泡排序 '2'-选择排序 '3'-插入排序 '0'-退出):");
```

```
    }
    return 0;
}
```

运行结果:

```
请选择数组元素排序算法('1'-冒泡排序 '2'-选择排序 '3'-插入排序 '0'-退出):3
未排序前的 10 个数组元素(choice = '3'):
hello
top
work
hard
study
Java
music
Python
Love
China
正序排序的 10 个数组元素(choice = '3'):
China
Java
Love
Python
hard
hello
music
study
top
work
```

程序说明:

程序运行中的字符串输入文件 strings.txt 的内容如图 9-1(a) 所示,字符串排序结果文件 strings_sorted.txt 的内容如图 9-1(b) 所示。两个文件中的第一行 10 都表示该文件中字符串的个数。

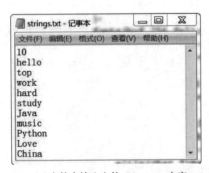

(a)字符串输入文件 strings.txt 内容　　　　(b)字符串排序结果输出文件 strings_sorted.txt 内容

图 9-1　字符串输入文件和字符串排序结果输出文件内容

主函数 main 中,用户选择排序算法后,执行"if((fp1 = fopen(fin,"r")) == NULL)",以只读方式打开字符串输入文件 strings.txt,首先通过"fgets(buf,256,fp1);"读取文件 strings.txt 第

一行,然后通过"n = atoi(buf);"把读取的字符串转换为表示字符串总个数的整数 n,接着循环执行"fgets(buf,256,fp1);"从文件 strings.txt 读取 n 个待排序的字符串,通过"a[i] = (char *)malloc(256 * sizeof(char));"依次对每个字符串分配动态内存空间,并通过"memcpy(a[i],buf,256);"复制字符串缓冲区 buf 的值到指针数组元素 a[i],直至完成 n 个字符串的读取和处理。

排序完成后,执行"if((fp2 = fopen(fout,"w")) == NULL)",以只写方式打开字符串排序结果输出文件 strings_sorted.txt,首先执行"sprintf(buf,"%d\n",n);"把字符串总个数 n 转换为字符串,并通过"fputs(buf,fp2);"写入文件的第一行。接着,依次执行"sprintf(buf,"%s\n",*p);"和"fputs(buf,fp2);",把排序后的 n 个字符串依次保存到文件 strings_sorted.txt,在此过程中,通过"free(a[i]);"释放前面动态分配的字符串内存空间。

文件读写结束,通过"fclose(fp2);"和"fclose(fp1);"关闭两个文件。

【例 9-2】成绩统计及文件保存。利用文件操作函数进行编程,从文件读入成绩并进行处理,统计成绩项数、计算平均值、低于平均值和不低于平均值的成绩项数所占百分比,把处理结果输出到屏幕并保存到文件中(成绩为[0,100]内的整数)。

思路分析:利用文件输入函数 fscanf 读取保存在文件 score.txt 中的成绩,读入成绩保存在数组 a 中,统计成绩项数 num,计算成绩平均值 ave,求得低于平均值和不低于平均值的成绩项数所占百分比,除在屏幕上输出这些统计信息外,同时通过文件输出函数 fprintf 保存成绩统计结果到文件 score_result.txt。

程序代码:

```
#include <stdio.h>
#include <stdlib.h>
int main()
{
    int a[100],n=0,countA=0,countB=0,i=0;
    char *fscore="score.txt",*fresult="score_result.txt";
    float sum=0,ave=0;
    FILE *fp1,*fp2;
    if((fp1=fopen(fscore,"r"))==NULL)     //以只读方式打开文件
    {
        printf("打开待处理成绩文件%s 失败\n",fscore);
        exit(0);
    }
    if((fp2=fopen(fresult,"w"))==NULL)    //以只写方式打开文件
    {
        printf("打开成绩处理结果文件%s 失败\n",fresult);
        exit(0);
    }
    printf("需要进行统计处理的成绩:\n");
    fprintf(fp2,"需要进行统计处理的成绩:\n");
    while(! feof(fp1))
    {
        fscanf(fp1,"%d",&a[n]);
        if(n!=0&&(n+1)%10==0)
        {
```

```c
            printf("%d\n",a[n]);
            fprintf(fp2,"%d\n",a[n]);
        }
        else
        {
            printf("%d ",a[n]);
            fprintf(fp2,"%d ",a[n]);
        }
        sum = sum + a[n];
        n ++;
    }
    if(n%10!=0)
    {
        printf(" \n");
        fprintf(fp2," \n");
    }
    ave = sum/n;
    printf("成绩统计结果：\nNum = %d, Ave = %.1f \n",n,ave);
    fprintf(fp2,"成绩统计结果：\nNum = %d, Ave = %.1f \n",n,ave);
    for(i = 0;i < n;i ++)
    {
        if(a[i] >= ave)
            countA ++;
        else
            countB ++;
    }
    printf("A:%d, %.1f%%B:%d, %.1f%% \n",
            countA,(float)countA/n* 100,countB,(float)countB/n*100);
    fprintf(fp2,"A:%d, %.1f%%B:%d, %.1f%% \n",
            countA,(float)countA/n*100,countB,(float)countB/n*100);
    fclose(fp2);
    fclose(fp1);
    return 0;
}
```

运行结果：

```
需要进行统计处理的成绩：
95 89 67 40 23 70 80 67 50 88
55 69 98 88 92 90 78 100
成绩统计结果：
Num = 18, Ave = 74.4
A:10, 55.6% B:8, 44.4%
```

程序说明：

程序运行中成绩输入文件 score.txt 的内容如图 9-2(a)所示，成绩统计结果输出文件 score_result.txt 的内容如图 9-2(b)所示。

主函数 main 执行"if((fp1 = fopen(fscore,"r")) == NULL)"，以只读方式打开文件 score.txt，执行"if((fp2 = fopen(fresult,"w")) == NULL)"，以只写方式打开文件 score_result.txt。

循环执行"fscanf(fp1,"%d",&a[n]);"，从文件 score.txt 读取成绩，并以每行 10 项来输

出成绩,直到 feof(fp1)判断读到文件尾部。满足条件"if(n! = 0&&(n + 1)%10 = = 0)"时,执行"fprintf(fp2,"%d\n",a[n]);",保证每 10 个元素就会换行输出,否则执行"fprintf(fp2,"%d ",a[n]);",以空格分开一行中的各个成绩项,保存成绩到文件 score_result.txt。

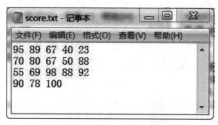
（a）成绩输入文件score.txt的内容

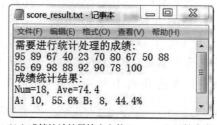
（b）成绩统计结果输出文件score_result.txt的内容

图 9-2　成绩输入文件和统计结果输出文件内容

"fprintf(fp2,"成绩统计结果:\nNum = %d, Ave = % 1f\n",n,ave);"输出成绩统计项数和成绩的平均值到文件 score_result.txt。

"fprintf(fp2," A:%d, %.1f%%　B:%d, %1f%% \n", countA,(float)countA/n * 100, countB,(float)countB/n * 100);"输出低于平均值和不低于平均值的成绩项数及所占百分比。

文件读写结束,通过"fclose(fp2);"和"fclose(fp1);"关闭两个文件。

9.2　图形图像处理

C 语言除了可用于编写操作系统、高级程序语言、系统工具、数据库外,在图形图像处理方面也有着广泛的应用。计算机和图形图像处理的深度结合,促进了计算机图形学、数字图像处理、图像分类与识别等学科的发展。

9.2.1　图形图像处理概述

计算机图形图像处理是指利用计算机对图像进行处理和分析的技术,图像处理技术已广泛应用于如下领域:

(1)图像识别:用于人脸识别、车牌识别、文字识别等。
(2)医学影像:用于医学图像的分析和处理。
(3)安防监控:用于视频监控、行人识别等。
(4)虚拟现实:用于三维建模、工业仿真等。

图形图像处理概述

1.图像和像素表示

自然界中的颜色表示可以使用不同的色彩模型,如三基色模型、直观色彩模型、色差模型。三基色模型包含 RGB 模型、CMY 模型以及 XYZ 模型,其中最直观和常用的模型是 RGB 模型,它使用红(R)、绿(G)、蓝(B)三个分量来表示颜色模型,三种基色以不同的比例相混合,可以形成各种颜色的光。

计算机中的图像是由一系列小的图像单元组成,一个图像单元称为一个像素(pixel),每个像素代表图像中的一个点,它包含了该点的颜色信息。如果 R、G、B 基色被分成 256 级,那么 R、G、B 的不同组合就能表示出 256×256×256（约 1 600 万）种颜色。计算机中,当一幅图像中每个像素被赋予不同的 R、G、B 值时,就能呈现出五彩缤纷的颜色,这样就形成了彩色图。

C 语言中,可以利用顺序表和结构体来表示 RGB 模型的图像和像素。图像通常被表示为一个线性表,表中的每个结点表示为一个像素,用来保存像素的颜色信息。例如,下面的结构体类型 struct Pixel 定义了像素的结构,每个像素包含 3 个对应于红绿蓝三色的 unsigned char 类型成员变量 r、g、b,取值范围为[0, 255],可用于表示 256 级图像。

注意:像素成员定义的顺序是 b、g、r,这是因为一般图像文件的颜色表、24 位图图像文件,对于红绿蓝三色 R、G、B 的存储顺序都是 B、G、R。

```
typedef struct Pixel        //图像像素结点
{
    unsigned char b;        //蓝色
    unsigned char g;        //绿色
    unsigned char r;        //红色
}Pixel;
```

结构体类型 struct Image 定义了图像的结构体,它包括图像的宽 width 和高 height,图像像素所占位数 bitCount,以及指向图像像素序列的指针 data。

```
typedef struct Image        //图像头结点
{
    int width, height;      //图像宽和高
    int bitCount;           //图像像素所占位数
    Pixel * data;           //图像像素序列指针
}Image;
```

2. 图像处理技术

计算机图像处理技术主要包括图像读取、图像显示、图像处理、图像保存。实现图形图像处理技术,除可以使用 C 语言自带的函数库和算法外,还可以使用一些开源的图像处理库,例如 Easyx、OpenCV、ImageMagick、GraphicsMagick 等。利用合适的第三方库和工具,可以更高效地进行复杂的图形图像处理。

(1)图像读取:指从外部读取图像文件并将其转换为程序中的数据结构。例如,建立图像线性表,采用动态内存分配的顺序存储结构。文件的读取可以使用 stdio.h 库中的文件处理函数,fopen 打开文件;fseek 定位文件位置;fread 读取二进制图像文件;fclose 关闭文件。内存的分配可以使用 stdlib.h 库中内存分配函数 malloc、内存释放函数 free。

(2)图像显示:指将处理后的图像在计算机屏幕上进行显示。可以使用 graphics.h 库中的绘图函数 putpixel,实现每个像素颜色的显示。

(3)图像处理:指对图像进行各种算法处理。可以直接调用第三方库提供的图像处理函数,也可以通过对图像中的逐个像素进行底层操作来实现。数字图像处理算法的典型应用场景包括:

①图像增强:包括对比度增强、亮度调整、色彩校正、灰度化等。
②图像滤波:常见的滤波器有均值滤波、中值滤波、高斯滤波等。
③边缘检测:通过图像特征提取和分类算法,实现物体检测和识别。
④图像分割:将图像分为不同的区域或目标,用于图像分析和处理。

⑤图像压缩:通过无损或有损压缩算法,减小图像文件的大小。
⑥图像拼接:将多张图像拼接成一张大图或进行图像融合。
⑦缩放旋转:对图像尺寸进行放大、缩小,实现特定角度的旋转。

(4) 图像保存:指将处理后的图像保存为文件。可以使用 stdio.h 库中的文件处理函数 fwrite 来保存二进制图像文件。

3. 图形图像处理函数

第三方 EasyX 图形库提供了专门的 C/C++ 图形处理函数,函数的声明包含在 graphics.h 头文件中,它又包含了 easyx.h 头文件。EasyX 的图形处理函数主要包含像素函数、直线和线型函数、多边形函数、圆弧和曲线函数、填充函数、图像函数,以及绘图模式和绘图环境设置的相关函数。程序中用到这些函数时,应当通过编译预处理命令"#include < graphics.h >"把头文件包含到程序文件中。

EasyX 包含了丰富的库函数,除了下述几类,还包括文本、图像、鼠标等其他相关函数,具体可以参考相关函数手册。下面仅列出了本章应用程序所涉及的一些图形处理函数:

(1) 绘图设备相关函数。

```
//初始化图形环境,指定窗口大小,宽 width,高 height
HWND initgraph(int width,int height,int flag = NULL);
/* BGI 格式初始化图形设备,默认窗口大小 640*480,gdriver 和 gmode 分别表示图形驱动器和
模式,path 是指图形驱动程序所在的目录路径。gdriver 一般取值为 DETECT,请求自动检测*/
HWND initgraph(int*gdriver, int*gmode, char*path);
//用于清除绘图设备,绘图设备将以当前背景色清空,并将当前点移动到(0,0)
void cleardevice();
//关闭图形窗口
void closegraph();
```

(2) 颜色模型相关函数。

```
//宏定义,以三原色色彩体系 R、G、B 定义一种颜色
COLORREF RGB(BYTE Red,BYTE Green,BYTE Blue)
```

(3) 颜色和样式设置相关函数。

```
void setbkcolor(COLORREF color);            //设置当前绘图的背景颜色
void setbkmode(int mode);                   //设置当前设备文本输出时的背景模式
void setfillcolor(COLORREF color);          //设置填充颜色
void setfillstyle(FILLSTYLE*  pstyle);      //设置当前设备填充样式
void setcolor(COLORREF color);              //设置当前绘图前景色
```

(4) 绘图相关函数。

```
//画一个不填充的圆,圆心坐标 x、y,圆半径 radius
void circle(int x,int y,int radius);
//填充区域。要填满的区域内任意点的 x、y 坐标,border 是要填充的边界或区域的颜色
void floodfill(int x,int y,int border);
//用于绘制点,点坐标 x、y,点颜色 color
void putpixel(int x,int y,COLORREF color);
```

*9.2.2 位图图像处理及应用

数字图像文件主要包括 BMP、PCX、GIF、PNG、JPG 等格式的图形文件。数字图像文件格式是指图像数据的组织和记录形式。图像文件一般根据像素点的二进制数据进行存储和组织,格式繁多,但文件的主体结构包括:

> 文件头 + 文件体 + 文件尾

BMP(bitmap)是设备无关位图,又称 DIB(device independent bitmap),属 Windows 标准图像格式。BMP 文件可为 2 色、16 色、256 色、24 位位图图像文件,其图像数据存储方式是由左下角开始,即最后一行第一个像素开始,到第一行最后一个像素结束。BMP 图像文件格式由四部分组成:

> 文件头 + 位图描述信息块 + 调色板 + 位图数据

第 1 部分是位图文件头,它包括位图文件类型、位图大小、位图起始位置等信息,其结构体定义如下:

```
typedef struct tagBITMAPFILEHEADER    //位图文件头,大小为14字节
{
    WORD  bfType;                     //位图文件类型,必须为 BM
    DWORD bfSize;                     //位图文件大小,以字节为单位
    WORD  bfReserved1;                //位图文件保留字,必须为 0
    WORD  bfReserved2;                //位图文件保留字,必须为 0
    DWORD bfOffBits;                  //位图数据起始位置,相对于位图文件头的偏移量,以字节为单位
}BITMAPFILEHEADER;
```

第 2 部分是位图描述信息块,也称位图信息头,它包括了位图的宽度、高度、每个像素所需的位数等信息,其结构体定义如下:

```
typedef struct tagBITMAPINFOHEADER    //位图描述信息块,大小为40字节
{
    DWORD biSize;                     //本结构所占用字节数
    LONG  biWidth;                    //位图宽度,以像素为单位
    LONG  biHeight;                   //位图高度,以像素为单位
    WORD  biPlanes;                   //目标设备的级别,必须为 1
    WORD  biBitCount;                 //每个像素所需的位数,1(双色)、4(16色)、8(256色)、24(真彩色)
    DWORD biCompression;              //压缩类型,0(不压缩)、1(BI_RLE8 压缩类型)、2(BI_RLE4 压缩类型)
    DWORD biSizeImage;                //位图大小,以字节为单位
    LONG  biXPelsPerMeter;            //位图水平分辨率,每米像素数
    LONG  biYPelsPerMeter;            //位图垂直分辨率,每米像素数
    DWORD biClrUsed;                  //位图实际使用的颜色表中的颜色数
    DWORD biClrImportant;             //位图显示过程中重要的颜色数
}BITMAPINFOHEADER;
```

第 3 部分是调色板,也称颜色表,用于说明位图中的颜色信息。它有若干个表项,每一个表项是一个 RGBQUAD 类型的结构,定义一种颜色。RGBQUAD 结构体的定义如下:

```
typedef struct tagRGBQUAD          //调色板(颜色表),个数和位图信息头的biBitCount有关
{
    BYTE rgbBlue;                  //蓝色亮度,范围[0,255]
    BYTE rgbGreen;                 //绿色亮度,范围[0,255]
    BYTE rgbRed;                   //红色亮度,范围[0,255]
    BYTE rgbReserved;              //保留,必须为0
}RGBQUAD;
```

注意:颜色表项 RGBQUAD 结构中的成员变量 rgbBlue、rgbGreen、rgbRed 分别代表三基色 RGB 模型中的 B(蓝)、G(绿)、R(红)三种颜色的亮度,颜色表中的 RGBQUAD 的个数由位图信息头 BITMAPINFOHEADER 中的成员 biBitCount 来确定,当 biBitCount = 1、4、8 时,分别有 2、16、256 个颜色表项,当 biBitCount = 24 时,无颜色表项。

位图信息头和颜色表组成位图信息 BITMAPINFO,其结构定义如下:

```
typedef struct tagBITMAPINFO
{
    BITMAPINFOHEADER bmiHeader;        //位图信息头
    RGBQUAD          bmiColors[1];     //颜色表
}BITMAPINFO;
```

第 4 部分是位图图像数据。图像数据记录了位图的每一个像素值,记录顺序在行内是从左到右,行间是从下到上。位图的一个像素在图像数据中所占的字节数和每个像素所需的位数 biBitCount 有关:

当 biBitCount = 1 时,8 个像素占 1 个字节。

当 biBitCount = 4 时,2 个像素占 1 个字节。

当 biBitCount = 8 时,1 个像素占 1 个字节。

当 biBitCount = 24 时,1 个像素占 3 个字节。

Windows 规定位图图像的一行所占的字节数必须是 4 的倍数,不足的以 0 填充,所以一行实际所占的字节数 DataSizePerLine 和位图数据的大小 DataSize(不压缩情况下)计算方法如下:

```
DataSizePerLine = (biWidth* biBitCount +31)/8/4* 4;    //一行字节数必须是4的倍数
DataSize = DataSizePerLine* biHeight;                   //图像数据大小
```

【例 9-3】彩色位图图像显示及灰度化。利用计算机图形图像处理函数和文件操作及处理函数编程,针对 2 色、16 色、256 色、24 位位图的彩色图片,分别进行图像读入和显示,并对 16 色、256 色、24 位位图的彩色图片进行灰度化。要求通过用户循环选择的菜单式进行图像处理的管理。

思路分析:位图图像数据采用顺序线性表管理,线性表的存储结构采用动态内存分配的顺序存储结构。表的头结点 image 通过 malloc(sizeof(Image))动态分配内存空间,保存图像宽度 image -> width、图像高度 image -> height、每个图像像素所占位数 image -> bitCount,图像像素序列指针 image -> data。image -> data 指向 malloc(image -> width * image -> height * sizeof(Pixel))动态分配的图像内存空间,空间的大小和图像的宽 image -> width、高 image -> height,以及像素结构 Pixel 有关。每个像素采用 Pixel 结构体管理,包含 b、g、r 三种颜色成员。

注意:颜色表和 24 位位图像素的 R、G、B 三种颜色分量的实际存储顺序为 G、B、R。

装载图像时，根据图像像素所占位数 image -> bitCount 的值，依次从图像文件读取数据并保存颜色信息到 image -> data 指向的每个像素结点的 r、g、b 成员。

图像显示时，行间是从下到上，行内是从左到右，依次取出 image -> data 指向的每个像素结点的 r、g、b 成员，通过像素绘制函数 putpixel 输出该像素。

图像灰度化时，依次取出 image -> data 指向的每个像素结点的 r、g、b 成员，灰度值为三个成员的平均值，并且赋值该平均值给 r、g、b 成员。

整个程序通过菜单选择，可以对 2 色、16 色、256 色、24 位位图分别进行装载和显示，并可以对 16 色、256 色、24 位位图进行灰度化处理。

程序代码：

```c
#include<stdio.h>
#include<stdlib.h>
#include<conio.h>
#include<string.h>
#include<graphics.h>
#define OK 1
#define ERROR 0
typedef struct Pixel            //图像像素结点
{//成员变量b、g、r分别对应颜色表和24位位图像素的B(蓝)、G(绿)、R(红)颜色分量
    unsigned char b;            //蓝色
    unsigned char g;            //绿色
    unsigned char r;            //红色
}Pixel;
typedef struct Image            //图像头结点
{
    int width,height;           //图像宽和高
    int bitCount;               //图像像素所占位数
    Pixel *data;                //图像像素序列指针
}Image;

//图像读取
Image *loadImage(const char *filename)
{
    FILE *file=fopen(filename,"rb");
    Image *image=NULL;
    int width,height,bitCount,biClrUsed,i,j,head_offset;
    unsigned char index,index_s;
    Pixel *p=NULL;
    BITMAPFILEHEADER file_header;
    BITMAPINFOHEADER Info_header;
    RGBQUAD colorTable[256];//颜色表
    if (!file){
        printf("打开文件失败：%s\n", filename);
        return NULL;
    }
    fread(&file_header,sizeof(BITMAPFILEHEADER),1,file);     //读取图像文件信息头
    fread(&Info_header,sizeof(BITMAPINFOHEADER),1,file);     //读取图像位图信息头
    width=Info_header.biWidth;                               //获取图像的宽度
```

```c
height = Info_header.biHeight;              //获取图像的高度
bitCount = Info_header.biBitCount;          //获取每个像素所需的位数
//创建图像头指针结点
image = (Image *)malloc(sizeof(Image));
image -> width = width;
width = (width*bitCount +31)/8/4*4;         //确保每行像素个数为4的倍数,不足的以0填充
image -> height = height;
image -> bitCount = bitCount;
printf("图像宽:%d 高:%d 像素位数:%d 填充实宽:%d \n",
                                    image -> width,height,bitCount,width);
printf("实际使用的颜色数:%d \n",Info_header.biClrUsed);
printf("按任意键图像处理开始 \n");
if(image -> bitCount ==1) //2色图像从颜色索引表获取每个像素的RGB颜色分量
{
    //2色图像使用颜色表且表项数为2^1 =2
    fread(colorTable,sizeof(RGBQUAD),2,file); //读取图像颜色表
    //图像文件头偏移字节
    head_offset = sizeof(BITMAPFILEHEADER) + sizeof(BITMAPINFOHEADER) +
                                                    sizeof(RGBQUAD)*2;
    //分配图像空间
    image -> data = (Pixel *)malloc(image -> width*image -> height*sizeof(Pixel));
    //读取图像数据,对图像数据的每个字节进行读取和颜色设置
    for(j =0,p = image -> data;j < image -> height;j ++)
    {
        //图像文件定位到一行开头,每行跳过可能的尾部填充字节,填充后的宽度为 width
        fseek(file,head_offset + j*width,SEEK_SET); //图像文件定位到一行开头
        for(i =0;i < image -> width;i ++,p ++)
        {
            //2色时,8个像素占1个字节,每个像素的值是颜色表索引
            if(i%8 ==0) fread(&index,1,1,file);
            index_s = index >> (7 - i%8)&0x01;//获取第1~8个像素的颜色表索引值
            p -> r = colorTable[index_s].rgbRed;
            p -> g = colorTable[index_s].rgbGreen;
            p -> b = colorTable[index_s].rgbBlue;
        }
    }
}
else if(image -> bitCount ==4) //4位图像从颜色索引表获取每个像素的RGB颜色
{
    //4位图像使用颜色表且表项数为2^4 =16
    fread(colorTable,sizeof(RGBQUAD),16,file); //读取图像颜色表
    //图像文件头偏移字节
    head_offset = sizeof(BITMAPFILEHEADER) + sizeof(BITMAPINFOHEADER) +
                                                    sizeof(RGBQUAD)*16;
    //分配图像空间
    image -> data = (Pixel *)malloc(image -> width*image -> height*sizeof(Pixel));
    //读取图像数据,对图像数据的每个字节进行读取和颜色设置
    for(j =0,p = image -> data;j < image -> height;j ++)
    {
        //图像文件定位到一行开头,每行跳过可能的尾部填充字节,填充后的宽度为 width
```

```c
            fseek(file,head_offset+j*width,SEEK_SET);//图像文件定位到一行开头
            for(i=0;i<image->width;i++,p++)
            {
                //16色时,2个像素占1个字节,每个像素的值是颜色表索引
                if(i%2==0) fread(&index,1,1,file);
                index_s=index >> ((1-i%2)*4)&0x0f;//获取第1~2个像素颜色表索引值
                p->r=colorTable[index_s].rgbRed;
                p->g=colorTable[index_s].rgbGreen;
                p->b=colorTable[index_s].rgbBlue;
            }
        }
    }
    else if(image->bitCount==8) //8位图像从颜色索引表获取每个像素的RGB颜色分量
    {
        //8位图像使用颜色表且表项数为2^8=256
        fread(colorTable,sizeof(RGBQUAD),256,file);//读取图像颜色表
        //图像文件头偏移字节
        head_offset=sizeof(BITMAPFILEHEADER)+sizeof(BITMAPINFOHEADER)+
                                                        sizeof(RGBQUAD)*256;
        //分配图像空间
        image->data=(Pixel*)malloc(image->width*image->height*sizeof(Pixel));
        //读取图像数据,对图像数据的每个字节进行读取和颜色设置
        for(j=0,p=image->data;j<image->height;j++)
        {
            //图像文件定位到一行开头,每行跳过可能的尾部填充字节,填充后的宽度为width
            fseek(file,head_offset+j*width,SEEK_SET);
            for(i=0;i<image->width;i++,p++)
            {
                fread(&index,1,1,file);//256色时,1个像素占1个字节,每个像素的值是颜色表索引
                p->r=colorTable[index].rgbRed;
                p->g=colorTable[index].rgbGreen;
                p->b=colorTable[index].rgbBlue;
            }
        }
    }
    else if(image->bitCount==24) //24位图像没有颜色表
    {
        //图像文件头偏移字节
        head_offset=sizeof(BITMAPFILEHEADER)+sizeof(BITMAPINFOHEADER);
        //分配图像空间
        image->data=(Pixel *)malloc(image->width*image->height*sizeof(Pixel));
        //读取图像,对图像数据的一行像素进行读取和颜色处理
        for(j=0,p=image->data;j<image->height;j++)
        {
            //图像文件定位到一行开头,每行跳过可能的尾部填充字节,填充后的宽度为width
            fseek(file,head_offset+j*width,SEEK_SET); //图像文件定位到一行开头
            //直接读取24位图像,每个像素占3个字节,依次表示B、G、R颜色分量
            fread(p,1,image->width*sizeof(Pixel),file);
            p=p+image->width;
        }
```

```c
        fclose(file);
        getch();
        return image;
}

//图像灰度化
void Image_Gray(Image*image)
{
        int i;
        for(i=0;i<image->width*image->height;i++)
        {
                unsigned char gray;
                gray=(image->data[i].r+image->data[i].g+image->data[i].b)/3;
                image->data[i].r=gray;
                image->data[i].g=gray;
                image->data[i].b=gray;
        }
}

//图像显示
int Image_Draw(Image*image)
{
        int gdriver=DETECT,gmode=0,i,j;
        Pixel *p;
        initgraph(900,600,NULL);         //初始化绘图窗口大小
        setbkcolor(GREEN);//设置背景颜色为绿色,cleardevice 函数调用后设置背景色才能起作用
        cleardevice();                   //清除所画图形
        for(j=0;j<image->height;j++)
        {
                p=image->data+image->width*(image->height-1-j);//图像行间是从下到上
                for(i=0;i<image->width;i++,p++)               //图像行内是从左到右
                        putpixel(50+i,20+j,RGB(p->r,p->g,p->b));//根据RGB 颜色分量输出像素颜色
        }
        getch();
        closegraph();
        return OK;
}

int main()
{
        char filename[256],opp='1';
        Image*color_image=NULL;
        while(opp!='0')
        {
                system("cls");
                printf("********************彩色位图图像处理和管理********************\n");
                printf("*                    1.24 位位图显示                         *\n");
                printf("*                    2.256 色位图显示                        *\n");
                printf("*                    3.16 色位图显示                         *\n");
```

```c
        printf("*                  4.2色位图显示                              *\n");
        printf("*                  5.24位位图灰度化及显示                     *\n");
        printf("*                  6.256色位图灰度化及显示                    *\n");
        printf("*                  7.16色位图灰度化及显示                     *\n");
        printf("*                  0.Exit                                     *\n");
        printf("****************************************************************\n");
        printf("\n请输入你的选择：");
        opp=getchar();
        switch(opp)
        {
           case '1':
              strcpy(filename,"color_image_24.bmp");
              color_image=loadImage(filename);
              if(!color_image) return -1;
              Image_Draw(color_image);        //绘制24位彩色图
              free(color_image->data);
              free(color_image);
              break;
           case '2':
              strcpy(filename,"color_image_256.bmp");
              color_image=loadImage(filename);
              if(!color_image) return -1;
              Image_Draw(color_image);        //绘制256色彩色图
              free(color_image->data);
              free(color_image);
              break;
           case '3':
              strcpy(filename,"color_image_16.bmp");
              color_image=loadImage(filename);
              if(!color_image) return -1;
              Image_Draw(color_image);        //绘制16色彩色图
              free(color_image->data);
              free(color_image);
              break;
           case '4':
              strcpy(filename,"color_image_2.bmp");
              color_image=loadImage(filename);
              if(!color_image) return -1;
              Image_Draw(color_image);        //绘制2色黑白图
              free(color_image->data);
              free(color_image);
              break;
           case '5':
              strcpy(filename,"color_image_24.bmp");
              color_image=loadImage(filename);
              if(!color_image) return -1;
              Image_Gray(color_image);        //24位彩色图像灰度化
              Image_Draw(color_image);        //绘制灰度图
              free(color_image->data);
              free(color_image);
```

```
                break;
            case '6':
                strcpy(filename,"color_image_256.bmp");
                color_image = loadImage(filename);
                if(! color_image) return -1;
                Image_Gray(color_image);        //256色彩色图像灰度化
                Image_Draw(color_image);        //绘制灰度图
                free(color_image -> data);
                free(color_image);
                break;
            case '7':
                strcpy(filename,"color_image_16.bmp");
                color_image = loadImage(filename);
                if(! color_image) return -1;
                Image_Gray(color_image);        //16色彩色图像灰度化
                Image_Draw(color_image);        //绘制灰度图
                free(color_image -> data);
                free(color_image);
                break;
            case '0':
                exit(0);                        //退出程序
            default:
                printf("输入值错误,请重新输入！\n");
        }
        printf("\n请按Enter键或其他任意键返回主菜单!");
        fflush(stdin);      //输入的字符可能还留在输入队列里,清除输入缓冲区
        getchar();
    }
    return 0;
}
```

运行结果：

```
*******************彩色位图图像处理和管理*********************
*                    1.24位位图显示                          *
*                    2.256色位图显示                         *
*                    3.16色位图显示                          *
*                    4.2色位图显示                           *
*                    5.24位位图灰度化及显示                   *
*                    6.256色位图灰度化及显示                  *
*                    7.16色位图灰度化及显示                   *
*                    0.Exit                                 *
*************************************************************

请输入你的选择: 1
图像宽:782 高:570 像素位数:24 填充实宽:2348
实际使用的颜色数:0
按任意键图像处理开始

请输入你的选择: 5
图像宽:782 高:570 像素位数:24 填充实宽:2348
```

```
实际使用的颜色数:0
按任意键图像处理开始

请输入你的选择:2
图像宽:782 高:570 像素位数:8 填充实宽:784
实际使用的颜色数:0
按任意键图像处理开始

请输入你的选择:6
图像宽:782 高:570 像素位数:8 填充实宽:784
实际使用的颜色数:0
按任意键图像处理开始

请输入你的选择:3
图像宽:782 高:570 像素位数:4 填充实宽:392
实际使用的颜色数:0
按任意键图像处理开始

请输入你的选择:4
图像宽:782 高:570 像素位数:1 填充实宽:100
实际使用的颜色数:0
按任意键图像处理开始
```

程序说明：

程序运行中选择5，图9-3(a)所示为执行24位彩色图像读入以及灰度化后的显示结果。选择6，图9-3(b)所示为执行256色图像读入以及灰度化后的显示结果。选择3，图9-3(c)所示为执行16色图像读入和显示结果。选择4，图9-3(d)所示为执行2色图像的读入和显示结果。通过不同颜色图像的显示结果对比，可以看到，表示图像像素的位数越多，图像越逼真。如果是彩色图片直接对比，这种像素和清晰度的对比更直观。

(1) 主函数中选择1，执行"color_image = loadImage(filename);"语句，调用 loadImage 函数装载24位图像文件，文件名为 filename。首先，执行"FILE ＊file = fopen(filename,"rb");"以二进制只读的方式打开图像文件 filename，接着通过文件读入函数 fread，分别读取图像文件信息头 BITMAPFILEHEADER 和位图信息头 BITMAPINFOHEADER，并执行"image = (Image ＊)malloc(sizeof(Image));"创建图像头指针结点 image，保存图像的宽 image -> width、高 image -> height、每个像素所需的位数 image -> bitCount。执行"width = (width ＊ bitCount + 31)/8/4 ＊ 4;"，计算图像经过填充后的实际宽度 width，确保每行像素个数为4的倍数。

"image -> data = (Pixel ＊)malloc(image -> width ＊ image -> height ＊ sizeof(Pixel));"调用 malloc 函数动态分配图像内存空间，图像像素序列指针 image -> data 指向该空间。由于是按行读取图像数据，所以需要调用 fseek 函数对图像数据每一行的开头进行准确定位，参数用到了"head_offset + j ＊ width"，其中 head_offset 是文件头的偏移字节"sizeof(BITMAPFILEHEADER) + sizeof(BITMAPINFOHEADER)"，宽度 width 是可能使用了尾部填充字节的实际宽度。fread 对一整行图像数据读取"fread(p, 1, image -> width ＊ sizeof(Pixel), file);"，大小为 image -> width ＊ sizeof(Pixel)，image -> width 为非填充的宽度。之所以可以整体读取24位图像数据的一行，是因为它把每个像素所代表的 R、G、B 颜色分量以字节为单位各存为了1个字节，

共 3 个字节。

（a）24 位彩色图像灰度化结果

（b）256 色彩色图像灰度化结果

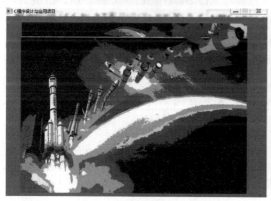
（c）16 色彩色图像显示结果

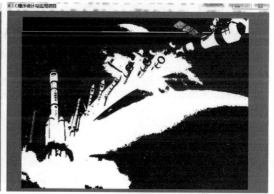
（d）2 色图像显示结果

图 9-3　位图图像读入和显示以及灰度化后的结果

注意：像素 R、G、B 分量在图像数据中是以逆序，即 B、G、R 的顺序保存，所以在定义图像像素的 struct Pixel 类型时，其成员变量的顺序设计为 b、g、r，正好对应颜色分量的逆序 B、G、R，这样保证整块读取数据时，每个像素的分量正好正确对应上。

图像输出时，调用"putpixel(50 + i, 20 + j, RGB(p -> r, p -> g, p -> b));"根据 R、G、B 分量输出像素颜色。由于图像数据存储规则是行间从下到上，行内从左到右，所以要从上到下输出图像，通过"p = image -> data + image -> width * (image -> height - 1 - j);"先取倒数第一行的数据，再取倒数第二行，一直到正数第一行。

（2）主函数中选择 5，对 24 位彩色图像进行图像灰度化处理，同样先执行"color_image = loadImage(filename);"调用 loadImage 函数装载 24 位图像文件 filename，然后调用"Image_Gray(color_image);"对 24 位图像进行灰度化处理，该函数循环执行"gray = (image -> data[i].r + image -> data[i].g + image -> data[i].b)/3;"，得到每个像素的三个颜色分量的平均值 gray，再把 gary 分别赋值给 R、G、B 分量，就实现了图像的灰度化。显然，灰度化只是修改颜色分量的值，并不改变图像数据存储的行列位置关系，所以 24 位灰度图的输出和上面 24 位彩色图的输出一样，都是通过调用"Image_Draw(color_image);"实现图像的输出。

（3）主函数中选择 4，对 2 色图像进行显示，图像的装载和显示流程同 24 位彩色图像，主要的区别在装载函数 loadImage。

2 色图像的 biBitCount = 1，使用 1 个 bit 位来表示 2 种颜色，所以 8 个像素占 1 个字节，带颜色表且表项数为 2（白和黑）。相比 24 位彩色图像，读取图像文件信息头 BITMAPFILEHEADER 和位图信息头 BITMAPINFOHEADER 后，需要通过 fread 读取颜色表，并且把读到的颜色表项保存在数组 colorTable 中；"sizeof（BITMAPFILEHEADER）＋ sizeof（BITMAPINFOHEADER）＋ sizeof（RGBQUAD）＊2"计算的文件头偏移 head_offset，多了 sizeof（RGBQUAD）＊2 字节；通过 fread 函数每读取一个字节的图像数据，需要通过"index_s = index ≫（7 - i% 8）&0x01;"获取第 1 个 ~ 第 8 个像素的颜色表索引值，从而通过 colorTable[index_s]获得每个像素的 R、G、B 分量对应的值。

（4）主函数中选择 3，对 16 色位图图像进行显示，16 色图像的 biBitCount = 4，使用 4 个 bit 位来表示 16 种颜色，所以 2 个像素占 1 个字节，带颜色表且表项数为 16。需要通过 fread 读取颜色表，并且保存在数组 colorTable 中；"sizeof（BITMAPFILEHEADER）＋ sizeof（BITMAPINFOHEADER）＋ sizeof（RGBQUAD）＊16"计算的文件头偏移 head_offset 多了 sizeof（RGBQUAD）＊16 字节；通过 fread 函数每读取一个字节的图像数据，需要通过"index_s = index ≫（（1 - i% 2）＊4）&0x0f;"获取第 1 个 ~ 第 2 个像素的颜色表索引值，从而通过 colorTable[index_s]获得每个像素的 R、G、B 分量对应的值。

（5）主函数中选择 2，对 256 色位图图像进行显示，256 色图像的 biBitCount = 8，使用 8 个 bit 位来表示 256 种颜色，所以 1 个像素占 1 个字节，带颜色表且表项数为 256。需要通过 fread 读取颜色表，并且保存在数组 colorTable 中；"sizeof（BITMAPFILEHEADER）＋ sizeof（BITMAPINFOHEADER）＋ sizeof（RGBQUAD）＊256"计算的文件头偏移 head_offset 多了 sizeof（RGBQUAD）＊256 字节；通过 fread 函数每读取一个字节的图像数据，就得到了该像素的颜色表索引值 index，从而通过 colorTable[index]获得每个像素的 R、G、B 分量对应的值。

（6）主函数中选择 6 和 7，对 256 色和 16 色的图像进行灰度化处理过程，和对 24 位彩色图像的灰度化处理一样，都是得到三个颜色分量平均值 gray，再把 gary 分别赋值给 R、G、B 分量，就实现了图像的灰度化。

9.3　嵌入式控制的图形图像仿真

9.3.1　嵌入式技术概述

1. 嵌入式系统及特点

●视频

嵌入式技术概述

新一代信息技术的物联网、云计算、移动互联网都应用了大量嵌入式系统。智能硬件技术的不断发展，直接带动了整个嵌入式应用技术的进步。从应用的角度看，嵌入式系统是软件和硬件的综合体，甚至可以涵盖机械等附属装置。实际上，嵌入式系统是嵌入式计算机系统的简称，是相对于通用计算机系统而言的一类专用计算机系统。国内一个普遍被认同的定义是：以应用为中心、以计算机技术为基础，软件硬件可裁剪，应用系统对功能、可靠性、成本、体积、功耗和应用环境有特殊要求的专用计算机系统。

(1)内核小。由于嵌入式系统一般应用于小型电子装置,系统资源相对有限,所以内核较传统的操作系统要小得多,比较小的内核只有 5 KB 左右。

(2)专用性强。嵌入式系统的个性化很强,软件和硬件的结合非常紧密,一般要针对硬件进行系统移植,即使在同一品牌、同一系列的产品中也需要根据系统硬件的变化和增减不断地对系统进行修改。

(3)系统软件精简。嵌入式系统一般没有系统软件和应用软件的明显区分,不要求其功能设计及实现上过于复杂,这样一方面利于控制系统成本,同时也利于实现系统安全。

(4)运行速度快。为了提高运行速度和系统可靠性,嵌入式系统中的软件一般都固化在存储器芯片中,而且多数软件要求固态存储,以提升速度。

(5)高实时性。嵌入式系统为了合理地调度多任务,利用系统资源、系统函数以及和专家库函数接口,用户可自行选配实时操作系统 RTOS(real-time operating system)开发平台,保证程序执行的实时性、可靠性。

2. 嵌入式应用

C 语言在嵌入式系统开发中是一种非常重要和广泛应用的编程语言。它具有硬件访问、实时性、代码可移植性、低功耗控制、多任务协作、内存和性能优化等优点,在嵌入式系统的各个领域都有广泛的应用,为工业自动化、通信电子、医疗设备、安防监控等行业提供了强有力的支持和保障。C 语言在嵌入式系统编程中得到了广泛应用,例如:

(1)控制系统开发:在工业控制、汽车电子、航空航天和家用电器等领域的控制系统开发中得到广泛应用。

(2)设备驱动程序:编写设备驱动程序,使嵌入式系统能够与外围设备进行通信。这包括编写与传感器、执行器和通信接口等硬件设备交互的代码。

(3)实时系统开发:实时系统要求对任务的响应时间非常严格。C 语言提供了许多支持实时系统开发的工具和库,可以编写高效的实时任务。

(4)嵌入式网络通信:嵌入式网络通信中的网络协议、套接字和通信接口。

(5)软件固件开发:软件固件是嵌入式系统中运行的底层软件,负责控制硬件和执行系统功能。

*9.3.2 嵌入式控制的仿真开发

嵌入式系统开发对硬件和软件的环境要求都很高,通过计算机软件模拟嵌入式硬件系统的开发和运行,不仅可以避免复杂系统的不当操作带来的产品和经济损失,而且还可以在避免建立复杂软硬件系统的基础上,让软件人员把重心放在嵌入式系统的控制算法的开发上。例如,可以通过 C 语言编写计算机图形图像软件,仿真交通灯控制、LED 流水灯控制、装饰灯控制的核心算法。

【例 9-4】流水灯仿真控制。利用计算机图形图像处理函数编程,仿真 LED 流水灯的不同控制方式,包括单灯控制、拉幕式控制、双闪控制、半闪控制、半闪间隔控制、警灯控制。

思路分析:利用图形处理函数填充红、黄、黑不同颜色的圆模拟和仿真 LED 灯,根据不同模式,定义一系列 unsigned char 型的控制字,每个控制字的每一位控制一盏灯,如果是 0 表示该灯亮,填充为黄色或者红色;如果为 1 表示该灯灭,填充为黑色,实现一列 8 个 LED 灯的周期性闪烁控制。

整个程序通过菜单选择,可以实现下述不同的仿真功能:

(1) 单灯控制,从左到右、从右到左的单个灯的顺序亮灭控制。

(2) 拉幕式控制,从左到右、从右到左的一个个灯的顺序点亮控制。

(3) 双闪控制,从左到右、从右到左的双灯的顺序亮灭控制。

(4) 半闪控制,从左到右、从右到左的半数灯的亮灭控制。

(5) 半闪间隔控制,奇数位置和偶数位置灯的亮灭控制。

(6) 警灯控制,仿真不同颜色、不同频率的警灯的快闪。

程序采用三个文件:

头文件 Graphic_Simulation.h:声明流水灯管理和操作函数,定义各种模式的控制字数组,数组中各项数据是 LED 灯周期显示效果的控制字。

源文件 Graphic_Simulation.cpp:定义 Graphic_Simulation.h 中声明的流水灯管理和操作函数。

源文件 Main.cpp:用户接口,实现流水灯的菜单应用功能。

头文件 Graphic_Simulation.h 程序代码:

```
//数组中各项数据是 LED 灯显示效果控制字
unsigned char LED_Data_LR[] =
                {0xff,0x7f,0xbf,0xdf,0xef,0xf7,0xfb,0xfd,0xfe,0xff};
unsigned char LED_Data_LR_curtain[] =
                {0xff,0x7f,0x3f,0x1f,0x0f,0x07,0x03,0x01,0x00,0xff};
unsigned char LED_Data_RL_curtain[] =
                {0xff,0x00,0x80,0xC0,0xe0,0xf0,0xf8,0xfc,0xfe,0xff};
unsigned char LED_Data_LR_double[] =
                {0xff,0x3f,0xcf,0xf3,0xfc,0x3f,0xcf,0xf3,0xfc,0xff};
unsigned char LED_Data_LR_half[] =
                {0xff,0x0f,0xf0,0x0f,0xf0,0x0f,0xf0,0x0f,0xf0,0xff};
unsigned char LED_Data_LR_interhalf[] =
                {0xff,0x55,0xaa,0x55,0xaa,0x55,0xaa,0x55,0xaa,0xff};
unsigned char LED_Data_LR_alarm[] =
                {0xff,0x3c,0x00,0x3c,0x00,0x3c,0x00,0x3c,0xc3,0xff};
void LED_Circles(unsigned char LED_light,int alarm);
void LED_Display_Left_to_right(unsigned char *LED_Data);
void LED_Display_right_to_left(unsigned char *LED_Data);
void LED_Display_left_to_right_alarm(unsigned char *LED_Data);
```

源文件 Graphic_Simulation.cpp 程序代码:

```
#include<windows.h>
#include<graphics.h>
//根据控制字动态显式圆形仿真灯
void LED_Circles(unsigned char LED_light,int alarm)
{
    int i;
    for(i=0;i<8;i++)
    {
        //设定圆的颜色,在某坐标出画一定半径的圆
```

```c
            setcolor(BLACK);
            circle(550 - i*60,200,20);
            setfillstyle(SOLID_FILL);          //填充方式(线型,填充色)
            if(((LED_light >> i) & 0x01) ==0)
            {
                if(alarm! =1)                  //分普通灯和警灯
                    setfillcolor(YELLOW);
                else
                {
                    if(i ==0 ||i ==1 ||i ==6 ||i ==7)setfillcolor(BLUE);
                    else setfillcolor(RED);
                }
            }
            else
                setfillcolor(BLACK);
            //填充(起始点 x,y,边界色),指定为原来画圆时的边界颜色
            floodfill(550 - i*60,200,BLACK);
    }
}

//依次从1~8调用 LED_Data 数组的控制字,显示方向为从左到右
void LED_Display_Left_to_right(unsigned char *LED_Data)
{
    int i;
    for(i =1;i <9;i ++)
    {
        cleardevice();
        LED_Circles(LED_Data[i],0);    //0 表示是普通灯控制
        Sleep(500);                    //延时 0.5 秒
    }
}

//依次从8~1调用 LED_Data 数组的控制字,LED 显示方向为从右到左
void LED_Display_right_to_left(unsigned char *LED_Data)
{
    int i;
    for(i =8;i >0;i --)
    {
        cleardevice();
        LED_Circles(LED_Data[i],0);    //0 表示普通灯控制
        Sleep(500);                    //延时 0.5 秒
    }
}

//依次从1~8调用 LED_Data 数组的控制字,LED 显示方向为从左到右
void LED_Display_left_to_right_alarm(unsigned char *LED_Data)
{
    int i;
    for(i =1;i <9;i ++)
    {
```

```
            cleardevice();
            LED_Circles(LED_Data[i],1);         //1表示警灯控制
            Sleep(50*i);                        //每个控制字的延时不同
        }
}
```

源文件 Main.cpp 程序代码：

```
#include <stdio.h>
#include <graphics.h>
#include <conio.h>
#include "Graphic_Simulation.h"
void main()
{
    int gdriver=DETECT,gmode=0,i=0;
    char opp='1';
    while(opp!='0')
    {
        system("cls");
        printf("*************流水灯仿真控制(嵌入式开发) *************\n");
        printf("*            1.流水灯从左到右单灯控制                *\n");
        printf("*            2.流水灯从左到右单灯控制                *\n");
        printf("*            3.流水灯从左到右拉幕式控制              *\n");
        printf("*            4.流水灯从左到左拉幕式控制              *\n");
        printf("*            5.流水灯从左到右双闪控制                *\n");
        printf("*            6.流水灯从左到左双闪控制                *\n");
        printf("*            7.流水灯半闪控制                        *\n");
        printf("*            8.流水灯半闪间隔控制                    *\n");
        printf("*            9.流水警灯控制                          *\n");
        printf("*            0.Exit                                  *\n");
        printf("*****************************************************\n");
        printf("\n请输入你的选择: ");
        opp=getchar();
        if(opp>='1'&&opp<='9')
        {
            initgraph(&gdriver,&gmode,"");
            //设置背景颜色为绿色,cleardevice函数调用后设置背景色才能起作用
            setbkcolor(GREEN);
            cleardevice();      //清除所画图形
        }
        switch(opp)
        {
            case '1':
                for(i=0;i<5;i++)
                    LED_Display_Left_to_right(LED_Data_LR);
                break;
            case '2':
                for(i=0;i<5;i++)
                    LED_Display_right_to_left(LED_Data_LR);
                break;
            case '3':
```

```
                for(i=0;i<5;i++)
                    LED_Display_Left_to_right(LED_Data_LR_curtain);
                break;
            case '4':
                for(i=0;i<5;i++)
                    LED_Display_right_to_left(LED_Data_RL_curtain);
                break;
            case '5':
                for(i=0;i<5;i++)
                    LED_Display_Left_to_right(LED_Data_LR_double);
                break;
            case '6':
                for(i=0;i<5;i++)
                    LED_Display_right_to_left(LED_Data_LR_double);
                break;
            case '7':
                for(i=0;i<5;i++)
                    LED_Display_Left_to_right(LED_Data_LR_half);
                break;
            case '8':
                for(i=0;i<5;i++)
                    LED_Display_Left_to_right(LED_Data_LR_interhalf);
                break;
            case '9':
                for(i=0;i<10;i++)
                    LED_Display_left_to_right_alarm(LED_Data_LR_alarm);
                break;
            case '0':
                printf("流水灯仿真控制(嵌入式开发)程序退出！\n");
                exit(0);
            default:
                printf("输入值错误,请重新输入！\n");
        }
        if(opp>='1'&&opp<='9')closegraph();
        printf("\n请按Enter键或其他任意键返回主菜单!");
        fflush(stdin);              //输入的字符可能还留在输入队列里,清除输入缓冲区
        getchar();
    }
}
```

运行结果：

```
*************流水灯仿真控制(嵌入式开发) *************
    *           1.流水灯从左到右单灯控制            *
    *           2.流水灯从右到左单灯控制            *
    *           3.流水灯从左到右拉幕式控制          *
    *           4.流水灯从右到左拉幕式控制          *
    *           5.流水灯从左到右双闪控制            *
    *           6.流水灯从右到左双闪控制            *
    *           7.流水灯半闪控制                    *
    *           8.流水灯半闪间隔控制                *
```

```
*                9.流水警灯控制                          *
*                0.Exit                              *
*****************************************************

请输入你的选择:1
```

程序运行中可以选择 1~9 仿真流水灯的不同控制,图像仿真输出结果如图 9-4 所示。

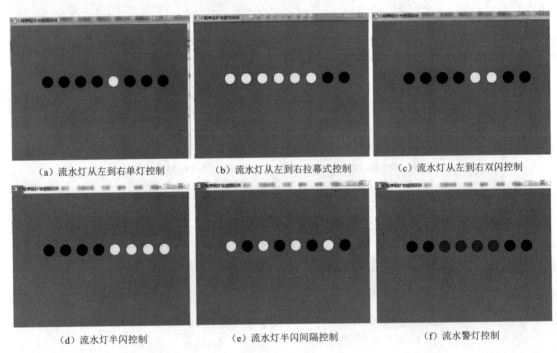

(a) 流水灯从左到右单灯控制　　(b) 流水灯从左到右拉幕式控制　　(c) 流水灯从左到右双闪控制

(d) 流水灯半闪控制　　(e) 流水灯半闪间隔控制　　(f) 流水警灯控制

图 9-4　流水灯仿真控制输出结果

程序说明:

(1) 主函数中选择 1,循环执行"LED_Display_Left_to_right(LED_Data_LR);",根据控制字数组 LED_Data_LR 调用"LED_Circles(LED_Data[i],0);",从左到右循环取值每个控制字"{0xff,0x7f,0xbf,0xdf,0xef,0xf7,0xfb,0xfd,0xfe,0xff}",控制字的 8 位分别控制一个灯,如果为 0 表示灯亮,调用"setfillcolor(YELLOW);"填充该灯为黄色;如果为 1 表示灯灭,调用"setfillcolor(BLACK);"填充该灯为黑色。每个控制字的仿真控制完成后调用"Sleep(500);"延迟 0.5 s。

(2) 主函数中选择 2,循环执行"LED_Display_right_to_left(LED_Data_LR);",根据控制字数组 LED_Data_LR 调用"LED_Circles(LED_Data[i],0);",从右到左循环取值每个控制字"{0xff,0x7f,0xbf,0xdf,0xef,0xf7,0xfb,0xfd,0xfe,0xff}"。

(3) 主函数中选择 3,循环执行"LED_Display_Left_to_right(LED_Data_LR_curtain);",根据控制字数组 LED_Data_LR_curtain 调用"LED_Circles(LED_Data[i],0);",从左到右循环取值每个控制字。类似地,选择 4~8,根据不同的控制字数组,循环执行显示函数,每个控制字的仿真控制完成后,调用"Sleep(500);"延迟 0.5 s。

(4) 主函数中选择 9,循环执行"LED_Display_left_to_right_alarm(LED_Data_LR_alarm);",根据控制字数组 LED_Data_LR_alarm 调用"LED_Circles(LED_Data[i],1);",从左

到右循环取值"{0xff,0x3c,0x00,0x3c,0x00,0x3c,0x00,0x3c,0xc3,0xff}"控制字,控制字的8位分别控制一个灯,如果为0表示灯亮,若满足"if(i==0 || i==1 || i==6 || i==7)setfillcolor(BLUE);",填充0、1、6、7号灯为蓝色,否则执行"else setfillcolor(RED);",填充2、3、4、5号灯为红色;如果为1表示灯灭,调用"setfillcolor(BLACK);"填充该灯为黑色。每个控制字的仿真控制完成后,调用"Sleep(50 * i);"延迟,各个控制字的延迟不同,i越大延迟越长。

(5)主函数中选择选0,退出程序执行。

EasyX库主要支持C++,所以2个源文件Graphic_Simulation.cpp和Main.cpp都使用了.cpp后缀,否则编译会报错。

上机实训

1. 字符串排序和文件复制。利用字符和字符串函数读写文件编写程序,从键盘读入若干字符串,按字母大小的顺序排序,并把排好序的字符串写入磁盘文件C:\CC\file1.dat中。然后将该磁盘文件中的信息复制到另一个磁盘文件C:\CC\file2.dat中。

2. 字符串排序。利用文件操作、指针数组和二级指针实现字符串排序编程,用户循环选择冒泡排序、基本选择排序、直接插入排序,从文件读入若干字符串,按照从小到大的正序排序,排序结果输出到屏幕并保存到文件。用户菜单选择要求:

(1)'1'-冒泡排序。

(2)'2'-选择排序。

(3)'3'-插入排序。

(4)'0'-退出。

3. 成绩统计及文件保存。利用文件操作函数进行编程,从文件读入成绩并进行处理,统计成绩项数、计算平均值、低于平均值和不低于平均值的成绩项数及所占百分比,把处理结果输出到屏幕并保存到文件中(成绩为整数[0,100])。

4. 学生信息文件读写。利用顺序和随机读写二进制文件函数编写程序,从键盘读入10个学生的有关数据,然后把它们转存到第一个磁盘文件中。从该磁盘文件读入所保存的10个学生的数据并显示后,再转存到第二个磁盘文件。先从第二个磁盘文件读入第1、3、5、7、9个学生数据;再从文件开头读入第2、4、6、8、10个学生数据,并在屏幕上显示出来。

5. 彩色位图图像读入和显示。利用计算机图形图像处理函数和文件处理函数编程,针对2色、16色、256色、24位位图的彩色图片,分别进行图像读入和显示处理。要求通过用户循环选择菜单进行图像处理的管理。

6. 彩色位图图像灰度化。利用计算机图形图像处理函数和文件处理函数编程,分别读取16色、256色、24位位图的彩色图片,并对图像读入后的16色、256色、24位位图的彩色图片进行灰度化处理和显示。要求通过用户循环选择菜单进行图像处理的管理。

7. 流水灯仿真控制。利用计算机图形图像处理函数编程,仿真LED流水灯的不同控制方式,包括单灯控制、拉幕式控制、双闪控制、半闪控制、半闪间隔控制、警灯控制。

8. 交通灯仿真控制。利用计算机图形图像处理函数编程,仿真十字交叉路口的交通灯,包括两条交叉道路路口双向共四组交通灯的直行(红、黄、绿)和箭头(红、绿)指示的大(左)拐弯、小(右)拐弯的控制。

附　　录

附录 A
C 语言中的关键字

关键字	用途类型	说　　明	备　注
char	数据类型	字符类型定义标识符	C89 定义的 32 个常用关键字
const	数据类型	常变量定义修饰标识符	
double	数据类型	双精度实型定义标识符	
enum	数据类型	枚举类型定义标识符	
float	数据类型	单精度实型定义标识符	
int	数据类型	基本整型定义标识符	
long	数据类型	长整型修饰标识符	
short	数据类型	短整型修饰标识符	
signed	数据类型	有符号修饰标识符	
struct	数据类型	结构体类型定义标识符	
typedef	数据类型	用户定义类型标识符	
union	数据类型	共用体类型定义标识符	
unsigned	数据类型	无符号修饰标识符	
void	数据类型	声明函数无返回值或无参数，声明无类型指针	
volatile	数据类型	提醒编译器所定义变量的值随时可能改变	
auto	存储类型	自动变量定义标识符	
extern	存储类型	外部变量和函数扩展标识符	
register	存储类型	寄存器变量定义标识符	
static	存储类型	静态变量定义标识符	
break	流程控制	跳出内层循环或 switch 结构	
case	流程控制	switch 结构中的入口选择	
continue	流程控制	结束本次循环	

续上表

关键字	用途类型	说　　明	备　　注
default	流程控制	switch 结构中的其他情况入口	C89 定义的 32 个常用关键字
do		do-while 循环的起始标记	
else		if 语句中的另一种选择	
for		for 循环结构	
goto		无条件转移语句	
if		if 选择结构	
return		返回语句	
switch		switch 多分支选择结构	
while		while 循环结构	
sizeof	运算符	求变量或类型的存储字节长度	

注：①1999 年 12 月 16 日，ISO 推出了 C99 标准，该标准新增了 5 个 C 语言关键字：inline、restrict、_Bool、_Complex、_Imaginary

②2011 年 12 月 8 日，ISO 发布 C 语言的新标准 C11，新增了 7 个 C 语言关键字：_Alignas、_Alignof、_Atomic、_Static_assert、_Noreturn、_Thread_local、_Generic

附录 B
C 语言常用字符与 ASCII 代码对照表

ASCII 值	字符	ASCII 值	字符	ASCII 值	字符	ASCII 值	字符
0	NUL	32	(space)	64	@	96	`
1	SOH	33	!	65	A	97	a
2	STX	34	"	66	B	98	b
3	ETX	35	#	67	C	99	c
4	EOT	36	$	68	D	100	d
5	ENQ	37	%	69	E	101	e
6	ACK	38	&	70	F	102	f
7	BEL	39	,	71	G	103	g
8	BS	40	(	72	H	104	h
9	HT	41	)	73	I	105	i
10	LF	42	*	74	J	106	j
11	VT	43	+	75	K	107	k
12	FF	44	,	76	L	108	l
13	CR	45	-	77	M	109	m
14	SO	46	.	78	N	110	n
15	SI	47	/	79	O	111	o
16	DLE	48	0	80	P	112	p
17	DCI	49	1	81	Q	113	q
18	DC2	50	2	82	R	114	r
19	DC3	51	3	83	S	115	s
20	DC4	52	4	84	T	116	t
21	NAK	53	5	85	U	117	u
22	SYN	54	6	86	V	118	v
23	TB	55	7	87	W	119	w
24	CAN	56	8	88	X	120	x
25	EM	57	9	89	Y	121	y
26	SUB	58	:	90	Z	122	z
27	ESC	59	;	91	[	123	{
28	FS	60	<	92	\	124		
29	GS	61	=	93	]	125	}
30	RS	62	>	94	^	126	~
31	US	63	?	95	_	127	DEL

注：①0～31、127 为 33 个控制字符。

②32～126 为 95 个可显示字符。

附录 C
运算符优先级和结合性

优先级	目数	运算符和名称	结合性
1	单目	圆括号()、数组下标[]	左结合
	双目	指向 ->、成员.	
2	单目	逻辑非!、按位取反~、自增++、自减--、正号+、负号-、强制类型转换(类型)、指针*、取地址&、长度 sizeof	右结合
3	双目	乘*、除/、余%	左结合
4		加+、减-	
5		按位左移≪、按位右移≫	
6		小于<、小于等于<=、大于>、大于等于>=	
7		等于==、不等于!=	
8		按位与&	
9		按位异或^	
10		按位或|	
11		逻辑与&&	
12		逻辑或||	
13	三目	条件表达式?:	
14	双目	赋值类运算符 =、+=、-=、*=、/=、%/、>>=、<<=、&=、^=、|=	右结合
15		逗号,	左结合

本书通过对三类典型表达式的分析(连续赋值运算符的优先级与结合性、条件运算符的优先级与结合性、指针运算符的优先级与结合性),详细讨论了运算符的优先级、目数、结合性方面的问题,同时说明这三者和求值次序(求值过程)之间存在的区别与联系。结合表达式优先级、结合性、求值次序,针对上述单目、二目、三目的三类典型表达式的运算总结如下:

①连续赋值运算符的优先级和结合性:优先级决定表达式中各种不同的运算符起作用的优先次序,而结合性则在相邻的两个运算符具有同等优先级时,决定表达式的结合方向。

②条件运算符的优先级与结合性:条件表达式的优先级和结合性能确定的是表达式的语义结构,并不能直接决定各子表达式的求值次序,如果求值次序 C 语言有规定,则要按照规定进行。

③指针运算符的优先级与结合性:后自增(后自减)从语义效果上可以理解为在做完自增(自减)之后,返回自增(自减)之前的值作为整个表达式的结果值。

附录 D
C语言编码规范参考

一般的规范化原则主要体现在空行、空格、成对书写、缩进和对齐、代码行、注释。下面是一个仅供参考的基本编码规范样例,个人编码习惯尽量向规范化靠拢,大型公司都会有自己更专业的编码技术规范。

(1) 空行:起着分隔程序段落的作用,合适的空行将使程序的布局更加清晰。

①函数声明和函数体之间要有空行,而且尽量在定义变量时初始化该变量。

②每个函数定义结束后要加空行,两个相对独立的程序功能块中间加空行。

(2) 空格:起着分隔程序语句内不同语义块和语义词的作用。

①关键字之后要留空格。const、case 等关键字之后至少要留一个空格,if、for、while 等关键字之后也可以留一个空格再跟左括号(。

②函数名之后不要留空格,应紧跟左括号(,以与关键字区别。

③左括号(向后紧跟,右括号)、逗号、、分号;向前紧跟,紧跟处不留空格。

④逗号,之后要留空格。如果;不是一行的结束符号,其后要留空格。

⑤赋值运算符、关系运算符、算术运算符、逻辑运算符、位运算符,例如 = 、== 、! = 、+ = 、- = 、* = 、/ = 、% = 、>> = 、<< = 、& = 、^= 、| = 、> 、<= 、> 、>= 、+ 、- 、* 、/ 、% 、& 、| 、&& 、|| 、<< 、>> 、等双目运算符的前后应当加空格。格式字符串,例如%d 中的"%"不同于运算符,其前后不用加空格。(注意:这里的"-"是减法运算符、"*"是乘法运算符、"&"是按位与运算符,都是双目运算符。)

⑥单目运算符!、~、++、--、-、*、& 前后不加空格。(注意:这里的"-"是负号运算符,"*"是指针运算符,"&"是取地址运算符。)

⑦数组下标[ ]、结构体成员运算符.、指针运算符 -> 的前后不加空格。

⑧对于表达式比较长的 for 语句和 if 语句,为了紧凑起见,可以适当地去掉一些空格。但 for 和 if 后面紧跟的空格尽量保留,其后面的语句可以根据语句的长度适当地去掉一些空格。例如"for (i = 0; i < 10; i ++)",for 和分号;后面保留空格就可以了, = 和 < 前后的空格可去掉。

(3) 成对书写:成对符号一定要先成对书写,例如( )、{ }。不要写完左括号然后写内容最后再补右括号,这样很容易漏掉右括号,尤其是写嵌套程序的时候。

(4) 缩进和对齐:通过【Tab】键实现,缩进可以使程序更有层次感。如果层次相等,则不需要缩进,每进一层,往后缩进一层。对齐主要是针对花括号{ }。

①互为一对的{和}分别都要独占一行,位于同一列,且与引用它们的语句左对齐。

②{}之内的代码要向内缩进一个Tab,且同一层次的要左对齐,地位不同的继续缩进。多数编程软件有"自动对齐"功能,有的还有"对齐、缩进修正"功能。

(5)代码行:

①一行代码只做一件事情,如只定义一个变量,或只写一条语句。

②if、else、for、while、do等语句自占一行,执行语句不得紧跟其后。不论执行语句有多少行,就算只有一行也要加{},并且遵循对齐的原则。

(6)注释:一行注释一般采用//...,多行注释多采用/*...*/。

①注释是对复杂算法、程序功能、调试易错代码行的说明,便于理解代码。

②源程序有效注释不要超过20%。

③保持注释与代码的一致性,修改时的同步和及时删除不再有用的注释。

④代码比较长或者有多重嵌套,应当在程序块结束处加注释。

附录 E

C 语言库函数

1. 数学函数

函数名	函数原型	功　　能	返回值	头文件
abs	int abs(int x);	求整数 x 的绝对值	计算结果	math.h
acos	double acos(double x);	计算 $\cos^{-1}(x)$ 的值	计算结果	math.h
asin	double asin(double x);	计算 $\sin^{-1}(x)$ 的值	计算结果	math.h
atan	double atan(double x);	计算 $\tan^{-1}(x)$ 的值	计算结果	math.h
atan2	double atan2(double x,double y);	计算 $\tan^{-1}(x/y)$ 的值	计算结果	math.h
ceil	double ceil(double x);	计算大于等于 x 的最小整数(向上取整)	该整数的双精度实数	math.h
cos	double cos(double x);	计算 $\cos x$ 的值	计算结果	math.h
cosh	double cosh(double x);	计算 x 的双曲余弦 $\cosh x$ 的值	计算结果	math.h
exp	double exp(double x);	求 e^x 的值	计算结果	math.h
fabs	double fabs(double x);	求 x 的绝对值	计算结果	math.h
floor	double floor(double x);	求出不大于 x 的最大整数(向下取整)	该整数的双精度实数	math.h
fmod	double fmod(double x,double y);	求整除 x/y 的余数	返回余数的双精度数	math.h
frexp	double frexp(double val, int *eptr);	把双精度数 val 分解为数字部分(尾数) x 和以 2 为底的指数 n, 即 val$=x*2^n$, n 存放在 eptr 指向的变量中	返回数字部分 x, $0.5 \leq x < 1$	math.h
log	double log(double x);	求 $\log_e x$, 即 $\ln x$	计算结果	math.h
log10	double log10(double x);	求 $\log_{10} x$	计算结果	math.h
modf	double modf(double val, double *iptr);	把双精度数 val 分解为整数部分和小数部分, 把整数部分存到 iptr 指向的单元	val 的小数部分	math.h
pow	double pow(double x,double y);	计算 x^y 的值	计算结果	math.h
rand	int rand(void);	从 srand(seed)中指定的 seed 开始, 返回一个(seed,RAND_MAX(0x7fff))间的随机整数	随机整数	stdlib.h

续上表

函数名	函数原型	功能	返回值	头文件
sin	double sin(double x);	计算 sin x 的值	计算结果	math.h
sinh	double sinh(double x);	计算 x 的双曲正弦函数 sinh x 的值	计算结果	math.h
sqrt	double sqrt(double x);	计算 $\sqrt{x}$	计算结果	math.h
srand	void srand(unsigned seed);	参数 seed 是 rand() 的种子,用来初始化 rand() 的起始值	无	stdlib.h
tan	double tan(double x);	计算 tan x 的值	计算结果	math.h
tanh	double tanh(double x);	计算 x 的双曲正切函数 tanh x 的值	计算结果	math.h
time	time_t time(time_t * tp);	获取系统时间,从公元 1970 年 1 月 1 日的 UTC 时间,从 0 时 0 分 0 秒算起到现在所经过的秒数	成功则返回秒数,失败则返回((time_t) - 1)值,错误原因存于 error 中	time.h

2. 字符串函数

函数名	函数原型	功能	返回值	头文件
memcpy	void * memcpy(void * dest, * src, unsigned n)	从存储区 src 复制 n 个字节到存储区 dest	返回 dest 指针	string.h
memset	void * memset(void * buf, int ch, unsigned count);	把 buf 所指内存区域的前 count 个字节设置成字符 ch	返回 buf 指针	string.h
strcat	char * strcat(char* str1,char * str2);	把字符串 str2 接到 str1 后面,str1 最后面的'\0'被取消	str1	string.h
strchr	char * strchr(char* str,int ch);	找出 str 指向的字符串中第一次出现字符 ch 的位置	返回指向该位置的指针,如找不到,则返回空指针	string.h
strcmp	int strcmp(char* str1,char * str2);	比较两个字符串 str1 和 str2	str1 < str2,返回负数 str1 = str2,返回 0 str1 > str2,返回正数	string.h
strcpy	char * strcpy(char* str1,char * str2):	把 str2 指向的字符串复制到 str1 中去	返回 str1	string.h
strlen	unsigned int strlen(char * str);	统计字符串 str 中字符的个数(不包括终止符'\0')	返回字符个数	string.h
strstr	char * strstr(char* str1,char * str2);	找出 str2 字符串在 str1 字符串中第一次出现的位置(不含 str2 的串结束符)	返回该位置的指针,如找不到返回空指针	string.h
tolower	int tolower(int ch);	将 ch 字符转换为小写字母	返回 ch 所代表的字符的小写字母	ctype.h
toupper	int toupper(int ch);	将 ch 字符转换为大写字母	返回与 ch 相应的大写字母	ctype.h

3. 输入输出函数

函数名	函数原型	功　能	返回值	头文件
clearerr	void clearer(FILE *fp);	使 fp 所指文件出错标志和文件结束标志置为 0	无	stdio.h
fclose	int fclose(FILE *fp);	关闭 fp 所指文件,释放文件缓冲区	成功,返回 0;否则,返回 EOF(-1)	stdio.h
feof	int feof(FILE *fp);	检查文件是否结束	已读到文件尾标志,返回非 0,否则返回 0	stdio.h
ferror	int ferror(FILE *fp);	调用各种输入输出函数(如 putc,getc,fread,fwrite 等)时,如果出现错误,除了函数返回值有所反映外,还可以用 ferror 函数检查	如果 ferror 返回值为 0,表示未出错;如果返回一个非零值,表示出错	stdio.h
fgetc	int fgetc(FILE *fp);	从 fp 指向的文件中读入下一个字符	读成功,返回所读的字符,失败则返回文件结束标志 EOF(-1)	stdio.h
fgets	char *gets(char *str);	在标准输入设备输入一个字符串,以回车符结束,并将字符串存放到 srt 指定的字符数组或存储区域中	返回指针 str,若失败返回 NULL	stdio.h
fopen	FILE *fopen(char *filename, char *mode);	以 mode 指定的方式打开名为 filename 的文件	成功,返回一个文件指针(文件信息区的起始地址);否则返回 NULL(0)	stdio.h
fprintf	int fprintf(FILE *fp char *format, args,…);	把 args 的值以 format 指定的格式输出到 fp 指定的文件中	实际输出的字符数	stdio.h
fputc	int fputc(char ch, FILE *fp);	把字符 ch 写到 fp 所指向的文件中	输出成功,返回值就是输出的字符;输出失败,则返回 EOF(-1)	stdio.h
fputs	int fputs(char *str, FILE *fp);	把 str 字符串写到 fp 所指向的文件中	输出成功,返回 0;否则返回非 0 值	stdio.h
fread	int fread(char *pt, unsined size, unsigned n, FILE *fp);	从 fp 指定的文件中读取长度为 size 的 n 个数据项,存到 pt 所指向的内存区	返回所读数据项的个数,如遇文件结束或出错返回 0	stdio.h
fscanf	int fscanf(FILE *fp char *format, args,…);	从 fp 指定的文件中按 format 指定的格式读取数据到 args 所指向的内存单元	已输入的数据个数	stdio.h
fseek	int fseek(FILE *fp, long offset, int base);	将 fp 的文件位置标记移到以 base 给出的位置为基准、以 offset 为位移量的位置	成功返回 0,否则,不改变文件位置标记的位置,并返回一个非 0 值	stdio.h

续上表

函数名	函数原型	功　能	返回值	头文件
ftell	long ftell(FILE *fp);	测定文件位置标记的当前位置（用相对于文件开头的位移量来表示）	成功，返回偏移字节数，若调用函数时出错，返回-1L	stdio.h
fwrite	int fwrite(char *pt,unsined size, unsigned n,FILE *fp);	把pt指向的n×size个字节的数据输出到fp所指向的文件中	写到fp文件中的数据项个数	stdio.h
getc	int getc (FILE *fp);	从fp所指向的文件中读入一个字符	返回所读的字符，若文件结束或出错，返回EOF	stdio.h
getch	int getch(void);	从控制台无回显地取一个字符	读取的字符	conio.h
getchar	int getchar(void);	从标准输入设备读取下一个字符	所读字符，若文件结束或出错，则返回-1	stdio.h
gets	char *gets(char *str);	在标准输入设备输入一个字符串，以回车符结束，并将字符串存放到srt指定的字符数组或存储区域中	返回指针str,若失败返回NULL	stdio.h
printf	int printf (char *format, args, …);	按format指向的格式字符串所规定的格式,将输出表列args的值输出到标准输出设备	输出字符的个数,若出错,返回负数	stdio.h
putc	int putc (int ch,int FILE *fp);	把一个字符ch输出到fp所指文件中	输出的字符ch,若出错,返回EOF	stdio.h
putchar	int putchar (char ch);	把字符ch输出到标准输出设备	输出的字符ch,若出错,返回EOF	stdio.h
puts	int puts(char *str);	将str指向的字符串输出到标准输出设备,自动将字符串结束标志'\0'转换为回车换行	返回换行符,若失败返回EOF	stdio.h
rename	int rename (char *oldname,char *newname);	把由oldname所指的文件名,改为由newname所指的文件名	成功返回0,出错返回-1	stdio.h
rewind	void rewind(FILE *fp);	将fp的文件位置标记移到文件开头,并清除文件结束标志和错误标志	无	stdio.h
scanf	int scanf (char *format,args,…);	从标准输入设备按format指向的格式字符串所规定的格式,输入数据给args所指向的单元	读入并赋给args的数据个数,遇文件结束返回EOF,出错返回0	stdio.h

4. 动态存储分配函数

函数名	函数原型	功 能	返回值	头文件
calloc	void * calloc(unsigned n, unsigned size);	分配 n 个数据项的内存连续分空,每个数据项的大小 size	分配内存单元的起始地址,如不成功,则返回0	stdlib.h
free	void free(void * p);	释放 p 所指的内存区	无	stdlib.h
malloc	void * malloc(unsigned size);	分配 size 字节的存储区	分配内存区的起始地址,如不成功,则返回0	stdlib.h
realloc	void * realloc(void * p, unsigned size);	将 p 所指向已分配内存区大小改为 size,size 可以比来分配的空间大或小	返回指向该内存区的指针,如不成功,则返回0	stdlib.h

参 考 文 献

[1] 严蔚敏,吴伟民.数据结构(C语言版)[M].北京:清华大学出版社,2018.

[2] 谭浩强.C程序设计[M].5版.北京:清华大学出版社,2017.

[3] 衡军山,马晓晨.C语言程序设计[M].北京:高等教育出版社,2016.

[4] 杨学刚,杨丹,张静,等.C语言程序设计[M].北京:高等教育出版社,2013.

[5] 李学刚,刘斌,等.数据结构(C语言描述)[M].北京:高等教育出版社,2013.

[6] 王凯,章惠,王振杰,等.计算机网络技术[M].北京:中国铁道出版社有限公司,2021.

[7] 王振杰,周萍,王凯,等.人工智能应用技术[M].北京:文化发展出版社,2020.

[8] 衡军山,马晓晨.C语言程序设计实训指导[M].北京:高等教育出版社,2016.

[9] 陈良银,游洪跃,李旭伟.C语言教程[M].北京:高等教育出版社,2018.

[10] 黑新宏,胡元义.C语言与程序设计[M].北京:电子工业出版社,2019.

[11] 梁宏涛,姚立新.C语言程序设计与应用[M].北京:北京邮电大学出版社,2011.

[12] 千峰教育.C语言程序设计[M].北京:中国轻工业出版社,2022.

[13] 张继新.C语言快速入门教程[M].北京:人民邮电出版社,2021.

[14] 任明武.图像处理与图像分析基础[M].北京:清华大学出版社,2021.

[15] 布莱恩特,奥哈拉伦.深入理解计算机系统(第3版)[M].龚奕利,贺莲,译.北京:机械工业出版社,2016.

[16] 乌云高娃,沈翠新,杨淑萍,等.C语言程序设计[M].北京:高等教育出版社,2021.